国家出版基金项目
NATIONAL PUBLICATION FOUNDATION

崔京浩　著

土木工程与中国发展

中国水利水电出版社
www.waterpub.com.cn

内 容 提 要

本书以丰富的资料，严谨的逻辑从五个方面进行了阐述，包括土木工程在国民经济中的地位和作用，土木工程有着悠久的历史和辉煌的未来，土木工程要高度关注地下空间的开发和利用，土木工程是防灾减灾最重要的学科和行业，以及土木工程对可持续发展可以作出重大的贡献。作者立意高远、行文流畅，具有较强的可读性。

本书既是一本良好的专业思想教育书籍，可以作为大专院校土木工程专业"土木工程概论"课程的补充教材，又是一本土木工程领域管理和技术人员的宏观决策性读物，可供高等院校土木工程专业的学生、土木工程行业从业人员，以及建设系统的公务员参考使用。

图书在版编目（ＣＩＰ）数据

土木工程与中国发展 / 崔京浩著. -- 北京 ： 中国
水利水电出版社，2015.4
ISBN 978-7-5170-3171-0

Ⅰ. ①土… Ⅱ. ①崔… Ⅲ. ①土木工程－科技成果－
介绍－中国 Ⅳ. ①TU-12

中国版本图书馆CIP数据核字(2015)第101672号

审图号 GS（2014）1773 号

书 名	**土木工程与中国发展**	
作 者	崔京浩 著	
出版发行	中国水利水电出版社	
	（北京市海淀区玉渊潭南路 1 号 D 座 100038）	
	网址：www.waterpub.com.cn	
	E-mail：sales@waterpub.com.cn	
	电话：（010）68367658（发行部）	
经 售	北京科水图书销售中心（零售）	
	电话：（010）88383994、63202643、68545874	
	全国各地新华书店和相关出版物销售网点	
排 版	中国水利水电出版社微机排版中心	
印 刷	北京新华印刷有限公司	
规 格	210mm×285mm 16 开本 24.5 印张 560 千字	
版 次	2015 年 4 月第 1 版 2015 年 4 月第 1 次印刷	
印 数	0001—3000 册	
定 价	**120.00** 元	

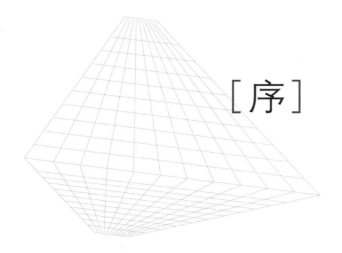

［序］

　　《土木工程与中国发展》是清华大学土木工程系崔京浩教授积数十年的知识和阅历推出的力作，作者以较高的视角和全新的视野结合中国改革开放以来的现实全面地讨论了土木工程在国民经济和学科建设上的极端重要性和不可或缺性。

　　崔京浩先生毕业于清华大学土木工程系，之后又师从龙驭球院士攻读结构力学专业研究生，毕业后留校任教。长期从事结构力学、岩土力学、地下工程、防灾减灾等方面的教学和科研工作，承担多项国家科委和国家自然科学基金委重点科研项目，取得了丰硕的科研成果。曾任清华大学土木工程系副主任、学术委员会副主任以及中国力学学会理事、中国消防协会常务理事、《工程力学》主编等职。

　　作为清华大学土木工程系的学术前辈，崔先生学术功底深厚，专业知识宽广，学术视野开阔，学术思想活跃，工程意识强劲，长期致力于力学与工程的完美结合并取得了显著的成果。早在 20 世纪 70 年代初我国第一个水封油库开始设计时，崔先生就用当时尚采用黑色纸带穿孔的较原始的方法对该库进行了围岩应力有限元分析，为油库的设计提供了重要依据。改革开放后又以挪威皇家科学院博士后的身份赴挪威参加一个大型海底气库的力学分析。他的广泛研究成果在他发表的 180 多篇学术论文和出版的多部著作中得到了充分体现。

　　早在 20 世纪 90 年代初期中国土木工程学会编著《中国土木工程指南》时，崔先生就被委以"编辑委员会主任"的重任，全面负责这本由几十位学者参编内容多达 270 万字的巨著，最后他还亲自为该书撰写了 5 万字的绪论。这项工作使他逐步构建了一个理念——"伟大的土木工程"。中华民族的伟大复兴、筑就宏伟的中国梦离不开土木工程。

本书立意高远，大大突破了人们对土木工程的认识，不仅针对房屋建筑、水利、交通运输、防灾减灾等传统的土木工程作了详尽的讨论，还令人信服地阐明了土木工程在我国改革开放以后在诸如能源工程、航天探月、北斗卫星、海上采油、南极考察等众多的高科技领域所发挥的重大作用，进一步体现了土木工程对各行各业的基础性和各行各业对它的依赖性，与此同时作者还用通俗的语言对这些领域给出了振奋人心的描述，为读者展现了一幅中华民族伟大复兴的绚丽画卷，其中不乏土木工程的亮点和光环。

清华大学土木工程系学术委员会
2015 年 1 月

［前言］

　　土木工程是一个历史悠久而永恒的学科，堪称"伟大的土木工程"。筑就中华民族伟大复兴的中国梦离不开土木工程。

　　无论是人物、思想还是事业和成就，能称得上伟大的大都与它的贡献、作用、价值、地位及有效期等因素联系在一起，作为一个学科或一个行业，衡量的标准也不例外。

　　我们说土木工程是伟大的，本质上是它有一些重要而优秀的属性，这些属性是其他行业所不具备或者不完全具备的。

　　(1) 防护性。从远古时代用于遮风避雨、防御野兽及部落侵袭的造巢、筑城和开壕，到现代的战略储库、地下指挥中心、核安全壳、防洪堤坝以及抗震设防等，均带有防护的目的。

　　(2) 超前性。多数行业的起步和发展，大都由土木工程充当"先行官"。例如，发电需先建厂房，交通需先修路架桥，通航需先挖渠开隧等。一切突发而又难以预测的灾害，大都可以用土木工程手段超前性地采取减灾措施。

　　(3) 基础性。堪称大型土木工程的，莫不属于投入大、服役周期长的基础设施。从隋炀帝开始修建并经历代加长和延伸的京杭大运河，至今还是我国唯一一条南北通航的重要航道。现代的青藏铁路、三峡工程都属于重要的基础性项目。它们的巨大投入可以大幅度地拉动国民经济，建成之后，长期而又有着巨大效益的服役也将促进国民经济的增长。

（4）普遍性。国民经济各行各业的发展或多或少都离不开土木工程，即使是信息产业，也需要先铺设光缆和修建发射接收塔。广义而论，只要有人类生存的地方就一定有土木工程的实践活动。

（5）恒久性。仅仅从土木工程在防灾减灾中所承担的积极的不可替代的作用就可以判定土木工程的恒久性了。因为，只要承认世界是物质的，物质是运动的，灾害就是永恒的。因而，作为防灾减灾最重要的手段之一的土木工程就是永恒的。狭义而论，土木工程的恒久性还体现在它的服役周期长且效益丰厚，至少目前我们尚未发现有哪个行业、哪个产品超越都江堰、京杭大运河这样的基础性项目，历经千年还在正常运营，这些项目的效益早已远远超出了对它们的投入。

这些观点是笔者几十年来在土木工程领域工作的感悟和体会的结晶，撰写本书时尽量做到数据可靠、论据准确，力求从较高、较宽的视角来考察和审视在人类历史长河以及今天现实社会中土木工程所扮演的角色和所起的作用。笔者无意为土木工程树碑立传，只是别人尚未注意而笔者注意了并思考了，明白地说出了土木工程应有的并一直在发挥着的作用和价值，对土木工程给出了一个比较客观而公正的评价。

土木工程是伟大的，为这个学科和行业奋斗终生是崇高的。

国务院学位委员会在学科简介中为土木工程所下的定义是："土木工程（Civil Engineering）是建造各类工程设施的科学技术的统称。它既指工程建设的对象，即建造在地上、地下、水中的各种工程设施，也指所应用的材料、设备和所进行的勘测、设计、施工、保养、维修等专业技术"。土木工程是一个专业覆盖面极广的一级学科。

英语中"Civil"一词的意义是民间的和民用的。"Civil Engineering"一词最初是对应于军事工程（Military Engineering）而诞生的，它是指除了服务于战争设施以外的一切为了生活和生产所需要的民用工程设施的总称，后来这个界定就不那么明确了。按照学科划分，现代地下防护工程、航天发射塔井、海上采油平台、通信线路敷设、电网传输塔架等设施也都属于土木工程的范畴。

土木工程是国家的基础产业和支柱产业（多称基本建设），是开发和吸纳我国劳动力资源的一个重要平台，由于它投入大、带动的行业多，对国民经济的消长具有举足轻重的作用。改革开放后，我国国民经济持续高涨，土建行业的贡献率达到 1/3；近年来，我国固定资产的投入接近甚至超过 GDP 总量的 50％，其中绝大多数都与土建行业有关。随着城市化的发展，这一趋势还将继续呈现增长的势头。

土木工程又是开发和吸纳我国劳动力资源的重要平台，我国农村有 2.5 亿富余劳动力，约一半在土木行业工作。这个平台迫切需要受过高等教育的工程技术人员指导施工，尤其近年来我国对外承包的土木工程项目越来越多，进一步强化了这种需求。这也是土木工程学科的毕业生比较容易就业的原因。

相对于机械工程等传统学科而言，土木工程诞生得更早，其发展及演变历史更为久远。同时，它又是一个生命力极强的学科，它强大的生命力源于人类生活乃至生存对它的依赖，甚至可以毫不夸张地说，只要有人类存在，土木工程就有着强大的社会需求和广阔的发展空间。

随着技术的进步和时代的发展，土木工程不断注入新鲜血液，呈现出勃勃生机。其中工程材料的变革和力学理论的发展起着最为重要的推动作用。现代土木工程早已不是传统意义上的砖瓦灰砂石，而是由新理论、新技术、新材料、新工艺、新方法武装起来的为众多领域和行业不可或缺的大型综合性学科，是一门古老而又年轻的学科。

综上所述，土木工程是一个历史悠久、生命力强、投入巨大、对国民经济具有拉动作用、专业覆盖面和行业涉及面极广的一级学科和大型综合性产业。

崔京浩

2015 年 1 月

［目录］

第 7 章　能源工程

第1章　土木工程的重要性

1.1　土木工程的广泛性和普适性

1.1.1　概述

国务院学位委员会在学科简介中为土木工程所下的定义是："土木工程（Civil Engineering）是建造各类工程设施的科学技术的统称。它既指工程建设的对象，即建造在地上、地下、水中的各种工程设施，也指所应用的材料、设备和所进行的勘测、设计、施工、保养、维修等专业技术"。土木工程是一个专业覆盖面极宽的一级学科。

英语中"Civil"一词的意义是民间的、民用的。"Civil Engineering"一词最初是对应于军事工程（Military Engineering）而诞生的，它是指除了服务于战争设施以外的、一切为了生活和生产所需要的民用工程设施的总称，后来这个界定就不那么明确了。按照学科划分，地下防护工程、航天发射塔井等设施也属于土木工程的范畴。可见土木工程又是一个行业涉及面极广的普适性行业，近年来兴起的"**大土木**"之称是名副其实的。

土木工程是国家的基础产业和支柱产业（这些产业常称基本建设），是开发和吸纳我国劳动力资源的一个重要平台，据建设部统计，我国注册的建筑业从业人员超过5000万人。由于我国行政部门的划分，这个数字可能还不包括运输行业中公路、铁路和机场等部门的土木工程从业人员。有鉴于此，加之各类参考文献对土木行业名称上的差异，本书提到的"土木"和"土建"其含义基本上是一致的，均指"**大土木**"和"基本建设"的概念。土木工程投入大、带动的行业多，对国民经济的消长具有举足轻重的作用。改革开放后我国国民经济持续增长，土建行业的贡献率达到1/3；近年来我国固定资产的投入接近甚至超过GDP总量的50％，其中绝大多数都与土建行业有关。即便是建国已经200多年、经济高度发达的美国，土木建筑业仍然是它的支柱产业。2005年美国直接用于土建行业的资金高达7300亿美元，占美国GDP的8％。全美土建行业的从业人口接近1000万人（包括管理、技术人员及第一线的劳动力），如果算上建筑材料生产运输和销售行为，总数约占美国就业人口的16％。在能源的消耗上，美国仅住宅一项就高达3500亿美元。随着我国城市化的发展，土建行业在国民经济中的地位和作用将更加重要。

相对于机械工程等传统学科而言，土木工程诞生得更早，其发展及演变历史更为古老。同时，它又是一个生命力极强的学科，它强大的生命力源于人类生活乃至生存对它的依赖，甚至可以毫不夸张地说，只要有人类存在，土木工程就有着强大的社会需求和广阔的发展空间。

随着技术的进步和时代的发展，土木工程不断注入新鲜血液，显示出勃勃生机。其中工程材料的变革和力学理论的发展起着最为重要的推动作用：现代土木工程早已不是传统意义上的砖瓦灰砂石，而是由新理论、新材料、新技术和新方法武装起来的为众多领域和行业不可或缺的大型综合性学科，一个古老而又年轻的学科。

综上所述，土木工程是一个历史悠久、生命力强、投入巨大，对国民经济具有拉动作用，专业覆盖面和行业涉及面极广的一级学科和大型综合性产业，具有极强的广泛性和普适性。

1.1.2　专业覆盖面宽，行业涉及面广

新中国成立初期，百废待举、百业待兴，又处在特殊的国际环境下，我国执行全面学习苏联的方针，在政府部门设置上也不例外。图1-1示意性地列出了当时我国政府机构的设置及专业院校的设置和归属。

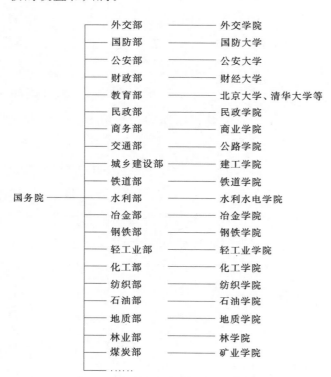

图1-1　新中国成立初期我国政府机构的设置及专业院校的归属示意图

从图1-1可以看出，几乎一个行业就有一个部，而每个部都有自己管理的专业院校，如化工学院、煤炭学院等。这些学院大部分是工科的，而且大都与土木工程学科有关，且不说公路、铁路、水电、道路、桥梁，即使冶金的高炉、石油的钻井、矿业的采掘，其主干专业知识都或多或少地与土木工程一致。一些院校的土木系在结构方面就只设一个"工业与民用建筑"专业，简称为"工民建"，盖房子而已，而其所学的知识几乎可以适用于大土木涵盖的各个专业。

随着改革开放的深入和人们在学科认识上的深化，专业分得过细的弊端逐渐显现，加之政府机构的大改革，一些部委被取消、合并或改为公司，原有部属学校断了"奶"，也出现了一股强劲的综合化趋势。工科院校不仅增设了理科，有的也增设文、经、法等学科，而且纷纷改学院为大学。有意思的是这些大学也大都设立了土木系，一个直接的动因是土木工程专业的毕业生专业知识面较宽，毕业后有较强的适应性。1978年以前，全国只有22所学校设有土木系，如清华大学、同济大学等，到2007年，据不完全统计，在全国1001所本科大学中至少有一半设有与土木工程有关的学科和专业，如结构工程、岩土工程、市政工程、土木与环境工程、工业与民用建筑工程、土木水利工程、地下工程、铁道建设、隧道工程、桥梁工程、园林

建筑与建设等，令人惊讶的是甚至有的师范大学也设有土木工程专业。这不是一个简单的风潮和起哄，直接的动因是好招生、好就业，其深层的内在原因是土木工程这个学科有极广的专业覆盖面，具有广泛的适应性和包容性，它的专业知识对各行业有较强的普适性。**"大土木"**的概念已经被人们普遍接受和认可。

"大土木"的概念不是凭空而来的，其本质上是由土木工程学科的专业覆盖面所决定的。

1949 年新中国成立，在第一个五年计划期间有一批重大的建设项目，其中包括苏联援建的156 项重点基础项目，如长春第一汽车制造厂、洛阳拖拉机厂等。这一类重大基础性建设项目当时统称为"基本建设"，它的计划、安排和投资等重大事宜统一由国务院基本建设委员会（简称建委）管理。图 1-2 给出了基本建设与国民经济中各行各业的关系简图。从该图可以看出，几乎所有的基本建设项目都离不开土木工程，甚至有的项目本身就是土木工程范畴内的任务，即使那些名称上一眼看去似乎与土木工程无关的行业，如供电、通信、能源、航天等，它们的基础设施，如发电厂房、高压输电塔、光缆铺设、海上采油平台、发射塔井、……也无不属于土木工程的范畴。

土木工程大都属于基本建设项目，综合性极强。从后面将要介绍的三峡工程可以看出，它不仅需要人们传统认识上的那些土木工程作业，如导流、截流、大坝、船闸和发电厂房等，还需发电机、启闭闸门和升船机等，这些都需要机械、冶炼、采矿、自动控制乃至通信等其他行业的配合与参与。但三峡工程总体上还是土木工程唱主角，从截流、筑坝到船闸、发电厂房等，无论就工作量还是投资的份额，土木工程都是"大头"。近代许多大型项目的建设，如核电站、海上采油平台、卫星发射基地、海底隧道等更具有综合性的工程，也无不是土木工程打前站、创条件，而且大都投入较大的人力、物力和财力。所以说土木工程与其他行业密不可分，如冶金、机械、电气、石油、交通和国防等。总而言之，国民经济中几乎任何行业都与土木工程有关，甚至可以说它们离不开土木工程，而且土木工程往往都占有较高的份额。一般来说，大

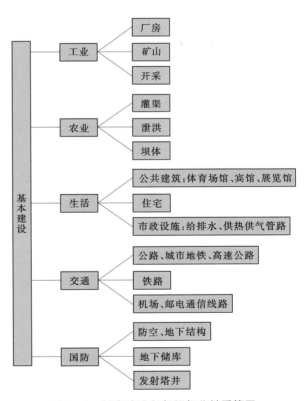

图 1-2　基本建设与各行各业关系简图

型建设项目传统意义上的土建设投资都占总投资的 50% 左右，有的甚至远超过这个百分比。

可以毫不夸张地说，土木工程的行业涉及面是极为广泛的，它几乎囊括了国民经济所有行业。简而言之，土木工程与人类生活、生产乃至生存都是密不可分的。

表 1-1 给出了我国 2012 年各行业城镇固定资产投资及其增长速度。

表 1 – 1 　　　　　2012 年各行业固定资产投资（不含农户）及其增长速度　　　　单位：亿元

行　　业	投资额	比上年增长/%
总计	364835	20.6
农、林、牧、渔业	9004	32.2
采矿业	13129	11.8
制造业	124971	22.0
电力、热力、燃气及水的生产和供应业	16536	12.8
建筑业	4036	24.6
批发和零售业	9816	33.0
交通运输、仓储和邮政业	30296	9.1
住宿和餐饮业	5102	30.2
信息传输、软件和信息技术服务业	2834	30.6
金融业	932	46.2
房地产业	92357	22.1
租赁和商务服务业	4645	37.4
科学研究和技术服务业	2176	27.8
水利、环境和公共设施管理业	29296	19.5
居民服务、修理和其他服务业	1718	26.0
教育	4679	20.3
卫生和社会工作	2645	23.0
文化、体育和娱乐业	4299	36.2
公共管理、社会保障和社会组织	6363	9.2

　　笔者感兴趣的不是这些投资数据，是想请读者分析一下有哪一个行业不和土木工程发生关联乃至相互依存。农业首先是灌溉，灌溉就要修渠输水。采矿业的采掘基本上可以列入土木地下工程专业中，国外和我国历史上也这样做过，当然也有列入地质学科的。电力、热力、燃气土木工程都是它们的先行官，电网架设和燃气管线都是必需的土建环节。制造业的厂房也是如此，笔者多次去过机车车辆厂及炼油厂，常常被那些生产线所需要的巨大厂房和复杂的化工萃取管道及蒸馏塔所震撼。至于冶金的高炉、高压电气的远距离输送都是土建安装工人所熟悉的作业，而建筑业、交通运输、仓储、房地产、水利等从土木工程的角度来看均可归入这个学科和行业。第三产业乍听起来似乎与土木工程无关，其实可能是关系最大的。住宿餐饮业的宾馆和餐厅，教育系统的学校校舍和教室，卫生系统的医院和病房等，有哪一个行业离得开土木工程？笔者无意去夸大土木工程的作用和贡献，它不是万能的，但却是无处不在的。它每时每刻都在为各行各业服务。并且在这些行业中，土木工程基本上是以"固定资产"的状态长期发挥效益。我们说土木工程具备基础性、防护性、普适性、恒久性等都是从上述实际分析中得来的，具备这些属性的学科自然是重要的。

1.2 土木工程可以大幅拉动国民经济

1.2.1 经济腾飞为土木工程的发展创造了条件

1. GDP 高位增长，经济总量跃居世界第二

改革开放以后，特别是近十几年来，中国经济有了长足的发展，用经济腾飞来形容毫不过分，表 1-2 给出了中国 2002—2012 年 GDP 每年的总量和增长率。国家统计局在 2012 年初发布报告披露 2003—2011 年国内生产总值（GDP）平均实际增长 10.7%，不仅远高于同期世界经济 3.9% 的年均增速，而且高于改革开放以来 9.9% 的年均增速。自 2010 年，经济总量已居世界第二位。成为仅次于美国的世界第二大经济体。2011 年，国内生产总值达到 47.2 万亿元，扣除价格因素，比 2002 年增长 1.5 倍。经济总量占世界的份额由 2002 年的 4.4% 提高到 2011 年的 10% 左右，对世界经济增长的贡献率超过 20%。

表 1-2 　　　　　　　　　　　**2002—2012 年中国 GDP 总量及增长率**

年份	GDP 总量 /亿元	增长率 /%	年份	GDP 总量 /亿元	增长率 /%
2012	519322	7.8	2006	216314	12.7
2011	471564	9.3	2005	184937	
2010	401513	10.4	2004	159878	
2009	340903	9.2	2003	135823	
2008	314045	9.6	2002	102451	
2007	265810	14.2			

图 1-3 是国际货币基金组织给出的包括美国、日本、俄罗斯及欧元区国家等发达国家在内的自 2008—2011 年国内生产总值的增长率曲线，中国高居首位不仅高于世界平均值，更高于美国和日本，显示中国经济大有腾飞之势。

图 1-4 是世界银行于 2011 年给出的金砖国家（早期"金砖四国"指中国、巴西、南非和印度，后来俄罗斯加入之后，则泛称"金砖国家"或"新兴市场国家"）于 2011 年的国内生产总值，五个国家中国高居榜首，高达 7.318 万亿美元。据统计，金砖国家总人口约占世界总人口的 42%，2011 年五个国家国内生产总值合计约为 13.9 万亿美元，占世界总量的 19.8%。

近期，新兴市场出现明显的资本流入迹象。首先，中国、巴西等新兴市场大国的货币出现短期升值趋势；其次，以发达国家外汇储备普遍下降的情况下，新兴市场国家 2012 年 11—12 月的外汇储备普遍加速增长；第三，主要新兴市场国家的股指先后于 11 月下旬到 12 月初迎来一轮超过 10% 的强劲反弹，而这和国际资本流入密切相关。

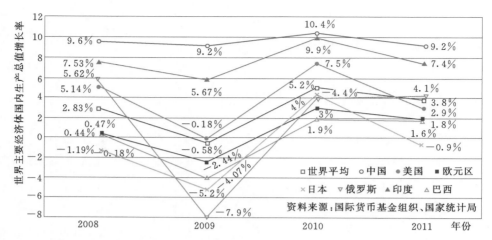

图1-3 2008—2011年世界主要经济体国内生产总值增长率

（制图：蔡华伟）

从世界银行提供的部分新兴市场国家与西方七国集团国内生产总值年平均增长率变化也反映了新兴市场国家经济蓬勃向上的局面，中国据高位态势而西方七国集团则相对上升的比较缓慢，见图1-5。

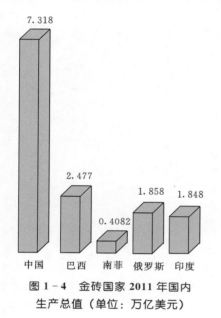

图1-4 金砖国家2011年国内
生产总值（单位：万亿美元）

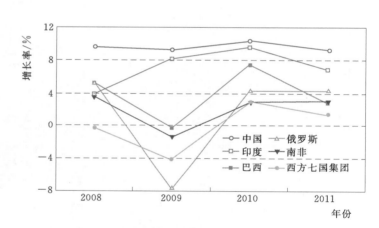

图1-5 部分新兴市场国家与西方七国集团国内生产总值
年平均增长率变化

（制图：张芳曼 数据来源：世界银行）

2. 城乡居民收入快速增长

在中国GDP高位增长的同时，城镇和农村居民的人均收入也有了快速的增长，图1-6是根据国家统计局给出的数据绘制的曲线图，可以看出农村居民的人均纯收入，自2010年开始，其增长率不仅超过GDP的增速，也远超过城镇居民的增长率。

我国人口多且农民占一半左右，粮食安全和农民的收入一直是人们最为关心的问题之一，2012年年底国家统计局公布了这方面的数据，详见图1-7和图1-8。从图1-7来看，我国粮食产量可以说是十连增，2014年公布了2013年的粮食产量高达60193万t媒体称为十一连增。人均480kg左右，高出联合国规定的安全标准，说我国"粮食安全"是有根据的；图1-8是我国

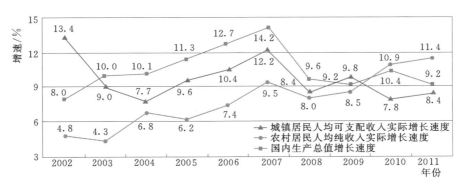

图 1-6 国内生产总值和城乡居民收入十年增速图

（制图：张芳曼　数据来源：国家统计局）

2002—2011 年农民人均纯收入的增长图，由于国家统计局公布时，2012 年的数据尚未统计出来，这一年的数据在 2013 年 3 月两会期间被正式公布为 7917 元，这个数字虽然远低于城镇居民的人均收入（见图 1-9），但随着城镇化的发展，以及我国大力推行以农村为主的民主工程，渴望在不久的将来，这个差距会大大降低。

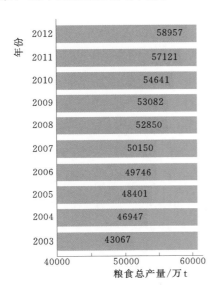

图 1-7　2003—2012 年粮食总产量

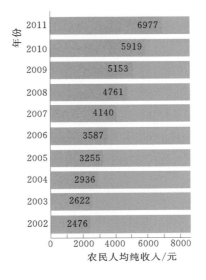

图 1-8　2002—2011 年农民人均纯收入

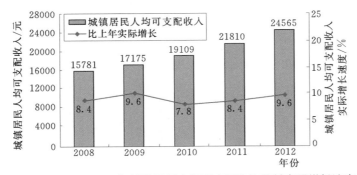

图 1-9　2008—2012 年城镇居民人均可支配收入及其实际增长速度

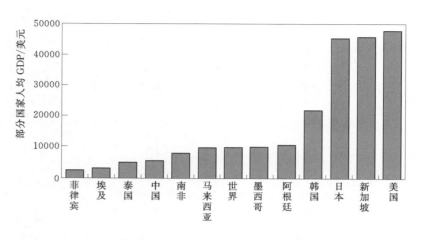

图 1-10　部分国家人均 GDP 水平（2011 年数据）
（制图：蔡伟华　张芳曼）

　　需要引起我们注意的是，这里所说的"城乡居民收入快速增长"是自己和自己比，即今天与过去比，但如果放眼全球，尽管我国 GDP 总量自 2010 年（40 万亿元）已接近美国，成为世界第二大经济体，但由于我国人口太多，平均到每个人头上，人均 GDP 仅为 5432 美元，图 1-10 是根据国际金融组织 2011 年的数据展示的部分国家人均 GDP 的水平，从图中看出我国人均 GDP 不仅远低于美国、新加坡、日本，甚至低于韩国，仅相当于世界平均水平的一半，如果考虑到我国拥有世界人口的 1/5，且起点低、起步晚，能取得世界平均水平的一半，人均 5432 美元已经是很不容易了。可贵的是人多、起点低、起步晚，但增速快。图 1-3 显示，包括美国、日本、俄罗斯等发达国家和欧元区国家在内的自 2008—2011 年国内生产总值的增长率曲线，中国高居首位，不仅高于世界的平均值，更远高于美国和日本。中国的经济大有腾飞之势，不怕起点低，起步晚，只要跑得快，赶上去只是时间问题，更何况有的国家还有时处于负增长。如日本、美国、俄罗斯和欧元区国家在 2009 年都是负增长，众所周知 GDP 的负增长是经济衰退萧条的表现。

　　3. 经济腾飞促进土木工程的发展

　　众所周知促进国民经济发展的三驾马车分别为消费、投资和出口，长期以来我国 GDP 的增长"投资"的贡献率最大，达到甚至超过 50%。从经济学的规律来分析，"消费"的贡献率，应逐步提高，近年来我国推动扩大内需，鼓励消费就是这种认识的政策措施，但消费必须建立在城乡居民收入增加的基础之上，图 1-6～图 1-8 说明我国已开始具备这种基础。此外，我们还要考虑到另外一个因素，即改革开放之后，人口大规模流动是我国社会的重要特征，流动人口是经济发展活力的"风向标"、社会和谐稳定的"晴雨表"。随着工业化、城镇化和农业现代化的快速发展，农村劳动力大量流入城市。2014 年媒体批露我国流动人口占全国总人口的 17%，其中农村户籍流动人口约占 80%，流动人口的平均年龄约为 28 岁，"80 后"新生代农民工比例已达到 44.84%。

　　图 1-11 给出了我国农民工总量和月均收入增长的情况，图中显示我国农民工总量多达 2.5 亿人，每人的月均收入超过 2000 元，年均收入 24000 元以上，已超过图 1-9 显示的城镇居民 2011 年人均可支配收入的 21810 元，这是一个不断上升的巨大的消费群体，请读者注意，2.5 亿

的农民工，已经超过世界上许多国家的总人口。这么庞大的消费人口有着巨大的发展潜力。

三驾马车的"投资"一直被经济学家认为是政府可以操控的最强有力的一驾马车，2008年美国"两房"危机，引发了世界性经济大萧条（详见1.2.4节）我国重拳出击，立即投入4万亿元，其中大部分用于与土木工程有关的基本建设、民生工程和基础性工程，有人戏称为"铁公鸡"（铁路、公路和机场），一时高速铁路的"四纵四横"、公路网建设的"7918"，以及高速公路，城市轨道交通西气东输等，这些在下面各章中均有详细介绍，这笔投入不仅使我国没有产生许多国家广泛出现的失业，工矿倒闭，商业信贷萧条等，反而大大促进了我国的基础性建设，今天我国高速铁路总里程雄居全球第一，高速公路仅次于美国位居第二，北京、上海这几个大城市轨道交通的里程也已接近或超过纽约、巴黎、伦敦等几个著名的城市。请读者注意4万亿元占2008年当年GDP总量的13%，这是一个相当可观的数据。它显示了中国特色社会主义制度的优越性，这项举措如果在高度发达的美国，由于其代表不同利益的两党之间存在分歧可能很难实现。我们说经济腾飞促进了土木工程的发展是名副其实的，反之，土木工程可以促进国民经济的强劲腾飞，道理是一样的。

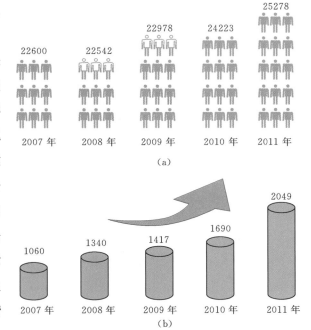

图1-11　全国农民工总量及月均收入
（a）全国农民工总量（单位：万人）；
（b）外出农民工月均收入（单位：元）
（制图：宋嵩）

1.2.2　投资基础设施是经济发展的主要杠杆

1. 固定资产投资在GDP中占比一直呈高位态势

基础设施大都指基本建设，可以形成国家巨大的固定资产范畴的内容和项目，如铁路、公路、水电、奥运场馆、城际轨道交通等，这些项目都离不开土木工程。

"近代土木工程"和"现代土木工程"的发展日益显示出它在国民经济中的地位和作用。第二次世界大战后，许多发达国家由于恢复、改造和扩建的需要，基本建设的投资大都占国民经济的1/3左右。据有关人士测算，虽然美国建国200多年来大兴土木，基础设施已经具有相当雄厚的基础，但由于新兴科技的需要（如智能建筑等），以及早期兴建的至今已远远超过服役期的土木工程迫切需要维

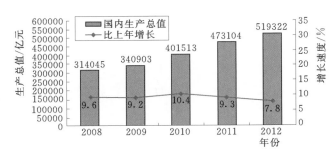

图1-12　2008—2012年国内生产总值及其增长速度

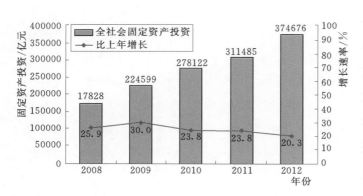

图 1-13　2008—2012 年全社会固定资产投资及其增长速度

修、加固乃至拆除重建，土木工程投资比例仍然居高不下。我国改革开放以后，尤其是近 30 年来这个趋势更为明显。图 1-12 和图 1-13 是 2013 年 3 月两会期间公布的我国连续五年国内生产总值及其增长速度和全社会固定资产投资及其增长速度的数据图。

将图 1-13 中的固定资产投资除以图 1-12 中相应年份的国内生产总值就会得出表 1-3 中投资占 GDP 的比率，2008 年为 55％以后几近逐年递增，2012 年竟高达 72％，由于表 1-3 是从 2002 年开始统计的，读者可以看到连续 11 年来投资占 GDP 的比率基本呈高位态势。需要提醒读者的是固定资产投资有些并不完全是土木工程的贡献，表 1-1 中已显示了这个概念，但各行各业属于土木工程的份额不仅比例较大且可以长期发挥作用。

表 1-3　　　　　　　　　2002—2012 年固定资产投资在 GDP 中的占比

年份	GDP/万亿元	固定资产投资/万亿元	投资/GDP/％
2002	10.0	4.3	43
2003	13.7	5.6	40
2004	16.0	7.0	44
2005	18.3	8.9	49
2006	21.6	11	51
2007	26.5	13.7	52
2008	31.4	17.3	55
2009	34.1	22.5	66
2010	40.2	27.8	69
2011	47.3	31.1	66
2012	51.9	37.5	72

注　固定资产投资按管理渠道分为基本建设、更新改造和房地产开发 3 部分，除更新改造涉及较多的其他行业外，基本建设和房地产开发基本上属于土木工程范畴（资料均来自人民日报）。

2. 固定资产投资促进生产能力的全面增加

固定资产投资的直接效果是生产能力的增加，表 1-4 给出了 2012 年固定资产投资新增的主要生产能力，请读者注意这些新增的生产能力除前面和最后一项与其他行业关联较大以外，其余 8 项几乎全属于土木工程行业的范畴。

生产能力的增加首先促进了我国工业化水平的提高，2011 年，我国实现全部工业增加值约 18.86 万亿元（图 1-14），是 2002 年的 2.7 倍，年均增长率达到 11.7％。工业占国内生产总值的比重保持在40%左右，对经济增长的贡献率接近50%。这意味着我国即将实现工业化，要知道"工业化"是任何一个发达国家都走过的道路，我国也不例外。而衡量工业化水平最重要的表征是制造业的发展，据人民日报2012年12月披露在22个工业大类行业中，我国在7个大类中名列第一，220多种工业品产量居世界第一位，其中，粗钢、电解铝、水泥、精炼铜、船舶、计算机、空调、冰箱等产品产量都超过世界总产量的一半。2010年我国制造业产出占世界的比重为19.8%，超过美国成为全球制造业第一大国。工业在全球制造业中的影响力也不断提升。需要特别强调的是土木工程所需的两种最重要的建筑材料钢和水泥的产量，多年来我国一直高居全球榜首，2014年3月两会期间公布的我国钢和水泥产量分别为18.3亿t和21亿t并已产能过剩，加之这些行业产生的环境污染等问题，我国一直在采取适度减产的措施。

表1-4 　　　　　　　　　　　2012年固定资产投资新增主要生产能力

指　　标	单位	绝对数
新增发电机组容量	万 kW	8020
新增220kV及以上变电设备	万 kVA	18208
新建铁路投产里程	km	5382
其中：高速铁路	km	2723
增建铁路复线投产里程	km	4763
电气化铁路投产里程	km	6054
新建公路	km	58672
其中：高速公路	km	9910
港口万吨级码头泊位新增吞吐能力	万 t	49522
新增光缆线路长度	万 km	267

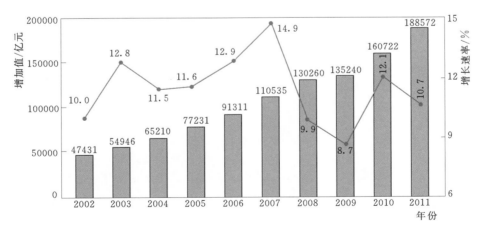

图1-14　2002—2011年全部工业增加值及其增速

　　与此同时，具有国际竞争力的大企业迅速增加。2010年大中型工业企业数量达到4.7万家。2011年《财富》杂志公布的世界500强中，中国工业企业达到29家。

3. 投资基础设施受益的首先是土木工程

我国国民经济高速增长，多年来一个主要原因是依靠对基础设施的投入来刺激经济，而几乎所有的基础设施都与土木工程有关。如表1-5列出了若干项已建、在建和计划兴建的大型工程，其投资动辄上百亿乃至千亿，而这么大的投入有50%以上都是土木工程完成的，如西气东输、三峡工程南水北调京沪高铁快速轨道交通。这些工程所带动的上下游产业链和吸纳多余劳动力等附属伴生的贡献是其他行业难以比拟的。表1-6是我国近年来公路及城市轨道交通投资的情况。这些项目无一不是投入巨大、效益显著、可以长期受益的基本建设项目，而且都无一例外地属于大土木的范畴。

表1-5　　　　我国已建、在建和计划兴建的若干重大工程的概况及统计资料

序号	项目名称	时间	投资/亿元	简要概况	备注	资料来源
1	三峡工程	1993—2009年	1800（2008年年底基本竣工时总投入）	混凝土重力坝，长2335.5m，底宽115m，顶宽40m，坝顶高程185m，混凝土用量2643万 m³，总库容393亿 m³，双线五级船闸可通过5000t级轮船，单线一级垂直升船机提升3000t级轮船，发电装机32台（每台70万kW），总装机规模2240万 kW，年发电1000亿kW·h	属世界最大的水电站 移民113万人	土木工程学报，2002（1）；人民日报近年的报道
2	"十五"电力发展规划的13个电站项目	陆续在"十五"（2011—2005年）期间开工	512	江苏利港电站三期，江苏沙州电厂，浙江瓯江滩水电站，湖南竹山电厂扩建，四川火溪河梯级电站，四川江油电厂，贵州纳雍二电厂，甘肃张掖电厂，内蒙古岱海电厂，内蒙古正蓝旗电厂，安徽阜阳电厂，河南宝象抽水蓄能电站，陕西汉江喜河水电站	增加"十一五"初期建设项目的电力供应能力	中国工程咨询，2003（10）
3	南水北调	2002—2050年	三线共5000东中线2546	东中西三线，可向我国北方调水448亿 m³/a	难度很大。车中西线2014年已全部通水	国计委水利部"南水北调总规划"，2002年

序号	项目名称	时间	投资/亿元	简要概况	备注	资料来源
4	青藏铁路	2001—2006 年	262	成功解决多年炼土，高寒缺氧生态脆弱三大世界性工程难题全长 1142km	连同西宁—格尔木的一期工程线路总长 1956km	人民日报
5	京沪高铁	2008—2011 年	2209.5	全线 1318km，高架占 86.5%	跨江，横穿江南与水网地	人民日报
6	西气东输（塔里木南—上海）线	2002 年 7 月—2005 年，已全线通气	1500	全长约 4167km，经新、甘、宁、陕、晋、豫、皖、苏、浙、沪 10 个省（自治区、直辖市），管径 1016mm，壁厚 26.2mm，最高输气压力 10MPa（我国目前为 6.4MPa，美国为 14MPa），年输气 120 亿 m^3，运营 30 年	截至 2005 年年底我国输气管路总长可达 4 万 km	土木工程学报，2001 (1) 2014 年以来第 6、7、8 三条管线均改称 A、B、C 三线，近期又开工了从哈萨克斯坦进口的 D 线
7	西气东输二线	2008—2011 年	1412	管线全长 8704km 横穿 15 个省（自治区、直辖市）年输气 300 亿 m^3	过雪山、戈壁黄土冲积带穿越长江黄河	人民日报
8	西气东输三线	2012—2015 年	1250	管线全长 7328km，横穿 10 个省（自治区），年输气 300 亿 m^3	与二线相同 2014 年已提前通气	人民日报
9	中国核电发展规划	2005—2012 年	4500	核电总装机 4000 万 kW，年发电 2600 亿～2800 亿 kW·h	连同已建成的电站总共 34 座	人民日报

表 1-6　　　　　　　　　我国近年来公路及城市轨道交通发展概况

序号	项目名称	时间	投资/亿元	简要概况	备注	资料来源
1	20 世纪最后三年全国公路建设总投资	1998—2000 年	5000	极大缓解了汽车运输的困境		新华社稿
2	2002 年全国公路建设总投资	2002 年全年	3000	建设项目 64 项，新增通车里程 5 万 km，其中高速路为 5000km	占当年的 GDP 为 10 万亿元的 3%	新华社稿

第 1 章　土木工程的重要性

序号	项目名称	时间	投资/亿元	简要概况	备注	资料来源
3	国家高速公路网规划（简称7918）	2003—2030年	45000（年均投入1500）	7条首都放射线，9条南北纵向线，18条东西横向线（简称7918），总长8.5万km	已基本完成	新华社稿
4	全国约五十个大城市的轨道交通建设规划	2005—	预计投资8000	主要是为了解决城市交通拥挤的地铁和轻轨	已完成近一半	新华社稿

图1-15是交通部2005年公布的《国家高速公路网规划》（简称7918）的示意图。它包括7条首都放射线，9条南北纵向线，18条东西横向线；总里程8.5万km，计划30年，年均投资1500亿元人民币，总投资额为4500亿元；覆盖10多亿人口，可以大大缓解中国的交通问题。

2007年交通部、发改委等部门又公布了规模3.5万km的"五纵七横"国道主干线布置局部图，见图1-16。这些线路由于是在原有国道的基础上扩建和贯通所以早在2008年年底已基本完成，它覆盖了全国所有的特大城市（人口在100万人以上）和93%的大城市（人口在50万人以上），成为我国具有政治、经济、国防意义的重要交通干线。

铁路的发展更是令人瞩目截至2014年5月，我国铁路总里程已达10万km，其中高速铁路时速达120km的有4万km，时速达160km的有2万km，时速达250～350km的有1.3万km，稳居世界第一，已大部分覆盖我国50万人以上人口的城市。

上述事实充分说明了土木工程对国民经济的拉动作用，而且这种拉动具有关键性和恒久性；反之，如果不大力发展这些基础设施，中国经济的腾飞是很难实现的，它们是"瓶颈"。因此，可以毫不夸张地说，土木工程可以大幅度地拉动国民经济，它在经济发展中的地位举足轻重。

1.2.3 土木建筑业和房地产业是国家的支柱产业

1. 改革开放推动建筑业和房地产业高速发展

为前所述，由于部门设置和归口的不同，我国建筑业和房地产业归口到住房与城乡建设部，因此国家统计局在统计建筑业的产值及有关数据时，大都不包含公路、铁路、水利、海港等众多属于土木工程范畴的建设项目，而是统计到它们归属的部门和行业，如公路铁路属于交通部，水利工程属于水利部等，但从学科和专业来说，这些项目则大都属于土木工程的范畴。

伴随着我国经济的快速发展，我国建筑业也一路攀升。建筑企业完成的建筑业总产值从1980年的347亿元，增加到2003年的21865亿元，年均增长率达18.9%以上，比GDP的年均增长率高出9个百分点左右。其中，2003年我国国民生产总值比上年增长9.1%，而全国建筑企业（指具有资质等级的总承包和专业承包建筑业企业，不含劳务分包建筑业企业）完成的建筑业总产值比上年增长23%，比同年GDP增长率高出13.9个百分点；至于2006年与2007年建筑业完成的

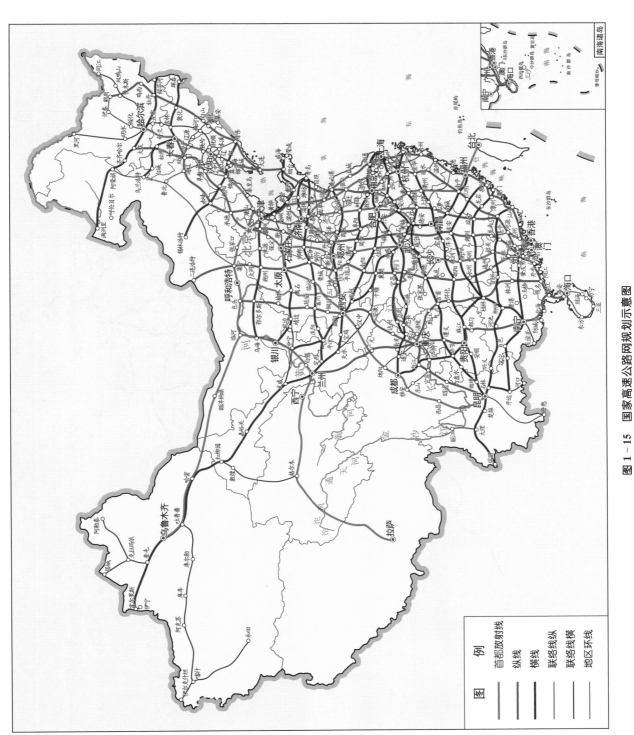

图 1 - 15 国家高速公路网规划示意图

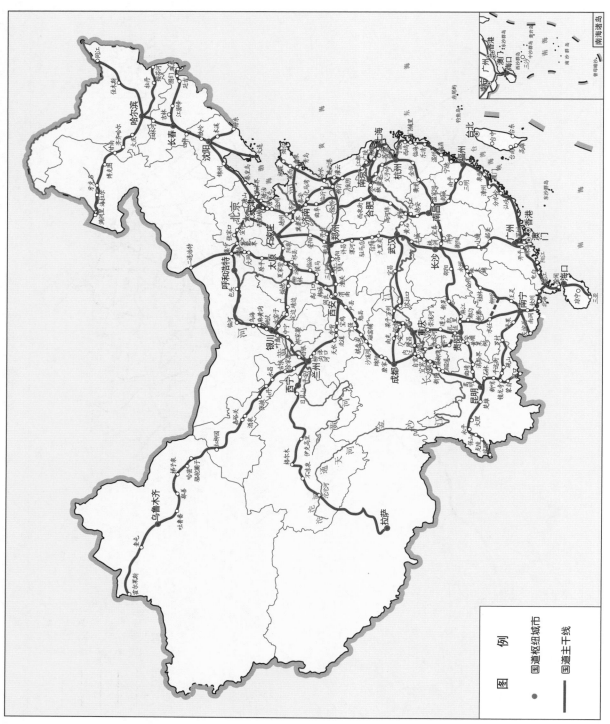

图 1-16 "五纵七横" 国道主干线布局图

图 例

● 国道枢纽城市

—— 国道主干线

总产值均比上年增长 16% 以上，均超出同年 GDP 增长率 2 个百分点以上。

图 1-17 给出了我国 2008—2012 年建筑业增加值及其增长速度，该图就是按照我国关于建筑业的归口方法统计的。2008 年出现明显下滑，其原因可能和奥运工程等项目基本结束，投资开始减少之故，而 2009 年建筑业的增长速度又陡增至 18.6%，则和美国两房危机之后我国拨发 4 万亿的救市资金用于改善民生工程的那部分投入有关。

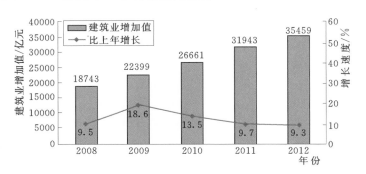

图 1-17　2008—2012 年建筑业增加值及其增长速度

房地产业历来是衡量国家经济消长的重要产业，又是建筑行业的主要产业之一。表 1-7 给出了我国城乡居民人均居住面积的统计数字，可以看出，1978—2000 年 20 余年间，人均居住面积扩大了 3 倍。表 1-8 给出了 1997—2001 年中国内地房地产开发建设投资总规模，可以看出其增长率远高于当年 GDP 的增长率，雄辩地说明了土木工程对国民经济的拉动作用，2001 年总投资超过 6000 亿元。请读者注意：南水北调如此大的一个项目，预算 50 年总投入才 5000 亿元。房地产业在 2001 年一年内已投入 6000 亿元。难怪美国建国 200 多年，住宅问题早已解决，而它却仍然是美国的基础产业，以致"两房"危机出现之后会引发世界性的经济萧条。

表 1-7　　　　　　　　城乡居民人均居住面积（1978—2000 年）

年份	农村人均居住面积/m²	城镇人均居住面积/m²	年份	农村人均居住面积/m²	城镇人均居住面积/m²
1978	8.1	3.6	1990	17.8	6.7
1980	9.4	3.9	1995	21.0	8.1
1985	14.7	5.2	2000	24.8	10.3

注　资料来源：《中国统计年鉴》（2001 年），第 333 页。

表 1-8　　　　　　1997—2001 年中国内地房地产开发建设投资总规模　　　　　　单位：亿元

年份	住宅	办公楼	商业用房	其他	合计	年增长率/%
1997	1539.28	388.98	425.85	824.16	3178.37	
1998	2081.56	433.80	475.83	623.04	3614.23	13.6
1999	2638.48	338.60	484.33	641.79	4103.20	13.5
2000	3318.74	292.57	547.75	742.68	4901.74	19.4
2001	4278.74	318.00	720.80	927.94	6244.68	27.4

我国在居民住宅上欠债较多，大力开发民用住宅是体现民生工程以人为本的主要方面。截至 2005 年年底统计，中国城乡住宅累计竣工面积多达 57 亿 m²，其中城镇 27 亿 m²，农村 30 亿 m²。

2008 年全年房地产开发投资 30580 亿元，比上年增长 20.9%。其中，东部地区 18325 亿元，增长 17.1%；中部地区 6287 亿元，增长 31.7%；西部地区 5967 亿元，增长 22.7%。按工程用途分，住宅投资 22081 亿元，增长 22.6%；办公楼投资 1112 亿元，增长 7.4%；商业营业用房投资 3200 亿元，增长 14.3%。

2. 警惕房地产泡沫

我国正处于快速发展期，居民生活水平的提高和城镇化的快速推进对房地产形成了巨大需求。近年来，我国房地产业发展较快，成为经济增长的重要动力。但一些城市房价上涨过快，超出了一般居民的购买能力，也给整个经济平稳较快发展埋下了风险隐患。

表 1-9 给出了中国 2008 年房地产开发和销售主要指标完成情况，表中显示住宅投资增长最高，达 22.6%，而住宅中 90m² 以下住宅投资比上年增长 50.7%，这从一个方面反映了我国人民目前的住宅消费水平在 90m² 左右。

表 1-10 给出了 2012 年房地产开发和销售主要指标完成情况及增长速度。

表 1-9   2008 年房地产开发和销售主要指标完成情况

指　　标	单　位	绝　对　数	比上年增长/%
投资完成额	亿元	30580	20.9
其中：住宅	亿元	22081	22.6
其中：90m² 以下住宅	亿元	6416	50.7
其中：经济适用房	亿元	983	19.7
房屋施工面积	万 m²	274149	16.0
其中：住宅	万 m²	216671	16.0
房屋新开工面积	万 m²	97574	2.3
其中：住宅	万 m²	79889	1.4
房屋竣工面积	万 m²	58502	−3.5
其中：住宅	万 m²	47750	−4.2
商品房销售面积	万 m²	62089	−19.7
其中：住宅	万 m²	55886	−20.3
本年资金来源	亿元	38146	1.8
其中：国内贷款	亿元	7257	3.4
其中：个人按揭贷款	亿元	3573	−29.7
本年购置土地面积	万 m²	36778	−8.6
完成开发土地面积	万 m²	26033	−5.6
土地购置费	亿元	5795	10.9

表 1-10 中投资额比表 1-9 的数据增加 2.3 倍但新开工的面积特别是住宅的面积其增长率均为负值，另外，土地购置面积及土地成交价款则呈现更大的负增长，显示房地产业出现萧条的趋势，不少有识之士担心中国会出现房地产泡沫，笔者不吝笔墨在这里谈一点关于房地泡沫的危害。

表 1 - 10　　　　　　　　2012 年房地产开发和销售主要指标完成情况及其增长速度

指　　标	单　位	绝　对　数	比上年增长/%
投资额	亿元	71804	16.2
其中：住宅	亿元	49374	11.4
其中：90m² 及以下	亿元	16789	21.9
房屋施工面积	万 m²	573418	13.2
其中：住宅	万 m²	428964	10.6
房屋新开工面积	万 m²	177334	−7.3
其中：住宅	万 m²	130695	−11.2
房屋竣工面积	万 m²	99425	7.3
其中：住宅	万 m²	79043	6.4
商品房销售面积	万 m²	111304	1.8
其中：住宅	万 m²	98468	2.0
本年资金来源	亿元	96538	12.7
其中：国内贷款	亿元	14778	13.2
其中：个人按揭贷款	亿元	10524	21.3
本年土地购置面积	万 m²	35667	−19.5
本年土地成交价款[13]	亿元	7410	−16.7

房地产泡沫是由房地产价格长期快速上涨导致的房地产市场交易价格远超其实际价值的现象。在过去 20 多年里，世界范围内出现了 3 次影响较大的房地产泡沫破灭，即 1991 年日本房地产泡沫破灭、1997 年泰国等国家和地区房地产泡沫破灭和 2008 年美国次贷危机相关的房地产泡沫破灭，对有关国家以至世界经济造成了巨大危害。

房地产泡沫的产生、发展和破灭具有规律性：房地产泡沫发展过程具有暴涨、暴跌的特点；破灭时产生的影响大而恢复慢；房地产泡沫主要是区域性的。

日本房地产泡沫始于 1983 年。当时，日本国际经济地位上升，东京国际金融中心形成，众多国外大公司进入日本投资购买房地产，引起日本房地产价格飞速上涨，推动日本房地产泡沫形成。20 世纪 80 年代前期，东京等大城市房地产价格每年上升 30% 左右，1987 年、1988 年两年商业房地产价格较上年分别上升 40%、50%。泰国 1988—1992 年房地产价格每年上升 20% ~ 30%，1992—1997 年每年上升 40%。房地产价格长期快速上涨导致大量投资、贷款流向房地产行业，房地产市场成为财富的聚集地。日本房地产泡沫自 1983 年产生到 1991 年破灭，历时 8 年。泰国房地产泡沫自 1988 年产生到 1997 年破灭，历时 9 年，美国 2008 年爆发两房危机就是一次波及全球的房地产泡沫破灭，这个问题还将在第 2 章第 2.1 节讨论。

一般来说，泡沫形成时房地产价格长期快速上涨和泡沫破灭时房地产价格暴跌，是房地产泡沫的重要特点。

房地产泡沫破灭造成的影响大、涉及面广，恢复困难、持续时间长。房地产泡沫破灭后，日本经济从 1991 年 2 月开始陷入萧条，历时长达 32 个月，随后的七八年一直停滞不前。房地产泡沫破灭导致大量企业倒闭，进而造成金融机构不良债权大幅度增加甚至倒闭，1995 年 3 月日本金融机构不良债权额达 40 万亿日元。房地产价格、股价的缩水降低居民的消费欲望，日本 1993 年消费增长降为负值，严重影响经济发展。房地产泡沫破灭还影响企业投资积极性，造成失业增多，贫富差距扩大，整个社会信心长期不振。

房地产价格受国家经济、金融、税收等政策的影响，因而与国民经济有类似的周期性规律，但房地产市场是否出现泡沫主要取决于城市市场状况。日本发生房地产泡沫时，价格上涨过快的情况主要出现在大城市圈，特别是首都圈。泰国、印度尼西亚的房地产泡沫也局限在曼谷、雅加达等城市。所以说，房地产泡沫具有较强的区域性，它的产生主要同城市市场相联系。

从理论上讲，在市场信息充分的情况下，房地产市场交易价格同按租金计算的理论价格是相近的。如果交易价格上升过快、高出理论价格过多，就会出现泡沫，因而可以用交易价格高出理论价格的程度衡量房地产泡沫情况。由于人们对房地产的偏好，除了经济利益，占有房地产还有其他目的，所以交易价格通常会高于理论价格。一般认为，交易价格高于理论价格 1 倍以内是可以接受的，而高出 1 倍则表明泡沫现象明显。

我国正处于快速发展期，这也是房地产泡沫的易发期。近年来，我国房地产业发展较快，1998—2009 年对国际经济增长的贡献率超过 10%，成为推动经济发展的重要动力。2008 年以后，我国一些城市房价上涨较快。根据前面所述的衡量房地产泡沫的指标来判断，我国并没有出现全国性的房地产泡沫。但一些城市房地产价格上涨过快，已超出一般居民的支付能力，个别城市处于产生房地产泡沫的边缘，需要引起高度重视。中央及时采取多项措施调控房地产市场，取得了明显效果，例如由政府主导的大量兴建经济适用房、廉租房并限定了价格，从而大大减缓了房地产商品市场的价格的上涨，一些高价房处于闲置状态，这就是表 1－9 中房屋新开工面积特别是其中住宅的面积出现负增长的原因之一。

我国区域差别大，发展水平不一，各地房地产市场处于不同发展阶段。在这种情况下，既要保持国家政策的统一，防止房价过快上涨，防止房价过快上涨像滚雪球一样由大城市向中小城市扩展、从沿海向内地发展；又要根据各地发展水平、房地产市场周期状况，给地方政府一定调控市场的权力，促进地方房地产市场健康发展。

综上所述，房地产属于土木建筑业，又是国家支柱产业，它对国民经济的消长举足轻重，以致可以引发全局的经济萧条。单从房地产这种撼动全局的作用就可以从一个侧面透视土木工程在国民经济中的重要性。

1.2.4 积极应对金融危机

1. 美国引发金融风暴的严重性

2008 年 9 月 7 日，曾占据美国房贷市场半壁江山的房利美和房地美（以下简称"两房"）因次贷危机破产，不得不被美国政府接管。

所谓"次贷"即次级抵押贷款，是指美国房贷机构针对收入较低、信用记录较差的人群设计的一种住房贷款。2001—2005年，美国房地产市场持续繁荣，刺激了次贷的快速发展。2006年，美国次贷总规模已达6400亿美元，是2001年的5.3倍。不仅如此，围绕次贷还形成了一个包括购房者、房贷机构、投资银行、保险公司、投资者在内的金融链条。

在美国房市火暴时期，这个资产证券化链条很"完美"，各方各取所需，皆大欢喜。然而，随着美联储连续17次加息，次贷购房者的还贷负担不断加重，与此同时，美国房价见顶回落，使次贷购房者难以通过出售或抵押住房来获得融资，这样，越来越多的次贷购房者无力还贷。于是，房贷机构形成了大量的次贷坏账；"两房"、投资银行、全球各类投资者手中的大批次贷由于失去偿付来源而大幅贬值，金融危机从此汹涌袭来。这就是著名的"两房危机"引发的世界性经济大萧条。

危机引发失业率大增。据美国劳工部的报告、仅2008年2月，就有65.1万人失业，失业率从7.6%上升到8.1%，失业率的单月攀升率是1945年以来没有出现过的水平。截至2009年春季，至少1250万美国人失去了工作。面对震惊的失业率，美国总统奥巴马提出了8000亿美元的刺激计划，同时指出："这个恢复经济的计划，不会使我们的经济好转或解决所有的问题，所有的一切都需要时间和耐心。"

2. 我国能较好应对危机，土木工程是龙头

我国有较好的基础条件。改革开放30年，我国国民经济连上几个大台阶，GDP已跃居世界第二，经济总量占世界经济的份额已达6.0%。人均国民总收入也实现同步快速增长，由1978年的190美元上升至2007年的2360美元，2011年达5000美元。按照世界银行的划分标准，我国已经由低收入国家跃升至世界中等偏下收入国家行列。我国外汇储备比较富足，截至2014年我国的外汇储备已高达4万亿美元，是美国的第一大债权国。我国还有超过1000t的黄金储备，位居世界第五，黄金是硬通货，即使美元贬值对我们也不会产生风险性影响。

2008年11月，针对美国的"两房"危机，国务院常务会议研究部署进一步扩大内需，促进经济平稳较快增长的措施，要求扩大投资出手要快，出拳要重，措施要准，工作要实，计划到2010年年底投资4万亿元。会议确定了当前进一步扩大内需，促进经济增长的十项措施。一是加快建设保障性安居工程。二是加快农村基础设施建设。加大农村沼气、饮水安全工程和农村公路建设力度，完善农村电网，加快南水北调等重大水利工程建设和病险水库除险加固，加强大型灌区节水改造。三是加快铁路、公路和机场等重大基础设施建设。重点建设一批客运专线、煤运通道项目和西部干线铁路，完善高速公路网，安排中西部干线机场和支线机场建设，加快城市电网改造。四是加快医疗卫生、文化教育事业发展。加强基层医疗卫生服务体系建设，加快中西部农村初中校舍改造，推进中西部地区特殊教育学校和乡镇综合文化站建设。五是加强生态环境建设。加快城镇污水、垃圾处理设施建设和重点流域水污染防治，加强重点防护林和天然林资源保护工程建设，支持重点节能减排工程建设。六是加快自主创新和结构调整。七是加快地震灾区灾后重建各项工作。八是提高城乡居民收入。九是在全国所有地区、所有行业全面实施增值税转型改革，鼓励企业技术改造，减轻企业负担1200亿元。十是加大金融对经济增长的支持力度。初步匡算，实施上述工程建设，到2010年年底约需投资4万亿元。

现在仔细分析一下国务院出台的10项措施。其中一、二、三、四、五、七等项均与土木工程有关。2008年连续在几个月之内开工了14条铁路，公路，机场等，这些都大大刺激了我国经济的上扬，有人曾戏称受益最大的是"铁公鸡"（铁路、公路、机场）这些正是以土木工程为主的基础设施。利用政府强大的监管引导机能，刺激经济上扬，扩大就业渠道。我国政府强大的操控能力和改革开放的进一步深化，保证了我国经济的稳健增长。图1-12显示了在爆发金融危机的当年，我国GDP的年增长率仍然保持在9.6%，到2010年还上升到10.4%。

1.2.5　土木工程是我国对外投资的主行业

中国的对外投资、改革开放前大都针对第三世界不发达地区且多为无偿地提供基础设施的建设，那时称之为对外援助。改革开放之后，除了仍有少数无偿援助以外，大都为有偿且范围遍及全球，方式也多样化。表1-11给出了中国在全球投资情况，几乎包括了全球各大洲、投资总额高达2200亿美元，其中约一半在非洲、西非及阿拉伯世界。图1-18是2014年5月由国际货币基金组织牵头举办的圆桌会议论坛披露的中国对非洲直接投资及贸易额的增长情况，请读者注意除金融、农林牧渔与土木工程没有直接关系之外，其他几乎全与土木工程有千丝万缕的联系。

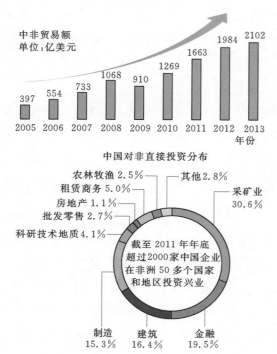

图1-18　中国对非洲直接投资及贸易额增长情况

（资料来源：中国对外直接投资公报，
中国与非洲经贸合作白皮书）

就项目而言，我国对外投资的项目基本上全是土木工程方面的，如公路、铁路、港口、水电站及会议场馆，截至2009年年底，中国共投资帮助发展中国家建成442个经济基础设施项目，如也门萨那至荷台达公路、巴基斯坦喀喇昆仑公路和瓜达尔港、坦赞铁路、索巴里贝来特温—布劳公路、马耳他干船坞、喀麦隆拉格都水电站、毛里塔尼亚友谊港、博茨瓦纳铁路改造、孟加拉国6座大桥、昆曼公路老挝段、缅甸大湄公河次区域信息高速公路、塔吉克斯担沙尔—沙尔隧道、柬埔寨7号公路、埃塞俄比亚格特拉立交桥等项目。

除非洲以外，2014年，拉丁美洲进入一个铁路修建的热潮期。4月，投资75亿美元的委内瑞拉迪阿铁路（迪那科至阿那科）开始铺轨。7月，中国、秘鲁、巴西三国就开展连接大西洋和太平洋的两洋铁路合作共同发表声明。巴西铁路运营总里程不到3万km，且多分布在东南部经济发达地区。2012年，巴西政府出台交通基础设施投资规划，计划新建或改建12条铁路。2013年4月，12条线路中有6条启动，中国铁建和中国中铁分别参与了其中几条铁路的前期投标可研性工作。2009年，中国中铁与委内瑞拉国家铁路局签订合同，承建迪阿铁路，长度为471.5km。"这条铁路虽然设计时速为 220km，但出于预留提速的考虑，我们是按照国内新建铁路 250km 时速标准来设计施工。"

表 1-11　　　　　　　　　　　　中国在全球投资情况　　　　　　　　　　单位：亿美元

地区	投资金额	主要投资国家	投资金额	地区	投资金额	主要投资国家	投资金额
欧洲	348	英国	85	西半球（除美国）	617	巴西	149
		瑞士	72			加拿大	102
		希腊	50			委内瑞拉	89
西亚	452	俄罗斯	67	非洲南撒哈拉地区	437	尼日利亚	149
		伊朗	151			南非	154
		哈萨克斯坦	72			刚果（金）	59
东亚	316	印度尼西亚	98	阿拉伯世界	371	阿尔及利亚	92
		新加坡	70			沙特阿拉伯	81
		越南	64			伊拉克	43
		美国	281			澳大利亚	340

注　数据来自 2011 年 4 月 26 日《台港澳报刊参阅》，数据截至 2010 年 12 月。

2011 年 2 月 19 日利比亚局势动荡，导致部分城市失控，我国开展了举世闻名的大撤离。动用 182 架次中国民航包机、24 架次军机、5 艘货轮、1 艘护卫舰，租用 70 架次外航包机、22 艘次外籍邮轮、1000 余班次客车……2011 年 2 月底至 3 月初，让分布在利比亚各地的 35860 名受困中国同胞，在短短 12 天中全部安全撤出、回到祖国怀抱。

据商务部统计，中国企业在利比亚承包的大型项目大概有 50 多个，涉及合同金额 188 亿美元。同时，国内有 75 家（13 家央企）企业在利比亚有投资。但战争爆发后，中国企业在利比亚的项目大都暂停，甚至有部分央企蒙受了损失。例如，葛洲坝集团此前在利比亚承接的 7300 套房建工程施工项目，合同总额约 55.4 亿元，受战乱影响项目终止，未完成合同工程量 83.2%，获中信保险赔付约 1.62 亿元。

中国企业为何要历险投资危地？中国 MBA 联盟顾问委员会回应："利益是根本原因"。

中国现在是世界第二大能源需求国，而全球最重要的 50 多种矿产中，非洲有 17 种的蕴藏量居世界第一位。以石油为例，目前非洲已经是中国最大的海外石油来源地，出于现实利益的需要，即使有风险中国也必须留在那里。促使中国企业留在高危地区的一个更现实的原因是国内市场的饱和。

拿中国企业经常做的建筑工程承包为例，目前，中国建筑业从业人数已超过 4000 万人，其中约有 1500 万人处于无工状态，这一部分富余劳动力迫切需要转移出去。而只有在非洲和中东这两个高危区的工程承包市场上，中国企业才能既与西方承包商比成本优势，又与当地承包商比技术优势。

据不完全统计，2010 年有 8234 万人次中国人走出国门，到 2011 年年底境外中资企业接近 3

万多家。

在我国央企海外业务中，海外基建工程业务占比最大，而这些工程项目大部分分布在非洲、东南亚、拉丁美洲等地区。中国中铁、中国铁建、中国建筑等央企在海外承包了大量基础设施工程。

上述分析读者可以看出：①对外投资的承接项目是中国的需要；②到高危地区承接项目的原因是利益；③土木建筑是对外投资和承接任务的主行业。

其实在发达国家，中国也不乏土建承包的工程，2013 年 9 月通车的美国旧金山——奥克兰海湾大桥，中国承包了大桥的钢塔、钢箱梁和浮吊等工程，合同总额 3.5 亿美元；同年通车的土耳其安伊高铁也是中国承包建设的。

这种"走出去"的战略是中国改革开放的必然结果，越来越多的中国公民活跃在世界各地。2002—2011 年，我国内地出境公民从 1660 万人次猛增为 7025 万人次，在外劳务人员数量从 41 万人增加到 81 万人，境外企业从不足 7000 家增长到 1.8 万家，遍布全球 178 个国家和地区。这从一个侧面也回答了为什么土木工程的大学毕业生比较容易就业的问题。

1.3 土木工程难度大，效益高，服役久

能称得上基本建设的项目几乎毫不例外地都是难度较大、效益较高且服役周期较长的。正因为如此，人们才肯于向土木工程进行投入，也才使其成为积极的财政政策的重大投资取向，这一点在 1.2 节中已经作了阐述。正是这种大投入又能长期服役的特点，才造就了土木工程成为大幅度拉动国民经济的学科和行业。表 1-5 及表 1-6 中的工程动辄百亿乃至千亿计就是明证。

1.3.1 土木工程难度大

1. 南水北调

要说工程难度，大概南水北调是相当典型的，它是一项举世罕见的伟大的土木工程。图 1-19 给出了南水北调工程的总体布局示意图。该工程分东线、中线、西线三条线，按 2000 年物价指数估算，约需投入 5000 亿元，2050 年全部竣工后，自长江流域向我国北方总调水达 448 亿 m³，可谓一项改天换地的伟大壮举。

南水北调工程投入是我国改革开放以来单项工程总投入最大的一笔，按目前北方对水的需求，以及应对当今全球经济危机的需要，可能还要加大投入提前投产。事实上，截至 2014 年年底东线、中线已经调水运营。

这么巨大的工程，难度大应该是在意料之中的事。图 1-20 给出了东线的纵剖面图，自扬州至天津，全长 1156km，要经过十三级提水，总扬程 65m，然后穿越黄河才开始自流至天津。图 1-21 为中线的纵剖面图，自丹江口至北京团城湖，全长 1267km，穿越大小河流 686 条，跨越或穿越交叉建筑（如铁路、大型交通枢纽和高速公路等）1774 座，沿途有许多恶劣的地质条件，如经过膨胀土 347km，黄土 245km，软黏土 19km，采矿区 64km。图 1-22 为西线的纵剖面图，自西

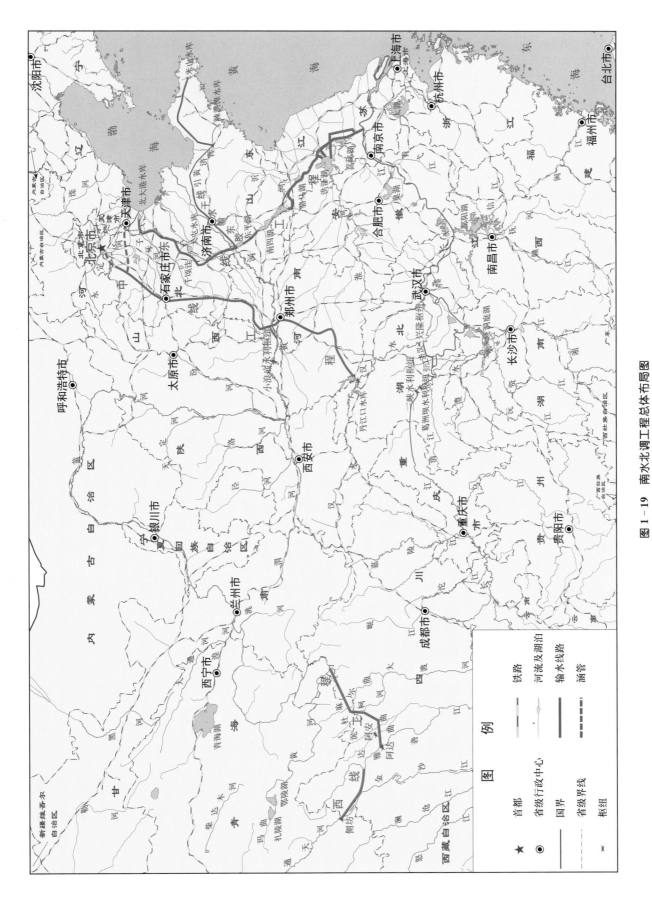

图 1-19 南水北调工程总体布局图

图例

★ 首都
◉ 省级行政中心
—— 国界
-------- 省级界线
✕ 枢纽

—— 铁路
· 河流及湖泊
—— 输水线路
-·-·- 涵管

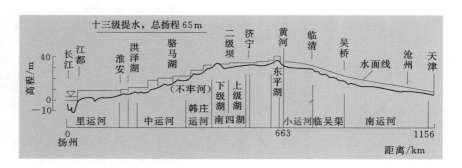

图 1-20　南水北调东线工程输水干线纵剖面示意图

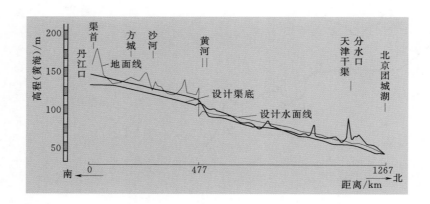

图 1-21　南水北调中线工程输水干线纵剖面示意图

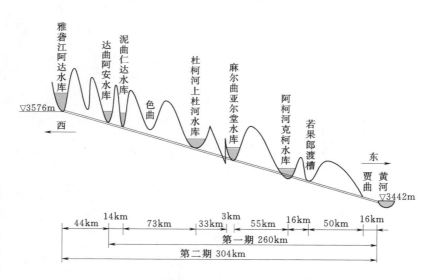

图 1-22　南水北调西线工程输水干线纵剖面示意图

藏长江上游的雅砻江东至贾曲进入黄河，全长 304km，基本上是在我国西南地区崇山峻岭之间靠开挖隧洞来实现的。隧洞总长达 288km，占西线全长的 95%。为了保证足够的水量和落差，沿途还要修建多个高坝水库。有的坝高超过 300m，这在世界建坝史上也是少见的，特别是在高原、高寒和强震带修建这种高坝更属罕见。

2. 青藏铁路

难度大的土木工程还有很多，在本书第3章中将详细介绍的青藏铁路也是一项举世罕见的高原铁路工程。该路具有重要战略意义。青藏铁路北起青海格尔木，南至西藏的拉萨，全长达1100多km，静态投资近1300亿元。全线地质条件复杂，气候条件恶劣，近90%的地段在海拔4000m以上，其中北起西大滩，南至安多，长约550km的线路位于高原，全线的最高点在唐古拉山，海拔高达5072m，这些多年冻土地区，气候寒冷，气压低，为560～600hPa，既不利于人类生活，更不利于施工。除高原冻土以外，尚有河漫滩地、断陷盆地、谷地及三江源等国家自然保护区。

这是一项巨大的土木工程，它所遇到的技术难点，不但在中国是前所未有的，在世界上也是罕见的。例如，冻土路基的沉降及防治，冻土的开挖爆破，冻土区的桥梁抗震，混凝土的冻蚀，隧道支护、通风、热稳定，生态保护等。据媒体报道，仅为了保护藏羚羊、野牦牛等珍稀动物往返穿越栖息地的需要，建有33个野生动物通道，连同其他环保方面的支出，总数高达数十亿元之多。

3. 海上采油平台

采油平台是在海上建造的生产车间，会遇到很多通常土建项目中难以遇到的问题。首先，项目的环境恶劣、荷载复杂且随机性强，如风、浪、流、冰、潮汐、海生物侵蚀、氯离子腐蚀等；其次，项目服役的安全度和耐久性要求极高。图1-23所示为东海某固定式采油平台。

由于石油的巨大利润，人们克服各种困难在恶劣的条件下进行开采。自1947年在墨西哥湾建造了全球第一座钢结构海上采油平台至今，全世界已有采油平台上万座，中国也已有100多座，仅在渤海湾就有50多座，2007年渤海油田的产量已达年产2000万t。关于采油平台详见本书第7章7.4节。

需要说明的是，这种难度极高的土建项目，其风险也很大，表1-12给出了一些典型的海上采油平台事故，可以从一个侧面看出土建工程难度之大、难点之高。

图1-23 东海某固定式采油平台

4. 西气东输

图1-24给出了已经开始运营的西气东输一线工程的平面示意图，该工程全长4000km，跨越新疆、甘肃、宁夏、陕西、山西、河南、安徽、江苏、浙江和上海10个省（自治区、直辖市），被称为我国管线建设史上规模最大、难度最大的工程，可以罗列以下9个"最"。

表 1-12　　　　　　　　　　全球海洋平台灾害摘录

日　期	地　点	原　因	损　失	备　注
1964 年冬	阿拉斯加（美）库克湾两座平台	被海水推倒	平台失效沉没	新建不久
1965 年	英国北海"海上钻石"号	支柱拉杆断裂	平台沉没	
1964—1965 年	墨西哥湾共 22 座平台	飓风	平台失效及沉没	共有 1000 座，倒塌 22 座，占 2%
1969 年	中国渤海二号	被海冰推倒	死亡数十人，平台失效	曾引发诉讼
1980 年 3 月	大西洋北海油田平台	一条腿疲劳断裂倾覆	死亡 122 人	
1992 年	墨西哥湾（此时共有 3850 座平台）19 座平台	Anderew 飓风	19 座平台全毁	多为 1965 年前建造，老化
1998 年 7 月	英国北海 Alpha 平台	火灾	死亡 165 人	
2011 年 3 月	巴西 P-36 平台	火灾	死亡 11 人	
2011 年 4 月	巴西 P-7 平台	井喷 1.3 万 L	污染海域大片	
2010 年 4—9 月	墨西哥湾	爆炸	死亡 11 人，泄漏原油 490 万桶	污染大片海域

图 1-24　西气东输管线平面示意图

（1）距离最长，4000km。

（2）管径最大，1016mm。

（3）管壁最厚，26.2mm。

（4）投资最多，1500 亿元。

（5）运营压力最大，输气压 10MPa（目前我国正在运营的管路平均不足 6MPa）。

（6）输气量最大，初期年输 120 亿 m³，2010 年输 200 亿 m³。

（7）钢材等级最高，采用针状铁钛体 Z70，用钢 200 万 t。

（8）经过的地质条件最复杂，线路穿过沙漠、戈壁、山区、丘陵、盆地、黄土高原和农田水网，40% 的地区地震烈度超过 Ⅷ 度。

（9）施工难度最大，穿越吕梁山、太行山、太岳山，经湿陷黄土，穿河 14 次（长江、淮河 1 次，黄河 3 次）、铁路 35 次、公路 421 次以及江南水乡和城镇繁华区等。

这是西气东输一线工程，2005年初已全线通气，此后又相继建设二线和三线其难度不亚于一线。

1.3.2 土木工程效益高

土木工程突出地表现在它的高效益。没有巨大效益，就不会有人愿意花巨资进行投入。

1. 三峡工程

三峡工程综合效益巨大，首先是防洪效益，可保证长江遭遇百年一遇的洪水无须启用荆江分洪区。目前我国荆北地区人口400多万人，耕地800万亩，过去一遇洪水，则动辄居民搬迁，耕地绝收或减收，损失难以估量。三峡工程总移民130万人，支出几乎占用了三峡工程总投资的1/3～1/2，按1993年的预计，移民费400亿元，占当年总预算（900亿元）的44%。而荆江分洪短时间要动迁400万人，尽管属于临时动迁，其经费估计也不亚于三峡工程总移民的支出，何况还有800万亩良田减收和绝收。2012年7月长江流域暴雨，三峡水库拦洪削峰高达40%，保证了下游的安全。

至于发电效益更是显而易见，总装机32台，每台70万kW，总装机容量2240万kW，年发电1000亿kW·h，是全球发电最大的水利枢纽，相当于建设一个年产4200万t原煤的煤矿或年产2100万t原油的油田。如果计及水电对环保的优越性，其效益就不仅是能量的等值比价了。

2. 效益大而且深远

前面提到的几项重大的土木工程在后面几章中都会详细介绍它们的效益，有些还在施工过程中就已经开始创造效益了。早在2004年三峡第一台机组就开始发电，至2009年初，发电量已相当于北京市全年的用电量了。至于青藏铁路，其效益远不仅仅是促进西藏地区的经济发展，还有一个用经济无法核算的国防安全问题。

国际上两条大的运河更能说明问题。1969年开通的苏伊士运河和1914年开通的巴拿马运河，为了争夺税收和管辖权，竟引发了规模不小的国与国之间的战争。还有后面将要提到的海上运河热，也是因为开凿运河缩短航程，征收过往船只的通行费所带来的巨额收入。2012年7月尼加拉瓜国民议会高票通过了一项议案，议案决定在该国南部开凿一条横贯大西洋与太平洋的运河以解决巴拿马运河无法通过巨型油轮的航运问题，预计投资300亿美元，这项议案的本质是利益驱动。

1.3.3 土木工程服役久

服役久是指土木工程建设项目大都服役周期很长。土木工程效益高的一个重要原因也是因为它的服役周期长。试想如果一个服役期极其短促的项目，除非有特殊的原因，谁肯投入巨大的财力和人力？

土木工程的服役周期长，处处都可以体现。且不说像三峡工程那样的大型基本建设项目，就是一般民用住宅，公认的基准期是50年，而实际使用年限常常多达100年甚至更长。上海外滩那些早在 19 世纪末叶就兴建的洋房，至今基本完好无损，如果不发生自然灾害，再用 100 年也还是可能的。许多历史上大型的土木工程设施，如 2014 年被联合国高票通过的中国自然遗产"京杭大运河"这条中国唯一的南北大航道是公元前 400 多年以前由吴国开始兴建历经隋、元、清不断扩建，历时已长达 2000 多年，至今还在通航，而且有的航段还是南水北调东线工程的输水线路；在战国时期（公元前 300 年左右）由李冰父子主持兴建的都江堰水利工程已服务 2300 年以上，是土木水利界公认的历史奇迹，这项工程为四川盆地的农业增产究竟产生了多大的累计效益，已经无法统计。

1.4　土木工程学科有较强的延续性和适应性

　　由于土木工程与各行各业的紧密关系，日益显示出它对人类生活、生产乃至生存的重大作用。单从安全和防护的角度看，从战国时期的万里长城到今天的高级地下指挥所，都是土木工程充当主角的。现代的电气化和信息化也离不开土木工程的参与和配合，甚至要先走一步，如发电厂房，远距离输送的高压塔、手机信号的发射接收塔架等。读者如果稍微留心一下就会发现，每个城市甚至道路两侧矗立了很多状似电杆的东西，其顶部有一个插有许多发射接收用的金属针状物的圆盘，那就是手机传递信息的发射接收塔架。土木工程的基础性和与各行各业的紧密关联性，决定了它在学科上有较强的延续性和拓展性。

　　这个问题首先从现代科学技术的高速增长谈起。

1.4.1　现代科学的高速增长和半衰期

　　1844 年恩格斯在《政治经济学批判大纲》中指出，"科学的发展同前一代人遗留下来的知识成正比，因此在最普通的情况下，科学也是按几何级数发展的"。

　　20 世纪中叶，有人提出了科学技术的指数增长理论：

$$B = Ae^{kt} \tag{1-1}$$

式中　A——开始时科学技术量（可通过图书资料、科研人员数、科学投资等间接测量）；

　　　B——现有科学技术量；

　　　e——自然对数的底；

　　　t——时间，年；

　　　k——根据不同国家、不同生产发展水平、人口素质等综合决定的参量。

　　20 世纪中叶，美国有的科学家取 $k = 0.07$，按式（1-1）计算发现每 10 年的科学技术增长量分别为

$$t = 10, B = 2.014A$$

$$t = 20, B = 4.055A$$

$$t=30, B=8.166A$$

$$t=40, B=16.445A$$

$$t=50, B=33.12A$$

这一计算结果被美国化学文献（简称 CA）引用文摘量的增长所证实，示于表 1-13，可见，差不多每 10 年翻一番。无独有偶，一位美国统计学家按式（1-1）计算每 10 年美国科研人员的增长情况，居然也出现了这种惊人的吻合，见表 1-14。

表 1-13　　　　　　　　　CA 文 摘 量 的 增 长

年　份	CA 文摘量/条	年　份	CA 文摘量/条
1957	101027	1977	469883
1967	240000		

表 1-14　　　　　　　　　美国科研人员的增长

年　份	科研人员数/人	年　份	科研人员数/人
1930	46000	1950	175000
1940	92000	1959	300000

科学技术的高速发展还表现在一个科学原理从发现到产生效益的周期日益缩短。表 1-15 列出了 11 项重大科技成果从发现原理到产生效益的周期。

表 1-15　　　　　　11 项重大科技成果从发现原理到产生效益的周期　　　　　　单位：年

19 世纪	电动机	←———————————→ 65
	电话	←——————————→ 56
	无线电	←————————→ 35
	真空管	←———————→ 31
20 世纪	雷达	←——————→ 15
	喷气发动机	←—————→ 14
	电视机	←————→ 12
	尼龙	←———→ 11
	原子弹	←——→ 4(从发现核裂变算起)
	集成电路	←—→ 2
	激光	0.5

科学技术的高速增长势必存在一个新的科学不断崛起而早期的科学技术日益老化甚至消亡的过程，就像毕昇发明的活字印刷术已经完全被计算机排版所取代一样。这种延续和发展的现象表

现在科技文献上更为直观。

1958年美国J.贝尔纳提出文献"半衰期"（亦称半生期）的概念，如某文献的半衰期为6年，就是说这一领域现在正被利用的所有文献中有一半是在这6年内发表的，亦可以理解为6年以后文献资料的应用价值降低了一半。

R.巴尔顿和R.凯普勒计算了几种科技文献的半衰期，见表1-16。

表1-16　　　　　　　　　　几种科技文献的半衰期　　　　　　　　　单位：年

科技文献	半衰期	科技文献	半衰期	科技文献	半衰期	科技文献	半衰期	科技文献	半衰期
生物医学	3.0	物理	4.6	机械制造	5.2	化学	8.1	地质学	11.0
冶金	3.0	化工	5.0	生理学	7.2	植物学	10.0	地理学	16.0

1.4.2　土木工程的延续性和适应性

1.延续性

半衰期长说明一个学科所传授的基本知识，其实用期可以一直延续较长的时间。表1-16中并没有专门列出土木工程的半衰期，但土木工程更接近地质学、地理学，还接近物理学中的力学，土木工程材料接近化学中的材料学科，它们的半衰期都是较长的，特别是地质地理学的半衰期更长，人们戏称土木工程是修理地球的，也许是一种贬义，但笔者却觉得近乎实际，这恰恰构成了土木工程具备较长延续性的优势。

就个人的职业寿命而论，许多学土木建筑的人随着年龄的增长、经验的丰富而更加忙碌起来，被戏称为"发挥余热"或"老中医"。

在中国生于20世纪二三十年代的人大都经历了战争乃至政权的更迭。笔者亲眼看到了即使在特殊年代里，学工科的，特别是土木工程学科似乎总是有事干，这个现象背后或多或少地展现了人类生活、生产乃至生存对它的需求和依赖。在这里笔者无意渲染土木工程多么伟大，这些现象实际上是促进了笔者的思考，使笔者逐步认识到土木工程这个学科的基础性、防护性、普适性甚至人类生存对它的依赖性，具有这类属性的学科一定是属于寿命较长的，可以延续若干年甚至一个历史时期。

半衰期短说明发展快，是人类社会进步的表征，但半衰期长，这丝毫并不意味着土木工程像蜗牛一样爬行；恰恰相反，这正说明了人类对这个学科和领域的需求和依赖，更何况土木工程正在吸取近代科技成果，和其他学科一样也已经有了惊人的进步和发展。这个问题笔者在第9章阐述。

2.适应性

延续性强的学科和知识，其适应性一定较强。所谓适应性主要表现有二：其一是它的专业知识可以适应较多的专业和行业；其二是它所培养的人才比较容易转行，就业面宽，因而也体现为这个学科的人才社会需求量大，不易饱和。适应性强的学科其专业覆盖面一定较广，它所传授的知识在传统学科中势必有较强的基础性，譬如学土木的转去搞水利、搞交通，乃至采掘和造船等，似乎都有较大的可行性。在现实社会中，这种专家并不罕见。正因为如此，这几年才出现了所谓"大土木"的概念，这个概念是现实生活的真实反映，也如实道出了土木工程专业覆盖面广、行业涉及面宽的内在品质。

正因为这种适应性才出现了改革开放之后各高等学校纷纷成立土木系，尽管名称各异，但总体上是属于土木工程的。早在晚清时期，作为中国第一批赴美留学的幼童之一的詹天佑就不是专门学铁道而是学土木工程的，他是中国土木工程学会的创始人。新中国成立初期土木工程分级很细，如铁道学院、公路学院、矿业学院……虽有急功近利之嫌，但也反映了对土木工程人才需求的迫切。

1.5 土木工程与人力资源开发

1.5.1 中国的人口和就业状况

中国是一个人口大国，1949 年新中国成立时为 5.4 亿人，至 1995 年 2 月 15 日中国达到 12 亿人，截至 2010 年年底，我国第 6 次人口普查的结果显示，总人口已达 13.39 亿人。图 1-25 给出了新中国成立后我国 6 次人口普查的结果，可以看出在短短的 60 年间，人口竟翻了一番还要多。根据历史资料，笔者对我国主要历史时代的人口状况做了粗略的统计，并形象地给出了从公元 0 年至 2000 年人口增长曲线，见图 1-26。

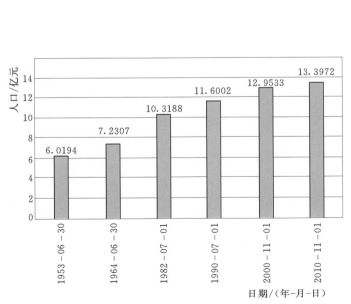

图 1-25 新中国成立后 6 次人口普查结果

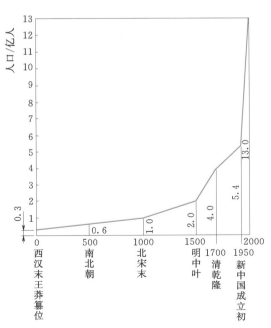

图 1-26 中国人口增长曲线

　　图中显示公元 0 年大约是王莽篡位的年代，中国总人口约 3000 万人，经过了 500 年大约在两晋南北朝时期，中国总人口已达 6000 万人；又经过了 500 年（1000 年），大致为北宋末年，人口达 1 亿人；再经过 500 年（1500 年），到了明朝万历年间，中国人口已达到 2 亿人；此后仅经过了 200 年（1700 年），正值中国乾隆盛世，总人口已达到 4 亿人。新中国成立后，1950 年我国进行了一次并不完善的人口普查，得到的准确数字是 5.4 亿人。而第 5 次人口普查就已接近 13 亿了。图 1-26 显示从 1950 年开始中国的人口增长已近乎垂直陡增了。从地球的容纳量和我国人均财富来看，人口多的确带来很大困难。详见第 5 章。但面对这个已经存在的现实应该以积极的态度来对待它，看成是一个人力资源，要设法去开发它，变被动为主动，充分发挥它的作用和潜力。事实上改革开放以来，我国政府也一直是这样做的。

　　随着改革开放的深入，大量的农村多余劳动力涌入城市打工，这批劳动力女性多从事纺织、家务劳动等，而男性则以土木建筑业和采掘业为主。2010 年年底第 6 次人口普查结果显示，我国在各个城市打工的农村人口多达 2.5 亿人，这是任何国家都不具备的人力资源，改革开放以来我国基础设施大量兴建，国民经济高速增长，这批人力资源功不可没。

　　不可否认的是这批人力资源相对素质较弱，主要表现为文化水平和技术能力。图 1-27 给出了我国劳动力技能状况的统计情况，图中显示，左侧呈两头大中间小，上面是待业的本科毕业生 860 万人（2009 年"两会"披露），下面是多达 2.6 亿人的低素质农民工，而中间职业技能人才仅 6500 万人（这 6500 万人是城镇注册从业人口，不包括 2.6 亿农民工），这些技能劳动者绝大部分是初级工、中级工，高级技师仅占 4%，约 260 万人。

　　图 1-28 所示为历年全国高校毕业生就业率的走势图，可以看出自 2002 年开始下滑，到 2003 年只有 70% 的人可以在半年至一年内就业，还有 30% 的人没有合适的岗位。这是大学毕业生的总体统计，按专业统计的结果，土木工程专业几乎 100% 即时就业。这大概可以回答改革开放之后各高校纷纷成立土木工程专业的原因。

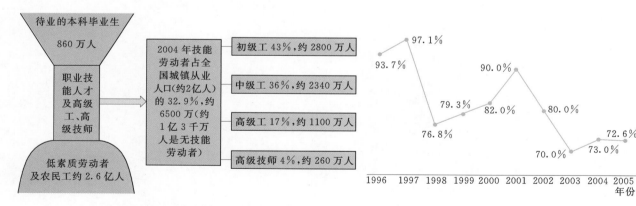

图 1-27　我国劳动力技能状况统计情况

图 1-28　历年全国高校毕业生就业率
（注：资料来自《人民日报》，2007 年 11 月 26 日）

　　其实早在 21 世纪初叶，大学毕业生就业问题就开始显露了，仅北京市在 2002 年统计，当年不能就业的毕业生就高达 10 万人。

1.5.2 土木工程可以吸纳各类人力资源

1. 劳动密集型行业的优势

土木工程无论在历史上还是科技高度发展的今天，相对于其他行业来说都属于可以吸纳人力资源的劳动密集型行业。稍微留意一下大坝施工浇注混凝土时有多少人在操作，还有近年来兴起的装修行业，许多装修环节近乎精雕细刻，别说重要的厅堂楼馆，就是一个家庭单元，一般装修至少也要一个月左右，动用上百乃至几百个人次。

2008年由美国引发的经济危机造成大量的劳动者失业，中国乃至整个世界的解决方法之一就是向基础设施倾斜性投资，铁道部就先后开工了14条以上的铁路，仅2009年就投入6000亿元，这笔投资可以创造600万个就业岗位，消耗钢材2000万t，水泥1.2亿t。请注意土木工程带动的远不只是劳动力的安排，上游的材料业，如水泥、钢材还有玻璃等，下游的机械制造业，如车辆以及与车辆有关的那些隔声、保温设施及座椅等，可以带动太多行业免于萧条和破产。

历史上遇有灾荒时采取积极措施的并不罕见。北宋范仲淹时代一次严重的干旱，饥民到处流浪乞生，唯独范仲淹辖区没有外出逃荒的人。他采取积极的政策，劝说富人们不要搭设粥棚去养活饥民，而让他们将钱投入办学堂、兴庙堂、修桥、铺路，灾民们到工地上干活的同时也领到一份口粮。灾荒过去了，这里的基础设施也得到了改善。国际上这种先例也不罕见。19世纪20年代末30年代初爆发了世界性的经济危机，美国也不例外，失业人口到处流浪，逃荒者众多，时任美国总统胡佛坚持修水库、筑大坝，吸引了成百上千的人到大坝工地上干活。危机过去了，大坝也修起来了，就定名为"胡佛大坝"。至今胡佛大坝形成的水库已经取得了巨大的综合效益，如果考虑到当时修水库拯救经济危机和救济的失业人口，那就不仅仅是大坝修成之后所产生的经济效益。它还包括社会稳定的政治效益。

请读者注意，这两个例子都是土木工程的范畴，土木工程是劳动密集型产业，上下游涉及的行业又多，因此这类工程养活的人口远不止是在工地现场直接的劳动者，还包括难以计算的上下游为它服务的各行各业的劳动者。

2. 土木工程迫切需要充实技术力量

土木建筑业的技术力量，在各行业中是相当低的，这有历史原因，也有人们对土木工程的误解和偏见，特别是年轻人这种偏见尤其严重，盲目甚至有点迷信色彩地崇尚高技术。殊不知土木工程也是高技术。你去正在开挖的海底隧道看看，一定会惊讶于巨大的盾构在海平面下的岩层内向前掘进的宏伟场景；你再到杭州湾大桥去看看，巨大的喇叭口海湾集中了大量潮汐的能量，一直冲向钱塘江，形成了举世闻名的"钱塘观潮"，在这种地方修建一个跨海大桥所需要的高技术该有多少；还有卫星发射中心、地下指挥基地等现代的基础设施，它们本身就是高技术。那种认为只有计算机、通信、航空航天才是高技术的认识至少是片面的。多年来国家大量投入的与土木工程有关的基础建设的施工现场严重缺乏第一线的技术人员。2004年披露全国在册的3800万建筑大军中由于技术力量极缺，安全事故层出不穷，每年因安全事故死亡人数达1500人之多。

教育是根据社会需求而不断调整专业方向的。1978 年以前我国仅有 22 所院校设有土木方面的专业，而 1995 年上升至 220 所，是 1978 年的 10 倍；到 20 世纪末叶，据不完全统计已有 340 所之多，从大土木的概念统计已多达 500～600 多所了。2004 年中国每年培养的土建方面专业人才总数 6.3 万人，其中技校毕业生 3 万人，本专科毕业生 3.3 万人，这些人就是全部补充到土木工程行业中去，仅占中国 3800 万建筑大军的 0.17%，缺口之大，十分惊人。一个大型的建设项目常常在现场找不到对口的技术人员，而工人又没有经过特殊的职业技术培训，发生事故的隐患极大。

所以说土木工程专业大学生的就业问题是比较乐观的，至少几十年内也不会饱和，起码在中国如此。

1.6 结论——伟大的土木工程

1.6.1 一门古老而又年轻的学科

人们普遍认同土木工程是一门古老而又年轻的学科。古老是说它历史悠久，可以一直追溯到上古的有巢氏。历史就是生命，就是发展，就是贡献，说得直白一点就是人类需要它才使它得以一直延续，而土木工程自身随着社会和科技的发展又不断改进提高，用新技术来武装完善自己，于是它"年轻"了，身强体壮，得以更好地为人类服务。

200 年以前，无法开挖海底隧道，更无法构建巨大的海洋平台，首先是技术力量达不到，当其他学科（机械、信息、材料等）有了发展而土木工程又得到武装之后，这些工程就能够实现了。这个过程是人在操控的，不是一个"死"的学科自身长出来的，这种操控又由人类的需求来决定，在陆上的石油并不紧缺的年代，人们不会向海洋索取石油，就不会对土木工程提出建造海上采油平台的任务。

土木工程依靠人类社会一代又一代对它永不休止的需求，必须不断地武装完善提高它，使它成为一门真正古老而又年轻的学科。

1.6.2 伟大源于自身的特点和属性

无论是人物、思想，还是事业、成就，能称得上伟大的，大都与它的贡献、作用、价值、地位及有效期等因素联系在一起，作为一个学科或一个行业，衡量的标准也不例外。

我们说土木工程是伟大的，就在于以下几个方面。

1. 贡献大

土木工程既是一个专业覆盖面极宽的一级学科，又是一个行业涉及面极广的基础产业和支柱产业。土木工程对国民经济消长具有举足轻重的作用，改革开放以来，它对国民经济的贡献率达到甚至超过 1/3。

2. 生命力强

土木工程历史悠久，可以一直追溯到远古时代的有巢氏，在漫长的人类社会发展史上，它显示了极强的生命力，这种强大的生命力源于人类生活乃至生存对它的依赖和与它的关联。过去如此，现在还是如此——在科技高度发达的今天，我们也很难找出一个与土木工程毫无关系的行业，何况土木工程自身又不断地用现代高技术来充实武装自己。这种与时俱进的发展和壮大，又进一步增强了它的生命力及其与各行业的依存关系。

3. 可贵的属性

土木工程有一些重要而优秀的属性，这些属性是其他行业不具备或者不完全具备的。

（1）防护性——从远古时代用于遮风避雨、防御野兽和部落侵袭的造巢、筑城和开壕，到现代的地下战略储库、地下指挥中心、核安全壳、防洪堤坝的构筑，以及抗震构造措施的采取等。

（2）超前性——多数行业的起步和发展，大都由土木工程充当"先行官"，例如，发电需先建厂房，交通需先修路架桥，通航需先挖渠开隧等。著名的日本青函海底隧道和英法海底隧道，无一不是土木工程先行，然后才能通车见到效益的。一切突发而又难以预测的灾害，大都可以用土木工程手段超前性地预先采取防护性减灾措施。

（3）基础性——堪称大型土木工程的，莫不属于投入大、服役周期长的基础设施。历经2000多年的京杭大运河至今还是我国唯一一条南北通航的重要航道。今天，我国已投入运营的青藏铁路，以及已经竣工的三峡工程，和南水北调工程东、中两线，都属于重要的基础性项目。正是由于这种基础性，它们的巨大投入可以大幅度地拉动国民经济，而一旦建成之后，它们长期而又有着巨大效益的服役也将促进国民经济的增长。如今，人们已经很难精确计算出苏伊士运河或巴拿马运河究竟带来了多大的经济效益。

（4）普遍性——国民经济各行业的发展或多或少地都离不开土木工程，即便被认为是现代高速公路的信息产业，也需要先铺设光缆和修建发射接收塔。广义而论，只要有人类生存的地方就一定有土木工程的实践活动。

（5）恒久性——仅仅从土木工程在防灾减灾中所承担的积极的不可替代的作用，就可以判定土木工程的恒久性了。因为，只要承认世界是物质的，物质是运动的，灾害就是永恒的。因而，作为防灾减灾最重要的手段之一的土木工程就是永恒的。狭义而论，土木工程的恒久性还体现在它的服役周期长且效益丰厚，至少目前我们尚未发现有哪个行业、哪个产品能够超越都江堰、京杭大运河这样的基础性项目，历经千年还在正常运营，这些项目的效益早已远远超出了对它们的投入。

这些观点是笔者几十年来在土木工程领域工作的感悟和体会的结晶，总结时尽量做到数据可靠、论据准确，力求从较高、较宽的视角来考察和审视在人类历史长河以及今天现实社会中土木工程所扮演的角色和所起到的作用。笔者无意为土木工程树碑立传，只是别人尚未注意而笔者注意了并思考了，明白地说出了土木工程应有的并一直在发挥着的作用和价值，对土木工程给出了一个比较客观而公正的评价。

中国的发展离不开土木工程，实现中华民族伟大复兴的中国梦也离不开土木工程。现在可以毫不勉强地说一句——伟大的土木工程！

第 2 章　房屋建筑与特种结构

2.1　居住建筑与房地产业

　　历史上中国普通居民的住宅本来就是严重欠缺的，新中国成立后既没有重视也没有力量去解决这个问题。城市普通百姓居住条件之差达到了惊人的程度。两代人甚至三代人同住一宅的情况并不鲜见。改革开放后，市场经济的引入给这个需求开辟了解决的途径，一时大量兴建商品房。于是房地产作为一个产业萌生并发展了，这种发展势不可挡。要评说改革开放 30 多年来发展最快的几个行业，大概房地产业应列入其中。其萌生和发展主要是两个杠杆，其一是需求；其二是市场经济的引入。

　　然而正如第 1.2.3 和第 1.2.4 节所述，房地产业在高度发展的同时就像一匹脱缰的野马，有可能引发全局的经济危机。我国目前在经济运行中已经若隐若现地在告诫人们需要警惕这种风险，深层次的原因经济学家们会有比较准确的看法，一般人能看到的是房价飞涨，其价格远远超过人们的购买能力。市场上大量的闲置楼盘矗立在那里，无人问津。我国政府有较强的操控能力，其先后推出的廉价房、廉租房、棚户区改造、城镇化移民搬迁均带有干预房地产市场的成分。

　　其实我国从 2008 年应对美国两房危机时的举措就展示了我国政府的能力，当时立即出台了一个 4 万亿元人民币的投资计划，几乎全部用于民生工程，见图 2-1，其中从左至右前三块全与基础设施且均与土建工程有关，后两块的污水治理、灾后重建也基本上是土建方面的，毫无疑问投入最大的应属重大基础设施，如有人曾戏称为"铁公鸡"的铁路、公路、机场，这些投入对改善和提高中国交通运输以及因交通瓶颈而滞后的产业发展状况起了巨大的作用。

2.1.1　中国房地产业和住宅的发展形势

1. 经历了前所未有的大发展

　　改革开放之后，我国建筑业和房地产业发展成为国民经济的重要支柱产业。1980—2007 年，建筑业总产值由 286.93 亿元发展到 50019 亿元。建筑业增加值占 GDP 的比重多年稳定在 5.5% 左右。房地产业快速发展，2007 年商品住房竣工面积占城镇住房供应量的比重超过 72%。房地产业增加值占 GDP 的比重达到 4.75%。

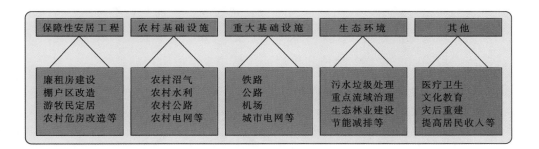

图 2-1 4万亿元人民币投资计划

城乡居民住房条件明显改善。城镇住房建筑面积由改革之初的人均 6.7m² 提高到 2007 年的人均 26m² 以上，累计帮助 1790 多万户城市低收入家庭改善了居住条件。2007 年年底，农村人均住房建筑面积达到 31.6m²。

2. 城市住宅向多、高层发展

由于城市集约度的需要，在城市中的人口越来越多，而土地又不能无限制地使用，因此，世界上任何一个国家的大城市，住宅建筑多数还是以多层和高层为主，我国规定 8～9 层以下为多层，高于 9 层则属于高层，并规定 7 层以上可以安装电梯，2014 年由于人性化的倡导和人口老龄化的增加，改为 4 层以上可以安装电梯。

多层住宅建筑在我国几乎每个城市里都到处可见，高层住宅建筑则是从 20 世纪 80 年代开始大发展的。图 2-2 给出了一幅多、高层建筑并存的图景，这种景象在中国的各个城市几乎比比皆是。

图 2-2 多层与高层建筑

3. 住宅建筑日益高档化和商品化

随着人民生活水平的提高和改革开放的深化，我国住宅建筑逐渐显示出向高标准和商品化发展的趋势，这在东部沿海的发达城市尤其明显。图 2-3 是 20 世纪末开始发展起来的日照市花园式别墅。要提醒读者的是，日照市并不是我国十分发达的城市，尚且能够形成一个花园式别墅市场，那些更加发达的城市就可想而知了。它从一个侧面充分展示了我国人民生活水平的提高和房地产业在国民经济发展中日益重要的地位和作用，这是一个不可阻挡的趋势。

图 2-3　日照地区的花园式住宅

4. 高度关注房地产市场的风险

在 1890—2007 年长达 120 年的历史中，美国房市崩盘发生过两次：一次是在第一次世界大战（简称"一战"）前至第二次世界大战（简称"二战"）结束，房地产整体疲弱；第二次就是始于 2008 年由"两房"危机引发的这一轮房地产调整。第一次硬着陆没有给经济带来太大的直接影响，反倒是大萧条影响了房地产市场的复苏。第二次调整则成为危机肇始的源头，对全球经济、金融产生了重大冲击。日本在"二战"后经历了三次较大的房地产市场调整，前两次并未出现硬着陆，也未对经济产生重大影响，只是第三次调整，引起了严重的金融风险和经济硬着陆。

引发重大不良后果的房地产调整，往往发生在房地产市场的成熟阶段和经济缺乏内在增长动力时期。

我国商品房建设自改革开放之后有了巨大的发展，对改善城市居民的居住条件吸引投资，增加财税收入促进国民经济的快速增长起了不可忽视的作用，但也应该看到房地产业的高速发展，房价飞涨，许多收入较低的群体难以购买的现实势必会导致房地产业整体疲软，有的经济学家已经开始担心有"崩盘"的可能，事实上我国政府也注意到这个问题的严重性，自 2008 年美国两房危机暴发之时我国在 4 万亿的救市行动中就已经将民生工程的"保障性安居工程"载入扶持之列，见图 2-1。

民生工程是我国的基本国策。在坚持群众自愿的前提下，我国对居住在生存条件恶劣、自然资源贫乏地区的贫困人口实行易地扶贫搬迁，截至 2010 年，易地扶贫搬迁 770 万人。扶贫搬迁有效改善了这些群众的居住、交通、用电等生活条件，很多贫困地区把搬迁扶贫与产业化扶贫相结合，加快这些贫困群众脱贫致富的进程，逐步实现了"搬得下、稳得住、能致富"。在推进工业化、城镇化进程中，一些贫困地区把扶贫搬迁与县城、中心镇、工业园区建设相结合，和退耕还林还草、生态移民、防灾避灾等项目相结合，在促进贫困农民转移就业的同时，有效改善了这些群众获得公共服务的条件。读者可粗略计算一下，仅就已经实现的 770 万人的易地搬迁至少需要 1.5 亿 m² 的住宅建筑。

2.1.2 城镇化促进住房建设

无论是发达国家还是发展中国家都毫无例外地要经历城镇化的过程，图 2-4 给出了 1950—2025 年世界城镇化率的曲线图，图中显示欧洲、拉美等国截至 2010 年城市化率已超过 70%，而世界的平均水平和东亚地区则刚超过 50%。我国是发展中国家，且人口众多，约占全球人口的 20%，新中国成立之前乃至改革开放之前农业人口始终是中国人口的主体，直到 2011 年全国城镇人口达到 6.91 亿人，城镇化率首次突破 50% 关口，达到了 51.27%，见图 2-5，中国城镇人口数及城镇化率递增的曲线。这表明我国已经告别了以乡村型社会为主体的时代，进入到以城市型社会为主体的新时代。10 年间，我国经历了世界上最大规模的城镇化过程，城镇化率年均增长 1.35 个百分点。

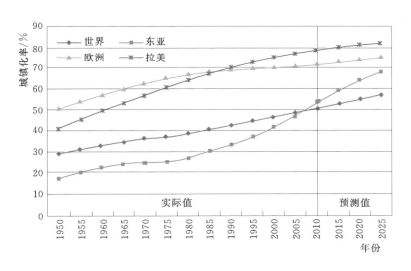

图 2-4 1950—2025 年世界城镇化率递增曲线（魏后凯 绘制）

但我国必须走中国特色的城镇化道路，应当以中小城市和小城镇为主，降低城镇化成本，减小改革阻力。且明确重点区域，以中西部地区为主。

突出重点人群，应当首先让已在城镇稳定就业居住的 2 亿多农民工，特别是新生代农民工在城镇落户。根据中国特殊性有 4 个问题是需要尽快解决的：①住房；②就业；③教育（解决子女入学和就地参加高考）；④社保（实现城乡统一的社保标准）。

这 4 个问题除第④个以外，前 3 个均与土木建筑有密切关系，尤其第①个住房问题基本上是土木工程的任务，所以说土木工程从全球来看可以暂不做评论，但从中国来看，则毫无疑问的是

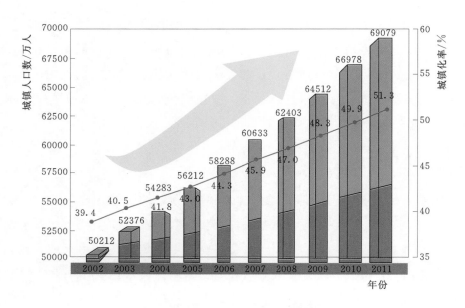

图 2 - 5　中国城镇人口及城镇化率递增曲线

"朝阳产业"。2014 年春季国务院出台了《国家新型城镇化规划（2014—2020》，除一般意义上城镇化必须的三大板块：基本公共服务、基础设施、资源环境以外，特别强调了具有中国特色的城镇化水平，即区分常住人口和户籍人口两种城镇化率；到 2020 年前者达到 60%，后者达 45%，这是政策性尺度。属于基本建设的仍是前三大板块。近 10 年来中国的公路、铁路和商品房的发展和崛起已充分说明了这一点。

2.1.3　民生工程促进住房建设

我国有两个带有特殊性的民生工程均促进住房建设的发展。

1. 资源型城市转型及棚户区改造

新中国成立后，为尽快实现我国从农业国向工业国的转变，在一些资源富集地区"因矿设市"、"因厂设区"，逐步形成了职工集聚的城镇。当时大家住工棚、住简易房，在十分简陋的生活条件下，开展了大规模资源开采和加工，提供了大量的煤炭、原油、铁矿石、木材和其他基础产品，为建立我国独立完整的工业体系、推进国民经济发展做出了重要贡献。

经过长期开发，不少资源型城市和矿区资源逐步枯竭，普遍出现了接续产业跟不上、就业困难、生态环境严重破坏、社会保障负担重等问题，与其他城市的发展差距拉大，很多独立工矿区人均财力不及全国平均水平的 1/5。当前资源枯竭城市及工矿区的居民仍有 6000 万～7000 万人，其中相当一部分还住在棚户区，成为我国城市内部二元结构的集中反映。资源型城市转型问题是一个复杂且涉及面很广的综合性工程，如当地的人文地理环境附近地区的保障情况，生态建设和维护……所有这些问题几乎无一不与基本建设有关，单单就我们常常想到的"发展制造业"来看就一定要建设厂房，架设输供电系统，以及为原材料供应和产品销售的交通工程的建设，至于棚户区改造本身就是住房建设问题，中央曾多次强调"加大棚户区改造力度"，是解决城市"二元结构"矛盾的切入点。当前，城乡差距问题既普遍又突出，而城市二元结构中的高低收入差距往往更大，繁华的城市中心区与简陋的棚户区、工矿区并存，形成了明显反差，因此加大棚户区改造力度，逐步补上这笔历史欠账，保障和改善这些群众的基本民生。应是当前我国住房建设的重点之一。

以大同为例，多年来，煤都大同在为全国输送了 23 亿 t 优质廉价动力煤的同时，也聚集了大规模简易简陋的工矿棚户区。"夏天不挡雨、冬天不御寒、晴天尘土飞、雨天满街泥"是棚户区百姓的生活现状。2008 年以来，大同市政府把棚户区改造作为改善民生的第一要务，集中财力物力，投资 130 多亿元，组织开展棚户区改造大决战。

截至 2011 年年底，大同市 10 万套工矿棚户区改造安置房全部竣工，7 万户矿工已喜迁新居，图 2-6 为大同市矿区棚户区新旧对比。13 万户城市棚户区改造任务，也于 2013 年年底全部完工。像大同市这样的城市我国还有很多，如抚顺、鞍山乃至起点较晚的大庆都有大量的棚户区需要改造。我国有关部门于 2014 年秋在媒体上披露要尽快促进 1 亿人搬出棚户区住上新房，实现出棚进楼。

图 2-6 大同市矿区棚户区新旧对比

（下图：棚户区改造后的面貌；上图：昔年棚户区的残状）

2. 扶贫搬迁和保障性住房的建设

中国历史上就有"故土难移"的文化传统，电影《老井》问世之后，美国人惊奇地问："这地方没有水为什么不搬走，还世世代代住在这里"。刚建国二百多年、文化多元且人口仅有中国 1/5 的美国对我们这样一个"文明古国"的历史传统的困惑，也可以理解。但我们自己却需要清醒。我国已制定了一个重大的民生工程即《农村扶贫开发纲要（2011—2020 年）》，其中包括 14 个片区 680 个县，它们是六盘山区、秦巴山区、武陵山区、乌蒙山区、滇桂黔石漠化区、滇西边境山区、大兴安岭南麓山区、燕山—太行山区、吕梁山区、大别山区、罗霄山区、西藏、四省藏区、新疆南疆三地州。这 14 个片区作为特殊困难的新阶段扶贫攻坚主战场，其中仅陕南的秦巴山区和陕北的部分地区计划 2020 年移民 279.2 万人，是三峡移民总量的两倍，总投资 1200 亿元左右。2011

年初，宁夏亮出了生态移民的大手笔：投资 105 亿元，用 5 年时间，将中南部地区极度贫困的 35 万人安置到近水、沿路、靠城、打工近、上学近、就医近、具备小村合并、大村扩容的区域，让农民靠特色种养、劳务输出、商贸经营、道路运输来摆脱贫困。2012 年年底，宁夏已投资 26.7 亿元开发整治土地 8.9 万亩，建成移民新村 75 个、住房 2 万套，3 万移民入住新家。

2012 年年底，住建部披露，西藏地区已建成 2 万套保障性住房，"十二五"末将建成 4.3 万套。

扶贫搬迁地区多为生态条件很差，不宜居住的地区，由国家出面统筹解决。我国还有一个收入很低的阶层，多为农民和进城打工的流动民工，他们无力购买商品房也要靠国家资助和保障。2008 年全球金融危机时，国务院出台了一个扩大内需保增长的措施，把"加快建设保障性安居工程"列于首位。2008 年，全国对廉租房的投资已经超过了 2007 年底之前累计投资的总和。2009—2011 年，全国共建 200 万套廉租房和 400 万套经济适用房，同时完成约 220 万户林业、农垦和矿区的棚户区改造。总投资超过 9000 亿元。

加快保障性安居工程的建设，既是保障民生的需求，也是拉动内需的有效手段。每年 3000 亿元的住房保障投资，对建材、钢铁、建筑、装修、家电等上下游产业投资的拉动作用，经估算约为 6000 亿元，并能创造 200 万～300 万个就业机会。

2012 年年底住建部披露全国已建成 500 万套以上的保障房，仅西藏地区就达 2 万多套。

必须指出住房是兼具社会和商品属性的特殊产品。出于社会稳定的需要，一些主要工业化国家都通过不同形式向民众提供保障性住房，使住房结构能够满足不同层次人群的合理需求。但到目前为止，我国的住房供应仍存在较大结构性缺陷，保障房覆盖率不超过 10％，远不能满足中、低收入群体的必要需求。"十二五"期间（2011—2015 年），我国将建设 3600 万套保障房，使城镇居民住房保障覆盖率达 20％左右。值得庆幸的是，2013 年 3 月两会期间政府工作报告中披露，截至 2012 年年底已建成保障性住房 470 万套，同时新开工 2630 万套。据 2014 年 9 月底统计，全国累计解决了 4000 多万城镇家庭的住房困难。住房保障体系的建设，对稳定房地产市场将起到积极的作用。

3. 无障碍建设

中国还有一个特殊性的民生工程就是无障碍建设，这个问题在发达国家发展的较早，中国自改革开放以来，特别是提出"以人为本"的口号之后关于无障碍建设引起人们普遍的关注。

中国有 8500 多万残疾人，在城市道路和建筑物中采取方便残疾人的措施，是推动残疾人参与社会生活的基础性工作。

2002—2012 年 10 年来，我国无障碍建设实现了飞跃式发展。全国无障碍建设城市由 10 年前的 12 个增至为 100 个。

经过 10 年的努力，全国 100 个城市的城区主干道、人行道、广场、公交车站等候区等铺设盲道占城市道路总长度的 67％；设置缘石坡道和进行坡化改造 50 多万处，占路口总数的 83.2％。82.3％的政府办公建筑、79.1％的商业服务建筑、87.1％的医疗建筑、75.6％的居住建筑进行了无障碍建设和改造。10 年来，列车、飞机等交通工具也在逐步实施无障碍建设和改造。

自 2004 年开始，我国成功举办 8 届中国信息无障碍论坛，推进信息无障碍在中国的发展。盲文点显器、读屏软件、阳光听书廊……盲人们只需轻轻触按键盘，就可以和世界"零距离"。截至2011年年底，我国已建立省级电视手语新闻栏目28个，地市级168个。

2012年6月，国务院发布《无障碍环境建设条例》，自2012年8月1日起施行。条例的颁布实施，标志着我国无障碍环境建设进入新的发展阶段。

除信息无障碍设施与土木工程关系不大以外，所有传统的无障碍建设基本上可列入土木工程的特种结构。

2.1.4　中国南方居住建筑采暖问题

新中国成立初期我国政府有一个规定即以长江分界，江南冬季不供暖，江北则多为集中供暖，随着人们生活水平的提高，南方地区对冬天要求供暖的呼声越来越高，且由于冬天室内外均冷且湿，导致肺炎、哮喘、关节炎等多种因湿冷而发的疾病日益增多。

据住房和城乡建设部披露，根据国家标准《民用建筑热工设计规范》（GB 50176—93），用累年最冷月和最热月平均温度作为主要指标，累年日平均温度不大于5℃和不小于25℃的天数作为辅助指标，将全国划分为严寒、寒冷、夏热冬冷、夏热冬暖和温和5个地区。

目前人们关注的"要求集中供暖的南方地区"主要指夏热冬冷地区。这一地区累年日平均温度稳定低于或等于5℃的日数为60～89天，以及累年日平均温度稳定低于或等于5℃的日数不足60天，但累年日平均温度稳定低于或等于8℃的日数大于或等于75天。其气候特点是夏季酷热，冬季湿冷，空气湿度较大，当室外温度5℃以下时，如没有供暖设施，室内温度低、舒适度差。

我国夏热冬冷地区涉及部分省（直辖市）的部分地区，冬季潮湿阴冷（见图2-7），室外温度低于5℃时，人们的不舒适感要比同样室外温度的严寒、寒冷地区大，因此，夏热冬冷地区有必要设置供暖设施进行冬季供暖。但夏热冬冷地区居住建筑面积约34亿m²、人口约1亿

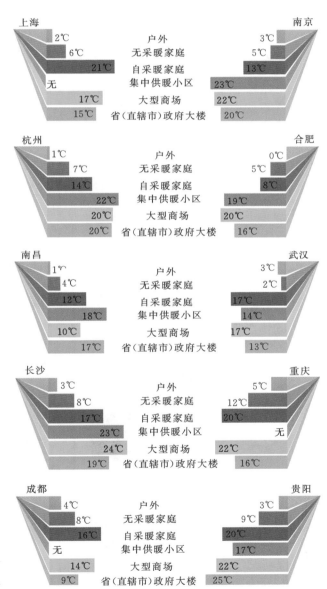

图2-7　南方部分城市温度情况调查（2013年1月6日）

人，如果采取北方传统的全空间连续集中供暖方式，能耗每年将会增加约 2600 万 t 标准煤，约相当于目前北方采暖地区集中供暖总能耗的 17%，"十二五"节能减排目标中年节能量的 20%；同时，二氧化碳排放量将增加约 7300 万 t，二氧化硫排放量将增加约 5.2 万 t，烟尘排放量将增加约 1.2 万 t；将会增加这一地区能耗总量，并且加剧环境污染。

若南方集中供暖，前期需要建设热源点、铺设管道，暖气入户还要改造室内共建，在许多南方城市主城区基本建成的情况下，大面积的铺设管网、改造既有建筑，难度非常大，对居民生活影响也很大。

加之南方冬季需要采暖的时间只有 2~3 个月，而不像北方那样 4~6 个月，这样集中供暖设施的年利用率就会很低，供暖企业人力成本也会变得很高。这些支出最终也会体现到居民缴纳的采暖费中，对居民而言也不节省。

因此，夏热冬冷地区供暖方式的选择应根据当地气象条件、能源状况、节能环保政策、居民生活习惯以及承担能力等因素，通过技术经济比较分析确定供暖方式。

根据夏热冬冷地区供暖期短、供暖负荷小且波动大等特点，提倡夏热冬冷地区因地制宜地采用分散、局部的供暖方式，如：户用热泵式分体空调器、燃气壁挂炉、电采暖等分户独立供暖方式，地源热泵、水源热泵、太阳能辅助等局部供暖方式；同时，通过改善外墙、屋面、外窗等围护结构，提高建筑的冬季保温性能。

不提倡建设大规模集中供暖热源和市政热力管网设施为建筑集中供暖。图 2-8 给出了人民日报蔡华伟以图示的方式形象地列出了 3 类 9 种供暖方式，3 类分别为分户独立供暖、建筑保温、局部供暖。对于局部供暖中的地源热泵和水源热泵还在左侧给出了简介。

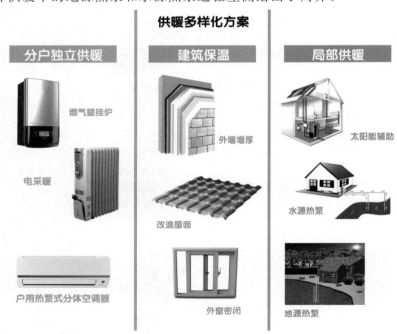

图 2-8　南方地区 3 类 9 种供暖方式

2.2 高层建筑

2.2.1 高层建筑发展的背景

1. 城市集约度的要求

其实早期的部落群居和后来集市的出现，就已经体现出城市集约的现象，人们交换流通等各种活动要求近距离运作。工业革命以后，世界上已经出现了许多相当规模的城市，到了近代，百万人口甚至千万人口的大城市差不多遍布全球了。人这么多又要近距离活动，首先想到的自然是向高处发展，高层建筑的兴起就是这个需求引发的。粗略比较，1m² 的土地对 100 层的高楼来说就是 100m² 了。

2. 材料的变革和进步

材料的变革和进步是修建高层建筑的最重要的基础。1824 年英国的波特兰发明了水泥；不久后，1856 年又生产出第一炉转炉炼钢。水泥、钢材的发明和大量生产引发了一场土木工程的革命，高层建筑离开这些近代材料是不可想象的。

3. 力学分析和结构体系的发展

力学理论和力学分析的发展导致了高层建筑体系的大改进。长期以来盖房子采用的是框架结构体系。可以说 1965 年以前，绝大部分钢结构高层建筑是框架结构。虽然工程师们知道，在框架中设置斜撑可以增加结构刚度，除建筑师们难以接受之外，在计算机尚不普及的年代，工程师们没有工具进行复杂的计算，只能设计钢框架。

美国杰出的营造大师——Skidmore Owings and Merrill 设计公司的 Falur Rahman Khan 博士实现了结构体系的革命，发明了新的结构体系。Khan 认为，所有的建筑都采用框架结构会浪费钢材，是不经济的，对于一定高度的建筑必须采用与之相匹配的合适的结构体系。Khan 发明了筒体体系，包括框筒、桁架筒、筒中筒和束筒结构。Khan 创造性地提出了不同结构体系的适用高度，见图 2-9。Khan 还用计算机对筒体结构进行了大量的计算分析，研究筒体结构的可行性和可靠性

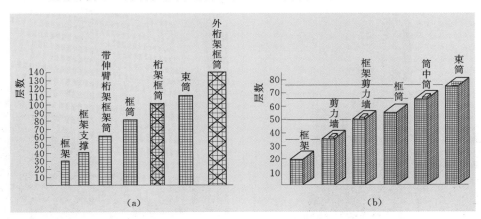

图 2-9　不同结构体系的适用高度
（a）钢结构；（b）钢筋混凝土结构

提出了简体结构的设计方法。

简体结构与传统框架结构的最大区别有3个方面：简体是空间抗水平力结构，在一个方向的风或地震作用下，所有结构构件都参与抗水平力，而框架结构是平面抗水平力结构，只有与风或地震作用方向一致的框架参与抗水平力；简体结构的框筒将建筑材料抵抗水平荷载放在最能充分发挥作用的周边，而框架则将建筑材料均匀分布在平面内；从建筑分割来看，简体结构提供很大的无柱空间，可以灵活分割，而框架的无柱空间则小得多。

第一幢钢结构框筒高层建筑是在"9·11"事件中塌毁的纽约世界贸易中心双塔，见图2-10。该建筑110层，417m高，平面尺寸为 $63.5m \times 63.5m$，柱距1.02m，设置在平面中央的47根钢柱仅承受竖向荷载。该建筑1973年建成，用钢量仅 $186kg/m^2$，其高度超过帝国大夏，成为当时世界上最高的建筑。

图 2-10　纽约世界贸易中心双塔

此后 Khan 设计的钢筋混凝土桁架筒是芝加哥的安大略中心（Onterie Center）大楼，见图2-11。该建筑59层，174m高，周边框筒的柱距为1.68m，风荷载由桁架筒承担，不但充分利用了场地，而且造价比框架结构低20%。起到里程碑作用的是 Khan 设计的位于休斯顿的第一贝壳广场（One Shell Plaza），见图2-12，50层，217.6m高，1969年

图 2-11　安大略中心大楼

图 2-12　第一贝壳广场

建成。休斯敦的土质很差，基岩埋置很深，经常遭到飓风袭击，在这种地质条件和气象环境下人们曾一直认为即使建造50层的建筑也是不可能的。该大楼的上部结构采用筒中筒，外框筒的柱距1.8m，内筒由墙组成。为了减轻结构重量，采用轻质混凝土。基础为筏基，板厚2.51m，四周向外伸出建筑平面以外6.1m，以扩散建筑物的重量；基础埋深18.3m，若上部结构采用普通混凝土，基础埋深将达26m。体现了上层采用轻质混凝土的优越性。

第一个束筒结构是Khan设计的位于芝加哥的西尔斯（Sears）大厦，见图2-13，110层，443m高，1973年竣工，用钢量161kg/m²，1998年以前一直是世界最高的建筑。该大厦50层以下为9个框筒组成的束筒，51～66层是7个框筒，67～91层为5个框筒，91层以上是2个框筒。在第29～31、66层和第90层，沿周边各设一道水平带状桁架，起到增加刚度的作用。Khan解释水平带状桁架的作用说："用橡皮筋将一把铅笔箍起来。"

图2-13　西尔斯大厦

Khan发明的筒体结构是高层建筑发展史上的里程碑，是一次革命。它的创新是多方面的，它使现代高层建筑在技术上和经济上均成为可行，从而使高层建筑的发展出现了繁荣期。

4. 高强混凝土的使用

高强混凝土的发明是近50年来建筑材料方面最重要的进展，人们习惯于称C50以上的混凝土为高强混凝土，随着科技的发展，现在实际使用中高达C80的混凝土也不罕见。高强混凝土用于高层建筑有许多优点：减小柱的截面，增大可用空间，降低层高，减轻结构自重，降低基础造价等。

美国的高强混凝土高层建筑主要在芝加哥、纽约和休斯敦地区。1967—1982年，仅芝加哥就有多幢高强混凝土高层建筑。20世纪70年代初，纽约的建筑几乎全是钢结构，而到80年代初，约有1/4的高层建筑采用高强混凝土结构。

5. 消能隔震技术的发明和使用

高层建筑与传统的多层建筑面临的最重要的问题之一是对侧向荷载的敏感和由此带来的风险，建筑中的侧向荷载主要是地震和风荷载，为此而采取的措施在土木界称为结构控制。

结构控制是指在建筑结构中设置控制系统或装置，以减小结构在风或地震作用下的反应。结构控制可以分为主动控制、被动控制、半主动控制和混合控制四大类，实际工程中应用最多的是被动控制。

被动控制包括基础隔震、消能减振（震）和吸能减振（震）。

基础隔震是在房屋建筑结构的底部和基础之间安装隔震装置，增长结构的周期和增大结构的阻尼，达到减小上部结构地震反应的目的。美国、日本、新西兰等国有许多中低层建筑采用基础隔震。1995年阪神地震后，日本开始在高层建筑中采用基础隔震，最高的基础隔震建筑达到41层，135m高。除了在建筑的底部采用基础隔震外，有些建筑在其高度中部附近也设置隔震装置。

消能减振（震）是在结构中设置消能装置（也称阻尼器）消耗风或地震输入的能量。减小结构反应的阻尼器可以分为两大类：速度相关型阻尼器，包括油缸阻尼器、黏滞阻尼墙和黏弹性阻尼器；位移相关型阻尼器，包括软钢阻尼器、铅阻尼器、摩擦阻尼器和防屈曲支撑阻尼器。上述这些减振（震）技术已经成熟，并且已经用于房屋建筑。高层建筑减振（震）的主要手段是设置消能装置。

1973年建成的纽约世贸中心大厦共安装了2万个黏弹性阻尼器，阻尼器安装在建筑周边的柱与楼盖的桁架楼之间。实测结果表明，阻尼器具有减小风振的作用。在西雅图双联广场大厦的第35层，沿周边安装了大量的黏弹性阻尼器。西雅图77层的哥伦比亚中心大厦，也安装了黏弹性阻尼器。近年来，日本、美国许多高层建筑都安装了黏弹性阻尼器，目的均是减小风振反应。

黏滞阻尼墙具有良好的减振（震）性能。黏滞阻尼墙由一块固定在上层楼面的内钢板和两块固定在下层楼面的外钢板、内外钢板之间充填的黏滞材料组成。风或地震作用下，内外钢板产生相对速度，使钢板之间的黏滞材料产生阻尼，结构的阻尼比可以增大到20%以上，达到消能减振（震）的目的。黏滞阻尼墙发明于1986年。1994年，第一幢安装黏滞阻尼墙的高层建筑静冈媒体城在日本静冈建成，14层，78m高，钢结构，安装了170片黏滞阻尼墙。施工时进行了实测，阻尼比达到22.3%。1995年阪神地震后，日本已有二十多幢高层建筑安装了黏滞阻尼墙，其中最高的建筑达43层。

2.2.2 世界高层建筑

1. 典型建筑简介

前面较多地介绍了美国的一些高层建筑，下面介绍几个其他国家的高层建筑。

图2-14是加拿大第一银行塔楼，72层，289.9m高，1972年建成，它是加拿大最高的建筑，也是加拿大采用Khan筒体体系的第一幢建筑，柱距3m，柱截面尺寸为53cm×39cm，楼面梁高53cm，跨度14.5m，用钢量为161kg/m²。

东南亚的新加坡、泰国和马来西亚的高层建筑也发展迅速。新加坡的国库大厦，见图2-15，1986年建成，52层，234.7m高。这幢高层建筑很有特点：核心为圆形钢筋混凝土筒，其直径为48.4m，钢梁从核心筒壁向外悬挑，悬挑长度达11.6m，成为支承楼面的梁。马来西亚银行大厦，见图2-16（a），1988年建成，50层，243.5m高，钢筋混凝土结构。

1998年，马来西亚吉隆坡建成了当时世界最高的建筑：石油双塔（The Petronas Twin Towers），见图2-16（b），88层（实为95层），452m高，钢筋混凝土框架-核心筒结构，采用高强混凝土，自下而上混凝土强度从80MPa变化至40MPa，采用钢梁、压型钢板和现浇混凝土组合楼盖。

图 2-14　加拿大第一银行塔楼

图 2-15　新加坡国库大厦

(a)

(b)

图 2-16　马来西亚的高层建筑

(a) 马来西亚银行大厦；(b) 吉隆坡石油双塔

2. 世界高层建筑排行表

高层建筑是人类文明进程中生产和生活需求的产物，是城市现代化的标志。近代高层建筑在经历了百余年的发展后，如今已遍及世界各地。虽然有的组织和个人曾多次对当时世界上最高的100栋建筑进行过排名，但是由于高层建筑发展速度太快，排名在不断更新。此外，在计算房屋高度时，有的算至主屋面，有的算至房屋尖顶，有的算至房屋天线顶，情况混乱，排名缺乏统一性。

表 2-1 是截至 2004 年年底全球已建成的 20 幢最高的建筑。

表 2-1 全球已建成最高的 20 栋建筑（截至 2004 年年底）

序号	建 筑 物 名 称	城市	高度/m	层数	建成年份	结构材料	用途
1	台北 101（Taipei 101）	台北	448/508	101	2004	S	多功能
2	西尔斯大厦（Sears Tower）	芝加哥	443/527	110	1973	S	办公
3	佩特纳斯大厦 1（Petronas Tower1）	吉隆坡	416/452	88	1996	M	多功能
4	佩特纳斯大厦 2（Petronas Tower2）	吉隆坡	416/452	88	1996	M	多功能
5	国际金融中心（Two International Finance Centre）	香港	407/416	88	2003	S	办公
6	金茂大厦（Jin Mao Tower）	上海	403/421	88	1998	M	多功能
7	帝国大厦（Empire State Building）	纽约	381/449	102	1931	S	办公
8	东帝士大厦（Tuntex Sky Tower）	高雄	348/378	85	1997	S	多功能
9	阿摩珂大厦（Aon Center）	芝加哥	346	83	1973	S	办公
10	约翰-汉考克大厦（John Hancock Center）	芝加哥	344/457	100	1969	S	多功能
11	柳京大旅馆（Ryugyong Hotel）	平壤	330	105	1992	C	饭店
12	地王大厦（Shun Hing Square）	深圳	325/384	69	1996	M	办公
13	中信广场（CITIC Plaza）	广州	322/391	80	1997	C	多功能
14	阿联酋首领塔（Emirates Office Tower）	迪拜	311/355	56	2000	M	多功能
15	第一洲际世界中心（US Bank Tower）	洛杉矶	310	73	1990	M	办公
16	马来西亚电信总部（Menara Telekom）	吉隆坡	310	55	2000		办公
17	中环广场（Central Plaza）	香港	309/374	78	1992	C	办公
18	中国银行大厦（Bank of China Tower）	香港	305/369	72	1989	M	办公
19	得克萨斯商业大厦（JP Morgan Chase Tower）	休斯敦	305	75	1982	M	办公
20	彩虹摩天酒店（Baiyoke Tower Ⅱ）	曼谷	304/343	85	1998	C	饭店

注　1. 表中高度一栏中分子表示建筑的结构高度（从室外地坪至屋面结构层的高度），分母表示建筑的顶点高度（指塔类、表线、旗杆等构造物顶点的高度），本表按建筑的结构高度排名。

　　2. 表中材料一栏 S 为钢结构，C 为混凝土结构，M 为钢筋-混凝土结构。

3. 迪拜塔的是是非非

2010 年 1 月 4 日，当时世界最高的大厦阿联酋的迪拜塔举行了落成典礼，该楼总高 828m，就高度而言它是世界之最了。

从建筑本身看，迪拜塔给人的第一印象就是震撼。其设计吸收了伊斯兰传统建筑风格，由多个部分逐渐连贯成一个核心体，外观效果似螺旋模式，旋转冲向天际，见图 2-17。最高处逐渐转化成尖塔，给人以直插云霄，刺破苍穹的感觉。内部包括由时尚大师乔治·阿玛尼所设计的"阿玛尼"酒店、上千套的公寓、写字楼，以及全球最高的游泳池和清真寺等。为解决高塔的上下问题，迪拜塔还配备了世界上最快的电梯，速度可达每秒17.5m。其中主电梯高度为504m，亦为世界第一高电梯。

从1799年有记载证明迪拜作为一个村庄的形式出现，到1971年阿联酋建国，迪拜一直都是靠着出产珍珠在区域内小有名气。但时至今日，迪拜已跻身世界时尚之都。

阿联酋虽然是富油国，但迪拜酋长国已探明的石油储量仅占全国总储量的4%。于是，迪拜凭借其地理位置和转口贸易优势，向商业、贸易、旅游、金融等领域发展，逐步确立了其在中东转口贸易、交通运输、旅游购物以及金融中心的地位。时至今日，这座昔日仅仅靠打鱼和采集珍珠为主业的小村庄，已经跻身世界时尚之都，特别是迪拜走出了一条非资源消耗型的发展道路，在中东地区独树一帜，被人称作"迪拜模式"。

图 2-17 楼高 828m 的迪拜塔

"迪拜模式"的主要特点就是资本市场的高度自由化和房地产市场的疯狂增长。从2000年起，迪拜政府开始从沿海的朱美拉地区到阿里山地区大兴土木，上马了大量的基建项目。据估计当时全世界1/4的建筑机械都在迪拜。2002年开始，迪拜修改《房地产法》，允许外籍人士在迪拜拥有房产。

此外，迪拜还实行全面免税制度，在迪拜进口任何商品都不征收赋税。许多在欧洲都要被征收重税的奢侈品，在迪拜变成了"白菜价"。在许多周边国家只能买日本汽车的价钱在迪拜可以买到豪华的欧洲名车，劳力士和欧米茄等瑞士名表在迪拜的大商场里卖得比原产地还要便宜。这一系列措施的实行，迅速吸引了世界上诸多投资者。世界各大知名企业纷纷将其中东地区总部迁往迪拜，因为在这里他们只需要支付房租而无需纳税，用于交通和生活的成本也由于免税而并不昂贵。

与此同时，沙漠面积占90%的迪拜现在还是东西方游客旅游的热点之一。而支撑迪拜旅游业的则是众多的人造景观：世界上最豪华的七星级帆船酒店、世界上最华美的人造岛"棕榈岛"、世界上最大的商场"迪拜商城"、拥有世界上最大室内水族箱的"亚特兰蒂斯酒店"等，直至迪拜塔的落成。

几乎是一夜之间，迪拜从沙漠村庄成长为国际级都市，有人称迪拜人创造了"沙漠神话"。

2008年时，迪拜楼价曾创造出3个月上涨43%的奇迹。但自国际金融危机爆发以来，迪拜创造出的"沙漠神话"开始破灭，迪拜楼价从2008年的最高位骤跌一半左右，预计还将继续下跌30%。特别是2009年11月27日，阿联酋迪拜酋长国所属主权投资实体迪拜世界公司向债权人发出请求，希望将到期债务偿还暂缓6个月，这相当于正式宣告迪拜的金融体系受到了严重打击。

"迪拜模式"开始受到质疑。

在当前情况下，迪拜政府希望借助迪拜塔的落成给开始萎靡的资本市场和房地产市场注入一支强心剂，刺激并重振迪拜昔日的辉煌。阿联酋当地媒体对迪拜塔及其对迪拜经济复苏所起的作用均持乐观态度，对迪拜塔的落成多使用赞美之词，并认为将有效地刺激经济振兴。阿联酋《声明报》评论说，迪拜塔是阿联酋的骄傲，是阿联酋人民追求更高、更大、更远目标的象征。

但西方世界并不看好短期内的迪拜经济。美国媒体嘲笑迪拜塔虽然是世界最高，但却有 30 万 m² 的写字楼没有卖出去，而且已经购买房屋的业主在拿到钥匙的时候感叹他们的房地产已经比他们付款购买的时候贬值了一半。英国媒体更是用"鬼楼"来形容迪拜塔，以嘲讽它的低入住率。

迪拜塔落成典礼举行期间，法国一家媒体记者面对绚烂的礼花感叹：迪拜塔或许成为当地经济复兴的开始，也可能是衰落的标志，只有时间能告诉我们答案。

全球范围特别是改革开放以后，中国的"高楼热"是否会得到一点启示，笔者冒昧地说一句"任何事物过了头就走向反面"，本章 2.2.3 的第 3 小节还会谈到这个问题。

2.2.3　中国高层建筑

1. 城市发展的必然要求

中国的高层建筑自 1978 年改革开放以后可以说有"风起云涌"之势，以大城市为最。图 2-18 是一幅北京中央商务区的夜景，图 2-19 是上海黄浦江对岸的浦东一隅，一眼可以看出的是高层建筑林立，这几乎是世界著名大城市的特色。但世界城市的要求随着人类社会的发展已经越来越全面了。

图 2-18　北京中央商务区　　　　　　　图 2-19　上海黄浦江对岸的浦东一隅

2010 年 11 月，北京市委提出"加快向中国特色的世界城市迈进"。那么，什么是世界城市？它具备哪些特点？简述如下。

世界城市是人类发展进程中全球集中关注的综合城市体。世界城市应当是在全球尺度上体现国际价值、经济价值、金融价值、服务价值、人居价值、生态价值、文化价值和哲学价值的综合系统。

世界城市的基本共性大致如下：耳熟能详的国际知名度，世界事务的影响能力，世界经济的聚集地，流通便捷的交通枢纽，享誉世界的厚重文化，蜚声国际的文教机构等。

世界城市寻求硬实力和软实力的最大化，既有现代研发又有金融服务，同时具备技术市场、信息市场、贸易市场、文化市场等特色；世界城市要在生产流通消费的总链条中，在研发、制造、创新的不断升级中既要能够当发动机也要能当交换机，还要做倍增器或者是路由器。

世界城市质量的 4 项标志：物质能量的效率，生态环境的支持，精神愉悦的感知水平以及文明的进化水平。世界城市质量有几个体系：循环经济低碳体系、人与自然和谐的生态体系、绿色与可持续发展的体系、幸福宜居心理安全体系。

当前世界城市的发展趋势是：更加注重经济社会的协调发展。金融中心是伦敦作为世界城市的重要特色，近些年来伦敦更加注重推动经济社会协调发展，推进社会融合，消除隔离和歧视。

更加注重人与自然和谐发展。巴黎是世界名城，巴黎的城建和管理贯穿了崇尚自然、人与自然和谐相处的理念，注意城建与田园风光相结合，近几年，巴黎把加强环境保护、改善市民生活质量放在优先位置，并提出低碳城市概念。

更加注重城市文化品质的提升。文化与经济、政治相互交融，愈来愈深入。纽约是世界金融中心，同时也被打造成新的国际文化中心，民族的多样性与纽约文化的包容性和创新性，造就了纽约现代文化之都的地位，并形成城市的核心魅力。

更加注重增强核心竞争地位。如东京，经历了从政治首都向经济中心和区域中心城市转变的过程。2006 年东京制定未来 10 年发展规划，将日本所拥有的最先进的尖端科学技术应用于社会，目标是让东京成为向世界传播最尖端技术之地和 21 世纪世界的楷模城市。

这 4 个"更加注重"大致可以看作是一个发展趋势。

2. 中国已建成的高层建筑排名

随着我国经济和社会的飞速发展，高层建筑正以很快的速度蓬勃兴建。许多学者曾经对我国的高层建筑进行过排名，表 2-2 列出了截至 2004 年我国内地已建成最高的前 20 栋高层建筑。

表 2-2　　　　　　　　我国内地已建成最高的 20 栋建筑（截至 2004 年年底）

序号	建 筑 物 名 称	建成地点	房屋高度/m	结构层数		结构材料及体系		建成年份
				地上	地下	材料	结构体系	
1	金茂大厦	上海	403/420.5	88	3	M	框架-筒体	1998
2	地王大厦（信兴广场）	深圳	324.8/384	69	3	M	框架-筒体	1996
3	中天广场（中信广场）	广州	321.9/391.1	80	2	C	框架-筒体	1997
4	赛格广场	深圳	291.6/355.8	72	4	M	框架-筒体	2000
5	六六广场（恒隆广场）	上海	288.2	66	3	C	框架-筒体	2002
6	大鹏国际广场（合银广场）	广州	269.2	56	4	M	框架-筒体	2004
7	浦东国际信息港	上海	264/282	40		M		2001

序号	建筑物名称	建成地点	房屋高度/m	结构层数 地上	结构层数 地下	结构材料及体系 材料	结构材料及体系 结构体系	建成年份
8	重庆世界贸易中心	重庆	262/283.1	60	2	M	框架-筒体	2004
9	广州邮电中心	广州	260	68	6	C		2003
10	武汉世界贸易大厦	武汉	248/273	58	3	C	筒中筒	1998
11	香港新世界大厦	上海	242/278.3	61	3	M	框架-筒体	2002
12	中国银行大厦	青岛	241/249	54	4	C	筒中筒	2002
13	明天广场	上海	238/284.6	60	3	C	框架-剪力墙	2003
14	上海交银金融大厦—北楼	上海	230/265	55	4	M	框架-剪力墙	1999
15	佳丽广场	武汉	226.4/251	57	2	C	筒中筒	1997
16	浦东国际金融大厦（上海中银大厦）	上海	226.1/258	53	3	M	框架-筒体	1999
17	深圳世界贸易中心（招商银行大厦）	深圳	225	50	3	M	框架-筒体	2001
18	彭年广场（余氏酒店）	深圳	222/240	58	4	C	框架-筒体	1998
19	商茂世纪广场	南京	218	56	4	C		2002
20	鸿昌广场（贤成大厦）	深圳	218/248	63	4	M	筒中筒	2004

注　1. C 为钢筋混凝土结构，M 为钢-混凝土混合结构。

　　2. 本表不包括香港、澳门、台湾地区。

　　3. 房屋高度一栏中为室外地坪至屋面高度，若有两个高度，则分子表示室外地坪至屋面高度，分母表示室外地坪至建筑物的顶点高度。

　　4. 若结构高度相同，以建筑物建成年份先后为序。

将最高的 100 栋建筑按地区分布进行统计，结果列在表 2-3 中。由于表 2-3 的统计年限是指 2004 年以前建成的，实际后来相继建成的高于上海金茂大厦的可能不止一幢。由表 2-3 可以看出，我国内地高层建筑具有以下特点和发展趋势。

表 2-3　　　　　　　　　我国内地最高 100 栋建筑的地区分布简表

发布日期	高度范围/m	分布城市数量	各省、直辖市分布数量 北京	上海	广东	天津	辽宁	山东	浙江	江苏	重庆	湖北	湖南	其他
1994 年 12 月	104～208	16	16	27	33	2	5	3	1	2	2			9
1998 年 12 月	150～403	14	4	35	30	4	3	4		3	1	8	3	5
2004 年 12 月	170～403	20	2	29	28	3	5	7	2	5	6	7	3	3

（1）层数增多，高度加大。1994 年，国内建成高 120m 以上的高层建筑仅 29 栋，其中高 150m 以上的 8 栋。1998 年年底，高度超过 150m 的高层建筑已达 100 栋。到 2004 年年底，排名第 100 名的高层建筑也已达到了 170m，1998 年年底时排名前 100 名的高层建筑仅有 41 栋保留在 2004 年的排名中。

（2）地区分布更加广泛。最高的 100 栋建筑分布的城市由 1994 年的 16 个增加至 2004 年的 20 个。长江三角洲和珠江三角洲依然是全国高层建筑最集中的地区。三次统计中，这两个地区均分别占到了全国最高的 100 栋建筑中的 1/3。

北京也是高层建筑比较集中的地区。但是 20 世纪 90 年代，北京市受文物保护区限制，强调维护古都风貌，高层建筑特别是高层住宅的建设有所缩减。北京拥有全国最高的 100 栋建筑的数量从 1994 年的 16 栋减少成 2004 年的 2 栋。北京以外的大城市高层建筑日益增多，以上海、广州为最。

重庆的高层建筑发展迅速，在全国最高的 100 栋建筑中的数量从 1994 年的 2 栋增至 2004 年的 6 栋。随着国家西部大开发、振兴东北老工业基地和中部崛起战略的实施，中西部和东北地区也将兴建更多高层建筑。

（3）结构体系多样化。20 世纪 90 年代国内高层建筑基本上是剪力墙、框架-剪力墙结构、筒体结构三大常规体系。这些体系难以达到很高的高度，也难以提供自由灵活使用的大空间，满足不了建筑功能的要求。2000 年以来，钢框架-现浇型钢筋混凝土核心筒结构得到长足的发展，在超高层建筑中占的比重逐年提高，全钢结构也在采用，但比重在下降。根据我国国情，今后钢筋混凝土结构仍将会是高层建筑的主体，但钢结构和钢筋混凝土结构的应用比例将逐步扩大。

3. 对高层建筑的质疑

图 2-20 是截至 2010 年世界最高的 10 幢高楼，其中中国占了 5 幢。中国是新兴市场国家，这

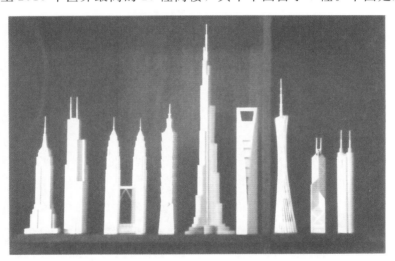

图 2-20　世界著名高楼（塔）模型照片（缪加玉　金玉澄　制作摄影）

自左至右：

纽约帝国州大厦　102 层，楼高 381m，1931 年，当时世界最高建筑。
芝加哥西尔斯大厦　110 层，楼高 443m，1974 年，当时世界最高建筑。
吉隆坡双子塔　88 层，高 452m，1996 年，当时世界最高建筑。
台北 101 大楼　101 层，高 508m，2004 年，当时世界最高建筑。
迪拜哈利法塔　160 层，高 828m，2010 年，当今世界最高建筑。
上海环球金融中心　101 层，高 492m，2008 年。（未完成模型）
广州新电视塔（"小蛮腰"）高 600m，2010 年，当时世界最高独立式电视塔。
香港中银大厦　70 层，楼高 315m，1989 年。
深圳地王大厦　69 层，楼高 325m，1996 年。

种迅速崛起的高层建筑热自然与经济的腾飞有直接关系，上一节"迪拜塔的是是非非"已在一定意义说明了高层建筑大都以振兴经济树立形象为出发点，由于它的投入大，周期长还要一系列相应的配套设施和政策措施，最后的结局是否如预期想像的一致，很难有明确的结论。随着全球高于100m的建筑（常称之为"摩天大楼"）越来越多，其负面效应日益突显，人们开始对高层建筑特别是超高层建筑有了越来越多的质疑。

普遍观点认为，摩天大楼存在种种弊病——巨额的投资和运营成本，高于普通建筑的危险系数，难以维系的生态环境质量等。上海金茂大厦做过一次实验：请一群身强力壮的消防队员从85层楼往下跑，结果最快跑出大厦的一个队员也花了35min。而对于普通上班族来说，一旦有火灾等突发事件，逃生的希望究竟能有多大？还有隐性危害，比如地面沉降等。据媒体报道，上海浦东区陆面下沉现象日益严重，陆家嘴金融区地面一年下沉了3cm。

超高层建筑并不是文明程度的反映，更不是科学智慧的凝结，更多的只是技术的挑战。其实低层建筑能够满足要求的，就不需要建高层、超高层。特大城市在几年、十几年之后会慢慢显现出受发展空间限制，到时可以再适当地建设。

世界上著名的宜居城市，很多并没有摩天大楼，比如苏黎世。城市的本质是生活和工作的舞台，建筑只是物质载体。一座城市的品质不在于"高"，而在于是否宜居，因此，对"最高"、"超高"不应盲目追求，尤其是人均GDP仅为世界平均水平1/2的中国更应高度关注这个问题。

2.3 特种结构

2.3.1 高耸结构

1. 烟囱

烟囱是一个古老而传统的高耸结构，始自工业革命兴起，以燃煤为主的年代，特别是集中供暖，锅炉烟气的排放是离不开烟囱的，近代由于环保的要求，采暖大都用电和天然气，我国既是产煤大国又是发展中国家，因此也在大力推广使用天然气和电力采暖。因而烟囱的建设相比解放初期是大大减少了，城市内一些废弃的烟囱也大都用定向爆破的手段予以拆除，然而以煤为燃料的发电厂还有炼钢厂均离不开烟囱，加之烟囱这种特殊需要而采取的一系列构造措施从土木工程的角度也应该给予简单的介绍，图2-21给出了一幅烟囱的构造图，图中显示烟囱由于高耸，从结构上来看需要解决基础、筒身问题之外，还有隔热层、内衬、信号避雷等一些必不可少的设施。

2. 电视塔

随着电视的发展和城市规模的扩大，电视发射源的高度日益增长，很多城市大都有一个很高的电视塔。

以高度排名，目前世界上前10位的电视塔依次是：广州新电视塔（小蛮腰）（610m），多伦多塔（553m），莫斯科塔（537m），上海东方明珠塔（468m），吉隆坡塔（421m），天津天塔

（415m），北京塔（415m），沙特阿拉伯塔（378m），柏林塔（362m），东京塔（333m）。

　　由于电视塔很高，而发射位置多只在顶端，所以几乎世界上所有的电视塔都是多用途的，如在不同高度上设置餐厅、观光层等以吸引游客。图 2-22 为多伦多电视塔，该塔为预应力混凝土结构，塔基建在 15m 深基岩上，承受塔身 $1.3 \times 10^5 kg$ 重的荷载。该塔在 220m/min（3.67m/s）风速下会轻微摇动，但人体无感觉。

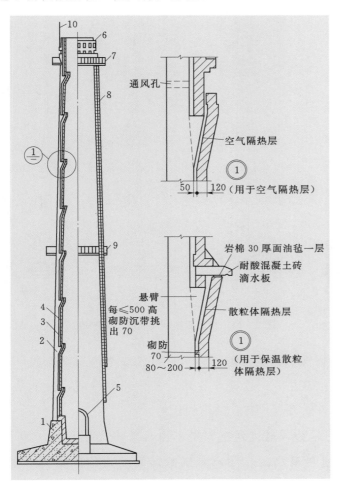

图 2-21　烟囱构造图

1—基础；2—筒身；3—隔热层；4—内衬；5—烟道口；

6—筒首；7—信号灯平台；8—外爬梯；9—休息平台；

10—避雷针

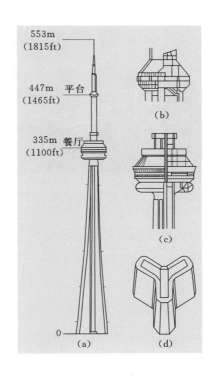

图 2-22　多伦多电视塔

（a）全貌；（b）447m 高程处的空中平台；

（c）335m 高程处的空中舱；

（d）塔身横断面

　　图 2-23 为上海东方明珠广播电视塔，建于 1994 年，当时其高度属中国第一，世界第三。该塔从造型设计到结构受力，以及施工过程中克服的难度，都被业界给予了较高的评价，建成后是我国早期唯一获奖的电视塔。图 2-24 给出了我国 3 座造型比较一致的电视塔的高度示意，分别是中央电视塔、西安电视塔和武汉电视塔，大都是钢筋混凝土骨架，下大上小直到发射桅杆，中间偏上一些设有餐厅等商业设施。这是电视塔一种最常见的造型，相对来说比较简洁，造价也低廉一些。

图 2 - 23　上海东方明珠广播电视塔

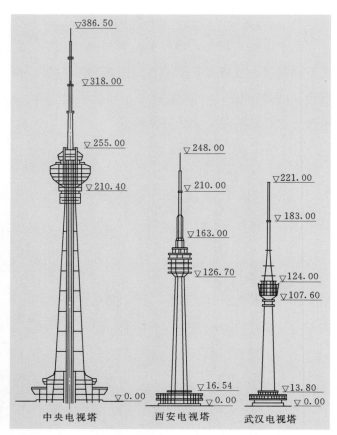

图 2 - 24　我国 3 座钢筋混凝土电视塔（单位：m）

　　电视塔也有类似于埃菲尔铁塔那样的纯钢铁结构建造的，当然材料已经不再用熟铁而是用钢材了。图 2 - 25 就是两个采用钢结构建造的电视塔，一个是早年建设的广州电视塔，一个是上海电视塔。这种钢结构电视塔施工速度快，抗风能力强，有它独到的优势。

　　在电视塔的建设上也有一个竞相争高的趋势，且越建越时髦，也日益多样化。2010 年为了迎接亚洲运动会的召开，广州建成了一个世界最高的且颇有点婀娜多姿的人称广州"小蛮腰"电视塔，见图 2 - 26。该塔总高度 600m，比维持多年第一名的多伦多电视塔还高出 40 多 m。该塔矗立在广州新城市中轴线上，成为广州的新地标，亦是世界了解广州和广州走向世界的重要窗口。

2.3.2　纪念性建筑物

1. 上海世博会中国馆

　　2010 年 5 月 1 日至 10 月 31 日上海市举办了著名的世界博览会。这是世博会问世以来第一次在中国举办。各国都建设了各自的场馆，作为东道主的中国馆独具特色，见图 2 - 27。中国国家馆高 63m，层叠出挑，宛如一个中国味十足的大型城市雕塑，体现中国馆的标志性；地区馆高 14m，水平展开，延伸城市肌理，形成建筑物稳定的基座，构造城市公共活动空间。

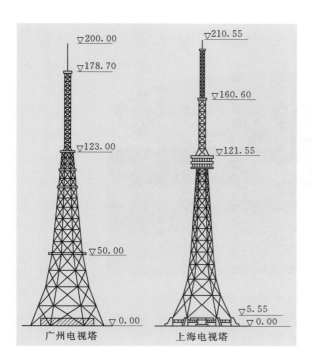

图 2-25　广州与上海电视塔（单位：m）

图 2-26　广州"小蛮腰"电视塔

图 2-27　上海世博会中国馆

　　"东方之冠，鼎盛中华，天下粮仓，富庶百姓。"中国传统建筑的斗拱造型，深深浅浅的渐变"中国红"……独特的建筑语言表达了中国文化的精神气质。

2. 上海世博会演艺中心

　　这是又一个独具匠心的公共建筑，见图 2-28，该中心造型呈飞碟状，从不同角度审视，它会呈现不同形态。白天熠熠生辉，恰似"时空飞梭"；夜晚则梦幻迷离，恍如"浮游都市"。演艺中心的舞台可进行三维组合，为国内首创。根据演出需要和观众容量，观众席可在 4000 座、8000 座、12000 座和 18000 座中任意变换。

图 2-28　世博会演艺中心

3. 埃菲尔铁塔

举世闻名历史悠久具有很强纪念意义的建筑应属法国巴黎的埃菲尔铁塔。

埃菲尔铁塔位于巴黎塞纳河畔，见图 2-29，建于 1887 年，高 300m，是当时世界上最高的钢结构建筑。限于冶金业的生产水平，塔体所用材料为熟铁。图 2-30 给出了铁塔的立面图。

图 2-29　塞纳河畔的埃菲尔铁塔

图 2-30　埃菲尔铁塔立面图

该塔的结构体系既直观又简洁：底部是分布在每边长 128m 底座上的 4 个巨型角形倾斜柱墩（倾角 54°），由标高 55m 处的第一平台支承着；第一平台和标高 115m 的第二平台之间有 4 个微曲的角立柱相连；向上转化为细长的、几乎垂直的、189m 高的、刚性很大的方尖塔直通顶部平台；

平台上部有一个很小的拱曲屋顶和旗杆（现为电视天线）。第一、二平台间角立柱的微小曲率加强了塔身冲向云霄的感觉。所有立柱和方尖塔都采用 X 形抗风斜撑组成的网格桁架作为结构。全塔总重 9700t，有 4 个坚固的直伸至下卧持力土层的沉箱基础。

在第一平台底部有 4 个跨越倾斜柱墩的大拱。它们是起装饰作用的，在结构受力上并不需要。这 4 个拱破坏了塔结构的线性、简洁性和"诚实"性，也损害了塔身的美观，但是这个伪装却已被公认为塔外形的一个基本组成部分。

埃菲尔铁塔设计时认为除自重和游客的重力荷载外，主要承受风载。设计者假设它要承受的风速为顶部 238km/h，底部 169km/h 上下平均 216km/h，风压作用在没有"穿孔效应"的塔身侧面上。抵抗此风力的是塔身自重和每天 1 万余名游客的重力（约为塔身自重的 10%）。但由于塔身是由开口钢（实际上用的是锻铁）构架做成的细工饰品，风可以穿越，没有很大的受风面积，因而实际风载比设计时所采用的小得多，有很大的安全储备，何况当地最大的风速至今尚未成为它的"敌人"。

埃菲尔铁塔的设计人和主持建造人是工程师古斯塔夫·埃菲尔（1832—1923 年）。他以前学化工，1867 年开始从事钢结构的设计和承包工作，20 年来他建造过许多火车站、百货商场甚至桥梁。在埃菲尔铁塔的设计和建造中，不但他所运用的力学、结构和美学的概念和思路是巧妙的、谐调的、统一的，而且他所做的实际工作是大量的、细致的、精确的。他为设计此塔雇用了 30 名绘图员，用了 18 个月，画了 1333m² 的图纸，用了 15000 多个结构构件，有 250 多万个连接用铆钉孔。他预计造价仅为 150 万美元，完成时竟还节约了预算造价的 5%。

这是一个伟大的人所完成的至今仍举世闻名的伟大工程！

4. 比萨斜塔

另一个颇有名气的纪念性建筑应属意大利的比萨斜塔，见图 2-31。此塔最初是为神学需要而建的，但建设过程中出现倾斜，施工曾间断了两次很长的时间，从 1173 年开工直到 1372 年才建成，费时约 200 年。它是意大利一个著名的参观景点，1987 年比萨斜塔被联合国教科文组织收入《世界文化遗产名录》。该塔是地基不均匀沉降引发的倾斜，为稳定这种倾斜使其不至于发展，数百年来已多次进行过地基处理，想来已无大碍。

5. 应县木塔

中国有一个举世闻名的高耸结构——应县木塔，塔高 67.31m。此塔建于辽·道宗清宁二年（公元 1056 年），为木结构。众所周知，木结构是不易实现年代久远这个要求的，但该塔却在风雨摧蚀下屹立长达 960 多年不毁，堪称奇迹。此塔造型也极具东方的特点，每层都有外延的飞檐，平面为八角形。底层直

图 2-31 意大利比萨斜塔

径 30.27m，共 9 层，但外观上看只有 5 层，给人造成了每层层高很高的感觉，见图 2-32。

6. 航天纪念博物馆

图 2-33 是 2007 年俄国为纪念 1957 年 10 月 4 日前苏联将加加林送上太空 50 周年而建的"莫斯科航天纪念博物馆"。该馆是标高近 100m"剑指兰天"的巨型雕塑，下层的展室陈列着当年加加林穿过的宇航服以及他乘坐的"东方"号宇宙飞船的模型和当时拍到的一些太空的照片等，这座纪念性建筑应属近代颇有特色的纪念建筑之一。

图 2-32 应县木塔

图 2-33 莫斯科航天纪念博物馆

2.4 大跨结构与交通枢纽

2.4.1 大跨结构——会堂、剧场、展览馆等

1. 人民大会堂

人民大会堂建成于 1959 年新中国成立十周年之际，当时有十大建筑，人民大会堂被称为十大建筑之首。会堂可容纳万人同堂开会，故又称"万人大会堂"，见图 2-34。按照当时的技术水平和经济实力建这样一个大会堂实属不易。从结构上看它的建筑难点是容纳万人，中间又不能有柱子，以免遮挡视线，这两层环形眺台的荷载怎么传到基础上，还有那个几十米宽敞口的主席台，其顶部荷载又是怎么传到基础上去的？笔者当年参加过人民大会堂的科研工作，知道这个主席台是靠一根高达 9m 的高梁将荷载通过柱传到基础上的。要知道高梁不同于一般结构力学的受弯梁，其分析计算是相当复杂的，特别是在那个没有计算机的年代。这张照片中，摄影师徐伯黎利用特有摄影技术将人民大会堂的全貌展示出来了。

2. 悉尼歌剧院

悉尼歌剧院由丹麦人约恩·乌松（Jorn Utzon）设计。早在 20 世纪 50 年代悉尼歌剧院就开始

图 2-34　人民大会堂会场全景

征集设计方案，先后征集到来自 30 多个国家的 230 余位设计师的作品，其中不乏一些大师的精心创作。其中乌松的方案脱颖而出，并最终被公认为 20 世纪最杰出的建筑设计之一。乌松在晚年回忆说，悉尼歌剧院建成后，有人说像贝壳，也有人说像白色的帆船，其实并没有那么复杂，当初的设计灵感是来自剥了一半皮的橙子，就是这么简单。

悉尼歌剧院的建造过程却是一波三折。自 1959 年 3 月动工后，歌剧院奇特的造型便难倒了施工人员，再加上乌松为求完美不容许有任何瑕疵，使工期一拖再拖，费用更是节节攀升，连政府发行专门的歌剧院彩票募集建筑资金也无济于事。终于在 1966 年，当地政府以财政困难为由向乌松提出了修改建筑方案的建议，但乌松拒绝妥协，在与负责官员大吵一架后愤然离去，当地政府向乌松买下了最后的工程设计图，并另外指派一组建筑师接手乌松未了的工作，悉尼歌剧院才最终建成。

悉尼歌剧院于 1973 年 10 月竣工。这座建筑堪称世纪经典，它是悉尼城市的灵魂，澳大利亚的标志性建筑，被联合国教科文组织列入《世界文化遗产名录》，是公认的 20 世纪世界七大奇迹之一，见图 2-35。

图 2-35　悉尼歌剧院

2003 年，乌松获得素有建筑诺贝尔奖之称的普利茨克建筑学奖，2008 年，90 岁高龄的乌松在睡眠中平静辞世。时任澳大利亚总理陆克文在悼词中说："乌松因为给世人留下悉尼歌剧院这样一个珍贵的遗产，所以他既是丹麦的儿子，也是澳大利亚的儿子。"

悉尼歌剧院外观为 3 组巨大的壳片，耸立在海边一个南北长 186m、东西宽 97m 的混凝土基座上。

3. 中国国家大剧院

中国国家大剧院位于北京天安门广场西边，人民大会堂西侧，西长安街之南，由国家大剧院

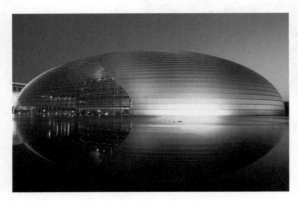

图 2-36 国家大剧院外观图

主体建筑及南北两侧的水下长廊、地下停车场、人工湖、绿地等组成，总占地面积 11.89 万 m²，总建筑面积约 16.5 万 m²，其中主体建筑 10.5 万 m²，地下附属设施 6 万 m²。总投资 31 亿元人民币。

国家大剧院由法国建筑师保罗·安德鲁主持设计，工程于 2001 年 12 月 13 日开工，2007 年 9 月建成。图 2-36 为国家大剧院外观图。

国家大剧院主体建筑由外部围护钢结构壳体和内部 2416 个坐席的歌剧院、2017 个坐席的音乐厅、1040 个坐席的戏剧院、公共大厅及配套用房组成，

国家大剧院剖面图见图 2-37。外部围护钢结构壳体呈半椭球形，其平面投影东西方向长轴 212.20m，南北方向短轴 143.64m，建筑物高度为 46.285m，基础埋深的最深部分达到 -32.5m。椭球形屋面主要采用 0.4mm 的钛金属板饰面，中部为渐开式玻璃幕墙。椭球壳体外环绕人工湖，湖面面积达 35500m²，各种通道和入口都设在水面下。国家大剧院 60% 的建筑在地下，地下的高度约有 10 层楼高。

4. 展览馆

图 2-38 给出了一个法国工业与技术展览中心的图示，该展览中心的大厅结构是钢筋混凝土壳体结构，平面呈三角形，边长 219m，壳顶离地面 46m，为了刚度的需要，壳面是双层波形拱壳，巨大的顶盖支承在 3 个基底墩座上，而 3 个墩座为了抵抗外推力，均用预应力拉杆连成一个稳定的三杆体系，见图 2-38（c）。上下两层壳面的厚度均为 64mm，层间相隔 18m，中间每隔 9m 有一竖板，由于顶盖跨度很大，按壳面折算厚度 180mm 计算，该壳体结构的厚跨比为 1:1200，是相当先进的。该展馆是结构、材料、造型、建筑功能等融为一体的杰作。

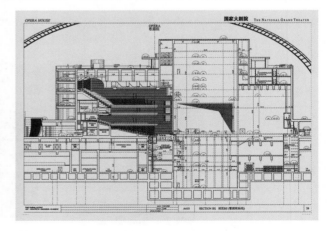

图 2-37 国家大剧院剖面图

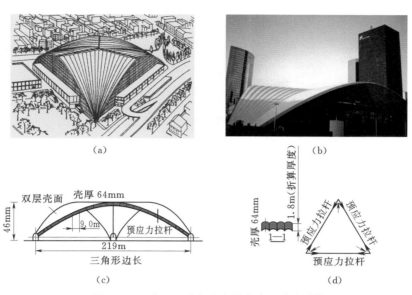

图 2-38　法国工业与技术展览中心薄壳结构

（a）鸟瞰；（b）外立面；（c）剖面；（d）平面

2.4.2　交通枢纽——机场与车站

1. 机场

机场又称航空港，是航空运输必不可少的交通枢纽，它包括起降跑道、停机坪、航站楼等众多设施及特种车库等辅助设施。

我国的航空运输业起步较晚，1959 年建成的首都国际机场标志着我国航空业规模性的起步。随着社会的发展，特别是改革开放以后，航空业的发展用"突飞猛进"来形容毫不为过。

2002—2012 年，是民航发展最快、最好的 10 年。2011 年，民航运输总周转量、旅客运输量、货邮运输量分别为 577.4 亿 t·km、2.93 亿人次、557.5 万 t，比 2002 年分别增加了 412.5 亿 t·km、2.07 亿人次、355.4 万 t。特别是 2007 年以来的 5 年，总周转量是过去 57 年总和。航线也不断增加，截至 2011 年年底，我国已有定期航班航线 2290 条，其中国内航线 1847 条，国际航线 443 条，比 2002 年末分别增加 1114 条、832 条和 282 条。

放眼全球，中国民航增长速度也是最快的，过去 10 年平均增速在 15% 以上。2007 年，中国民航运输总周转量达到全球第二，成为公认的全球民航大国。目前，首都机场客运跃居全球第二，浦东机场货运稳居全球第三；全国年旅客吞吐量 1000 万人次以上机场达到 21 个，比 2002 年增加 17 个。在 2010 年国际民航组织第三十七届大会上，我国第三次高票连任国际民航组织一类理事国。

除首都国际机场等大型国际机场之外，尚有干线机场和支线机场之分，视起降点和运量来决定，如省会城市一般要建有干线机场，而地方或提供某种专门用途的修建支线机场即可。

（1）航站楼。从土木工程的角度来展示我国航空业的发展，典型例子应属首都国际机场 1 号、2 号、3 号航站楼的陆续建成。1959 年建成的航站楼面积很小，主要用于 VIP（贵宾）乘客和部分国际航班。为了适应发展的需要，1980 年扩建为面积 7.8 万 m² 的 1 号航站楼和停机坪，并同时建设了楼前的停车场等附属性建筑。随着改革开放的深入，于1995年开始建设2号航站楼并加修第二条跑道，历时4年，到1999年11月正式投入使用。两个航站楼的年吞吐量已达到3500万人次，货物78万t。但很快两个航站楼已不能满足正常运营的需要，加之2001年申办奥运成功，又进一步加剧了北京扩建机场的需求。多方论证之后，经国务院批准，总投资270亿元、占地22200亩的3号航站楼（简称T3航站楼）于2004年开工建设，历时4年，到2008年3月正式运营。该工程以2015年为目标年，即到2015年，首都国际机场将满足年旅客吞吐量7600万人次（年旅客吞吐量较原项目建议书提升了1600万人次），年货邮吞吐量180万t，年飞机起降58万架次，高峰小时飞机起降超过124架次。满足F类（见表2-4，F类飞机其翼展宽超过65m）特大飞机的使用要求。

表2-4 飞行区分级

第一要素		第二要素		
代号	飞机基准飞行场地长度/m	代号	翼展/m	主要起落架外轮外侧间距/m
1	<800	A	<15	<4.5
2	800~1200	B	15~24	4.5~6
3	1200~1800	C	24~36	6~9
4	≥1800	D	36~52	9~14
		E	52~65	9~14
		F	≥65	≥14

注 1. 飞机基准飞行场地长度是指在标准条件下（即标高为0，气温为15℃，无风，跑道无坡的情况），该机型最大质量起飞时所需的平衡场地长度。

2. 第二要素的代号，选用翼展与主要起落架外轮外侧间距两者中要求较高的数字。

3. 4F级飞行区配套设施必须保障空中客车A380飞机含重（560t）起降。

图2-39、图2-40为已建成的T3航站楼。它不仅是中国民航建设史上最大的工程，也是目前世界上最大的单体航站楼，最大的民用航空港。它是英国新建的担负2012年奥运会运行任务的希思罗机场5号航站楼的2倍，比希思罗机场1~5号航站楼加在一起还大17%。

图2-39 T3航站楼鸟瞰

图2-40 T3航站楼的一侧

T3航站楼的建成，体现了首都机场三大目标：一是实现了枢纽机场功能；二是满足了北京奥运会的需要；三是创造了国门新形象。首都机场成为我国乃至亚洲首个3座航站楼、3条跑道、双塔台同时运营的现代化机场，滑行道由71条增为137条，停机位由164个增为314个，年设计旅客吞吐量由以前的3600万人次增加为7600万人次，新跑道可供F类飞机使用，可保证目前世界上最大的A380客机顺利停靠。国际枢纽机场的技术标准是，国际中转不超过90min，国内中转不超过60min。3号航站楼基本达到国际中转不超过60min，国内中转不超过45min。

作为例子，再附上几个世界比较著名机场的鸟瞰图，见图2-41。

(a) (b)

图2-41 各类民航机场
(a) 美国达拉斯机场；(b) 中国上海浦东国际机场

与世界同类机场建设规模与投资比较，首都国际机场T3航站楼建筑面积98.6万m^2，1条跑道，投资275亿元人民币，这一世界目前最大的单体航站楼，建设工期只用了3年零9个月。而英国较我国T3航站楼晚投入使用一个月的伦敦希思罗机场T5航站楼，建筑面积30万m^2，1条滑行道，投资约合630亿元人民币，建设工期却用了7年；韩国仁川机场航站楼建筑面积49.6万m^2，2条跑道，投资约合470亿元人民币，建设工期用了4年零3个月。可以说，我国首都机场3号航站楼的建设速度创造了世界施工建造史上之最，而且投资少，见效快，科技含量和现代化水平高。参与T3航站楼项目建设的英国VECTOR项目咨询管理公司的迈克先生感叹说："这真是个奇迹！"

我国2012年建成的昆明长水国际机场是一个颇具特色的航空枢纽见图2-42，按照设计标准，近期可满足年旅客吞吐量3800万人次、货邮吞吐量95万t、飞机起降30.3万架次。云南从此拥有了辐射南亚、东南亚，连接欧亚非的我国第四大门户枢纽机场。

从土木工程的角度来看，昆明长水国际机场创造了国内5个第一：

1）土石方总工程量第一。由于新机场地质条

图2-42 昆明长水国际机场鸟瞰图（王进胜 摄）

件复杂，整个建设周期，土石方填筑和场地精平整工程挖填累计约 3 亿多 m³，创目前国内土石方工程纪录。其中，场内最大挖方高度约 92m，最大填方高度约 52m。

2）单体航站楼建筑面积国内第一。航站楼翘曲的双坡金色屋顶，从空中鸟瞰，恰似昂首向上的金色大鹏欲展翅高飞。正立面两端的金色大挑檐，最高点至地面落差达 30m，在中国建筑设计史上史无前例。航站楼由前端主楼、前端东西两侧指廊、中央指廊、远端东西 Y 形指廊组成，南北总长 855.1m，东西宽 1134.8m，面积为 54.83 万 m²，为目前国内单体建筑面积之最。

3）航站楼减隔震技术及设施应用规模第一。新机场航站楼为国家抗震示范工程。航站楼前中心区在结构上安装隔震支座 1810 个，同时辅助使用黏滞性液压阻尼器 108 个，是当前世界隔震支座应用规模最大、隔震支座直径最大的隔震建筑。工程抗震设防烈度设置为 8.5 度，保证小震不坏，大震不倒。

4）大型机场使用沥青混凝土道面技术在国内是第一次。机场飞行区本期建设两条垂直间距为 1950m 的远距平行跑道，其中，东跑道长 4500m、西跑道长 4000m。这两条采用全幅沥青道面的跑道，质量保证 15 年预期使用寿命，在国内尚属首例，是中国民航局科技示范工程。

5）绿色机场概念在机场建设中全方位实践是第一次。新机场建设工程实现全场区土石方填筑场内总体平衡，节约良田 3 万多亩；航站楼坡形屋顶设置的自动开启天窗，不仅具有排风、兼顾消防自然排烟功能，还使其在 3—11 月可关闭 35％区域空调，全年节约电量 655.1 万 kW·h 以上；航站楼通透的玻璃幕墙能使主要公共区域充分利用自然采光，并透过屋顶天窗，补充室内大进深区域的自然采光，每年节省电量达 151.3 万 kW·h，实现全年人工照明节能 20％～30％。

（2）跑道。跑道供飞机起飞和着陆之用，它的长度、宽度及基础的构造要与机场的等级及飞行区的分级相匹配，有下述几种方案，见图 2-43。需要说明的是，近代航空业的发展对机场跑道的要求越来越高，首先是机型的尺寸越来越大，势必要求跑道越来越宽，而机型大载重量大，单

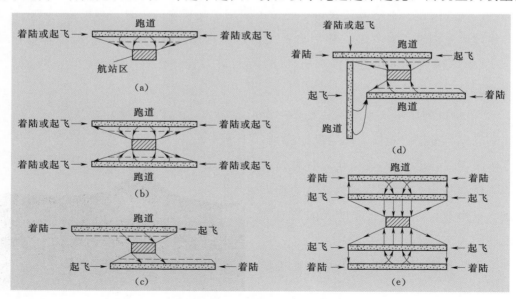

图 2-43 机场跑道方案

轮对跑道施加的集中荷载也越大，因而要求基础的设计越来越厚，强度越来越高。

2. 车站

陆上运输的交通枢纽主要是火车站。在中国，特别是"春运"期间（春运指春节前后的客流运输），车站几乎不堪重负，大城市尤其严重。因此，火车站的设计要容量大，视线开阔，便于人流进出，还要考虑紧急情况下的疏散。

北京是中国的首都，来往旅客最多，1959年建成的北京站，当时是与人民大会堂等并列的十大建筑之一。其中央大厅的顶盖是一个40m×40m的双曲钢筋混凝土扁壳，在那个年代，无论就计算分析手段，建筑材料的强度，以及施工技术方面，能实现这样一个庞大的建筑已经十分不易了，但随着社会的发展，特别是改革开放以后，这个车站早已不堪重负。后来又建了北京西站，但很快也客满不敷使用了。

为了迎接2008年奥运会，建设了规模更大的北京南站，该项目由中英两国工程师合作设计，可容纳1万多人同时候车，年发送旅客超过1亿人次，号称亚洲第一大站。值得一提的是，北京南站实现了能源综合利用，屋面布设了3264块太阳能电池板，年发电可达18万kW·h，并采用了热泵技术，冬日供暖、夏日制冷，大大节省了传统上全部用煤、用电的消耗量，自然也减少了污染。

图2-44 银川火车站（彭昭之 摄）

2011年年底，新建成的银川火车站无论从结构和造型上都颇具特色，见图2-44。

2.5 体育运动场馆

体育运动场馆由于其使用功能的需要大都跨度和形体很大，属于特种结构的一种。

2008年8月8—24日，奥林匹克运动会在北京举行。为了迎接北京奥运会，在中国特别是北京掀起了一场建设高潮，建成了一批具有建筑特点甚至美学价值的体育场馆。奥运会给我们这个古老民族带来的变化和前进不是一个简单的土木建筑问题，但限于篇幅，本节仅介绍与土木有关的场馆。另外2012年8月在伦敦举办的继北京之后的奥运会，因其建筑场馆独具特色，本节也做了介绍。

2.5.1 宏伟众多的奥运场馆

众所周知，几乎所有的体育场馆都是大跨结构，否则无法实现足够大的运动场地，也无法满足观众对视线没有任何遮挡的观赏需求。为了准备奥运会，北京先后新建了12个体育场馆，如国家体育场（鸟巢）、国家游泳中心（水立方）等。

历史事实表明，从1960年开始的几乎每一届奥运会，新的体育场馆都以其独特的设计成为所在城市的标志性建设。富有创新和极具魅力的场馆设计，不仅为这些城市和国家赢得了美誉，也极大地推动了现代体育建筑设计思想和建造技术的发展与演变，不少奥运场馆甚至成为20世纪的经典建筑。

这里简略介绍两个典型的北京奥运场馆和一个伦敦奥运场馆。

1. 北京国家体育场——鸟巢

"鸟巢"可以说是北京奥运会的象征。一提到鸟巢，人们脑海中几乎都能将其与北京奥运会联系起来。

国家体育场钢结构由24榀门式桁架围绕着体育场内部碗状看台区旋转而成，其中22榀贯通或基本贯通。结构组件相互支撑，形成网格状构架，组成体育场整体的"鸟巢"造型。鸟巢结构平面呈椭圆形，长轴332.3m，短轴296.4m。建筑顶面为鞍形曲面，最高点高度68.5m，最低点高度40.1m。屋盖顶部的洞口尺寸是185.3m×127.5m。屋盖支承在24根桁架柱之上，柱距为37.9m。主看台采用钢筋混凝土框架剪力墙结构，与钢结构完全分开。

国家体育场钢结构的设计问题除了结构及构件静力、承载力校核外，主要是结构的抗震设计及抗震设计指标的确定。体育场的基本构件呈箱形截面形式，由4块板焊接而成。出于建筑效果的要求，其主桁架的截面尺寸最大为1200mm×1200mm，次桁架的截面尺寸为1000mm×1000mm和1200mm×1200mm，以保证主次桁架在建筑视觉上基本协调。

图2-45 北京鸟巢外景

图2-45是北京鸟巢全面竣工后的外景。

鸟巢在建设过程中，经过了一次号称"瘦身"的改动。原设计鸟巢上方有一个巨大的可以开启的顶盖，这个顶盖从使用上来看，只是为了开幕式碰上下雨时挡雨用的，而比赛过程中是一定要打开的。考虑到比赛时的使用功能，同时也为了降低造价，中国工程院发起了近乎全国有关学者的讨论，最后决定取消顶盖，使设计用钢量8万多t降为4.2万t，造价由招标时的40亿元人民币降为31亿元，这个"瘦身"改动受到业内人士的普遍欢迎和认可，也得到了中央发改委的大力支持。

2. 北京国家游泳中心——水立方

水立方是专为游泳、跳水等比赛而建造的奥运场馆，结构上与普通钢结构没有太大差异，它的特点是从上到下有一层半透明的漂亮外衣，是一种化学材料。近代随着材料学科的进步，建设用材无论在品种还是质量上，都日益提高和改善。随着膜结构的发展，多种透明、半透明、全透明、折射性光彩透明的膜材料越来越多，花样也不断翻新，"水立方"就是这种科技背景下的产物。这个事例足以说明土木行业与各行各业的不可分割性。图2-46所示为水立方的内部情况。

3. 济南奥体中心

2009 年第十一届全国运动会在济南召开，为了迎接这次全国规模的盛会济南市在城区东部建设了颇具特色的运动场馆，见图 2-47，其造型和结构堪称匠心独具。

图 2-46　北京国家游泳中心——水立方　　　　图 2-47　济南第十一届全国运动会主会场——济南奥体中心

4. 英国伦敦奥运场馆

2012 年 8 月在伦敦举行了继北京之后的奥运会，它的主场馆是一幢长方形、乳白色薄膜材料覆盖的篮球馆（见图 2-48），在蓝天白云的映衬和明媚阳光的照耀下，像一块巨大的奶油蛋糕（俗称"伦敦碗"），格外吸引眼球。那看上去柔软、轻盈的外层材料，使整个篮球馆线条简洁、明快，即便在周围众多设计新颖、色彩夺目的场馆中也难以被埋没。这里举行了奥运会及残奥会的篮球、手球、轮椅篮球和轮椅橄榄球等赛事。

伦敦奥运场馆是世界上修建过的最大临时体育设施，由一家苏格兰建筑公司中标承建。壮观的篮球馆高 35m，长 115m，1000t 重的钢结构框上包裹着 20000m² 德国造可循环 PVC 薄膜材料，1.2 万个观众座椅，电梯、卫生间、贵宾室等设施一应俱全。然而，所有这些在赛事结束后都要被拆除，从奥运园内消失得无影无踪，而在其他适宜地点重新使用。

图 2-48　2012 年 8 月举办的伦敦奥运主场馆

"临时场馆"是伦敦奥组委与承办局在打造可持续发展的绿色奥运设计规划中实施的一个新理念。首先要尽可能多地就地取材，要避免或减少使用那些不可替代、不可再生和不可循环使用的材料。尽量使用可再生、可循环的替代建筑材料，这在伦敦奥运园的总体设计，从最初对整个奥运园场地的土地调查、土壤污染净化，直到临时场馆的设计上，都得到认真的落实。

这是一个值得认真思考并学习的建筑设计理念。

2.5.2 建筑设计理念和宜居城市

1. 建筑设计理念

建筑设计理念是一个比较难以下结论的题目，因为很多人都在争论或发表看法，尤其在学术界，各种观点应有尽有。"鸟巢"符合东方的建筑美学吗？为什么偏偏外国人（鸟巢的建筑设计方案是瑞士建筑师投标命中的）设计的就能中标？再联系奥运会前夕竣工的国家大剧院，意见就更多了，它也是外国人设计的（法国设计师安德鲁的方案），而且在天安门广场旁边，与天安门、故宫这些传统的独具特色的中国皇家大屋顶建筑如此不协调。还有那个"不伦不类"的假玻璃游泳馆——水立方（中澳联合设计）。众说纷纭，挺热闹，也挺有意思。笔者是学结构的，不是建筑师，不懂建筑学，无力更无权对这些观点和意见发表看法，这里只想提供一份人民网组织的网友评选结果（图2-49），上述那些非议颇大的建筑竟然都选上了，真可谓"仁者见仁，智者见智"。如果联系2012年的伦敦奥运主场馆的设计理念，不仅有利于消除分歧，更重要的是对这种为了一次大型活动而建设的高标准设施在大型活动结束之后如何让它继续服务。伦敦已经是第三次举办奥运会了，原来那些场馆有的并没有很好地继续使用，把"伦敦碗"拆除易地使用是很正确的设计建设理念。我国举办了一次奥运会至今鸟巢也没有得到公认的合理使用，更不用说回收问题了。

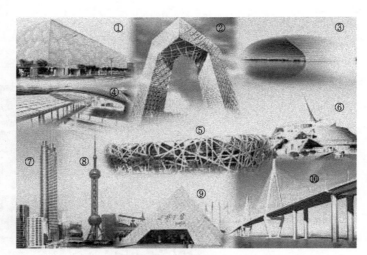

图2-49 2008年11月人民网网友评选十大建筑

（制图：高木）

①—国家游泳中心；②—中央电视台新大楼；③—国家大剧院；④—首都机场新航站楼；⑤—国家体育场；⑥—中华世纪坛；
⑦—深圳地王大厦；⑧—上海东方明珠电视塔；⑨—深圳世界之窗；⑩—杭州湾跨海大桥

2. 宜居城市

1976年，联合国召开了首届人居大会，提出"以持续发展的方式提供住房、基础设施服务"，相继成立了联合国人居委员会（CHS）和联合国人类住区委员会（UNCHS）。1989年开始创立全球最高规格的"联合国人居环境奖"。获该奖项的中国城市至今已有10余个。

2005 年 1 月，国务院批复北京城市总体规划，首次出现宜居城市的概念。2007 年 5 月建设部通过《宜居城市科学评价标准》。2007 年 11 月上旬，广东清远市被中国城市国际协会正式授予"宜居城市清远"牌匾，成为中国城市国际协会所授予的第一个中国宜居城市。

《宜居城市科学评价标准》由社会文明度、经济富裕度、环境优美度、资源承载度、生活便宜度、公共安全度和综合评价七大部分构成，涉及 23 个子项、74 个具体指标。在 100 分总分中，生态环境指标占比重最大，其次为城市住房、市政设施和城市交通。空气质量、人均可分配收入、平均寿命、政务公开、就业率及流动人口就业服务等都成为重要的评分指标。简单地说，宜居城市和城市规模无关，重点是看居住在这座城市里百姓的幸福指数。

截至 2010 年年底全国共有 100 多个城市申报或准备申报中国宜居城市。

第 3 章   交通运输工程

3.1   概述

3.1.1   交通运输工程分类

交通运输工程是土木工程的一大类。土木工程作为一个大学科的兴起和壮大，从历史上看主要依赖于 4 个方面，分别是房屋工程、交通运输工程、水利工程和国防工程，整个土木工程发展史可以充分说明这一观点。

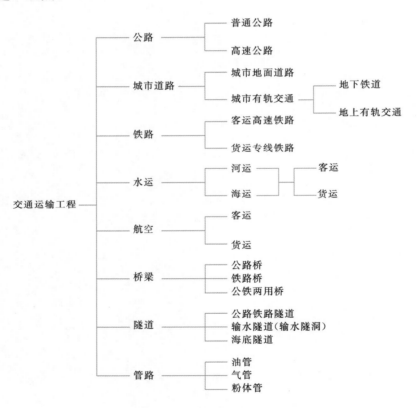

图 3 - 1   交通运输工程的分类

近代交通运输工程粗分一下，可以分为 8 大门类，见图 3 - 1。每一类又可分为两个以上的二级类别，且每个二级类本身是相对独立的，许多行业、院校专业常常是按二级类别来定义。

本章着重介绍公路、铁路、桥梁、隧道以及管道运输，其余内容，水运放入第 4 章水利工程、航空放入第 2 章 2.4.2 节机场交通枢纽工程、地下铁道放入地下工程中介绍。

3.1.2 专业设置的历史渊源

由于交通运输工程的类别太多、太大，而工作中常常面对的是一个二级类别甚至还要窄些，它们在业务和技术上均有各自的特点和要求，因此，18 世纪工业革命之后，有的国家就已经单独设系或专业。新中国成立后在"学苏"的大背景下，上述交通运输工程大都按二类单独设院，如铁道学院、公路学院等，院下再细分为专业，如铁道学院就设有线路、筑路、运营等专业，但在课程设置上则毫不例外地都开设土木工程必修的基础课，如数学、力学、结构、材料、测量、钢筋混凝土等课程。随着改革开放的深入，逐渐显露出专业过分细化对人才培养的弊端，到 20 世纪 80 年代我国高等学校逐渐向综合性发展，原来过分细化的专业设置也做了调整和合并，如许多铁道学院升级为交通大学，土木工程成为大学下属的一个学院，而铁道、公路等作为一个系或一个专业。

专业设置的调整不仅扩大了学生的知识面，也增加了学生就业渠道的多样化和适应性。特别在政府部门改制以来，过去归口行业部的高校相应"断奶"，也不能为培养的学生提供统一的就业岗位，学生出路有了问题，而综合性教育无疑对解决这个问题产生了积极的作用。

3.1.3 中国交通工程的大发展

交通状况历来是一个国家发达的表证：中国有句谚语"欲要富先修路"在一定程度上反映了交通的重要。新中国成立前半封建半殖民地的中国政局腐败、经济崩溃，既没有能力也没有财力发展交通，新中国成立后由于基础薄弱，加之复杂的国际局势，也无条件大力发展交通，中国的交通工程发展始于改革开放，而交通的大发展，应属近十几年的事。

1. 公路和城市道路

截至 2011 年年底，我国公路总里程达到 410.64 万 km，其中高速公路达 8.5 万 km，居世界第二位。12 条国道主线构成一个覆盖城乡便捷高效的交通网络。

城市道路除传统的沥青公路外，最凸出的特点是城市轨道交通的大发展。截至 2011 年，全国拥有轨道交通运营线路 58 条，线路总长 1699km，2014 年已突破 2000km。而在 2002 年年底，中国仅有北京、上海、广州三座城市的 6 条地铁线通车运营。

2. 铁路

截至 2014 年 5 月底全国铁路总里程已达 10 万 km 以上，位居世界第一，其中高速铁路时速达 120km 的为 4 万 km，时速达 160km 的为 2 万 km，时速达 250～350km 的为 1.3 万 km。依靠自主创新，中国高铁跑出了"世界第一速"。2010 年 12 月，在京沪高铁先导段，国产新一代高速动车组跑出 486.1km 的时速，再次刷新世界铁路运营试验最高速。在掌握时速 200～250km 动车组核心技术的基础上，我国成功搭建了时速 350km 的动车组技术平台，研制成功时速 380km 新一代高速列车。依靠自主创新，中国铁路攀上了"世界第一高"。2006 年 7 月开通的青藏铁路，是世界上海拔最高、线路最长的高原铁路。中国成功解决了多年冻土、高寒缺氧、生态脆弱三大世界性工程难题。这条"天路"运营 6 年来，西藏旅客数量增长了 6 倍，线路始终安全无事故，营造了"上面火车跑，下面羊吃草"的和谐美景。青藏铁路打破了制约青藏高原旅游业发展的交通"瓶颈"。从北京到拉萨的火车卧铺票还不到机票价格的一半，这不仅为游客节约了旅费，也使更多游客有能力来西藏旅游。2014 年又将青藏线延长至日喀则，又进一步大大推动了西藏的旅游事业和经济的高速发展。

不仅在青藏高原，在海西特区、在三湘四水、在千湖之省……四通八达的路网改善了中西部的居住与投资环境，降低了物流成本，加快了产业承接与区域崛起的步伐。其中高铁沿线地区的GDP 增速普遍提高了 20％。

另外，在国际上还成功地承接了横贯土耳其的安（卡拉）伊（伊斯坦布耳）高铁，时速250km。已于 2014 年年底以前正式交付运营。同年还完成了全长 1344km 时速 90km 总投资 18.3亿美元的安格拉最长的铁路。

3. 桥隧

1957 年武汉长江大桥正式通车，这是中国第一座横跨长江的大桥，截至 2011 年年底，长江上的跨江大桥已超过百座。

2005 年建成的长江南京三桥，实现了我国桥梁大型高精度复杂钢结构技术的跨越式进步，成功解决了枯水季中完成桥梁深水基础施工的世界性难题，获得了 2007 年度美国国际桥梁会议"古斯塔夫斯—林德恩斯"奖。次年，当今世界桥梁界的最高殊荣——"乔治·理查德森奖"，被授予了苏通大桥。这意味着中国在"千米级斜拉桥结构体系、设计及施工控制关键技术"上，已代表了当今世界上桥梁建设的最高水平。

浙江舟山大陆连岛工程，是世界规模最大的岛陆联络工程。中国发明并采用了世界上尚无先例的分体式钢箱加劲梁，使主跨长度居世界第二位的西堠门大桥顺利竣工，并可抗 17 级超强台风，成为世界上抗风能力最强的桥梁之一。

杭州湾跨海大桥，在建设中创造了"梁上运架梁"、预制箱梁"二次张拉"、柔性防撞等多项"世界第一"，共获得 250 多项技术革新成果，形成了 9 大系列自主核心技术，被誉为"海湾桥梁建设的里程碑"。

京沪高铁 86％是高架的，共使用 29251 孔 900t 级箱梁，每一个都有 1000 辆小汽车那么重，比一个标准篮球场还大 23m²，架设的误差不超过 0.5mm；京沪高铁运营两年以后，桥梁墩台基础和路基沉降最大未超过 2mm，大大低于 15mm 的国际控制标准。

隧和桥一样都是交通工程中相对独立的一类工程，不过通俗地说桥是跨越性工程而隧则是穿越性工程。2007 年通车的秦岭终南山公路隧道，相当于 3.6 个北京长安街的总长度，是世界上最长的双洞高速公路隧道。钻凿的世界口径最大、深度最高的竖井通风工程，660 多 m 的深井被形容为地球上最大的"烟囱"。而工程创新的长隧短打技术，节省投资约 3.54 亿元，缩短建设周期2.5 年。2013 年 12 月世界上最大直径的单管双层公路隧道——扬州瘦西湖隧道贯通。2014 年 5 月兰新铁路中号称"世界高铁第一高隧"的1号隧道贯通，大大缩短了兰新双线高铁的通车时间。

4.港口

截至2011年年底，我国在世界十大港口中占据7席，全国港口货物吞吐量由2002年的27.99亿t迅猛增长到2011年的100.41亿t。每天，数以千万吨计的货物搭乘大小船舶进出各色港口，码头上装卸的货柜、岸边巍峨的轮船，如一道流动的风景，令人百看不厌。

关于港口和航运在第4章中有更为详尽的叙述、读者可参阅。

3.2 公路与城市道路

公路与城市道路，由于两者功能不同，在分类组成及工程内容上略有差异，详见图3-2。但从土木工程的角度来看，公路和城市道路没有原则上的差别，故把它们放在一节中讨论。

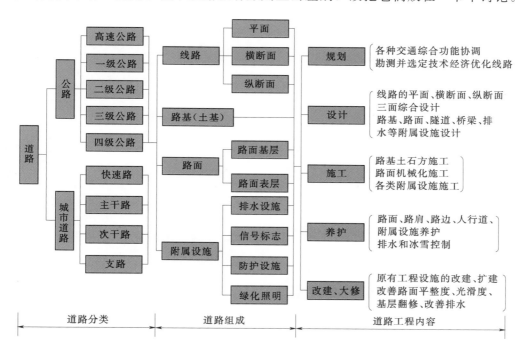

图3-2 道路分类、组成和工程内容

3.2.1 普通公路

1. 公路的重要性

自19世纪发明汽车之后，100多年以来，公路已是人类出行最重要的交通工具之一。从表3-1可以看出，2012年全年公路旅客运输总量354.3亿人次，是铁路的19倍之多；从旅客运输周转量来看，公路运输全年接近1.85万亿人·km。每年"春运"给人的印象是铁路运力紧张，可谓"一票难求"，可是从表3-2中可以看出，全年由铁路承担的旅客运输总量为18.9亿人，仅为公路的1/18，可见公路在旅客运输上的贡献率是很高的。铁路的"一票难求"主要是里程较长的旅客大都愿意乘火车直接到达而中途不用换车的缘故。从表3－2给出的2012年各种运输方式完成的货物运输量也可以看出，铁路的全年货物运输量为39亿 t，而公路的运输总量高达322.1亿 t，占全年货物运输总量412.1亿 t 的78％，是铁路运输量的8倍还多。

表3－1　　　　　　　2012年各种运输方式完成旅客运输量及其增长速度

指　标	单　位	绝　对　数	比上年增长/%
旅客运输总量	亿人次	379.0	7.6
铁路	亿人次	18.9	4.8
公路	亿人次	354.3	7.8
水运	亿人次	2.6	4.3
民航	亿人次	3.2	9.2
旅客运输周转量	亿人·km	33368.8	7.7
铁路	亿人·km	9812.3	2.1
公路	亿人·km	18468.4	10.2
水运	亿人·km	77.4	3.9
民航	亿人·km	5010.7	10.4

表3－2　　　　　　　2012年各种运输方式完成货物运输量及其增长速度

指　标	单　位	绝　对　数	比上年增长/%
货物运输总量	亿 t	412.1	11.5
铁路	亿 t	39.0	−0.7
公路	亿 t	322.1	14.2
水运	亿 t	45.6	7.0
民航	万 t	541.6	−2.0
管道	亿 t	5.3	−7.8
货物运输周转量	亿 t·km	173145.1	8.7
铁路	亿 t·km	29187.1	−0.9
公路	亿 t·km	59992.0	16.8
水运	亿 t·km	80654.5	6.9
民航	亿 t·km	162.2	−6.8
管道	亿 t·km	3149.3	9.1

公路建设规模是一个国家经济发展的标志，它至少是汽车业发展的第一需求。2010年年底国家统计局披露我国民用汽车保有量已接近1.3亿辆（不包括大车）。完善的公路体系是汽车数量增长的必要条件和首要保障。再者，公路建设还会带动水泥等建筑材料业的发展。改革开放之后我国大力发展公路，30年来，由1978年的总里程89万 km 增加到2011年的410.6万 km，增长了4倍之多，至于高速公路，从无到有，到2011年年底高达8.5万 km，居全球第2，仅次于美国。

2. 普通公路的一般标准和规定

在公路上运行的主要是汽车，不同的车辆其外形尺寸不同，除非是特别指定的专用公路，一般的通用公路应有较强的包容性，适合各种类型的汽车行驶。表3-3给出了我国公路设计所采用的各种汽车设计车辆的外廓尺寸，可以看出这个规定都较实际常用车辆的尺寸略为大些，这种设计思想是不言而喻的。路面宽度由行车道宽度、分隔带等组成，一般由公路的等级决定。表3-4给出了不同等级公路的路面宽度，由于车道数和行车道宽度等参数都不一样，公路的宽度也不同，总的原则是等级越高路面越宽。注意到表3-4中还有路肩，其作用是保护路面，利于排水，参考图3-3的路面横断面图便可一目了然。

表3-3   设计车辆外廓尺寸   单位：m

车辆类型	总长	总宽	总高	前悬	轴距	后悬
小客车	6	1.8	2	0.8	3.8	1.4
载重汽车	12	2.5	4	1.5	6.5	4
鞍式列车	16	2.5	4	1.2	4+8.8	2

表3-4   路 面 宽 度

公路等级	车道数	行车道宽度/m	中央分隔带/m	路缘带/m	路肩/m	
					硬路肩	土路肩
高速公路	4~8	(4~8)×3.75	3.0(1.5)	0.75(0.5)	2.25(3.0)	≥0.75
一级公路	4	4×3.75	2.0(1.5)	0.75(0.5)	3.0(2.5)	≥0.75
二级公路	2	7~9			0.75~1.5	
三级公路	2	7			0.75	
四级公路	1(2)	3.5(6.0)			0.5 或 1.5	

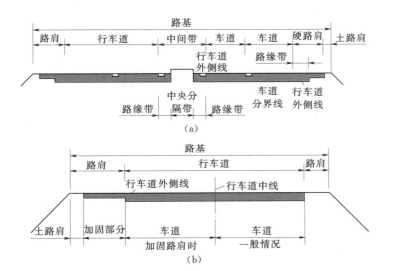

图3-3 路面横断图
（a）高速公路和一级公路；（b）二级、三级公路

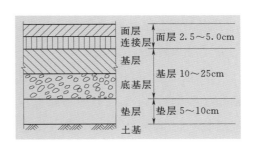

图3-4 路面结构示意图

路面结构一般分为面层、基层、垫层三部分，示于图 3-4。垫层就地取材，多用灰土夯实；基层多为碎石；面层根据不同等级和不同使用要求，可以为沥青混凝土、水泥混凝土等硬质耐磨的材料。路面面层类型可参见表 3-5。

表 3-5　　　　　　　　　　　　路　面　面　层　类　型

路面等级	面层类型	路面等级	面层类型
高级路面	1. 沥青混凝土 2. 水泥混凝土	中级路面	1. 级配（或泥结）碎、砾石 2. 半整齐石块 3. 其他粒料
次高级路面	1. 沥青贯入式 2. 沥青碎石 3. 沥青表面处治	低级路面	1. 粒料加固土 2. 其他当地材料加固或改善土

3.2.2　高速公路

1. 高速公路是经济发展的需要

高速公路投资大，回收周期长，我国对"高速公路该不该修"曾引起了一场旷日持久的争辩。1984 年国务院第 54 次常务会议作出"贷款修路，收费还贷"的决定，1985 年国家又出台了征收车辆购置附加费的政策，设立公路建设专项基金。同时，国家还在养路费征收和税收等方面实行了特殊政策。1988 年 10 月 31 日，沪嘉高速公路建成通车，结束了中国内地没有高速公路的历史。这条从上海市区到嘉定，全长不足 20km 的高速公路，在通车两年内就吸引了几十家中外企业落户嘉定。

高速公路是全封闭的快速通道，120km 的设计时速对路基质量、路面平整度提出了全方位的要求。然而改革开放初期，我国在修建高速公路上毫无技术经验，很多山岭荒漠成为修建高速公路的"技术禁区"。

为了尽快将高速公路修进这些"禁区"，国家"七五""八五"重点科技项目围绕着"高等级公路建设成套技术"展开，经过产学研三结合的国家级科研团队刻苦攻关，一批科研成果支撑起大规模的建设工程。位于湖南省邵阳与怀化两市交界山区的雪峰山隧道，是上海至瑞丽高速公路的重要工程，隧道最大埋深约 850m，相当于两栋上海金茂大厦。然而，雪峰山隧道却创造了中国隧道施工史上罕见的"零死亡"纪录，并取得了横向误差 0mm，高程误差仅 7mm 的骄人成绩，创造了特长隧道贯通误差最小的世界纪录，让世界同行赞叹不已。

20 世纪 90 年代以来高速公路成为我国运营里程和运输量增长最快的交通设施之一。图 3-5 给出了我国近 10 年来高速公路里程增长的详图，截至 2011 年已高达 8.49 万 km，仅次于美国居世界第二位。

如果说始建于 20 世纪 40 年代的"艾森豪威尔州际与国防公路系统"是推动美国 40 年来经济持续繁荣的发动机，那么，更加全面、完善、系统的中国国家高速公路网，将承载起推动我国社

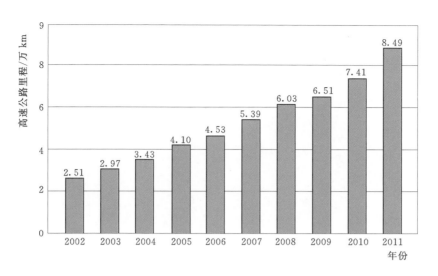

图 3－5　中国近 10 年来高速公路里程增长图

会经济飞速前进的滚滚车轮，释放出中国发展的无穷潜力。

2. 高速公路的特点

高速公路是全封闭立体交叉的，我国《公路工程技术标准》（JTGB 01—2003）将高速公路定义为"专供汽车分向、分车道行驶并应全部控制出入的多车道公路"。

高速公路的特点，大致可归纳为：

（1）为提供汽车高速行驶的各种必要条件而专门建设的公路，其行车速度在 60～140km/h。

（2）效率高，安全，可靠度高。车速高，自然效率就高。全封闭保证了它的安全性和可靠度。

（3）克服了铁路运输的不能离轨行驶，既可以送货上门，又保留了近代高速铁路"高速"的优点，已被公认为是促进国家经济发展的重要交通方式。

高速公路由于"高速"，因此在很多技术指标上比普通公路更加严格，例如它的平面转弯半径 R（m）是最大的。表 3-6 给出了高速公路与普通公路（又分一级、二级、三级、四级）设计技术指标的汇总表。

高速公路行车快、效率高，全封闭，又必须保证它的安全性和可靠度，因此很少有在高速公路上设置红绿灯的。解决的办法就是立体交叉，见图 3-6。

3.2.3　城市道路

城市道路就是在城市中铺设的公路，由于处在城市中，需要综合考虑它的功能，如需要区分人行道与车行道，车行道上还要区分机动车与非机动车的车道，此外还要考虑绿化带、立体交叉、道路照明等人性化设施。图 3-7 给出了一个城市道路横断面的示意图。

城市道路就结构而言与普通公路相近，但在建筑设计上则有许多特殊的要求，如人流车流频繁的部位要设置广场、停车场以及保证车流畅通所必需的环形交叉、立体交叉等专门设施。图 3-8 给出了 5 种类型的交叉口设计。

公路线路设计主要技术指标汇总表

表 3 - 6

公路等级	高速公路		普通公路							
			一级		二级		三级		四级	
适应交通/(辆/昼夜)	25000~1000000	25000~1000000	15000~30000	15000~30000	3000~7500	3000~7500	1000~4000	1000~4000	200~1500	200~1500
计算行车速度/(km/h)	120	100	100	80	80	60	60	40	40	20
行车道宽度/m	30.0~15.0	2×7.5	2×7.5	2×7.5	9.0	7.0	7.0	6.0	6.5	3.5或6.0
路基宽度/m　一般值	27.5~42.5	26.0	24.5	22.5	12.0	8.5	8.5	7.5	6.5	6.5或7.0
路基宽度/m　变化值	25.5~40.50	24.5	23.0	20.0	17.0					4.5或7.0
平曲线最小半径 R/m　极限值	650	400	400	250	250	125	125	60	60	15
平曲线最小半径 R/m　一般值	1000	700	700	400	400	200	200	100	100	30
平曲线最小半径 R/m　不设超高	5500	4000	4000	2500	2500	1500	1500	600	600	150
缓和曲线最小长度/m	100	85	85	70	70	50	50	35	35	20
停车视距/m	210	160	160	110	110	75	75	40	40	20
超车视距/m					550	350	350	200	200	100
最大纵坡/%	3	4	4	5	5	6	6	8	6	9
竖曲线最小半径/m　凸形　极限值	11000	6500	6500	3000	3000	1400	1400	450	450	100
竖曲线最小半径/m　凸形　一般值	17000	10000	10000	4500	4500	2000	2000	700	700	200
竖曲线最小半径/m　凹形　极限值	4000	3000	3000	2000	2000	1000	1000	450	450	100
竖曲线最小半径/m　凹形　一般值	6000	4500	4500	3000	3000	1500	1500	700	700	200
竖曲线最小长度/m	100	85	85	70	70	50	50	35	35	20
路基设计洪水频率	1/100	1/100	1/100	1/100	1/50	1/50	1/25	1/25	按具体情况确定	按具体情况确定
设计年限/年	20	20	20	20	15	15	10	10	10	10

图 3-6 黄河三角洲地区初步构成公路、港口、航运立体交通网络

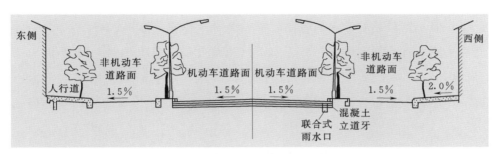

图 3-7 道路横断面示意图

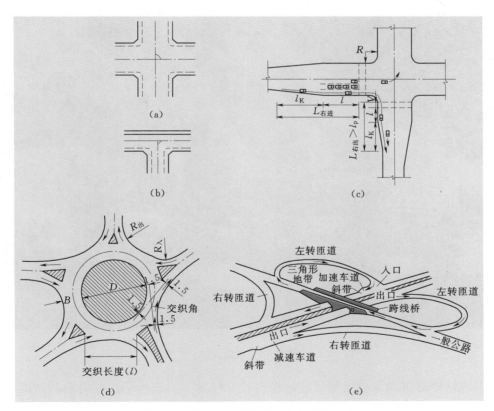

图 3-8 道路交叉口的类型（单位：m）

（a）、（b）简单交叉口；（c）拓宽路面式交叉口；（d）环形交叉口；（e）互通式交叉口

3.2.4 川藏公路

川藏公路是中国筑路史上工程最艰巨的一条公路，分南北两线。它始于四川成都，经雅安、康定，在新都桥分为南北两线：北线（属317国道）经甘孜、德格，进入西藏昌都、邦达；南线（属318国道）经雅江、理塘、巴塘，进入西藏芒康，后在邦达与北线会合，再经八宿、波密、林芝到拉萨。

北线全长2412km，沿途最高点是海拔4916m的雀儿山；南线总长2149km，途经海拔4700m的理塘。南北两线间有昌都到邦达的公路（169km）相连。南线因路途短且海拔低，所以由川藏公路进藏多行南线。沿川藏公路进藏，进藏途中从东到西依次翻越二郎山、雀儿山、色季拉山等14座海拔在5000m左右的险峻高山，跨越大渡河、金沙江、怒江、澜沧江等汹涌湍急的江河，路途艰辛且多危险，但一路景色壮丽，有雪山、原始森林、草原、冰川、峡谷和大江大河。

这条从成都平原一直延伸到喜马拉雅山脚下的川藏公路（见图3-9）是当年10万筑路大军用"每前进一千米就有一名战士倒下"的巨大代价，从落差数千米的悬崖绝壁上一米一米艰难"抠筑"而成，被中外地质学家称为"世界上最危险之路"。它是连接雪域边陲西藏和内地战略运输的大通道。

图3-9 川藏公路

为了保卫和维护这条高原战略通道，成都军区专门成立了成都军区"川藏兵站部"。该部常年万人千车在川藏公路上执行任务，截至2011年年底累计运送物资45多万t，行驶30多亿km，先后有658名官兵牺牲，1800多人受伤致残，为西藏的繁荣与稳定作出了重大贡献。

3.3 铁路

3.3.1 世界铁路的发展

1825年9月27日，世界上第一条铁路在英国Stockton和Darlington之间开通，利用蒸汽机车牵引，最初的速度为4.5km/h，后来达到24km/h，运行距离为36km。19世纪末20世纪初，铁路运输业进入第一个兴旺发达时期，全球铁路总长超过120万km。进入20世纪后，公路、航空、水运和管道运输迅速发展，公路的短途客货运输量逐渐超过了铁路运输量。尤其是高速公路的出现，不仅吸引了大量的中短途旅客，而且大型集装箱的运输也能方便快捷地到达目的地。各国铁路客货运输量逐年下降，尤其是发达国家出现了大幅度下降，连年经营亏损。到了20世纪50年代，发达国家铁路运输业成了夕阳产业，80年代铁路运输进入低潮，尤以美国为甚。表3-7为1950—1980年国际上部分国家铁路客货运周转量变化情况，呈现出一幅惨淡下滑的景象。

表3-7　　　　　　　　　　　国际上部分国家铁路所占市场份额　　　　　　　　　　　%

国家	货物周转量比重				客运周转量比重			
	1950年	1960年	1970年	1980年	1950年	1960年	1970年	1980年
美国	56.2	44.1	39.8	37.5	6.4	2.8	0.9	0.7
德国	56.0	37.4	33.2	25.4	58.2	16.1	8.6	6.8
俄罗斯			66.3	54.7			52.4	36.8

20世纪80年代后，公路和航空运输的弊端，特别是对环境的污染问题逐渐暴露出来。公路交通堵塞，交通事故日益增多，航空运输成本居高不下。尤其是铁路电气化之后，铁路运输的长处又重新被人们所认识。图3-10给出了各种交通运输工具耗能和污染指标的情况，可以充分显示出铁路的长处。

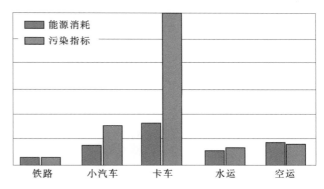

图3-10　各种交通运输工具耗能和污染指标情况

1. 高速化

1964年10月，日本建成世界上第一条现代化高速铁路——东海新干线，运营速度为210～230km/h。这条高速线在几十年的运营中，吸引了东京至大阪90%的乘客，列车运行时间误差低于1min，耗能为汽车的1/5，无废气排放，取得了举世瞩目的成就。由此，铁路运输尤其高速铁路运输引起世界各国的高度重视。近20年来，一些经济技术发达国家相继修建了高速铁路。日本继东海新干线后，又建成山阳、上越、东北等新干线，总长度达1835km。日本高速列车客运量一度为世界之最，2000年客运周转量为712亿人·km。

1997 年，从巴黎开出的"欧洲之星"将法国、比利时、荷兰和德国连接在一起，很快对该区间的航空运输形成了强大的竞争力，"欧洲之星"的客运份额占到了 60%。截至 2000 年，欧洲高速铁路客运量已接近日本的水平。西欧国家计划在 1500～2000km 范围内夜间开行高速货运列车。2010 年，西欧高速铁路已超过 6000km，2020 年将增加到 10000km。

图 3-11　磁悬浮列车

20 世纪末世界上 20 多个经济技术发达国家正在修建和筹建的高速铁路线总共 46 条，总长约 8000km。世界铁路运输业又进入了新的高峰发展时期。

高速铁路的速度目标值一直在提高。到目前为止，国际上高速列车和线路运行速度达到 350km/h 已是成熟的技术，许多国家即将修建的高速铁路大多瞄准这个目标值。为了进一步提高车速，必须克服轮轨间的摩擦损耗，一种新型的磁悬浮列车在 20 世纪末叶问世了，其速度为 450～500km/h，见图 3-11。我国上海已经修建了一段时速 430km 的磁悬浮线路。

2. 重载化

铁路运输另一个发展方向是货物重载化。在高速客运取得成功不久，世界上许多国家开始发展铁路重载运输技术。20 世纪 70 年代，美国、加拿大和墨西哥三国进行了大规模路网合理化改造和建设，同时开始发展以提高轴重、加大列车编组数量为特征的重载技术，通过开行重载单元列车提高运输能力，降低了运输成本，提高了生产效率。从 1980 年到 1999 年，重载运输成本降低了 65%，铁路货运在全部货运市场占有的份额从 37.5% 增加到 40.3%，2000 年增加到 41%，事故率降低了 64%，北美一级重载铁路货运已达到历史上货运收入最高水平——81 亿美元。其他国家，如澳大利亚、南非、俄罗斯和印度在重载铁路技术研究和应用方面也取得了快速进展。

3. 城市化和城际化

目前，缓解大中城市交通拥堵状况的一个有效措施是城市轨道交通，它具备快速而强大的运送能力（图 3-12），且基本无污染，因而在近现代有着巨大发展。城市轨道交通的类型目前有：①城市市郊快速铁道；②地下铁道；③轻轨交通；④单轨交通；⑤新交通系统，由电器牵引，是具有特殊导向、操纵和转辙方式的胶轮车辆，单车和数辆编组均运行在轨道梁上；⑥线性电机牵引的轨道交通系统；⑦有轨电车。城市轨道交通促进了城市向多中心发展，使城市的功能变得更加完善，商贸旅游变得更加活跃，有效地降低了城市污染和噪声。

从英国伦敦建成第一条地下铁道以来，地下铁道已有 100

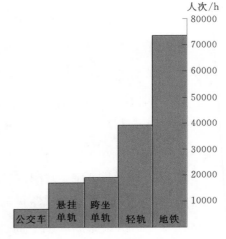

图 3-12　各种交通系统的最大运送能力

多年的历史。地下铁道具有运量大、速度大、安全、准时等一系列优点。截至 20 世纪末叶，世界上已有 44 个国家和地区的 115 个城市修建了地下铁道。总运营线路超过 6000km，主要集中在英国、法国、德国、瑞典、西班牙、俄罗斯、美国和日本，这些国家的运营里程占 42％。

由于地铁的建设费用庞大，建设周期长，许多城市难以承受，而有轨电车运输系统造价相对较低，20 世纪世界许多大城市以有轨电车作为主要交通工具。早在 1920 年，英国就拥有 5000km 线路，1.4 万辆有轨电车，美国拥有 2.5 万 km 线路，莫斯科 95％以上的客运任务是由有轨电车来承担的。到 1955 年，日本拥有有轨电车线路 1436km。在欧洲和我国的主要大城市，也建成了有轨电车线路。有轨电车主要的问题是占用一条独立的线路。后来，由于汽车工业的发展、普及以及使用的灵活性和便捷性，逐步取代了有轨电车。但过度地发展汽车交通，导致大中城市汽车流量大，几乎所有的道路拥挤不堪，汽车排放大量氮氧化物（NO_x），严重污染城市环境，人们不得不寻求发展新的城市交通途径。在德国，首先改造城市有轨电车，考虑城市已有的建筑和发展，部分线路可移植地下，这种线路叫做"半地铁"或"准地铁"或"过渡地铁"，在加拿大叫做"轻型快速轨道交通"，在日本叫做"轻快电车"。这种交通系统在全世界范围内得到较快的发展。1978 年国际公共交通联盟正式将其命名为 Light Rail Transit（轻型铁路运输）。

3.3.2 中国铁路的飞速发展

中国铁路建设起步较晚。1881 年，由清政府洋务派主持修建的唐山至胥各庄铁路，成为我国的第一条铁路，比英国第一条铁路晚了 50 多年。旧中国铁路建设混乱落后，各帝国主义国家在华修建的铁路与官办、商办的铁路标准不一，装备杂乱，铁路的安全状况很差。

1949 年，全国只有 2.2 万 km 的铁路，其中由中国自己修建的铁路不足 40％，而且近一半由于战争破坏而处于瘫痪状态，能通车的只有 1 万多 km，并且事故不断。中华人民共和国成立后，中央人民政府铁道部统一管理全国铁路的运输生产、基本建设和机车车辆工业。1949 年一年共抢修恢复了 8278km 铁路，到 1949 年年底，全国铁路营运里程共达 21810km。

1966—1980 年，中国相继建成贵昆、成昆、襄渝、焦枝、太焦、砂通等铁路干线，全围铁路营运里程迅猛增加到 52479km。"六五"期间以旧线改造为主，提高了晋煤、豫煤外运能力，加强了沿海港口后方铁路的运输能力。"七五"期间，开展了"南攻衡广，北战大秦，中取华中"三大战役。进入 20 世纪 90 年代，以京九、南昆和浙赣、兰新复线等 12 项工程为重点展开的大会战，揭开了铁路历史性大发展新局面。到 2007 年全国铁路营运里程已达到 7 万 km 以上，是新中国成立时期的 3.5 倍。截至 2014 年 5 月，铁路运营的总里程达到 10 万多 km；而时速在 250～300km 的高速铁路总里程高达 1.3 万 km，居世界第一位。2006 年青藏铁路投入运营，2014 年又由拉萨延伸至日喀则，一条横贯雪域高原的大动脉为我国西北高原的发展和安全提供了有力保障。这样我国各省、自治区、直辖市均有铁路通达，基本形成了横贯东西、沟通南北、联结亚欧、四通八达的铁路运营网络。

铁路是基本建设，是一个国家重要的基础设施，它既可以带动上游钢材、水泥、车辆制造等重要产业，又可以带动下游的旅游、交通运输等第三产业，更可以提供大量的就业岗位，因而修建铁路是大幅度推动国民经济发展的重要举措。

中国铁路的飞速发展主要表现在如下几个方面。

1. 运营里程长

近10年来，我国铁路进入快速发展时期，按照中长期铁路网规划，以客运专线、煤运通道、西部铁路为重点，积极推进铁路建设，一大批新建铁路项目陆续投产，路网规模和质量得到快速提升。

如上所述，截至2014年5月，我国铁路营业里程已达10万多km，比2002年增加2.8万多km。其中，高速铁路运营里程1.3万km居世界第一。图3-13给出了我国21世纪初叶铁路运营里程的发展，显示出10年来，我国铁路以每天将近6km的速度在神州大地延伸。需要说明的是，这里提到的运营里程还不包括某些跨国线路的境外部分如"渝新欧"线，自重庆出发经新疆阿拉山口出境途经哈萨克、俄罗斯、白俄罗斯、波兰最终到达德国的杜伊斯堡以集装箱运输为主的国际通道全程11180km，中国段约占1/3左右。截至2014年8月统计国内各地开往欧洲的集装箱班列共计239列。

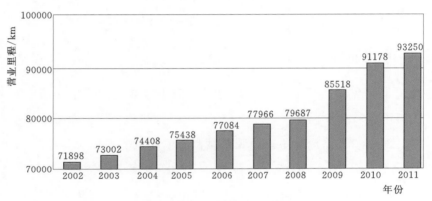

图3-13 全国铁路营业里程

2. 客货运量大

我国疆域广阔，人口众多，人员流动基数大，长期以来铁路担负着重要的运输使命。

2011年，全国铁路旅客发送量完成18.62亿人次，比2002年增长76.3%，增幅和总量均创历史佳绩，见图3-14。2013年更高达21.2亿人次。

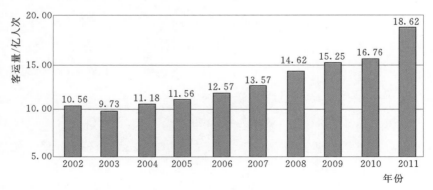

图3-14 全国铁路客运量

我国铁路始终坚持提升运输效率，全力以赴保障关系国计民生的重点物资运输。全社会85％的木材、85％的原油、60％的煤炭、80％的钢铁及冶炼物资是由铁路运输的。

2011年年底，全国铁路货物发送量完成39.19亿t，比2002年增长91.2％，创历史新高，见图3-15。

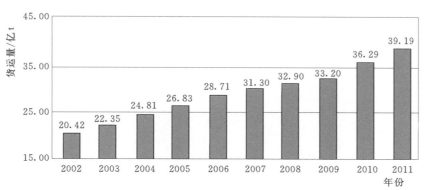

图3-15　全国铁路货运量

3. 客运高速化

上面已经提到中国高速铁路已建成运营的里程高达1.3万km时速都在200～350km/h，高居世界第一，我国《中长期铁路网规划》中明确提出了"四纵四横"总里程高达12000km的高速铁路建设蓝图，其中四纵为京沪高铁，京汉、广深高铁，京沈、哈大（连）高铁，沪杭宁福厦（门）高铁，至于四横分别为徐（州）郑（州）兰（州）高铁，沪杭（州）南（昌）长（沙）贵（州）昆（明）高铁，青（岛）济（南）石（家庄）太（原）高铁，南（京）武（汉）重（庆）成（都）高铁，这"四纵四横"截至2014年年底已基本贯通实现了我国直辖市、计划单列市、省会（首府）均通了动车组。

每天逾1580列高铁穿行神州，运送逾133万旅客往来东西南北，使铁路旅行时间普遍缩短了一半以上。有人统计：京沪高铁：北京到上海最快5h内，比原来缩短约5h；郑西高铁：郑州到西安最快2h内，比原来缩短约4h；京广高铁：北京到广州约8h，比原来缩短约12.5h；哈大高铁：哈尔滨到大连约3.5h，比原来缩短约6h。

放眼全球，高铁已经成为日本、法国、德国、英国等发达国家的主要公共交通工具，到2020年，日本高铁将从目前的4000km增加到7000km，欧盟高铁里程将从8000km增加到1.6万km。美国也提出，要在25年内建立一个覆盖80％美国人的高铁网络。

预计到"十二五"末，以"四纵四横"高速铁路为骨架的快速铁路网基本建成，高铁里程将达1.8万km左右，包括时速200～250km的高速铁路1.13万km，时速300～350km的高速铁路0.67万km，基本覆盖我国50万以上人口的城市。

4. 电气化率高

根据《中国统计年鉴》的资料，2001年我国交通运输消耗石油5692.9万t，占全国石油消耗量的24.9％，而据国务院发展研究中心预测，如不采取有效措施，到2020年我国交通运输的石油消耗量将达 2.56 亿 t。巨大的能源消耗，导致昂贵的经济成本和环境治理成本，更可能对我们的生活环境和生存条件构成严重的威胁。由图 3-10 和图 3-12 可见，电力驱动的铁路运输或轨道交通运输是解决上述问题的根本途径，可以说轨道交通是 21 世纪最好的交通方式。

电气化铁路牵引动力大，能源利用率高，并能够综合利用能源，具有其他牵引动力无可比拟的优越性。特别是电气化大大减少了化石能源所造成的污染，经过十年发展，我国铁路电气化率由 2002 年的 25.2% 跃升至 2011 年末的 49.4%，电气化铁路里程位居世界第一，见图 3-16。

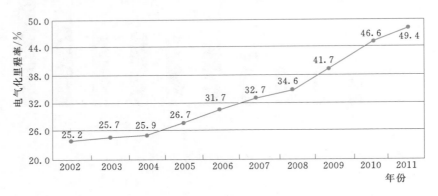

图 3-16 全国铁路电气化率
（制图：潘少军）

图 3-16 中显示的还仅仅是指远程的城际交通及货运交通。

我国大中城市人口密度大，过度发展汽车交通导致城市交通堵塞和严重污染。吸取发达国家的经验，近年来大中城市开始或计划修建城市轻轨铁路，有条件的城市同时发展地铁或轨道交通。截至 2011 年年底我国大中城市已运营的城市轨道交通线路 1699 多 km，正在建设的几十条线路也长达 1000 多 km。在未来的 10 年内，我国预计在大中城市修建各种类型的轨道交通线路达到数千千米，需要的车辆达数万辆，我国城市轨道交通将进入新的建设高潮时期。

5. 复线率高

复线率是铁路网建设的一项重要指标，我国早期的铁路多为单线，许多车站都设有交叉浪线的岔道口，严重影响运营能力。近 10 年我国加大技术改造力度，统筹利用新线和既有线路资源，完善铁路网结构，提高铁路复线率，以增加运输能力、提高运营效率。到 2011 年末，我们铁路复线率已由 2002 年的 33.3% 跃升为 42.4%，见图 3-17。

6. 货运大牵引重载制

货运大牵引重载制的典范是大秦线，大秦铁路西起大同韩家岭站，东至秦皇岛柳村南站，全长仅 653km，但意义非凡。它以我国铁路 1% 的营业里程，完成了全铁路 20%、全社会 13% 的煤炭运量。我国五大发电集团、349 家主要电厂、10 大钢铁公司、26 个省（自治区、直辖市）的 6000 多家大中型企业和上亿居民的生产生活，都依赖大秦铁路。

然而，1992 年建成通车时，大秦铁路设计的年运输能力为 1 亿 t。为了在较短时间内提高煤炭运量，满足社会需求，2003 年开始，大秦铁路走上了重载技术之路，先后实施了年运量 2 亿 t、

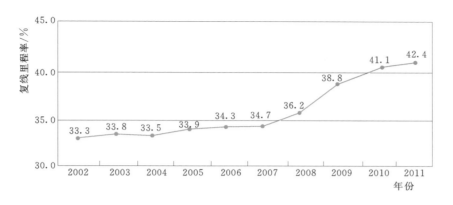

图 3-17　全国铁路复线率

4 亿 t 扩能改造。

4 亿 t 煤炭，装满我国铁路载重最大的货车，可绕赤道 1.5 圈。

4 亿 t 煤炭，可为国家生产 2 亿 t 钢铁或 2.6 亿 t 化肥，可满足全国 4 亿城镇居民 1 年的生活用电。

4 亿 t 年运量，是世界单条铁路年运量的理论极限的两倍。

国内外重载铁路一般都仅开行 5000t 列车，而大秦线开行的 2 万 t 重载组合列车，是全国最长的列车。其车厢绵延长达 2700 多 m。站在车头，望不见车尾，沿着列车走一圈都要 1h，见图 3-18。

列车要拉得多，跑得稳，全凭车头带。中国首次在世界上实现了机车无线同步操纵技术与铁路数字移动通信系统的结合，确保了近 3km 长的重载列车，同步接受指令，同步实施控制。

图 3-18　大秦铁路上驶过 2 万 t
载重机车（乔力　摄）

我国自主研制的 25t 轴重 C80 型货车。这种载重 80t 的煤炭专用货车是我国完全掌握世界重载货车先进制造技术的重要标志。而它的升级版、改造版已先后出口澳大利亚、巴西、新西兰等 30 多个国家，是海外市场的明星产品。

大秦铁路只是中国重载铁路的一个缩影。目前世界上年运量超过 1 亿 t 的重载运输线路共计 24 条，中国就有 21 条。我国企业已系统掌握了大功率电力、内燃机车和重载货车的核心技术，形成了具有自主知识产权的大功率机车系列产品，大秦线大牵引重载制成套技术的研究成果获国家科技进步一等奖。

目前，5510 台大功率机车驰骋在全国铁路各繁忙干线，大幅度提高了铁路货运能力，可满足每年 2 亿 t 的铁路货运增量，保障了国家重点物资的运输。

如今，俯瞰年运量 4 亿 t 的大秦线，犹如一条"煤河"，以每秒 12.68t 流量奔腾向海港，为科学发展的中国提供不竭动力！

继大秦线之后我国另一列大牵引重载列车朔黄线于 2013 年初首次实现每列车 2 万 t 级的重载

图 3-19　运行中的朔黄铁路列车
（赵金海　摄）

牵引（与大秦线相同），该线西起山西朔州东至河北省渤海湾的黄骅港，是我国西煤东运的第二大重载运输的通道，这列 2 万 t 级重载列车长达 2.77km，由 4 组电力机车牵引着穿行于太行山脉，14 次跨越滹沱河大峡谷，向黄骅港驶去，见图 3-19。

据悉，朔黄铁路相继攻克了小曲线、大坡度条件下万吨重载列车的机车无线重联同步操纵和牵引操纵技术，并对 2 万 t 列车机车牵引、制动及纵向动力学性能等进行了测试，取得了大量现场资料。还成功地将 4G 无线网络技术运用于重载列车试验。

7. 应对金融危机，扩大就业，拉动内需

2008 年由美国次贷危机引发的"金融海啸"，遍及全球而且很快延及实体经济发展，我国立即出台了 4 万亿元人民币的投资计划刺激经济发展，其中很重要的一个方面是加大基础设施的投入，其中包括兴建多条铁路。以下是从 2008 年 11 月 11 日的《人民日报》上摘录的一组数字：

（1）4 月 18 日，京沪高速铁路全线开工。

（2）7 月 1 日，上海至南京城际铁路开工建设。

（3）9 月 26 日，兰州至重庆铁路全线开工。

（4）10 月 7 日，北京至石家庄铁路客运专线开工。

（5）10 月 13 日，贵阳至广州铁路开工。

（6）10 月 15 日，石家庄至武汉铁路客运专线正式动工。

（7）10 月 16 日，新疆南疆铁路库阿二线、兰新铁路电气化改造工程、库俄铁路、乌准铁路二期工程 4 条铁路，同时开工建设。

（8）10 月中旬，内蒙古锡林浩特至乌兰浩特铁路开工建设。

（9）11 月 4 日，成都至都江堰铁路开工，这是四川省灾后恢复重建的重点基础设施项目。

短暂的半年开工了 9 条铁路，需要特别提及的是：铁路是基础设施，其主要工作量集中在土木工程和制造业（车辆），其中土木工程占 55% 以上，可以极大地扩大内需，促进增长，更重要的是我国有 2.5 亿农民工，铁路建设可以为他们创造较多的就业岗位。图 3-20 为铁路工人正在敷设轨枕。可以看出，就是这种机械化程度很高的敷设作业，下面观测和保证准确就位的工人仍然是不可或缺的。

新上马的这些铁路工程，为应对金融危机，扩大就业，拉动内需，具有重要的战略和经济意义。据不完全统计，完成 2000 亿元基本建设投资，能够产生 800 万 t 钢材和 5000 万 t 水泥的需求，提供 200 多万个就业岗位，

图 3-20　正在铺设轨枕的铁路线

同时，还可以带动沿线地方建材、农副产品和日用品的消费，拉动与高速铁路建设相配套的机械、电子、通信、信息、环保等多个行业的发展。

3.3.3 青藏铁路与宜万铁路

青藏铁路和宜万铁路两条铁路都是难度很大，改革开放之后终于建成的两条战略通道。

1. 青藏铁路

早在一百多年前，中国民主革命的先驱孙中山先生就立下修建青藏铁路的志向，并写进了他的救国强国蓝图——《建国方略》。

从新中国成立开始，把铁轨铺上青藏高原就成为我国领导人的决策焦点。1958年，青藏铁路一期工程——西宁至格尔木段动工兴建。此后的几十年里，限于经济实力和高原、冻土等技术难题，工程两上两下，格尔木成为这条新兴之路的休止符。

21世纪之初，党中央作出了修建青藏铁路的战略决策。2001年6月29日，二期工程格尔木至拉萨段（格拉段）正式开工。工程全长1142km，投资262亿元。过去，没有人相信，铁路能飞驰于世界屋脊。中国建设者依靠自主创新与顽强拼搏，成功解决了多年冻土、高寒缺氧、生态脆弱三大世界性工程难题。2005年10月12日，世界上海拔最高、线路最长的高原冻土铁路——青藏铁路铺轨全线贯通。2006年7月1日连同一期线路总长1956km的高原铁路正式通车。

青藏铁路是世界上海拔最高、线路最长、自然条件最艰苦的高原铁路，其中格尔木至拉萨段位于青藏高原腹地，全长1142km的线路中经过海拔4000m以上的地段就有960km，占线路总长的84%，穿越多年连续冻土里程达550km，翻越唐古拉山的铁路最高点海拔5072m，并创造了100km的世界高原冻土铁路最高时速。在解决冻土路基难题，采用的片石通风路基、热棒技术、通风管路基、片碎石护坡等措施，均能起到"恒温"作用。而在受全球变暖影响的"高危"地段，则采取了造价更高的"以桥代路"的措施，桥桩穿越冻土层而直接打在坚实的地层，最大限度避免冻土的影响。美国冻土专家马克斯曾感叹："青藏铁路证明，中国在冻土筑路技术上，真正走在了世界前头。"

图3-21为羊八井大峡谷地段高耸的桥墩。图3-22是上海开往拉萨的列车经唐古拉山下雄姿。

**图3-21 青藏线上高高的桥墩
耸立在羊八井大峡谷中**

青藏铁路建成通车，对于青、藏两省区加快经济社会发展，改善各族群众生活，促进民族团结和巩固祖国边防，都具有十分重大的意义。在2005年10月青藏铁路试运行时，就陆续有200余辆载着大米、面粉、煤炭、钢材、化肥等援藏物资的列车平稳抵达拉萨，把全国人民的温暖情谊送到藏族同胞的手中。

截至2011年青藏铁路已通车6年，累计运送旅客5000多万人次，运送货物2亿多t，促使青

图 3-22 上海开往拉萨的列车从唐古拉山下经过

藏两省区的旅游经济"井喷"式发展，并带动了餐饮、住宿、休闲、零售等服务业快速发展。

统计数据显示，青藏铁路开通运营 6 年间，西藏接待国内外游客人数由 2005 年的 180 多万人次快速增加到 2011 年的 860 多万人次；全区旅游宾馆 1000 多家、星级宾馆 165 家、总床位 8 万多张，旅游收入由 2005 年的 19.4 亿元增加到 2011 年的 97 亿多元；青海累计接待国内外游客超过6000 万人次，累计实现旅游总收入近 350 亿元。

青藏铁路通车后，铁路沿线形成新的经济带，还涌现出现代化商贸物流中心，这些都为当地百姓就业或出售牲畜产品提供了机遇，越来越多的老百姓从中增加了收入。

青藏铁路更打通了高原运输瓶颈，从根本上改变了青藏两省（自治区）的投资环境，促进了当地现代化产业的建设和发展。

铁路运价低，速度快，一吨货物每公里的运价只有 0.12 元，比汽车的运价低 0.17 元。西藏冰川矿泉水从拉萨运抵西宁每吨降低 500 元，品牌"5100"矿泉水是取自唐古拉山南麓海拔5100m 的冰川而得名，具有对人体需求的锂、锶、偏硅酸等指标成为世界知名的矿泉水。

铁路运能大，有保障，2011 年青藏线日均装车提高至 1577 辆，使运能运力实现大幅度增长，更好地保障了国家战略资源的运输。

依托青藏铁路廉价、快速、安全的运输条件，青稞啤酒、野生核桃油、耗牛奶制品等特色产品畅销内地，远销海外，极大地促进了西藏"绿色"农牧业、特色藏药业、民族手工业等特色优势产业的发展，有效保障了 6 年来青海与西藏两省区的 GDP 年增长均在 10% 以上。

青藏铁路成套技术荣获国家科技进步一等奖。

2014 年年底又传来喜讯，全长 253km 海拔在 3600m 以上的拉（萨）日（喀则）铁路已经开通，拉萨至日喀则不足 2h 就到达了。据悉，"十三五"期间，日喀则至吉隆口岩的铁路、日喀则到亚东的铁路也有望开工。届时，拉萨往南将形成中国连通尼泊尔、印度的运输大通道；北往接入青藏铁路；向东有拉林铁路，延伸形成的滇藏或川藏线；向西则连接规划的新藏线。"铁路网将为西藏带来全新的运输格局，也将成为西藏经济发展的重要引擎。

2. 宜万铁路

"蜀道难，难于上青天。"全程仅377km的宜万铁路，因工程难度高，屡建屡止，从筹建到通车竟历经百年，堪称命途多舛。2010年12月22日，这条我国铁路史上修建难度最大、单位造价最高、历时最长的山区铁路终于通车了，见图3-23。

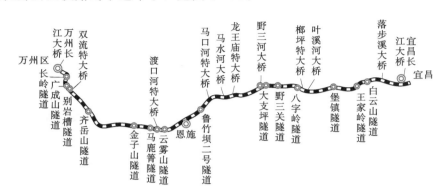

图3-23 难度最大单位造价最高的宜万铁路

宜万铁路的前身是川汉铁路。1909年，在詹天佑的主持下，项目开建。然而由于技术高难、资金浩大，再加上时局不稳，这条铁路从宜昌往秭归仅修了20多km就被迫停工。

新中国成立后，经过反复勘测研究，2003年宜万铁路终于重新启动。根据我国中长期铁路网规划，全长377km的宜万铁路总投资225.7亿元，2010年宜万铁路正式开通运营。通车后，武汉到重庆的铁路运行时间缩短为8h左右，比以前节约10h。

宜万铁路横穿整个"山奇大、沟奇深，无一处平坦"的鄂西武陵区，桥隧相加占74%，为世界铁路之最，堪称云中筑路。在崇山峻岭内复杂的喀斯特地貌，连片的岩深地质，可谓山中有洞，洞有暗涌，施工中稍不留神就会暗涌迭出，岩壁崩塌，其平均每千米耗资约6000万元，单位造价相当于青藏铁路的两倍。

宜万铁路共有隧道159座，桥梁253座，被誉为"铁路桥隧博物馆"。其中，长达10528m的齐岳山隧道，历经6年才打通，平均一天仅能前进5m，堪称铁路隧道技术的制高点。

云中架桥也是一难。宜万铁路桥墩平均高度达到50m，墩高超过100m的桥梁5座，渡口河特大桥主墩高度128m，相当于40多层楼的高度，为世界铁路桥梁墩高之最。

宜昌至万州铁路的建成，打通了川渝地区长江铁路大通道，填补了陇海线和浙赣线之间700km无横向铁路和鄂渝湘黔边区无铁路的空白。宜万铁路横穿的恩施土家族苗族自治州，是镶嵌在鄂西南山中的一颗璀璨明珠，因拥有举世罕见的硒资源而被誉为"世界硒都"，以美丽的风光吸引着来自四面八方的客人。通车运营以来，宜万铁路客流呈"井喷"态势：2011年元旦小长假期间，通车运营仅10天的宜万铁路就发送旅客8.5万人，日均发送8500人；国庆黄金周期间，宜万铁路发送旅客31.5万人，日均发送3.15万人。

不少大型企业看中了铁路通车后恩施巨大的发展潜力，已经提前一步在恩施布局。促进了烟叶、茶叶、蔬菜、林果、药材、魔芋等产品走出大山。

宜万铁路，正成为沿线地区经济发展新引擎。2011 年 1—10 月，恩施自治州招商引资实际到资 74.24 亿元，同比增长 46.71％。外贸出口 14778.16 万美元，同比增长 161.84％。

这条铁路将和长江航运一起，形成长江沿线的黄金运输通道，构成川渝地区人员货物出川、通江达海的快速通道。

3.3.4 京沪高铁、哈大高铁、京广高铁

1. 京沪高铁

京沪高铁连接环渤海和长江三角洲两大经济区，沿线四省三市人口占全国的 1/4，GDP 占全国的 40％，是我国经济发展最为活跃和最具潜力的地区，客货运输需求旺盛。京沪高铁的建设，有利于从根本上缓解京沪通道运输能力长期紧张的状况，满足不同层次旅客出行的需求，促进资源节约和环境保护。京沪高铁由我国自行设计，自主开展系统集成，利用国内技术建设基础工程，装备全部由国内企业生产制造。

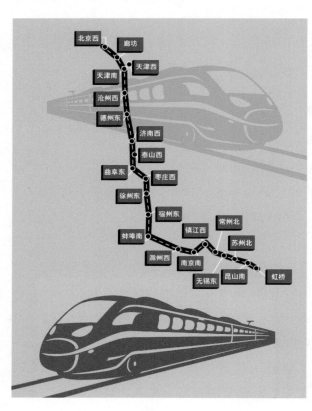

图 3-24 京沪高铁站点示意

京沪高铁全长 1318km，起自北京南站，止于上海虹桥站，设计时速 350km，项目总投资 2209.4 亿元，是世界上一次建成线路最长、标准最高的高铁，也是新中国成立以来一次投资规模最大的建设项目，图 3-24 为其站点示意图。

京沪高铁全线为新建双线，在全长 1318km 的线路中，桥梁长度约 1140km，占 86.5％，基本上是高架高铁。全线共需生产和架设长 32m、重达 900t 的无砟箱型桥梁近 3 万孔，有效减少建设用地，减少与公路的交叉道口，还同时解决了华北和长江中下游平原地区大面积软土地基下陷等重大技术难题，以保障高铁的行车安全。全线总浇筑高标准混凝土 6000 万 m³ 超过三峡大坝混凝土用量的 2 倍，用钢 500 万 t，相当于 120 个国家体育馆鸟巢的用钢量。这 3 万孔高架桥梁的生产和架设，是京沪高铁土建施工的关键性工程。

京沪高铁要跨越淮河、黄河和长江，其中跨越长江的南京大胜关大桥难度最大。该桥是目前世界高速铁路设计时速最高、跨度最大、荷载最大的钢桁拱桥，也是京沪高铁的控制性和标志性工程，其大桥钢梁的重量是武汉长江大桥的 4 倍，整个工程规模之大、标准之高、技术之新在我国建桥史上前所未有，在世界建桥史上也十分罕见。

京沪高铁于 2008 年 4 月 18 日全线开工建设，2011 年 6 月 30 日建成正式通车，共设 21 个车站，

从开工到运营历时3年零2个月。是我国以"四纵四横"为主骨架的快速铁路网的重要组成部分，也是世界上一次建成线路里程最长的高速铁路。线路横跨北京、天津、河北、山东、安徽、江苏、上海7省（直辖市），连接"环渤海"和"长三角"两大经济区，为沿线旅客开启了"贴地飞行"的新时代。

2. 哈大高铁

哈大高铁被誉为全球首条高寒地区长距离高速铁路，是我国"四纵四横"快速铁路网京哈高铁的重要组成部分，是世界上第一条投入运营的新建高寒地区长大高速铁路，适应环境温度−40～+40℃，同时增强了抗风、沙、雨、雪、雾等恶劣天气能力。

哈大高铁北起黑龙江省哈尔滨市，南至辽宁省大连市，纵贯东北三省，运营里程921km，全线共设哈尔滨西、长春西、沈阳、大连北等24个车站，列车运行全程仅需4h左右，见图3-25。

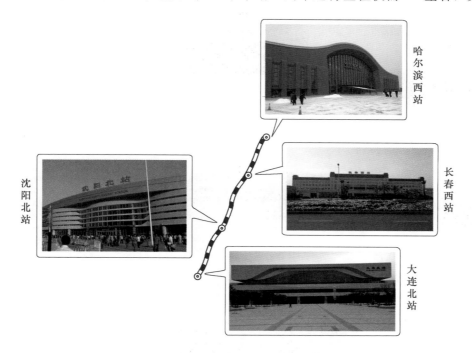

图3-25 哈大高速及主要车站图示

2007年8月23日正式开工建设，基础设施建设满足时速350km列车开行需求，初期运营时速300km。2012年9月，哈大高铁全线联调联试完成并正式通车。全程行驶时间约为3.5h，比原来缩短6h。

3. 京广高铁

2012年12月26日，京广高铁北京至郑州段正式开通运营，并与此前已经开通运营的郑州至武汉段、武汉至广州段连接，实现世界上运营里程最长的北京至广州高速铁路全线贯通。

京广高铁是我国《中长期铁路网规划》中"四纵四横"高速铁路的重要"一纵"，北起北京，经石家庄、郑州、武汉、长沙，南至广州，全长2298km，全线设计速度350km/h，初期运营速度300km/h。

京广高铁全线贯通后，将在北京、石家庄、郑州、武汉、广州分别与已经建成通车的北京至上海高铁、北京至天津城际铁路。北京经京秦、京沈客专与哈大高铁、石太高铁、郑州至西安高铁，武汉至合肥至南京高铁，南京至上海至杭州高铁，武汉至宜昌高铁，广州至深圳高铁，广州至珠海城际铁路相连，向东南可进一步与杭州经宁波、温州、福州至厦门高铁相连，使我国高速铁路网初具规模。

京广高铁全线贯通，标志着我国高速铁路建设取得新的重大进展，对于缩短沿线城市间时空距离，方便人民群众出行，缓解京广铁路通道运输能力紧张局面特别是春运压力，加强我国东中西部人员、物资、信息交流，促进区域经济社会协调发展，均具有十分重要的意义，见图 3-26和图 3-27。

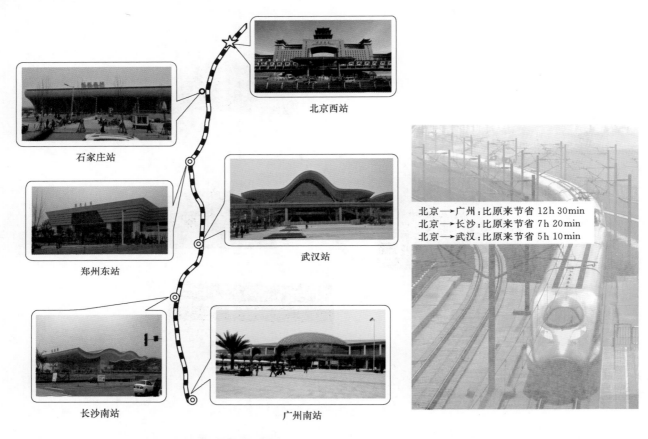

图 3-26 京广高铁沿线示意图

图 3-27 京广高铁全线开通运营
（王颂 摄）

3.3.5 主要工程要求和技术标准

铁路工程要求主要取决于铁路的不同等级，一般等级越高，其技术要求也越严格，相应的路基、轨道也有区别。作为参考，表 3-8～表 3-10 给出不同等级铁路的技术标准、路基面宽度及正线轨道类型。

表 3 - 8　　　　　铁路等级和主要技术标准

等级	路网中作用	远期年客货运量/GN	最高行车速度/(km/h)	限制坡度/%		最小圆曲线半径/m	
				一般地段	困难地段	一般地段	困难地段
I	骨干	≥150	120	0.6	1.2	1000	400(350)
II	骨干	<150	100	1.2	1.5	800	350(300)
	联络、辅助	≥75					
III	地区性	<75	80	1.5	2.0	600	300(250)

注　括号内数字为条件特别困难地段可允许采用；1GN 对应 10^5 t。

表 3 - 9　　　　　路 基 面 宽 度　　　　　单位：m

铁路等级	轨道类型	单线						双线					
		非渗水土			渗水土/岩石			非渗水土			渗水土/岩石		
		道床厚度	路基面宽度		道床厚度	路基面宽度		道床厚度	路基面宽度		道床厚度	路基面宽度	
			路堤	路堑		路堤	路堑		路堤	路堑		路堤	路堑
I	特重型	0.50	7.0	6.7	0.35	6.1	5.7	0.50	11.1	10.7	0.35	10.1	9.7
I	重型	0.50	6.9	6.6	0.35	6.0	5.6	0.50	11.0	10.6	0.35	10.0	9.6
I、II	次重型	0.45	6.7	6.4	0.30	5.8	5.4	0.45	10.8	10.4	0.30	9.8	9.4
II	中型	0.40	6.5	6.2	0.30	5.8	5.4	0.40	10.6	10.2	0.30	9.8	9.4
III	轻型	0.35	5.6	5.6	0.25	4.9	1.9						

表 3 - 10　　　　　正 线 轨 道 类 型

轨道类型	年通过总重密度/(GN·km/km)	最高行车速度/(km/h)	钢轨/(kg/m)	轨枕根数/(根/km)		道床厚度/cm		
				预应力混凝土轨枕	木枕	非渗水土路基		岩石、渗水土路基
						面层	垫层	
特重型	>600	≥120	≥70	1840~1760	1840	30	20	35
重型	600~300	≥120	60	1760	1840	30	20	35
次重型	300~150	120	50	1760~1680	1840~1760	25	20	39
中型	150~80	100	43	1680~1600	1760~1600	20	20	30
轻型	<80	80	43~38	1600~1520	1600	20	15	25

注　1GN 对应 10^5 t。

1. 路基

铁路的路基由于承受荷载大，其构造一般要比公路更为复杂。图 3 - 28 给出了铁路路基横断面示意图，在路基的基床上有一层较厚的道床，一般用碎石铺设，道床上有轨枕。近代我国很少用木枕，大都用预应力混凝土轨枕。

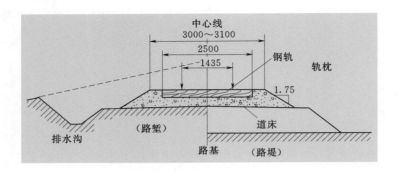

图 3 – 28　铁路路基横断面示意图（单位：mm）

2. 钢轨与轨型

钢轨是直接与列车车轮接触的耐磨的高强度构件，图 3 – 29 是一个 75kg/m 型的钢轨横剖面图。可以看出钢轨是耗钢"大户"，每米长就重达 75kg，当然 75kg/m 和 80kg/m 的属于特重轨，多用于重量大的货运。表 3 – 10 和表 3 – 11 给出了一个不同运输密度和不同运量所需钢轨的型号，可以看出年运量大且通过密度又大的，其轨型也重。

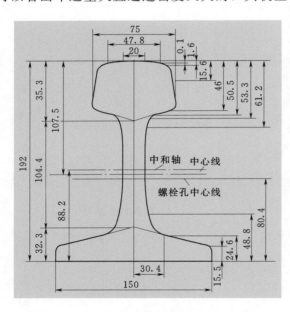

图 3 – 29　75kg/m 钢轨示意图（单位：mm）

表 3 – 11　　　运 量 与 轨 型

国别	轨型/(kg/m)	年通过总重/万 t
苏联	65	2500～5000
	75	＞5000
中国	43	800～1800
	50	1800～3000
	60	3000～6000
	75	＞6000
美国	50	＜1200
	57.5	1200～1600
	66	1600～2500
	70	＞2500

3. 选线

铁路选线是修一条铁路最早应该考虑的问题，首先是由经济、国防、人流、物流等因素来决定大致走向，其次才是工程技术人员按照大原则大政策确定的线路走向去做具体勘察。这项工作涉及地质勘探较多，对于土木工程师来说，除了地质勘探之外，最重要的是测量工作，近代有了航测和 GPS 等先进技术，为选线提供了很大的方便。

3.4 桥梁

3.4.1 桥梁结构形式

本节先从结构形式谈起，因为在全面介绍桥梁时会碰到很多的桥型名称，如拱桥、斜拉桥等，所以本节先介绍桥型。

1. 桥型简介

桥型根据地区、地形、使用要求、材料来源等因素确定，如一般人行路桥以造型简单、受力明确、造价低廉作为选择的主要条件；反之，如果是高速公路桥，乃至公铁两用桥，特别是还要跨越大江大河者，选择起来就要做更为详尽的分析和比较。

常见的桥型及其受力特点分述如下。

（1）梁桥。梁桥以抗弯能力承受荷载，在竖向荷载作用下无水平反力。梁分为简支梁、悬臂梁、连续梁等。这种桥中性轴区应力小，材料不能充分发挥作用，因而跨径受到限制。

图 3-30（a）和图 3-30（b）分别给出了简支梁（单跨梁）桥及三跨连续梁桥的示意图。

（2）桁架桥。桁架是用杆件组成的结构，常用于单层房屋的屋盖。桁架桥同样是用杆件组成的桁架搭建而成，它的杆件受力明确，不是受拉就是受压，但由于杆件强度及稳定的限制，这类桥的跨度也不能很大。与梁桥相同，桁架桥也有简支、悬臂和连续等支撑形式。图 3-30（c）的中跨就是一个桁架组成的梁式桁架桥。

（3）拱桥。拱桥在中国是发展较早的一种桥型，它可以充分利用石材受压性能良好的特点。图 3-30（d）给出了拱桥的受力简图，拱端给出的压力和弯矩表示桥施于桥墩的力。图 3-30（e）所示为一中跨为拱桥的桥型。

（4）刚架桥。刚架桥的结构体系介于梁和拱之间，梁受弯而桥墩受压，梁与墩为刚性连接，这种刚性连接可以减小桥面跨中的弯矩，从而减少桥面的用钢量，参见图 3-30（f）。

（5）悬索桥。悬索桥以悬挂在塔架上的强劲钢索作为主要的承重构件，钢索两端通过塔架锚固在锚碇上，可以承受很大的拉力，适用于特大跨径的桥梁，著名的美国旧金山大桥就是建造较早的大跨悬索桥。这种桥抗风能力较弱，在风力大于 7 级时常要暂停使用。图 3-30（g）为悬索桥示意图。

（6）斜拉桥。斜拉桥以斜拉索将主梁的多点悬挂在塔柱上，主梁恒载和活载由斜拉索传递至塔柱上，可以做得跨度较大。斜拉桥外形美观，而且抗风能力较悬索桥好些。图 3-30（h）为斜拉桥示意图。

（7）组合体系桥。组合体系桥是根据受力特点和地质情况由上述不同形式组合而成的桥梁，如梁和桁架组合、拱与梁组合、悬索与斜拉组合等。实际上任何一座大型桥梁，连同它的引桥几乎都是组合体系的。前面的图 3-30（c）就是梁和桁架组合，边跨是梁而中跨是桁架；图 3-30（e）则

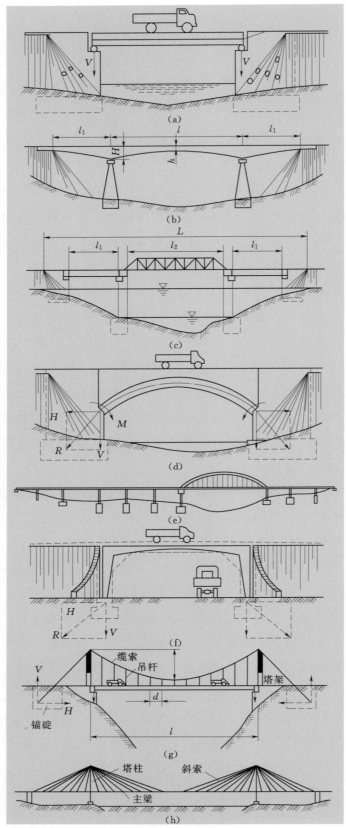

图 3 - 30 桥梁结构形式

（a）简支梁桥；（b）三跨连续梁桥；（c）桁架桥；（d）拱桥；（e）中跨为拱的拱桥；

（f）刚架桥；（g）悬索桥；（h）斜拉桥

是梁拱组合而成的，边跨是梁，主跨则是拱。一般来说，桥型大都是根据主跨形式区分的。

2. 桥型由使用功能和材料决定

上述桥梁形式介绍，只是根据它的受力特点区分的，并未涉及材料和用途问题。由于近代土木工程材料的大发展和使用上的差异（如用于公路、铁路等），同一种桥型用不同材料建造以及不同的使用功能，其跨径都不同，随着铁路、公路建设的大发展，近百年来桥梁也有了一个飞速的发展。这与它们的受力特点和使用的材料有着密切关系。从表 3－12 大致可以看出这种异同。实际建造时还可以采用组合体系，在不同的部位采用不同的形式，这种情况在具体工程中更为多见。

表 3－12　　　　　　　　　　不同桥型不同用途桥梁的跨径

项　目	铁路桥跨径/m	公路与城市桥跨径/m	世界最大主跨径
钢筋混凝土梁桥	5～20	5～20	
预应力混凝土梁与刚构桥	12～160	20～250	中国虎门辅航道桥，主跨 270m
钢板梁桥	10～40	10～100	巴西 Costa e silva 桥，主跨 300m
钢桁架桥（含拱梁组合桥）	50～300	50～300	加拿大 Quebee 桥，主跨 549m
钢拱桥	50～200	50～500	中国重庆朝天门大桥，主跨 552m
钢筋混凝土拱桥	50～200	50～400	中国万县长江桥，主跨 420m
斜拉桥	100～500	200～1000	中国苏通大桥，主跨 1088m
悬索桥		200～2000	日本明石桥，主跨 1990m

下面以列表的形式给出世界各国典型大跨桥梁的主跨、建成年代、所在地点等有关资料，供读者参阅。按桥型分类，表 3－13～表 3－17 分别为悬索桥、斜拉桥、拱桥、桁架桥和梁桥。需要向读者说明的是表中所列均为 2001 年以前建成的桥（作为资料我们尊重原始面貌引用在这里）。在此之后中国建成的桥均未列入，事实上截至 2012 年年底全球已建成的主跨径最大的前 10 座斜拉桥悬索桥拱桥和梁式桥中，中国分别占 8 座、5 座、5 座、5 座。详细情况请读者参阅 3.4.3 节。

表 3－13　　　　　　　　　　世界各国主要大跨悬索桥

桥　名	主跨/m	建成年份	地　点	细　节
明石桥	1990	1998	日本	6 车道，宽 31m，钢桁架
大贝尔特桥	1624	1997	丹麦	4 车道，宽 23.6m，钢箱梁
亨伯桥	1410	1981	英国	4 车道，混凝土塔，钢箱梁，斜吊索
江阴长江大桥	1385	1999	中国	6 车道，混凝土塔，钢箱梁
青马桥	1377	1997	中国香港	上层 6 车道，下层通铁路，钢桁架
韦拉扎诺海峡大桥	1298	1964	美国纽约	上下两层 12 车道，钢桁架
金门大桥	1280	1937	美国旧金山	6 车道，钢塔，钢桁架

桥　名	主跨/m	建成年份	地　点	细　节
麦基诺桥	1158	1958	美国密歇根	4 车道，钢塔，钢桁架
南备赞桥	1100	1987	日本本四联络线	上层 4 车道，下层 4 线铁路
博斯普鲁斯桥	1073	1973	土耳其	4 车道，钢板梁，斜吊索
乔治·华盛顿大桥	1067	1931	美国纽约	双层共 14 车道
四月二十五号大桥	1013	1966	葡萄牙里斯本	上层 4 车道，下层双轨铁路
福斯公路大桥	1006	1964	苏格兰	4 车道，钢板桥面

表 3 - 14　　　　　　　　　　　世界各国主要大跨斜拉桥

类型	桥　名	主跨/m	建成年份	地点	细　节
钢结构与混合结构	多多罗桥	890	1999	日本	宽 28.1m，双索面，中跨钢箱，边踞 PC 箱
	诺曼底大桥	859	1995	法国	宽 22.3m，双索面，中跨钢箱，边跨 PC 箱
	南京长江二桥	628	2001	中国南京	宽 32m，双索面，全部钢箱梁
	杨浦桥	602	1993	中国上海	宽 30.35m，双索面，结合钢板梁
	名港中大桥	590	1997	日本	宽 34.0m，双索面，钢箱梁
	生口桥	490	1991	日本	宽 24.1m，双索面，混合梁
	汀九桥	475	1998	中国香港	宽 2×18.8m，两桥并列，3 塔，钢板梁
	安娜西斯桥	465	1986	加拿大温哥华	宽 32.0m，双索面，结合钢板梁
	横滨桥	450	1989	日本	宽 33.6m，双索面，钢桁梁
	胡格利桥	457	1987	印度	宽 25.0m，双索面，结合钢板梁
	湄南河桥	450	1987	泰国曼谷	宽 33.0m，双索面，钢箱梁
	圣纳泽尔桥	404	1975	法国	宽 14.8m，双索面，钢箱梁
	Luling 桥	376	1982	美国	4 车道，双索面，钢箱梁
	杜塞尔多夫·弗莱赫桥	368	1979	德国	单索面，钢箱梁，独塔，宽 41.7m
	芜湖长江桥	312	2000	中国安徽	上层公路 4 车道，下层铁路双轨，钢桁架
预应力混凝土结构	斯堪桑德大桥	530	1991	挪威	宽 13.0m，双索面，箱梁
	重庆长江二桥	444	1995	中国重庆	宽 24.0m，双索面，梁板结构
	卢纳巴里奥斯桥	440	1983	西班牙	宽 22.5m，双索面，箱梁
	铜陵长江桥	432	1995	中国安徽	宽 23.0m，双索面，梁板结构
	赫尔格兰特桥	425	1991	挪威	宽 11.95m，双索面，梁板结构
	郧阳汉江桥	414	1993	中国湖北	宽 15.6m，双索面，箱梁，跨中设铰
	武汉长江二桥	400	1995	中国武汉	宽 29.4m，双索面，箱梁

类型	桥　名	主跨/m	建成年份	地点	细　节
预应力混凝土结构	Dame Point 桥	299	1988	美国	4 车道，平行索，梁板结构，跨中设铰
	阳光高架桥	366	1987	美国	柱塔，单索面，箱梁
	波萨达斯-恩卡纳西翁桥	330	1984	巴拉圭	双索面，2 车道，1 铁道
	布罗托讷桥	320	1977	法国	4 车道，单箱，单索面
	帕斯科-肯纳威克桥	299	1978	美国	宽 22.5m，双箱，双索面，节段安装

表 3-15　　　　　　　　　　　世界各国主要大跨拱桥

类型	桥　名	主跨/m	建成年份	地点	细　节
钢拱	新河乔治大桥	518	1977	美国西弗吉尼亚	4 车道，桁拱
	巴约讷大桥	510	1931	美国新泽西	4 车道，2 行人道，桁拱
	悉尼河港大桥	509	1932	澳大利亚悉尼港	宽 48.8m，桁拱
	圣马可一号桥	390	1929	南斯拉夫萨格勒布	桥宽 10.4m
	弗里蒙德桥	383	1971	美国俄勒冈	4 车道，系杆拱，钢板桥道，焊箱梁
	兹达可夫桥	380	1967	原捷克斯洛伐克	双铰拱
	曼港桥	366	1964	加拿大温哥华	系杆拱
混凝土拱	万县长江桥	420	1997	中国重庆	宽 23.0m，劲性骨架，箱型肋拱
	克尔克二号桥	390	1979	南斯拉夫	车道宽 10.4m，箱拱
	贵州江界河桥	330	1995	中国贵州	宽 13.4m，PC 桁式组合拱
	邕宁桥	313	1996	中国广西	宽 18.9m，中承式，劲性骨架肋拱
	格拉德斯维尔桥	305	1964	澳大利亚悉尼	4 根预制拱肋，车道宽 22m
	亚米扎德桥	290	1964	巴西	车道宽 13.5m，三室箱拱
	亚拉比达桥	270	1963	葡萄牙	车道宽 26.5m
	三多桥	264	1943	瑞典	车道宽 9.5m，三室箱拱

表 3-16　　　　　　　　　　　世界各国主要大跨桁架桥

桥　名	主跨/m	建成年份	地　点	细　节
魁北克桥	549	1918	加拿大	铁路桥，悬臂梁，1907 年架设失事
福斯桥	521	1889	英国苏格兰	铁路桥，悬臂梁
南港大桥	510	1974	日本大阪	4 车道公路桥，悬臂梁，吊孔 180m
Gommodore J. J. 桥	501	1974	美国宾夕法尼亚	6 车道，吊孔 250m
Orleun Greater New 桥	480	1958	美国路易斯安那	
豪拉桥	457	1943	印度加尔哥答	
密西西比河大桥	446		美国路易斯安那	4 车道
东湾桥	427	1936	美国奥克兰	双层公路桥

表 3-17　　　　　　　　　　　　　世界各国主要大跨梁桥

类型	桥名	主跨/m	建成年份	地 点	细 节
钢梁	希尔瓦海岸桥	300	1974	巴西里约热内卢	6车道，钢板桥道，多跨连续箱梁
	萨瓦桥	261	1956	南斯拉夫贝尔格莱德	车道宽12m，多跨连续板梁
	Zoo桥	259	1966	德国科隆	车道宽26.8m，多跨连续箱梁
	Gazelle桥	250	1970	南斯拉夫贝尔格莱德	连续箱梁，斜腿刚架
	安康汉江桥	176	1982	中国陕西	铁路钢斜腿刚构，单轨，箱梁
预应力混凝土梁	虎门辅航道桥	270	1997	中国广东	宽33.0m，PC连续刚构，双箱
	门道桥	260	1986	澳大利亚布里斯班	6车道，宽22m，单箱梁，三跨连续
	黄石长江桥	245	1995	中国湖北	宽19.5m，PC连续刚构，箱梁
	滨名大桥	240	1976	日本	五跨带铰连续梁

对照表 3-12，会发现主跨度最大的应属悬索桥，几乎接近 2000m，而板梁和箱梁桥跨度则较小。不同桥型所采用的材料和受力性能也不一样，可见材料和受力性能是关键因素。在这里从桥梁的角度，我们又一次印证了前面谈到的材料和力学分析的进步是土木工程得以大力发展的两大杠杆的道理。

3. 全球 10 座创纪录的桥[1]

（1）最高的桥：法国米洛高架桥。从 1987 年绘制出第一批草图到 2004 年竣工，人们用了 17 年的时间建造这座大桥，它由世界上最高的桥塔（约 245m）支撑着，桥面平均高度达 270m，为欧洲地区最高。更重要的是，该桥最高点的高度达到了 343m，使它成为世界上最高的大桥，比埃菲尔铁塔还高。

（2）最宽的桥：澳大利亚悉尼海港大桥。澳大利亚悉尼海港大桥宽 49m 的桥面，有 8 条汽车道，2 条铁轨，1 条人行道以及 1 条自行车道。是不是觉得有点多了？但是，当你知道这座大桥连接的是悉尼商业区和北岸居住区时，你就不会这么认为了，因为它是悉尼市民往来出行的主要交通通道。它已使用了 80 多年了。

（3）最长的桥：中国京沪高铁丹阳至昆山段特大桥。世界上最长的 15 座桥梁有 11 座都在中国。最长的 5 座中的 3 座都位于京沪高铁线上，这一高铁工程耗资 330 亿美元，建成后使京沪线的年客运能力翻了一番，每年的运输能力为 8000 万人次。2011 年 6 月丹阳至昆山特大桥通车后，便成为世界上最长的大桥，长达 164.8km，这比纽约到费城的距离还要长。

（4）最繁忙的桥：美国纽约乔治·华盛顿大桥。这座连接曼哈顿和新泽西的大桥横跨哈德孙河，2011 年的车流总量就达到了 5100 万辆次，包括小轿车、巴士、卡车。这一数字意味着纽约城 800 万的居民，平均每人一年通过该大桥的次数超过 6 次。庆幸的是，该桥建有 14 条车道（分两

---

❶ 该节资料主要引自：高启辉．十座创纪录大桥"奇"待过客．环球日报，2012-06-25．

层，8 条在上层，6 条在下层），使其能够应付这么大的车流量。

（5）最长的吊桥：日本明石海峡大桥（又称珍珠大桥）。这类桥是世界上最轻、最坚固、最美丽的桥梁之一。明石海峡大桥比同类的大桥要长很多，该桥主跨 1991m，两个边跨 960m，全长 3911m，横跨明石海峡，连接沿海大都市神户和日本珍珠产业中心——淡路岛。该桥之所以被称为珍珠大桥，除了因为它连接着日本珍珠产业中心之外，还因为附在钢索上的灯，当这些灯在夜晚亮起时，看上去就像一串五颜六色的珍珠挂在上面闪闪发亮。

（6）被拍照次数最多的桥：美同加州旧金山金门大桥。这座大桥本身"国际橘"的颜色与周边独特的环境相得益彰，若隐若现于清晨翻滚的迷雾中，形成一个梦幻般的美景，因此当人们把金门大桥评为世上被拍照次数最多的大桥时，也就没有什么值得大惊小怪的了。印第安纳大学情报和计算学的助理教授大卫·克兰德尔在 Flickr 上搜索了 350 万张照片的信息标签。在所有的桥类景点中，金门大桥战胜了其他著名大桥。

（7）最长的加盖桥：加拿大新不伦瑞克省哈特兰桥。圣约翰河上这座 390m 长的桥本是由一群市民发起建造，后来由加拿大政府接管。由于在一整个冬天里当地都会被雪和冰覆盖，所以要给桥加盖。

（8）使用砖块最多的桥：德国萨克森州格尔齐峡谷大桥。这座位于德同东部的萨克森州的格尔齐峡谷大桥，长度只有 567m，在桥梁领域中算是较小的一类了。然而让它与众不同的并不是它的长度，而是建造材料。这座由 2000 万块砖砌成的桥，建造于一个与它有些格格不入的时代，在那个时期大部分的桥梁是用石块和金属筑成。当时，用砖块造桥，是一个怪异并且昂贵的选择，但是在萨克森。这却是个经济实惠的办法，因为该地区的多处地点都发现储藏有大量的用于造砖块的黏土。

（9）最长的步行桥：纽约哈德孙跨河步道州立历史公园。这座长 2062m、悬挑钢结构的铁路桥于 1889 年通车，横跨哈德孙河，成为当时世界上最长的大桥。在服役了 85 年后，由于它的铁轨在一场大火中受损，导致该桥在 1974 年被迫关闭。35 年后一个名为哈德孙跨河步道的非营利组织经历几次翻修失败后终于让这座大桥在 2009 年 10 月重新开放，然而只允许行人和自行车通过。现在作为一个州立历史公园，它已经成为世上最长的步行桥。

（10）最古老的桥：土耳其卡雷凡大桥。第一眼望去，你会发觉这座桥没有任何值得称道之处。拱形的石板横跨在土耳其伊兹密尔的麦勒斯河上，该桥只有 13m 长，样式与原来一样，很简单。但是让卡雷凡大桥脱颖而出的不是它的自然外表，而是它的年龄。这座小桥建于公元前 850 年，距今已经有近 3000 年的历史了，据传像荷马和天主教徒圣保罗这样的历史人物都曾踏上过这座桥。

3.4.2　中国建桥历史悠久桥型众多

"逢山开路，遇水搭桥"。前 4 个字多指隧道，下一节将专题介绍；后 4 个字则主要是指桥梁。其实在两山之间建桥的例子也很多，只不过这种桥梁跨越的不是江河而是山谷，跨山谷的桥在我国宝成线和宜万线上很多。

桥梁是铁路、公路和城市道路的重要组成部分，对发展国民经济、促进社会文明、巩固国防等具有重大作用。桥梁不仅是交通运输的重要建筑物，也是科学技术和艺术智慧的结晶。世界上很多城市往往以宏伟壮观的桥梁作为标志，代表经济和文化艺术的发达。

中国的桥梁建设可以用"历史悠久，桥型众多，发展迅速"12个字来概括。

我国历史悠久，文化源远流长，在桥梁建筑史上有着光辉灿烂的篇章。隋朝（591—639年）建造的河北省赵州桥，净跨37.02m，结构雄伟，是世界第一座空腹式石拱桥。福建省泉州洛阳桥（万安桥）建于宋代（1053—1059年），共47孔，全长3600m，采用抛石筏形，以蛎房繁殖胶结基石。秦时（公元前250年）四川省架建的竹藤索桥，为悬索桥和斜拉桥的原始形式。

我国建造石拱桥具有丰富的经验。自1959年湖南省建成跨径达60m的黄虎港桥后，石拱桥便在全国推广。1961年云南省建成的南盘江长虹桥，跨径为112.46m；1971年四川省建成的九溪沟桥，跨径为116m；1990年湖南省建成的跨径120m的鸟巢河桥，为世界上最大跨径的石拱桥。

石拱桥建筑需要大量劳动力和支架材料。我国继承和发扬修建石拱桥的经验，并吸取现代桥梁预制安装的优点，创造了新型双曲拱桥。据统计，现在全国公路大中型双曲拱桥有5000余座。1969年河南省建成的前河桥，跨径达150m。1972年湖南省建成了主桥长1250m，引桥长282m，长沙湘江双曲拱桥。

我国已建成跨径在100m以上的钢筋混凝土箱型拱桥几十余座，如四川省攀枝花市7号桥。主跨为170m；宜宾市马鸣溪桥，跨径为150m；涪陵乌江桥，跨径为200m；万县长江桥，跨径为420m。

预应力混凝土桥具有经济、耐久、适应性强、易于建造、外形美观等优点，是桥梁建筑的发展方向。20世纪50年代。我国开始修建装配式预应力混凝土简支梁桥。1959年以后，跨径在32m以上的铁路桥梁全部采用预应力混凝土梁。南京长江大桥下层铁路引桥全长5000.2m采用159孔预应力混凝土T形梁。河南省于1976年建成洛阳黄河桥，采用67孔跨径50m预应力混凝土T形梁，全长3428.90m；1986年建成郑州黄河桥，采用28孔跨径20m、62孔跨径50m、47孔跨径40m预应力混凝土T形梁，全长5549.86m，是我国最长的预应力混凝土桥。

预应力混凝土T形钢构大桥我国已建成几十余座，其中著名的有1980年建成的四川省重庆长江桥，主跨174m，全长1073m；1982年建成的泸州长江桥，主跨170m，全长720m。80年代。预应力混凝土连续梁桥在我国也得到了迅速发展。1985年建成的湖北省沙洋桥，跨径为62.4＋6×111＋62.4（m），连续长度达790m。1986年建成的湖南省常德桥，跨径为84＋3×120＋84（m）。1991年建成的云南省六库怒江桥，主跨达154 m。1991年建成的浙江省杭州钱塘江二桥，跨径为45＋65＋14×80＋65＋45（m），一联长1340m，全长2861.4m。

预应力混凝土连续刚构桥，跨中不设铰或挂梁，主梁与桥墩固结，桥墩采用柔性薄壁结构，施工便利，行车舒畅。1988年我国建成第一座大跨径预应力混凝土连续刚构桥——广东省洛溪桥，跨径为65＋125＋180＋110（m）；湖北省黄石长江桥于1996年完成，跨径为162.5＋3×245

+162.5（m）；广东省虎门辅航道桥于1997年建成，跨径150＋270＋150（m），是目前世界上跨径最大的预应力混凝土连续钢构桥。

预应力混凝土桁式组合拱桥，采用悬臂拼装法施工，充分发挥拱和梁的作用，施工便利，工料节省。贵州省在1985年建成主跨150m的剑河桥后，于1996年又建成江界河桥，主跨为330m，建筑技术达到了较高水平。

1957年武汉长江大桥的建成，标志着我国钢桥建筑技术水平有了提高。其正桥为3联3×128m连续钢桁架，包括引桥在内全长1670.4m，上层为公路桥，下层为双线铁路桥。1969年又建成公路铁路两用的南京长江大桥，其正桥北岸第1孔为128m钢桁架，其余为3联每联3×160m连续钢桁架，包括引桥在内，铁路桥全长6772m，公路桥全长4589m。1982年建成的陕西省安康桥，主跨为176m，是世界上跨度最大的铁路钢斜腿钢构桥。1993年建成江西省九江长江公路铁路两用桥，正桥钢梁全长1806m，主跨是216m的刚性桁梁柔性拱，结构雄伟壮观，是我国钢桥史上新的里程碑。

悬索桥具有自重轻、跨越能力大和材料省的优点。我国已建造几十座跨径在300m以下的悬索桥，1997年广东省虎门桥建成，主跨888m，开创了我国现代化悬索桥建筑的新纪元。江苏省江阴长江大桥于1999年竣工，列为世界第四座大跨径悬索桥。1997年建成的香港青马桥，主跨1377m，是世界最大跨径公路铁路两用悬索桥。

斜拉桥是近代发展的新桥型，桥型美观，宛如大型的弹拨乐器。世界各地已建的各类斜拉桥总数达300余座。我国在1975年开始建造斜拉桥。1980年建成湘桂铁路红水河桥，主跨为96m，是我国第一座预应力混凝土斜拉桥。1982年山东省济南黄河桥建成后（主跨220m），其成功经验迅速传至各地。上世纪末叶20多年来，我国建成斜拉桥50多座，其中跨径在400m以上的有9座。上海杨浦桥于1993年建成，主跨为602m。1995年建成的重庆长江二桥，主跨为444m，安徽省芜湖长江桥，于2000年建成，主跨312m，是我国第一座公路铁路两用钢斜拉桥。

近年来桥梁技术发展迅速，主要原因是：新结构体系的创立，如斜拉桥、正交异性板等；计算机广泛应用于设计、工程监理等；新材料，如高强钢和高强混凝土的应用；采用新工艺和现代化设备，如焊接和高强螺栓连接，悬臂与移动模架施工；对抗风振、地震的研究，风洞试验用于桥梁动力分析等。

3.4.3 中国桥梁建设的新崛起

1. 综述

图3-31给出了我国2002—2011年公路桥梁建设的增长曲线，可以看出，截至2011年公路桥已多达68.94万座，桥长的总延长多达3349.44万m。其中总长超过1000m或单孔路径超过150mm的特大型桥梁2341座约合404万延米，在长江、黄河等大江大河和海湾地区建成了一大批深水基础，大跨径，技术含量高的世界级公路桥梁。在东海海面2008年通车的苏通大桥一举创造了最大主桥跨径、最高主塔、最长斜拉索和最大规模群桩基础4项世界纪录，1088m长的主跨

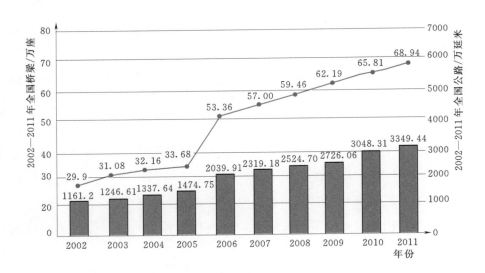

图 3-31　2002—2011 年全国公路桥梁的增长曲线

也令世界拥有首座千米级斜拉桥。

在胶州海湾，世界最长跨海大桥——青岛海湾大桥，41km 的全长使中国桥梁在 2011 年再次刷新了世界纪录。而在东海海面，两座 30km 以上的跨海特大桥——杭州湾大桥与东海大桥，使长三角经济如虎添翼。

在武陵山区，世界第一跨峡谷悬索桥——湖南湘西矮寨特大悬索桥，在 355m 的高空飞架德夫大峡谷。2012 年通车的矮寨大桥，凌空主跨长达 1176m，车行其上，崇山峻岭近在咫尺，车外云蒸霞蔚如临仙境。

在嘉陵江畔，世界最大跨径拱桥——重庆朝天门长江大桥，552m 的主跨比世界著名拱桥——澳大利亚悉尼大桥的跨度更胜一筹。顺江而下，曾被誉为天堑的万里长江上，如今已有百余座大桥飞架南北。在夜幕降临时俯瞰这一座座长江大桥，车灯如流火，桥灯如星辰。

盛世造桥。短短十年，中国建设者谱写了中国山河画卷中最亮丽的桥梁篇章。截至 2012 年 6 月底，在世界前 10 大斜拉桥中，中国雄踞 8 个席位；在世界 10 大悬索桥、10 大拱桥、10 大梁桥中，中国也均稳居半壁江山。仅主跨逾 1000m 的大桥，中国就拥有 10 座以上。

2. 长江天堑不再

20 世纪 50 年代初武汉长江大桥建成，结束了长江上没有大桥的历史。此后，特别是改革开放之后，如上所述，截至 2011 年，长江上已建成的大跨桥梁总数已达 100 多座，其分布上起长江上游的峡谷急流，下至长江入海口，在数千千米的长江干流上凡是需要的地方几乎都建有桥梁。仅江苏省横跨长江的大桥多达 10 座，见图 3-32。至于大城市，如南京、武汉等一个城市就有数座。这种大规模的迅速的桥梁建设在我国乃至世界建桥史上都是十分罕见的，说它"崛起"毫不夸张。

3. 杭州湾大桥

2008 年 5 月 1 日正式通车的杭州湾大桥北起嘉兴市海盐，南至宁波市慈溪，全长 36km，双向 6 车道，设计时速 100km，设计使用年限 100 年，投资 120 亿元。大桥的建成使宁波至上海的距离

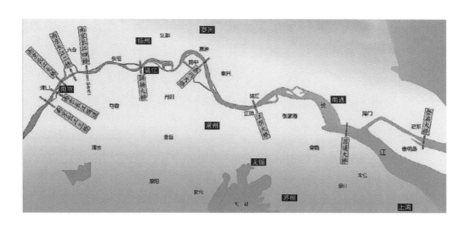

图 3-32　江苏省跨江大桥示意图

缩短 120km，大大改善了杭州湾区域的路网布局，单从宁波市分析，使它从一个长三角交通末梢边缘城市一跃成为海陆交通枢纽和节点城市，见图 3-33。

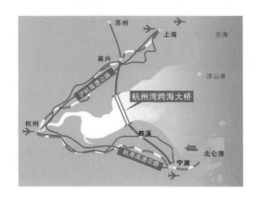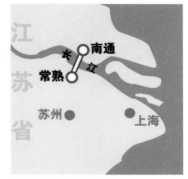

图 3-33　杭州湾大桥、苏通大桥区位示意图

杭州湾是钱塘江的入海口，与南美的亚马孙河口、印度的恒河河口并称为世界三大强潮海湾，潮差大、潮流急、风浪大、冲刷深，钱塘江观潮的胜景就是杭州湾这个大喇叭口形成的。在这样的海域架桥，世界上没有先例，没有可供借鉴的桥型，所以说杭州湾大桥是世界上工程难度最大的桥梁之一。图 3-33 和图 3-34 给出了杭州湾大桥的区位和鸟瞰图。

图 3-34　杭州湾大桥

继杭州湾第一座跨海大桥——海盐至慈溪大桥之后杭州湾第二座跨海大桥即将建成，该桥又称嘉兴大桥，横跨杭州湾将嘉兴和绍兴这两个江南重镇连结起来，大大扩大了长三角经济区的范围，建成后浙江绍兴到上海的车程将缩短一半。该桥2008年年底动工，2012年7月底已完成总工程量的83%。图3-35给出了该桥两座主塔基本建成的雄姿，2013年2月全桥已合拢贯通。

图3-35　已建成的嘉兴大桥的二座主塔（徐昱　摄）

4.苏通大桥

就在第一座杭州湾大桥通车2个月之后，即2008年7月，另一座改善长三角交通布局的苏通大桥也于当年7月1日正式通车。图3-33标出了苏通大桥的区位。这一地域是长江入海口的末梢，江面复杂的自然条件和软土地基条件均是世界建桥史上少有的：一年中风力达6级以上的天数有179天；降雨天数超过120天；江面宽阔，水深流急，主塔墩处水深达30m；通航密度高，日均通过船只近3000艘，高峰时期达6000艘。该桥全长32.4km，双向6车道高速大跨标准，其中跨江8146m，主桥为跨径1088m的斜拉桥，居世界之首，此前世界斜拉桥最大跨径仅为890m，见表3-14中日本的多多罗桥。由于苏通大桥处于长江下游，航运频繁，该桥通航净空高度为62m，桥墩主墩基础由131根长120m，直径2.5~2.8m的群桩组成，桥塔高300.4m，大桥最长的拉索577m，号称"最大主跨，最深基础，最高桥塔，最长拉索，'四最'创造了世界纪录"的斜拉桥，图3-36为苏通大桥的雄姿。

苏通大桥是当今世界上最大跨度的斜拉桥，是中国迈向世界桥梁强国的标志性桥梁。2008年3月，苏通大桥被国际桥梁大会（IBC）授予该协会的最高荣誉"乔治·理查德森大奖"，2010年被国务院授予"国家科学技术进步奖"，成为国际桥梁技术发展史上具有里程碑意义的工程，也成为万里长江的一个新地标。

5.山东高速胶州湾大桥

山东高速胶州湾大桥，2011年6月30日正式建成通车，创造了七项中国和世界桥梁建筑纪录。一是长度上，大桥为目前世界第一跨海长桥，总长度是41.58km；二是技术上，"水下无封底

图 3 - 36　苏通大桥

混凝土套箱建造技术"是世界首创，解决了水下施工的世界性难题，先后获国家发明专利一项、实用新型专利一项和国家技术发明二等奖，被中国企业联合会授予企业创新纪录；三是环保上，建设历时 4 年，未对周围的水域造成污染，多次获得节能减排先进单位；四是深度上，采用开发改进的大直径悬挖钻机施工，最大的钻孔直径达到 2.5m，最大孔深达 80.7m，钻孔直径和钻孔深度均为目前国内海上桥梁之最；五是桩数上，全桥海上钻灌注桩的数量达到了 5127 棵，目前位居世界第一；六是泵送距离上，国内首次实现了海工高性能混凝土的超长距离的泵送，达到了 900m；七是高度上，重达 2050t、60m 预制箱梁，吊装高度达到了 58m，为目前国内同类预制箱梁安装的最大高度。2011 年 9 月 18 日，美国著名财经杂志《福布斯》评选出"全球最棒的 11 座桥梁"，山东高速胶州湾大桥成为中国唯一上榜桥梁。上榜理由是，胶州湾大桥创造了中国乃至世界数项桥梁纪录。建设全球"最长的跨海大桥"实在是个不小的创举。

6. 崇启长江大桥

崇启长江大桥地处长江入海口，是对接上海与江苏的首座大型长江大桥，是上海至西安国家高速公路的重要组成部分。大桥全长 51.763km，跨江部分桥长 6.84km。大桥起自崇明岛陈家镇，南面与崇明岛越江隧道相连，北与宁岩高速公路相接，见图 3 - 37。

2011 年 12 月 24 日，崇启长江大桥正式通车，从江苏启东到上海的车程缩短 100 多 km，加快了长三角一体化进程。大桥由于地处长江入海口，是所有跨越长江大桥中最靠近大海的，被称为"长江入海第一桥"。大桥为江苏和上海两地的产业对接、物流发展和市民出行带来极大便利，启东也将融入上海一小时经济圈。

图 3 - 37　崇启长江大桥（屠知力　摄）

7. 世界第一拱桥——朝天门大桥

2009 年 4 月 29 日全长 1741m 的重庆朝天门大桥正式通车，该桥以 552m 的主跨径成为世界第一拱桥，大桥使重庆朝天门南北两岸之间原来半小时以上的车程缩短为 10min，见图 3-38。

图 3-38　世界第一拱桥——朝天门大桥

8. 舟山跨海大桥

2012 年 12 月 25 日，由 5 座大桥组成的舟山跨海大桥实现全线贯通。见图 3-39。这意味着舟山孤悬外海的历史从此结束，舟山和浙东大地连成了一体。

图 3-39　舟山跨海大桥
（李中一　摄）

舟山跨海大桥全长 46.5km。东起舟山定海，经金塘岛再到宁波镇海，包括岑港大桥、响礁门大桥、桃夭门大桥、西堠门大桥、金塘大桥 5 座大桥和 9 座谷桥、2 座隧道、6 处互通立交。总投资 131.13 亿元。

大桥为舟山、宁波两地来往将从现在的 2h 多的车程缩短为不到 1h。从舟山到上海也由过去的近 5h 缩短到 3h。更重要的是，大桥使舟山从交通最末端地区变成了通向海洋的最前沿，长三角大量人流、物流、信息流将涌至舟山，在经济社会更加开放背景下，舟山经济正逐渐发生质的飞跃。

9. 四渡河大桥

该桥是沪蓉西高速公路的咽喉工程，位于巴东县野三关镇四渡河峡谷。大桥主跨 900m，桥面距峡谷谷底 560m，相当于 200 层楼的高度是目前国内在深山峡谷里修建的跨度最大的悬索桥，比目前世界最高的法国米约大桥还要高出 290m，被誉为世界第一高悬索桥，图 3-40 是四渡河高悬索桥建成通过验收的情景。

10. 正在建设的港珠澳大桥

2009 年初，国务院批复了《珠江三角洲地区改革发展规划纲要（2008—2020 年）》，该规划纲要有一项核心工程即港珠澳大桥。该桥东接香港特别行政区，

图 3-40　四渡河大桥的雄姿

土木工程与中国发展

西接广东省（珠海市）和澳门特别行政区，是国家高速公路网规划中珠江三角洲地区环线的组成部分和跨越伶仃洋海域的关键性工程，形成连接珠江东西两岸新的公路运输通道。港珠澳交通大通道，将增强香港及珠江东岸地区经济辐射带动作用，充分挖掘珠江西岸发展潜力，便捷港澳及珠江两岸之间的交通联系。该桥 2009 年已开工。项目总投资 380 亿元。

图 3-41　港澳珠大桥示意图

港澳珠大桥工程包括 3 项内容：一是海中桥岛隧工程；二是香港、澳门和珠海三地口岸；三是香港、澳门、珠海三地连接线。如图 3-41 港澳珠大桥示意图所示海中桥岛隧工程起自东边香港散石湾，接香港口岸，经香港水域，向西，穿（跨）越珠江口铜鼓航道、伶仃西航道、青州航道、九洲航道，止于珠海/澳门口岸人工岛，全长约 35.6km，其中香港段长约 6km；粤港澳三地共同建设的主体工程长约 29.6km。主体工程采用桥岛隧结合方案，穿越伶仃西航道和铜鼓航道段约 6.7km 采用隧道方案，其余路段约 22.9km 采用桥梁方案。为实现桥隧转换和设置通风井，主体工程隧道两端各设置一个海中人工岛，东人工岛东边缘距粤港分界线约 150m，两人工岛最近边缘间距约 5250m。

海中桥隧主体工程采用双向六车道高速公路标准建设，设计速度采用 100km/h，桥梁总宽 33.1m，隧道宽度采用 2×14.25m，净高采用 5.1m。设计使用寿命 120 年。

港珠澳大桥工程的一大特点就是同时包含了桥梁、隧道和人工岛几种不同的工程类型，因为海上通航的需要、香港机场航空限高的要求等，靠近香港段只能采用隧道形式通过，隧道工程是

图 3-42　隧道横断面示意图

本工程的重点和难点，近 6km 长的沉管隧道是世界上目前已建和在建工程中最长的混凝土沉管隧道，为了将来 30 万 t 油轮满载通航，隧道最大埋深达到海底约 40m 深；连接桥梁和隧道的转换通过 2 个海中人工岛来实现，同时在海中人工岛上设置隧道的通风井。

隧道包括 2 个交通行车管廊（每个管廊行车为一个方向）和 1 个中间逃生和设备管廊。隧道的横断面如图 3-42 所示。

3.4.4　桥梁结构的几个特殊问题

1. 桥型的确定

桥型选择的主要依据有三：其一是使用要求；其二是材料供应；其三是经济。同时，还要考虑美学原则。

（1）使用要求。使用要求除了车流、人流状况以及频繁程度以外，最主要的是由跨越的主跨

径来确定。在大江大河、海湾等地建桥，无疑主跨径要求较大，且需保证桥下通航船舶的高度，从表 3-13～表 3-17 就可以大约判断出应该选择什么桥型了。

（2）材料供应。材料供应情况对桥型选择影响很大。例如大跨度铁路桥梁承受荷载大，结构构件重，在钢材保证供应条件下，一般多采用钢材；公路与城市桥梁则以钢筋混凝土和预应力混凝土为主。我国石料产地广，砌筑石桥在民间有传统工艺，石拱桥建筑冠于世界各国。在小型桥或人行桥上使用就地取材的石料是最经济也常常是最美观的。

（3）经济。经济是一个综合性很强的因素。首先是材料，当然以就地取材为主，其次是桥梁使用过程中的回收效益，当然还有施工工艺问题，这就要具体问题具体分析。

（4）美学原则。要照顾城市其他建筑群体的风格，这个问题是建筑学方面的，这里不做过多介绍。

2. 支座与伸缩装置

（1）支座。桥梁支座的作用是传递上部结构的荷载至桥墩台，并能适应活载、温度变化、混凝土收缩与徐变等产生的位移，使上、下部结构的受力符合计算图式。

桥梁支座有多种形式。可分为简易支座、钢支座、橡胶支座与球面支座四大类。

1）简易支座。简易支座是在梁底与墩台顶面之间设一层 2～3mm 厚的石棉板或铅板，仅用于跨径 4m 以下的小桥。

2）钢支座。钢支座用铸钢与锻钢制成，有弧形支座、摇轴支座与辊轴支座三种。

弧形支座最简单，用于 10～20m 跨径的桥梁。摇轴支座适用于跨径 40～50m 的桥梁。辊轴支座的辊轴用锻钢制成，转动与位移功能完善，承载能力很大，特大跨径钢桥均采用这种支座。

3）橡胶支座。橡胶支座依靠橡胶层的剪切变形和不均匀压缩来满足支座位移与转动的需要，其优点有：构造简单，安装加工方便；摩阻小，能吸收部分振动；能适应宽桥、斜桥、弯桥在各方向的变形。

4）球面支座。球面支座能适应多方向的转动，转角可达 0.02～0.03rad。它的构造与盆式橡胶支座相似，不同点是球面支座用一个钢衬板起转动作用，钢衬板一面是平的，另一面是球冠形的。

（2）伸缩。桥梁伸缩装置是为适应温度变化、混凝土的收缩徐变和荷载等引起的梁端位移，保证车辆平顺驶过而设的。伸缩装置应具备下列条件：①有足够的伸缩量；②有较大的刚度和耐久性；③使桥面平整，行车性能良好；④能防水或排水；⑤构造简单，易于施工与养护。伸缩装置的类型有以下几种。

1）锌铁皮伸缩装置，用于中小跨径桥梁，结构简单，梁的变形量在 20～40mm 以内。

2）钢伸缩装置，分为滑板式和梳齿形式。滑板式构造简单，在伸缩缝的一端锚定钢板，另一端锚定钢垫板和盖板。梳齿形伸缩装置有悬臂式和支承式两种，伸缩量可达 400mm 以上。

3）条形橡胶伸缩装置，利用夹在伸缩缝中的条形橡胶的弹性来伸缩。橡胶条的截面有空心板形、M形、Q形及管形等。伸缩量小，只有 20mm。

4）板式橡胶伸缩装置。用整块橡胶板嵌在伸缩缝中利用橡胶板的弹性和表面的伸缩槽来完成伸缩功能，并在橡胶板中设钢板以加强承载能力，伸缩量可达 60mm。如在橡胶板下增设梳形板，伸缩量可增至 200mm。

无论是支座还是伸缩装置，市场上都有现成的产品，这在机械制造行业也是很重要的一类产品，而且国家检测十分严格。

3. 抗震，抗风，防撞

（1）抗震。我国的工程抗震规范，针对量大面广的桥梁规定了设防烈度为 Ⅶ～Ⅸ 度，对 Ⅸ 度以上及特别重大桥梁须作专门研究。当必须在发震断层上修建桥梁时，宜采用跨度小、墩台低的简支梁桥。对简支梁上部构造不进行抗震强度及稳定性验算。仅采用对薄弱环节加强的抗震措施，采用挡块、螺栓连接和钢夹板连接防止纵横向落梁。梁端伞墩台帽或盖梁边缘应有一定距离。梁间和梁与胸墙间加弹性垫。对连续梁和桥面连续简支梁应防止横向位移过大，应加强支座锚固。连续曲梁边墩与上部构造间宜用螺栓连接，以防脱离。对人桥、重要的桥应提高设防烈度，专门进行严格的抗震设计。

（2）抗风。风对桥梁的作用与风的自然特性、结构的动力特性和风与结构的相互作用三者有关。自然风可分解成不随时间变化的平均风和随时间变化的脉动风，应分别考虑对桥梁的作用。桥梁作为一个振动体系，在近地紊流风作用下，空气弹性动力响应可分为：①在风作用下，由于结构振动对空气动力的反馈作用，产生自激振动机制，如颤振和驰振；②在脉动风作用下，发生有限振幅随机强迫振动的抖振；③气流经过桥体时形成旋涡脱落，激发桥梁的强迫共振，即涡激共振。涡激共振有自激性质，但是限幅。

桥梁抗风设计的目的是保证结构能安全承受最大风荷载的静力作用和由于风致振动引起的动力作用。具体设计时针对不同桥型均有可以参照的计算分析方法。

（3）防撞。建在通航水域的桥梁，常有船舶撞击桥梁事故发生，因此应对桥梁进行防撞设计。

通航河流上的桥梁，按其重要性分为"关键性"与"一般"两类。关键性桥梁受船舶撞击后能继续使用。桥梁防撞问题有一个"年破坏频率 AF"的概念，对一般桥梁 $AF \leqslant 0.001$，即一年之内发生撞击破坏的频率不得大于千分之一，而对关键性桥梁要求 $AF \leqslant 0.0001$。

4. 施工

桥梁是跨越结构，施工难度较大。以拱桥为例，施工方法分有支架和无支架两种情况。对于有支架施工，传统是用满堂支架，后改进为钢拱架，见图 3-43。澳大利亚的 Giadesville 拱桥（$L=304.8\text{m}$），中国永定河 7 号铁路桥（$L=150\text{m}$），均采用钢拱架施工。无支架施工方法又分悬臂桁架、缆索吊装、塔架斜拉索、刚性骨架和转体施工等方法。我国四川宜宾金沙江桥（$L=150\text{m}$）就采用缆索吊装的方法，见图 3-44，这显然比支架法优越多了。塔架斜拉索方法必须是刚性骨架才行，图 3-45 给出了一个塔架斜拉索及刚性骨架联合使用方法，可以看出，这种方法有很多优点，施工人员不需要到河里去操作。

桥梁施工具有很强的专业特点，其难度丝毫不亚于设计和计算。我国土木界的工程院院士有若干位是施工方面的专家。

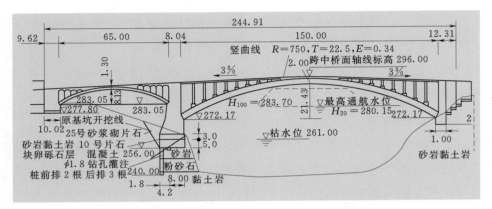

图 3-43 钢拱架施工法（单位：m）

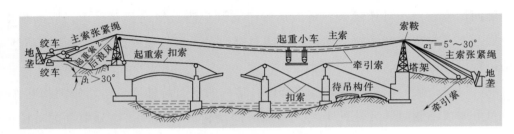

图 3-44 缆索吊装法施工

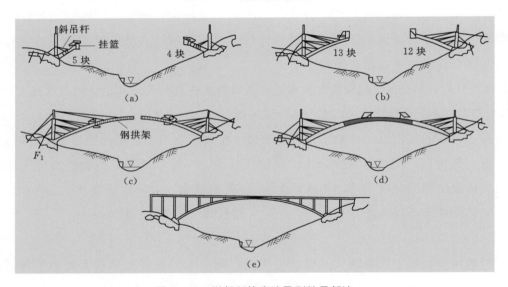

图 3-45 塔架斜拉索法及刚性骨架法

3.5 隧道

3.5.1 隧道的类别

1. 按使用分类

以地表上、下来区分，隧道是地表以下的工程；从使用来分又分为交通隧道、水工隧道，后者常称水工隧洞，在第4章水利工程中会涉及这种隧道。本章着重介绍交通隧道。

交通隧道根据使用上的不同又分为公路隧道、铁路隧道、城市过街地道等。城市地下轨道交通，常称为"地铁"，也是一种地下铁路隧道，已成为城市交通网的一部分，是开发城市地下空间的重要内容，将在第6章讨论。

当铁路或公路线路上遇到高程或平面障碍（如高山、水域等）而修建地上线（如路堑、桥梁等）在技术上有困难或不合理，或投资上（包括基建费和运营费）不经济时，常采用隧道方案。修建隧道可降低线路纵坡，增大曲线半径，缩短线路长度，防止突发性的灾害（如坍塌、落石、泥石流等），改善运营条件和保证行车安全。

根据所需克服的障碍物不同，铁路和公路隧道一般又可分为山岭隧道和水底隧道两大类。

截至1984年年底，世界上共修建了将近10000km的铁路隧道，约占世界铁路总长度的0.8%，其中有一半分布在中国和日本。我国是世界上铁路隧道最多的国家，有7000多座，其中一半以上分布在云南、贵州、四川、陕西等省；总长度超过4000km，居世界各国之首，其中包括近期建成的青藏线上海拔4906m的风火山隧道以及穿越冻土带最长的昆仑山隧道（全长1689m，海拔4600m）。表3-18列出了世界15km以上的铁路长隧道。

表 3-18　　　　　　　　　　　　世界 15km 以上的铁路长隧道

隧道名称	所在国家	长度/m	线数	修建年份
大清水	日本	22300	双	1971—1979
乌鞘岭	中国	20050	双	2003—2006
辛普朗Ⅰ号	瑞士、意大利	19803	单	1898—1906
辛普朗Ⅱ号	瑞士、意大利	19323	单	1912—1922
新关门	日本	18713	双	1970—1975
亚平宁	意大利	18579	双	1920—1934
六甲	日本	16250	双	1967—1971
榛名	日本	15350	双	1972—1980
圣马尔科	意大利	15040	单	1961—1970

在公路隧道方面，我国已建成总长度约1000km，其中包括居世界第二位的特大长隧道陕西终南山秦岭高速公路隧道，全长18km，双洞4车道，车速可达80km/h，还有穿越珠江、甬江和黄浦江的3条沉管公路隧道。

值得注意的是，自20世纪中叶，在地下交通领域兴起了一股修建海底隧道的热潮，究其原因，是为了减少水面航行的事故以及提高运输速度。表3-19给出了目前世界已建的4个大型海底隧道的关键数据，它们分别是日本青函隧道、英法海底隧道、丹麦大海峡隧道和中国香港西区隧道。图3-46和图3-47分别为青函海底隧道和英法海底隧道的剖面示意图。其断面尺寸、施工难度、地质条件等均可从表3-19中查到。

表 3 - 19　　　　　　　　　　　　　　世界几个大型海底隧道数据

名称 技术指标	日本青函隧道	英法海底隧道	丹麦大海峡隧道	中国香港西区隧道
长度/km	53.85	50.5	8.0	2.0
形式构造	主隧道（一条双线） 全长辅助隧道	主隧道（两条单线） 全长辅助隧道	主隧道（两条单线） 横通道	两条三车道隧道
断面尺寸	马蹄形 11.1m×9.1m（宽 ×高）1ϕ5.0m（辅）	2ϕ7.3m（主） 1ϕ4.5m（辅）	2ϕ8.5m	矩形 35.0m×9.8m （宽×高）
建造原因	交通和安全需要	客货运需求 （3130万人次/a）	交通流量需求	交通流量需求 （75000车次/d）
施工时间	1964—1989 年	1986—1993 年	1990—1994 年	1993—1997 年
工程造价	6890 亿日元 （约合 46 亿美元）	150 亿美元	7.5 亿丹麦克朗	65 亿港元 （约合 8 亿美元）
开挖方式	钻爆法	盾构法	盾构法	预制沉管沉放
海水深度/m	140	60	70	11~23
埋深/m	100	45（最浅处）	15	2~3
地质条件	第三纪火山岩	中世代白垩岩	第四纪冰碛物	软土层
降水方式	注浆为主	管片防水加固回填 注浆	长期大规模排水 系统	接头止水带结构 自防水

注　表中数据摘自《隧道译丛》，1996；《世界隧道》，1995（3）；中国香港沉管隧道资料。

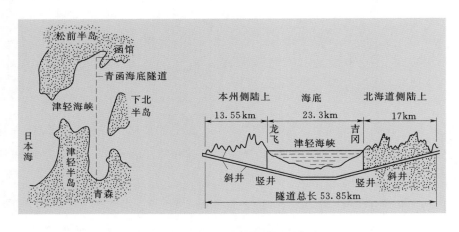

图 3 - 46　青函海底隧道示意图

2. 按长度分类

铁路隧道、公路隧道按其长度分类见表 3 - 20。

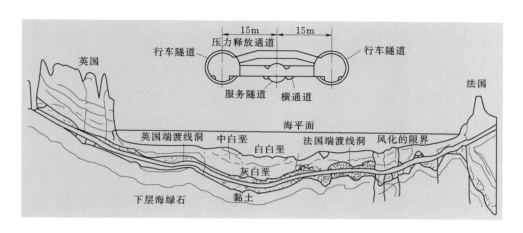

图 3 – 47 英法海底隧道示意图

表 3 – 20　　　　　　　　　　　　　　**隧道长度分类**　　　　　　　　　　　单位：m

长度 \ 类别	特长隧道	长隧道	中隧道	短隧道
铁路隧道长度 L_1	$L_1 > 10000$	$10000 \geq L_1 > 3000$	$3000 > L_1 \geq 500$	$L_1 < 500$
公路隧道　直线隧道长度 L_2	$L_2 > 3000$	$3000 > L_2 \geq 1000$	$1000 > L_2 \geq 500$	$L_2 < 500$
公路隧道　曲线隧道长度 L_3	$L_3 > 1500$	$1500 > L_3 \geq 500$	$500 > L_3 \geq 250$	$L_3 < 250$

3.5.2　隧道的基本要求

1. 安全、稳定、实用

隧道建筑物均应设计成永久性的，具有规定的强度、稳定性和耐久性，设计时还要考虑该地区气温和地震的影响。

隧道的主体建筑物是为了保持坑道的稳定，保证行车安全而修建的，一般由洞身衬砌和洞门等组成；在洞口容易坍塌以及傍山通过的线路地段，为了防止仰坡和边坡的坍塌落石，或洞顶覆盖过薄难以采用暗挖法施工时，则需加筑明洞（包括棚洞）。

隧道的附属建筑物是为了行车、养护、维修、防灾等方面的需要而修建的，它包括防排水、通风、供电、通信、信号、照明、监控、防灾报警等设施所需的建筑物、避车洞和人行道等。

隧道设计要有完整的调查和勘测资料，针对远、近期的交通量以及地形、地质、地震等资料，综合考虑运营和施工条件，进行多方案的技术、经济比较，以使确定的隧道方案符合远期规划和安全、经济、适用的要求，此外尚需符合国家有关土地管理、环境保护、水土保持等法规的要求。设计中应注意节约用地，少占农田，尽量少破坏原有植被，妥善处理弃渣。

2. 舒适度

舒适度与隧道的内部轮廓和行车速度有密切关系。

（1）铁路。新建铁路隧道的内部轮廓，应符合《标准轨距铁路建筑限界》（GB 146.2—83）及轨道类型的规定。位于车站上的隧道，还应符合站场设计的规定和要求。

对于行车速度为200～300km/h的高速铁路，当高速列车驶入隧道时，会引起隧道内空气流动，由于流动受隧道壁的限制以及空气的可压缩性，产生相当大的压力瞬变（简称压力波），从而引起行车阻力增大、空气动力学噪声、降低乘客舒适性等一系列问题。在设计高速铁路隧道时，必须考虑这种空气动力学效应，具体内容有以下3点。

1）从旅客舒适度（主要指耳膜压迫感）出发，确定隧道最大瞬变压力差的临界控制标准，一般以3s内的压力变化值表示。所谓3s大致相当于完成吞咽动作进行耳膜压力调节所需的时间。各国根据本国经济情况、车厢密封程度等，都规定了压力波动临界值。例如，德国《铁路隧道的设计、施工与养护规范》（DS—853）规定，经常通行的隧道，其压力临界值为$[\Delta P]_{max}=0.98～1.0$kPa/3s。我国已建的京沪高速铁路，其3s内的压差限与此接近。

2）根据最大瞬变压力差临界值确定隧道最佳阻塞比β，所谓隧道阻塞比β是指"列车横断面面积/隧道横断面有效面积"。一般来说，增大隧道横断面有效面积，可以有效地缓解空气动力学效应。但从经济上考虑，单一增大隧道有效面积的做法不一定可行。因此，必须在满足最大瞬变压力差限值的要求下，综合考虑行车速度、隧道长度、辅助建筑物（如竖井、洞口缓冲棚、两条单线之间的中隔墙开孔等）的设置以及工程造价等因素来确定。对京沪高速铁路，专家推荐采用下列的隧道阻塞比β：

$$\beta=0.14（单线）$$
$$\beta=0.24（双线）$$

3）在隧道长度和行车速度既定条件下，如果隧道阻塞比较大（$\beta>0.2$），将会在隧道出口产生微压波，发出轰鸣声，形成噪声污染，此时就需要考虑设置洞口缓冲棚。缓冲棚的结构形式主要有：扩大断面型、开槽型及喇叭型等。减少微压波的其他措施还有采用碎石道床。根据测试，碎石道床能较好地消减微压波梯度。

在隧道的适当位置设置竖井对降低瞬变压力、减小行车阻力及微压波峰值等都是有利的。设置竖井的位置及其开口面积应根据隧道通风要求，经空气动力学计算而定。

（2）公路。新建公路隧道的内部轮廓应符合图3-48所示的公路隧道建筑限界。所谓建筑限界，实际上是为了保证内部轮廓的建筑尺度，在建筑限界内不得有任何部件侵入。

高速公路、一级公路的特长隧道和长隧道，应根据需要设置紧急停车带。

对单车道隧道，除两端洞外应设错车道外，洞内视隧道长度也应设置错车道，错车道间距不宜大于200m。

此外，对铁路隧道或公路隧道的内部轮廓尺寸，都应考虑洞内排水、通风、照明、防火、监控、通信、信号、运营管理等附属设备所需的空间以及施工、测量误差和结构变形等必要的富余量。对曲线上的铁路隧道尚需考虑曲线加宽。

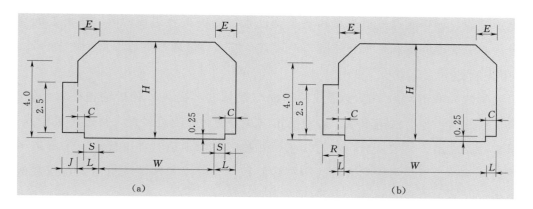

图 3-48　公路隧道建筑限界（单位：m）

（a）专用公路；（b）一般公路

W—行车道宽度；S—行车道两侧路缘带宽度；C—余宽，当计算行车速度不小于100km/h时为0.50m，

计算行车速度小于100km/h时为0.25m；H—净高，汽车专用公路、一般二级公路为5m，三、四级

公路为4.5m；E—建筑限界顶角宽度，当L≤1m时，E=L，当L>1m时，E=1m；

L—侧向宽度，高速公路、一级公路上的短隧道，其侧向宽度宜取硬路肩宽度；

R—人行道宽度；J—检修道宽度

3.5.3　城市隧道

1. 城市隧道的用途

在现代城市建设中，城市隧道具有非常重要的意义，其用途在于：

（1）作为地下铁路网络中的地下车站和区间，或其他城市轨道交通的地下段。

（2）作为穿越城市地下或江河的公路（道路）隧道或铁路隧道。

（3）作为穿越城市道路、铁路或山丘的地下人行通道或非机动车通道。

（4）作为城市污水、雨水或合流污水排水系统的支管或总管（当支管或总管的直径大于2.5m时）。

（5）作为敷设各种地下公用事业管线的公用管线综合管道。

（6）作为敷设通信、电力电缆或邮件运输的专用隧道。

（7）作为从水库或江、河引水的引水隧道或大型供水隧道等。

2. 城市隧道的分类

城市隧道按其使用功能，一般可分为市政隧道和交通隧道两大类。

（1）市政隧道。市政隧道是城市建设发展必不可少的市政配套设施，如排水隧道、供水隧道、电缆隧道、天然气隧道及公用管线综合管道等。市政隧道一般为中小型规模，按其断面形式又可分为圆形、矩形或由各种曲线组成的拱形等，见图3-49。

图 3-49　市政隧道断面

（2）交通隧道。城市交通隧道是城市各类交通系统中的重要组成部分，按所处的空间位置不同，又可分为水底交通隧道和地下交通隧道，还有一般人行过道。本节着重介绍人行过道。

3. 城市人行过道

在人口密集的大城市，为了减少干线路口的车辆堵塞，提高车辆运输速度，保证行人安全，常在交通繁忙的路口、地下铁道车站、运动场馆以及大型企业附近设置人行过街天桥或过街地道，供步行者横穿马路之用。一般认为，和过街天桥相比，过街地道有如下优点：①不破坏或改变城市原有的建筑风貌；②不侵占原有道路的净空和面积；③可以和地下铁道出入口或其他的地下公共设施，如地下商业街等综合利用。

但过街地道造价较高，施工期限较长，需要良好的排水设施，大型过街地道尚需通风和照明设施，这些都将增加运营和维修费用。所以，在城市隔离式交通干道，或当过街行人超过 100 人/min，且不适宜建筑过街天桥时才应考虑地道方案。

4. 城市隧道形式及要求

（1）形式。根据城市总体规划要求，以及当地的地形地貌情况，过街地道的平面可布置成如下形式：

1）走廊式，又称通道式，其出入口可沿地道轴线设置，也可与轴线相交（图 3-50），这是过街地道中最常见的一种形式。

2）交叉式，一般设在交叉路口，通常需要 3 个出入口，见图 3-51。

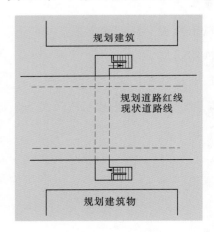

图 3-50　走廊式人行过道

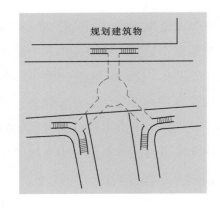

图 3-51　交叉式人行过道

3）放射式，一般设在中心广场下或十字路口，通常都与地下商场等连成一体，见图 3-52。

4）与地下过道出入口共同使用式，见图 3-53。

（2）基本要求。过街地道，其横断面通常为矩形，净空高度一般不得小于 1.8~2.0m，净宽则按过街高峰小时客流量而定，其通过能力为：

单向通行 5000 人/（m·h）

双向通行 4000 人/（m·h）

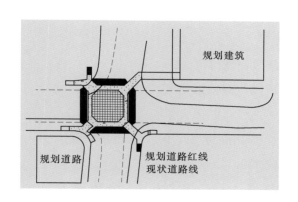

图 3-52 放射式人行过道

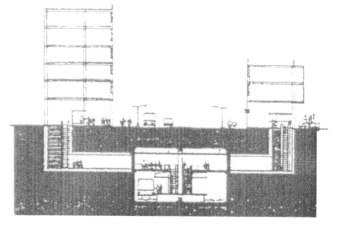

图 3-53 共同使用式人行过道

过街地道如采用浅埋暗挖法施工时，其横断面通常为单拱形，净空高度则视受力情况而定，一般都比矩形断面要高。近年来，在北京地区发展了一种直墙平顶的浅埋暗挖法，其横断面可做成矩形，减少了浅埋暗挖的开挖量。

过街地道的纵剖面设计须考虑排水的要求。对短地道一般可采用 $i=0.2\%$ 的单面坡，并向集水坑方向下坡；对长地道一般在两端都设有集水坑，则可用 $i=\pm0.2\%$ 的人字坡（图 3-54）。

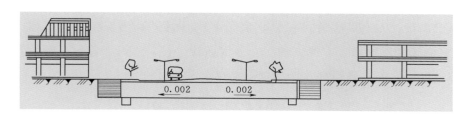

图 3-54 人行道排水要求

为了行人上下方便，过街地道的埋置应当尽量浅，但其上方又要留有埋设公用管路的空间。当地面至地道地坪的深度超过 6m 时，应设上行自动扶梯，超过 12m 时应设上下行自动扶梯。为了便于残疾人上下，一律应设置轮椅道。

3.5.4 水底隧道

1. 概述

修建在江河、湖泊、港湾或海峡底下的隧道叫水底隧道。

铁路、公路、城市道路、地下铁道以及各种市政公用管线穿越水域时，根据水道断面、水流状况、地质条件、城市总体规划、水陆交通要求、地面建筑、两岸地形等情况，往往选择桥梁与隧道两种方案进行技术经济比较。通常在下列条件下宜考虑修建水底隧道：

（1）航道繁忙，通过巨型船只较多，不允许妨碍或断绝航道时。

（2）水面较宽，两岸地面高出水面不多，有大型船只通过，桥下净孔要求高，建造很长的引桥不经济时。

（3）两岸建筑物密集，不宜建造高桥和长引桥时。

（4）台风影响较大，不宜建桥时。

（5）经技术经济比较，采用水底隧道社会效益与经济效益较好时。

水底隧道一般由岸边敞口段、岸边暗埋段和水底暗埋段 3 部分组成。

2. 水底隧道施工——沉管法

由表 3-19 可以看出，世界上 4 个大的海底隧道一个采用钻爆法，两个采用盾构法，另一个有用沉管法。一般来说沉管法比较容易实现，我国用的较多。

据统计，全世界采用沉管法修建的水下道路和铁路隧道已有 68 座，其中道路隧道 46 座，铁路隧道 21 座，道路、铁路两用的隧道 1 座。从沉管结构来看，钢结构 32 座，钢筋混凝土结构 35 座。钢结构以美国采用的最多，欧洲各国以钢筋混凝土结构为主，日本则二者兼有。

（1）隧道位置及平面设计。水底沉管隧道的位置应根据城市总体规划的要求，选择岸线比较顺直，河床比较稳定、平坦，水流速度较小且变化不大，对港区和地面建筑的影响较小，易与交通干线和城市道路网连接的地段（河段）。

隧道的平面设计同样应考虑这些因素，尽可能使隧道线型顺直，与岸线正交。在技术条件允许下应尽量缩短水下部分的长度。

（2）隧道纵剖面设计。水底隧道一般分水底段和河岸段，后者又有暗埋、敞开及出口部分，见图 3-55。水底隧道的纵向坡度、纵向曲线和平面曲线半径、通道布置、车辆限界以及照明、通风、交通监控等设备，按通过隧道的车辆类型和运量进行设计。

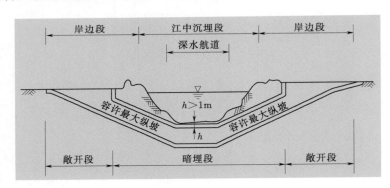

图 3-55 沉埋隧道纵剖面图

尽量增大纵坡和减小竖曲线半径，公路隧道最大纵坡可到 4.5%，铁路隧道最大纵坡需经牵引计算确定，竖曲线半径 R 向上弯曲时 $R \geqslant 10000$m，向下弯曲时 $R \geqslant 2500$m。江中段最小覆土一般不小于 1m，这主要是为了使隧道免受船舶落锚及疏浚河床时可能产生的破坏，同时应满足抗浮要求。

隧道纵剖面设计还必须注意沉埋部分与明挖部分连接位置的合理选定。应根据岸边的环境条件和地质条件，既使造岸边的一节管段沉放时不产生过大的护岸困难和沉放困难，又使明挖部分的施工难度降低到可以合理解决的程度。

（3）横断面设计。水底沉管隧道的横断面一般有圆形和矩形两大类。早期的水底沉管隧道较多采用圆形断面，20世纪50年代后多采用矩形断面。断面形状要从空间的充分利用和结构受力合理两方面综合考虑。当隧道位于深水中时，管段承受较大的水压，相应的内力加大，采用圆形的或接近圆形的断面比矩形断面有利。一般来说，当水深在35m之内时，用矩形断面；当水深大于45m时，用圆形断面更合理；水深介于35～45m之间时，要通过论证进行选择。图3-56和图3-57分别所示为矩形和圆形水底隧道横断面。

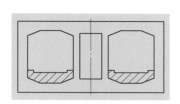

图3-56　矩形水底隧道横断面

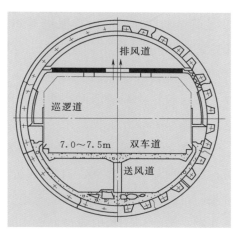

图3-57　圆形水底隧道横断面

（4）施工流程。沉管法施工工序是很复杂的，包括管段制作、基槽开挖、基础处理、管段联结、管段防水、管段下沉及回填覆盖等。其中每个环节都有很严格的监控测定手段，这里不能一一介绍。下面给出一个采用钢筋混凝土管段的沉管法施工流程图供读者参考，见图3-58。

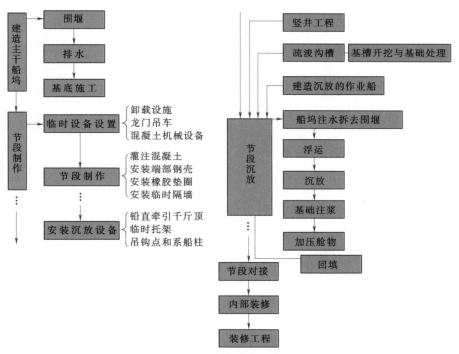

图3-58　沉管法施工流程图

3.5.5 中国隧道建设的迅猛发展

在桥梁建设的同时,我国近年来兴起了一股水底隧道热,因为隧道有很多桥所不具备的优点,如不影响航道,不受风、流、浪等外力影响,安全稳定,抗震能力较强等。

1. 武汉长江隧道

2008年12月28日武汉长江隧道试通车,中华民族实现了"隧道穿越长江"的梦想。

武汉长江隧道全长3.63km,工程概算投资20.5亿元,为双线双车道,设计行车时速为50km,是我国修建的第一条长江交通隧道,也是我国地质条件较复杂、工程技术含量较高、施工难度较大的江底隧道工程。

改革开放之后,长江上架桥速度猛增,如今已架起100多座,但在长江上却始终没修建隧道,武汉建成的这条隧道号称"万里长江第一隧"名副其实。隧道在河段中部处于水下57m、河床下5m深的位置,5m深的上层覆土是很安全的。设计使用年限100年,防洪按百年一遇的标准设计,抗震Ⅵ度设防,隧道两端竖井分别设有宽14m、高5.4m、厚0.34m的防淹门,万一遇到不可抗力的因素,防淹门可拦截江水,防止倒灌至地表。

继武汉长江第一隧之后,相继建设的有南京、上海长江隧道,其规模较此为大。

2. 南京长江隧道

南京长江隧道是我国继武汉长江隧道之后的又一条越江隧道,设计车速80km/h,6车道,总投资33.18亿元。它连接河西新城区—梅子洲—浦口区,采用"左汊盾构隧道+右汊桥梁"方案,左汊隧道全长3905.030m,为双管单层结构,采用2台大直径混合式泥水盾构掘进机施工,盾构开挖直径14.96m(一般地铁盾构直径为6m),管片环外径14.5m,内径13.3m,壁厚0.6m,环宽2m,混凝土强度等级C60。

隧道基本上在江下地质条件为粉细砂及砾砂中穿过,其工程特点如下。

(1)超浅覆土始发。由于受线路控制影响,盾构始发段覆土厚度为5.5m,仅有0.37D(D为开挖直径),属于超浅埋,在国内盾构超浅覆土始发施工中尚属首例。

(2)两次穿越大堤。根据线路设计,盾构机需两次穿越长江大堤,由于长江大堤防洪等级高,地表沉降控制要求严,且由于该处隧道覆土厚度变化明显,盾构掘进施工参数控制难度大。

(3)长距离穿越粉细砂、砾砂和卵砾混合地层总长1250m,这种地层属透水层,给施工带来难度和风险。

(4)江底冲槽浅覆土。隧道长达145m的江中冲槽段隧道覆土厚度均小于14m,不足1D,尤其是有一段覆土厚度为10m,仅有0.7D,隧道顶部覆土多为易液化粉细砂层,盾构机在掘进过程中,极易发生掌子面失稳、地层隆陷冒顶、透水冒浆和局部液化,施工技术难度和工程风险极大。该隧道2009年5月20日正式贯通,图3-59给出了通行当天2人骑车通过的情景。

3. 上海长江桥隧工程

崇明岛位于长江入海口处,是我国第三大岛,仅次于台湾岛和海南岛。开发崇明岛是长三角区发展的自然延伸，早在 2004 年年底就启动了长江桥隧工程，该工程南起浦东，通过隧道穿越长江到达长兴岛，再通过长江大桥连接崇明岛，全长约 25.5km，其中长江隧道长约 8.9km，长江大桥长约 10.3km。

该工程已于 2008 年 6 月实现了长江大桥结构合龙和长江隧道盾构贯通的目标，2009 年年底已正式通车被誉为目前世界上最长的隧桥结合工程。

4. 胶州湾青黄湾口隧道

青岛市是我国第一批 14 个对外开放沿海城市之一，也是现有的 5 个计划单列市之一。1984 年经国务院批准，青岛市在隔海相望的黄岛设立了国家级经济技术开发区，发展至今，黄岛开发区与老市区相比，人口为 1∶6，GDP 为 1∶2，投资为 1∶1，成为制造业转移的重点城区。青岛主城区与黄岛区海上直线距离不足 10km，但通过环胶州湾高速公路要绕行 70km，见图 3-60。"青黄不接"问题严重影响了开发区和全市经济发展和人民生活，跨海通道建设需求迫切。

图 3-59 通车当天 2 人骑车在南京长江隧道左线内通过 （邢广利 摄）

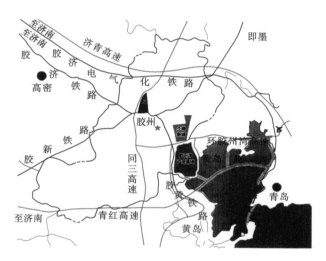

图 3-60 青岛—黄岛区位示意图

跨海通道前期研究工作 20 世纪 80 年代就开始了，进行了 10 余年，建桥还是建隧引起了全市上下的关注和争论，建设方案一变再变，但"桥隧"之争一直没有停息，跨海通道计划只好暂时搁置。

建桥还是建隧是一项涉及经济社会发展、城市布局、交通规划和人民生活各方面的重大项目决策，既要有技术、经济的专业比较，又要兼顾政治、军事、生态、民生等方面进行综合比较，需要规划、市政、交通、桥梁、隧道、地质、设备、海洋、环境、航运、景观、经济和安全等多专业、多单位协作，而且桥隧比选在我国还没有系统、可借鉴的成果。

2003 年青岛市再次组织力量进行了更为广泛和深入的工作，建议建桥的方案为：

胶州湾湾口大桥南起薛家岛脚子石嘴，跨越胶州湾口，北连青岛主城区快速主干道四川路与贵州路，桥长 5.3km。设计基准期为 100 年；线路等级为城市快速路；主桥双向 6 车道，设计车速 80km/h，设计荷载为城 - A 级；主航道通航净高 65m，净宽大于 1046m。主桥采用 586m＋1652m＋586m 三跨连续钢箱加劲梁悬索桥。总工期为四年半。总投资为 41 亿元（不含城区接线工程）。

隧道方案为：胶州湾湾口海底隧道位于青岛与黄岛之间，南接薛家岛，北连团岛，下穿胶州湾湾口海城，全长 6170m，其中隧道长 5550m，两端敞口段长 620m。工程为城市隧道，双向 6 车道，采用城市快速路标准，设计行车速度为 80km/h。隧道采用上下行分开的双洞形式，中间设服务隧道，隧道断面为椭圆形（单洞断面宽 15.7m，高 12.0m），隧道限高 5.0m，净宽 12.75m；纵断面采用 V 形坡设计，最大坡度控制在 3.5%；设计荷载为城 - A 级；结构抗震设防烈度为 Ⅶ 度；设计使用年限为 100 年。采用矿山法（即新奥法）施工。估算动态总投资 31.86 亿元。

青岛—黄岛桥隧比较的总体结论是：

（1）隧道工程施工难度和风险比桥大，但目前我国隧道工程技术已成熟，困难可以克服。

（2）隧道对胶州湾通航没有影响，可保持胶州湾湾口处原有风貌。

（3）城市建筑拆迁量比桥小，对军用水上飞机场无影响。

（4）运行基本不受天气的影响，可以保证两岸间全天候通行。

（5）受地震影响小，战争损害小。

（6）投资省，虽然运行费用较高，但综合费用低于大桥，效益好于大桥。

（7）可以在胶州湾北部建设跨海大桥，形成北桥南隧，相互补充。

由此确定推荐湾口隧道方案。

表 3-21 给出了青岛—黄岛桥隧优劣势比较一览表，读者可以看出一项大的工程项目在上马前要进行多么细致的调查研究，反复比选。早在 1984 年，最早的几次论证会笔者大都参加过，那时就开始了"桥隧之争"，25 年以后终于有了结论，这个结论令笔者十分振奋，这种感觉不在于笔者本来就是"隧派"，而是笔者欣慰于我国改革开放 30 年来的发展和进步，没有这些年来交通隧道成功的实践，就没有今天湾口隧道方案的被获准。

这条北连青岛老市区团岛，南接黄岛区的薛家岛全长 2800m，双向六车道设计，时速 80km/h 的湾口海底隧道已于 2011 年下半年正式通车。

表 3-21　　　　青岛—黄岛桥隧定性优劣势比较一览表

序号	比较内容	湾口大桥	湾口海底隧道
1	对港品和航运的影响	通航净空为 1046m×65m，可满足 30 万 t 原油船双向通航要求。由于受桥高和跨度的制约，港口和航运的发展空间受到一定限制。还可能发生航船碰桥墩和航道不畅的问题	保留了湾口航道资源，对航道不产生影响，给青岛市港口和航运发展空间留有余地

序号	比较内容	湾口大桥	湾口海底隧道
2	通行能力及气候条件的影响	通行能力高，但浓雾、暴雨、大风天气对通行影响比较大，不能全天候运行。每年至少禁止通行30天以上	基本不受气候影响，可全天候运行
3	施工难度和工程风险	对地质勘探要求低。施工难度较大，特别是两个主塔水深在30m左右，两个锚碇水深分别为9m、5m，水中基础施工较困难。国内成功实践较多，经验比较丰富，风险相对较小。施工中不可预计的人为因素多	施工难度较大，须防止地质较差地段或断层破碎带海水的突然涌入，具有一定的风险，但地质条件总体较好，具备修建暗挖隧道的较好条件。国际上成功实践较多，国内也具备成功实施的技术和水平
4	对生态环境的影响	施工期间水中墩施工对海域生态环境有一定影响，施工完成后逐渐恢复。大桥占用海面和空间，对海洋环境和水动力均有影响	施工期间对海域生态环境基本无影响，运营期间通风排烟对大气有一定影响
5	接线与拆迁量	拆迁量较大，团岛岸需拆迁117750m²，薛家岛岸需拆迁2400m²。团岛水上飞机场需要搬迁，补偿费很高	拆迁量较小，团岛岸需拆迁21600m²，薛家岛岸需征地60亩。对团岛水上飞机场无影响
6	行车环境	桥梁行车条件较好，发生交通事故时其损失也比较小	行车环境相对较差；运营组织管理要求高，发生意外事故特别是火灾时损失程度比较大
7	景观效果	采用悬索桥结构，其桥高，跨度大，具有线条简洁、气势雄伟及主塔高耸挺拔的景观效果，成为一个雄伟的人造景观	基本保持原有胶州湾湾口部自然景观
8	建设投资费用	建设投资费用较高，为41亿元	建设投资费用较低，为32亿元
9	运营及设备维护管理费用	较低，年均运营成本为2484万元（运营管理费用1753万元，养护大修费用653万元，电费78万元）	年均运营成本为3005万元（运营管理费用749万元，养护费用978万元，照明、通风费用1278万元）
10	综合费用比较	建设期费用41亿元，寿命期费用2484万元/a×100年≈25亿元	建设期费用32亿元，寿命期费用3005万元/a×100年≈30亿元
		合计66亿元	合计62亿元

序号	比较内容	湾口大桥	湾口海底隧道
11	效益比较	平均过桥费按42元/车考虑,项目经济内部收益率为16.82%,财务内部收益率为7.81%,投资回收期14.8年	平均过隧费按33元/车考虑,项目经济内部收益率为15.65%,财务内部收益率为11.99%,投资回收期10.82年
12	建设期	4.5年	3~4年
13	受地震、战争的影响	地震对桥梁的破坏程度相对严重,抗震要求高;桥梁目标明显,易受攻击,如遭破坏,其影响不仅是桥本身,还会把胶州湾封死	地下工程受地震影响小,仅洞口和地面建筑需要抗震设防;常规武器只能对洞口部分建筑造成破坏,即使破坏也只损害隧道本身,不影响胶州湾通航,且易于修复

3.6 管道运输

3.6.1 管道运输的重要性

表3-2最后一行给出了我国2012年管道货物运输周转量高达3149.3亿t·km,而2007年仅为1827.3亿t·km,4年的时间几乎翻了一番。

管道运输是一种既方便又廉价的货物运输方式,一般是运送液体、气体和散体,常用于输油、输天然气、输液化煤粉等。我国已有的管道主要是输油和输气,特别是输送天然气。

截至2010年底中国70%的石油,99%的天然气采用管道运输;长输干线管道已达8万km,海上石油管道5000km,计划"十二五"末长输管道可达10万km。

盘点过去十年(2002—2011年)我国的重点工程,无论从投资规模、地域跨度,还是惠及人口,西气东输工程都堪称之最。西气东输一线和二线工程,累计投资超过2900亿元,不仅是过去十年中投资最大的能源工程,而且是投资最大的基础建设工程;一、二线工程干支线加上境外管线,长度达到15000多km,这不仅是国内也是全世界距离最长的管道工程;西气东输工程穿越的地区包括新疆、甘肃、宁夏、陕西、河南、湖北、江西、湖南、广东、广西、浙江、上海、江苏、山东和香港特别行政区,惠及人口超过4亿人,是惠及人口最多的基础设施工程。

"西气东输作为一项伟大工程,现在展现给世人的还仅仅是开始,未来三线、四线、五线工程建成后,我们将能完整地看到横贯祖国大江南北的这一能源大动脉的全貌。"

3.6.2 中国第一条西气东输管线

1998年7月16日,随着塔里木盆地一批大型气田的发现,1998年10月3日,原国家计委批复"开展西气东输项目预可行性研究"。2000年2月13日,西气东输工程正式启动。2002年7月

4 日，管道全线开工。这条天然气管线是我国第一条天然气西气东输管线。简称"西一线"，在本书的第 1 章 1.3.1 节中的第 4 小节已做了较详细的介绍。

西一线工程规模宏大。仅直接参加工程建设的员工就多达 3 万人。图 1-25 给出了该项工程的平面示意图。

这条横亘东西的能源大动脉，是我国能源发展的重大战略决策。我国西部地区天然气资源丰富，但需求量小；东部地区资源需求量急剧扩大，但可用清洁能源少。西一线有效缓解了清洁能源供需矛盾，提高了环境质量。

2004 年 12 月 30 日，西一线正式商业运营。到 2008 年 9 月底，已累计销售及分输天然气 420 亿 m^3，减少有害物质排放 250 多万 t，惠及沿线 139 个县（区、市）、3000 余家大中型企业、5700 万户居民，并推动了西部大开发，促进了中国长输管道施工技术水平的整体提升，带动了机械、电力、化工、冶金等产业的升级。

"近水楼台先得月"，西部地区最先从中受益。如今，塔克拉玛干沙漠周边的 5 个地州全部用上了全国最低价的优质天然气。这不仅保护了当地脆弱的生态环境，解决了烧柴带来的污染问题，每年每户还可节省开支约 500 元。

2008 年初，在低温雨雪冰冻灾害中，南方大部分地区道路交通运输受阻，能源供应、电力保障出现困难，每天通过一线向受灾较重的上海、南京、合肥、郑州等城市燃气和重点工业用户增加天然气供应量近 200 万 m^3，为保障这些地区人民的正常生活，减少灾害造成的损失发挥了不可替代的作用。

3.6.3 西气东输二线工程

西气东输二线的走向与第一条管线大体相当，2008 年 2 月 22 日正式开工，2011 年 7 月已开始运营。这项工程是一项增进民生、扩大基础设施建设、拉动内需的综合性工程。

作为当今五大运输形式之一的管道运输，其建设对内需的拉动作用是非常直接的。西气东输二线工程投资约 1422 亿元，带动机械、电子、冶金等几十个相关产业的发展，能拉动它们超过 3000 亿元的投资。

西气东输二线工程使我国每年新增 300 亿 m^3 的天然气供应量，相当于 2007 年全国天然气供应量的一半，这不仅使沿途 4 亿人口受益，而且进一步改善了我国能源结构，使天然气在我国一次能源消费中的比例由原来的 3.5% 提高到 5% 以上。

西气东输二线工程是一项跨国工程，由一条干线、8 条支线组成，管线全长 8704km，横穿我国 15 个省、自治区、直辖市后止于香港，其中霍尔果斯至广州段的干线全长 4865km（图 3-61）。它把从中亚土库曼斯坦等国进口的天然气源源不断地送往管道沿线及华中、长三角、珠三角等地区，既提升当地居民的生活质量，对我国节能减排的意义也十分重大。

截至 2012 年 12 月 29 日，西二线天然气已送达沿线 300 多座城市，输送中亚地区天然气已超过 420 亿 m^3，可代替煤炭 1.075 亿 t，减排二氧化碳 1.82 亿 t、二氧化硫 201.6 万 t、粉尘 92.4

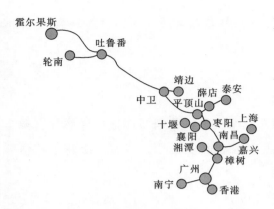

图 3-61 西气东输二线工程管线示意图

（全长 8704km，干线全长 4978km，8 条支干线
总长 3726km，总投资约 1422 亿元，
设计年输气能力 300 亿 m³）

万 t、氮氧化物 50.4 万 t。

从土木工程角度来分析西二线的建设，它过雪山高原、戈壁沙漠、黄土冲沟，穿越黄河、长江等大中型河流 255 次，经过赛里木湖等 77 处自然保护区和环境保护区，30km 深港海底管道要达到 30 年免维修的标准……面对世界管道建设史上前所未有的难题，在全球范围内调动各种建设资源，前后有 200 余家单位的 5 万多人投入工程建设，用时 5 年建成了世界上最长天然气管道。

在短短几年时间中，我国 X80 管线钢的研发应用超过国外 20 多年的发展历程，西一线采用的是国产 X70 管线钢，性能低于 X80，是之前世界已用量的 2.5 倍。电驱和燃驱压缩机组及大口径球阀等关键核心技术和装备实现国产化。西二线管道焊接一次合格率 98.8%，开创了中国石油管道建设焊接质量的最高水平。首次引进全面风险管理的概念，首次在大型管道工程建设中自主编制生态修复规划。

业内人士评价，西二线使中国的高级管线钢、钢管企业、管道建设工程队伍跨进了世界先进行列。

西气东输一线工程 2004 年年底投产，二线 2011 年中期投产，截至 2012 年 8 月 17 日，两条"西气东输"线路已经累计向我国东部地区输送天然气约 1751 亿 m³（西一线 1420 亿 m³，西二线 330.9 亿 m³），相当于减少煤炭运输 22429 万 t，减少二氧化碳排放 7.32 亿 t，惠及人口超过 4 亿人。

3.6.4 西气东输三线工程

2012 年 10 月 16 日，我国继西气东输一线、二线工程之后的又一条天然气大通道——西气东输三线工程正式开工。该工程是"十二五"期间开工建设的第一个国家重大天然气项目。

西气东输三线工程建设总投资 1250 亿元，西起新疆霍尔果斯，东至福建、广东，总长度为 7378km，2014 年 9 月已全线贯通，每年可向沿线市区输送 300 亿 m³ 天然气，每年可替代煤炭 7680 万 t，减少二氧化碳排放 1.3 亿 t、二氧化硫 144 万 t、粉尘 66 万 t。图 3-62 给出了三线更为详细的资料。图 3-63 为一幅施工现场的照片，读者可以从旁边站的工作人员对比一下输气管的直径。

西三线对进一步构建完善我国西北能源战略通道和天然气骨干管网，保障国家能源安全，有效缓解我国中南和东南沿海各省天然气供需紧张的矛盾，促进能源结构调整和发展方式转变，保障沿线地方经济社会发展和节能减排，以及有效提高我国天然气供应调配灵活性、保障供气安全，均具有重要意义。

作为我国又一条引入境外天然气的能源通道，西气东输三线不仅新增中亚天然气进口，还为

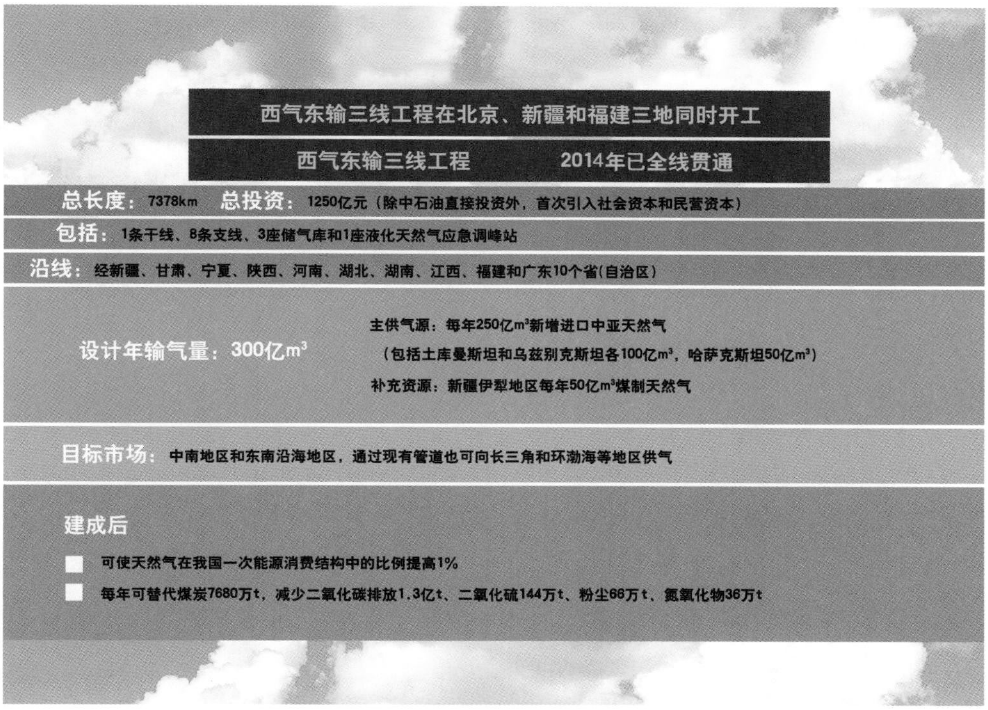

西气东输三线工程在北京、新疆和福建三地同时开工	
西气东输三线工程	2014年已全线贯通

总长度： 7378km　**总投资：** 1250亿元（除中石油直接投资外，首次引入社会资本和民营资本）

包括： 1条干线、8条支线、3座储气库和1座液化天然气应急调峰站

沿线： 经新疆、甘肃、宁夏、陕西、河南、湖北、湖南、江西、福建和广东10个省（自治区）

设计年输气量：300亿m³

主供气源：每年250亿m³新增进口中亚天然气

（包括土库曼斯坦和乌兹别克斯坦各100亿m³，哈萨克斯坦50亿m³）

补充资源：新疆伊犁地区每年50亿m³煤制天然气

目标市场： 中南地区和东南沿海地区，通过现有管道也可向长三角和环渤海等地区供气

建成后

☐ 可使天然气在我国一次能源消费结构中的比例提高1%

☐ 每年可替代煤炭7680万t，减少二氧化碳排放1.3亿t、二氧化硫144万t、粉尘66万t、氮氧化物36万t

图 3－62　西气东输三线工程概况图示

新疆煤制天然气提供外运通道。2012 年年底西气东输三线霍尔果斯—乌鲁木齐段将建成投产，充足的天然气将确保乌鲁木齐市成为我国首个全面气化的省会城市。

国家能源局提供数据显示，进入 21 世纪以来，我国天然气产业有了跨越式发展，消费量从 2001 年的 274 亿 m³，增加到 2012 年的 1500 亿 m³，近十年的年均增长率高达 16.7％。

但是，我国的天然气利用形势仍不容乐观。一方面目前我国天然气在一次能源中的比重仅为 4.6％，比国

图 3－63　西三线正在建设

际平均水平低近 20 个百分点，13 亿人口仅有 14％的人用上天然气，随着我国工业化、城镇化发展，对天然气的需求日益增长，天然气产业还需要大发展。另一方面我国天然气资源短缺，尽管国家已制订了加快页岩气、煤层气等非常规天然气的开发规划，但规划实施见效需要一个过程，新增需求仍主要依靠进口支撑，对外依存度已由 2007 年的 5.8％上升到今年预计的 30％。同时我国储气能力建设滞后，储气比仅为 2％，远低于 12％的国际平均水平，直接影响到供气安全，建设任务十分繁重。

在能源安全中，油气安全是重中之重。我国目前的石油对外依存度已经超过了 50％，天然气也达到了 28％。依靠海外资源满足国内的油气需求，不仅是我们目前的客观现实，而且也是今后很长一个阶段内都难以改变的现实。

能源对外依存度过大会危及能源安全，因此如何合理有效地开发国内油气资源，做到可持续发展就是能源领域的重大课题。

今后我国还将陆续建成西南通道、东北通道、加上海上通道，我国就具备了四大能源通道，海外油气资源从四面八方输入，才是相对最安全的。近期中缅油气管道缅甸段已经接近完成；东北通道已建成中俄原油管道，每年可进口俄罗斯原油 1500 万 t。2014 年 11 月在我国召开了 APEC 会议，之后国家领导人相继出访，一条从哈萨克斯坦向中国输气的管道 D 线已经开工（近期媒体将天然气管道分别称之为 A、B、C、D，D 线就是第四线）。

3.6.5 川气东送工程

普光，四川省宣汉县的一个小镇。2003 年 4 月 27 日，中国石化普光 1 号井在地下 5700m 处钻遇天然气，实现了我国海相地层油气勘探的大突破。

后续累计探明、控制、预测天然气三级储量为 14611 亿 m^3，其中普光气田探明储量 4122 亿 m^3，川气东送的资源基础更加巩固，接替阵地更加清晰。

2007 年 8 月 31 日，国务院在北京隆重举行川气东送工程全线开工仪式。

2007 年 9 月 11 日，川气东送工程在四川普光正式奠基动工。

2009 年 12 月 3 日，起于四川普光、终点上海，途经四川、重庆、湖北、江西、安徽、江苏、浙江，总长为 2170km 的管道工程干线全线贯通，年输气能力 120 亿 m^3。

管道工程横贯巴山蜀水、鄂西武陵、江汉平原和长江三角洲地区，施工面临前所未有的困难，建设难度世界罕见。全长约 815km 的山区段施工贯穿山体隧道 72 处，1016mm 的大管道翻越千米以上的高山数十座；先后穿越长江 7 次，穿越大中小型河流 501 次，这在国内管道建设史上还是第一次，见图 3-64。

图 3-64　川气东送工程的线路图

川气东送自 2010 年 3 月开始试运营，当年向长三角地区输气 40 亿 m^3，之后每年向东与沿海省区输气 120 亿 m^3，相当于西气东输一期工程向该地区的年输气量。

川气东送工程所产天然气相当于每年提供超过 1457.16 万 t 标煤的清洁能源，减少二氧化碳排放量 1696.64 万 t，减少二氧化硫、氮氧化物及粉尘等有害物 79.82 万 t。

第 4 章　水利工程

哲人咏水：上善若水，水善利万物而不争。

圣人咏水：逝者如斯，不舍昼夜。

文人咏水：君不见黄河之水天上来，奔流到海不复回。

百姓咏水：民以食为天，食以水为先。

工匠咏水：智者乐水，仁者乐山。

在中国的古典文籍中，上述 5 句均有出处。"上善若水"出自老子的《道德经》，而"君不见黄河之水天上来，奔流到海不复回"则是李白的名篇《将进酒》中的开首句。其实对水的吟咏远不止这几句，单单是《道德经》就还有许多涉及水及江河有关的哲言和警句，诸如"江河所以能为百谷王者，以其善下之"，"天下莫柔弱于水，而攻坚强者莫之能胜"。水是柔顺谦逊者，又是刚强挺拔者，把人世间最美的赞语——高贵、谦恭、刚强、柔顺统统加给它都不过分。

最后一句出自《论语》，清华大学新水利馆前由校友赠送的纪念雕塑镌刻了这八个字，笔者在这里加了个标题"工匠咏水"。

工匠者泛指水利工程学者、专家、教授、工程师以及所有战斗在水利工程第一线的人们。他们既是智者又是仁者，因为任何水利工程几乎都要和山水打交道。修坝，坝基和坝肩是山，隧洞是开山凿洞，以灌溉和供水为主的红旗渠就是开山凿渠，能称得上水利工程的几乎无一例外的都要和山打交道，所以"工匠"在咏水时也必须咏山，他们真的是"仁智"之才。

水，不仅是人类生存须臾不可离开的物质，还是人类思想和精神的楷模。

4.1　水利工程面临的形势

4.1.1　水循环和中国水利

1．水循环

水是自然循环的，地球上的水在阳光照射下蒸发为水蒸气，水蒸气升入空中，遇冷凝结成为水滴或冰晶，坠落下来形成降水，降水或流入河湖，或冻结于冰川，最终汇入海洋，或渗入土壤、岩层并补给地下水。水汽蒸发—云汽—降水—地表水、地下水—水气蒸发，这样一个相互转换、循环往复、永不停止地运动系统，就是水的自然循环，见图 4-1。

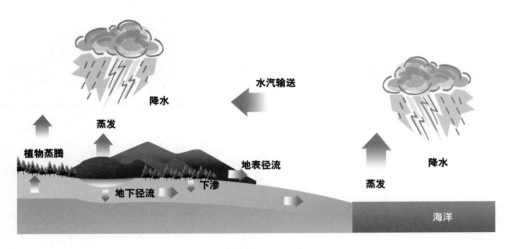

图4-1 水的自然循环示意图

这种自然循环即使没有人为的破坏也常会造成灾害，如洪水、旱灾等历史上屡见不鲜，所以也要对其进行治理。中国历史上大都设有专司治水治河的机构和官员。

据统计全球海洋蒸发水气453万亿 m³/a，90％降到海洋只有41万亿 m³/a，降到陆地形成径流；靠西南季风，我国陆地上空水气每年20万亿 m³，其中只有6万亿 m³形成降水，约2.8万亿 m³/a形成径流。从全球来看南极集中了地球2/3的淡水资源，足够几十亿人享用，但运送困难。

2. 中国水利

中国于2011年12月3日为普查标准时点，动员约100万人，用先进的技术与方法费时约2年。第一次对全国的水利进行普查。普查主要内容包括河湖基本情况、水利工程基本情况、经济社会用水情况、河湖开发治理情况、水土保持情况、水利行业能力建设情况。

普查结果于2013年3月公布：

(1) 第一次查清全国水库总数。全国共有水库98002座，总库容9323.12亿 m³。其中：已建水库97246座，总库容8104.10亿 m³；在建水库756座，总库容1219.02亿 m³。

(2) 第一次查清了流域面积在50km²以上的河流，共有45203条，总长度为150.85万 km。

(3) 第一次查清了9000多万个小微型水电站、水闸、泵站、地下水井、农村供水工程数量和分布情况。

(4) 第一次查清了50亩以上灌区数量和面积。全国共有灌溉面积10.02亿亩，其中耕地灌溉面积9.22亿亩，非耕地灌溉面积0.80亿亩。

(5) 第一次查清了青海湖、西藏纳木错、新疆艾比湖等西部重要湖泊容积。

(6) 查清经济社会用水总量。2011年度用水量为6213.2亿 m³，其中农业用水4168.2亿 m³，占到67％，农业仍是用水大户。

从本次普查成果看，我国基本形成了覆盖城市乡村、功能较为齐全的水利基础设施体系，比如全国建成农村供水工程5887.46万处，总受益人口达到8.12亿人。但也要看到水利依然存在很多薄弱环节。比如，全国有防洪任务的河段中，已治理的只占 33%，已治理且达标的仅占 17%，尤其是中小河流治理率低；全国水库总库容占河川径流量的 34%，兴利库容仅占 16.8%，对江河水资源的调控能力不强；全国以供水和灌溉为主的水库虽然有 9.3 万多座，受利库容只有 1700 多亿 m³，供水保障能力较弱；全国灌溉渠道衬砌长度不到 30%，中小灌区的灌溉效率较低。图 4-2 给出了几个主要指标的形象示意。

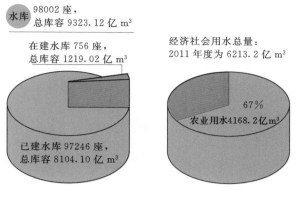

图 4-2　第一次水利普查主要指标图示

4.1.2　水资源问题

1. 水危机是全球性问题

从全球范围看，当前的水危机主要表现在 3 个方面。一是人口增长和经济发展对有限的水资源造成巨大压力，水供不应求。据估算，全球用水量每年以 4%～8% 的速度递增，水的供需矛盾日益突出。二是供水靠过度开发水资源来维持，因此不可持续。美国中部的奥加拉蓄水层是世界上最大的蓄水层，但由于过度开采，当地的地下水位持续下降。三是大范围水污染。水污染不仅直接威胁水源的安全，还通过污染水产品、农产品等途径威胁食品安全，造成土壤污染、地下水污染等长期危害。据联合国统计，全世界每年倒入江河湖海中的有毒物质达上千万吨，全球约 1/10 的河流被不同程度地污染。

2. 中国水资源现状不容乐观

全球淡水资源总量为 46.7 万亿 m³，中国有 2.8 万亿 m³，占全球水资源的 6%，仅次于巴西、俄罗斯和加拿大，居世界第四。但我国人口众多，人均水资源量仅为 2000m³，为世界人均水平的 1/4，居世界第 121 位，是全球 13 个人均水资源最贫乏的国家之一。这是一个很低甚至颇有风险的数字，值得全国上下予以高度关注。还有更严重的情况，如果扣除难以利用的洪水径流和散布在偏远地区的地下水资源，我国实际可利用淡水资源量仅为 1.1 万亿 m³，人均仅有 800m³。北京是中国的首都历史上无论是地表水还是地下水都是十分丰富的，而现在已成了一个十分缺水的城市，这个情况具有很强的典型性。

（1）人类活动的影响。造成水资源短缺的原因之一是人类的非科学活动，如破坏绿色植被，无序的矿山开采，有害气体的大量排放，还有围湖造田、除草种粮等短视行为。这些非科学活动，严重破坏了水自身的生态平衡。北京两大水库——官厅水库和密云水库，自建库以来年入库水量逐年减少，表 4-1 和表 4-2 显示了这一情况的严峻性。

官厅水库从 1953 年建库到 20 世纪 70 年代末的近 30 年间，年入库水量由 20 亿 m³ 衰减到 8 亿 m³，减少 60%，这是官厅水库来水量的第一次转折；80 年代初到现在的近 30 年间，年入库水量由 5 亿 m³ 衰减到 1.5 亿 m³，减少近 70%，这是第二次转折。经过这两次转折，官厅水库年入库水量严重衰减了 94% 之多。

表 4-1　　　　　　　　　　官厅水库入库水量情况

年　份	流域平均年降雨量/mm	年入库水量/亿 m³	年　份	流域平均年降雨量/mm	年入库水量/亿 m³
1953—1959	477	20.30	1980—1989	404	5.61
1960—1969	417	13.21	1990—1999	415	4.04
1970—1979	426	8.31	2000 至今	375	1.50

表 4-2　　　　　　　　　　密云水库入库水量情况

年　份	流域平均年降雨量/mm	年入库水量/亿 m³	年　份	流域平均年降雨量/mm	年入库水量/亿 m³
1958—1959	701	29.92	1980—1989	462	5.96
1960—1969	484	11.13	1990—1999	503	7.49
1970—1979	514	12.78	2000 至今	467	2.80

再来看密云水库的情况，从 1958 年建库蓄水到 20 世纪 70 年代末的 20 多年间，年入库水量由近 30 亿 m³ 衰减到 13 亿 m³，减少 60%，这是密云水库来水量的第一次转折；80 年代初到现在的近 30 年间，入库来水量由 6 亿 m³ 衰减到 3 亿 m³，减少近 50%，这是第二次转折。经过这两次转折，密云水库年入库水量衰减了 90% 之多。

更有甚者，2011 年 5 月 18 日，北京市水务局透露，北京市人均水资源量已从多年前的不足 300m³ 降至 100m³，大大低于国际公认的人均 1000m³ 的缺水警戒线，北京缺水形势异常严峻。

据说老北京的母亲河永定河，当年叫无定河，是说它经常泛滥成灾，康熙皇帝派大臣于成龙治水，为了驯服它，遂赐名永定河。可是如今，它的上游修建了 267 座水库，把一条完整的、流动的、有生命的河流拦截得肝肠寸断，流淌不息的永定河真的永定了——它已经断流 30 余年了。它的上游就是作家丁玲写《太阳照在桑干河上》的桑干河，如今变成"太阳照在桑干河床上"了。20 世纪五六十年代兴建的密云、官厅、怀柔、海子四大水库，总库容 88 亿 m³，曾经是烟波浩渺、一望无际，到 2011 年年初，北京地表水最大的水源地密云水库的蓄水量不到总库容的 1/4，即 10 亿 m³，官厅水库的蓄水量只有总库容的 4%，即 5000m³。二三十年前，京郊农民打一眼井，5～10m 就见水了，现如今，打 100m、200m 深都未必看得到水。

为什么减水如此严重？有人说北京地区的降水量不均衡，然而几乎任何一个地区降水量都是不均衡的，这绝不是一个主要因素。图 4-3 为北京 1724—2004 年连续近 300 年的降水曲线，可以看出北京地区降水的不均衡问题并不严重。图 4-4 为北京市多年平均降水量等值线图，进一步说明北京市的降水从气象学上分析，可以说基本上是均衡的。

（2）地下水超量开采。关于地下水的超量开采及其引发的后果本书在第 5 章 5.3.3 节以人为灾害做较详细的讨论，这里仅以北京为例给出较详尽的资料。

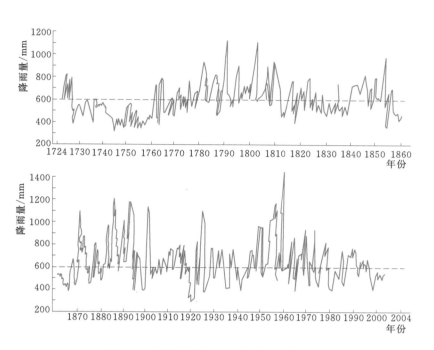

图 4-3　北京地区近 300 年降水量曲线图

　　地下水的超量开采使北京地下水位严重下降。为什么超采？主要是地表水少且污染严重，北京这样一座特大城市的供水有 3/5 来源于地下水。全市每年开采地下水量为 26 亿 m³ 左右，而每年降雨补给地下水仅为 20 亿～22 亿 m³，平均每年超采 4 亿～6 亿 m³。30 余年来，北京已累计超采地下水 80 亿 m³。

　　由于地下水连年严重超采，北京地下水位持续下降。20 世纪 90 年代，地下水位平均每年下降 0.4m。进入 21 世纪，地下水位平均每年下降 1.3m。目前，全市地下水位平均埋深 23m，与 20 世纪 60 年代相比，下降近 18m 之多。以朝阳区红庙一带为中心，形成了 2000km² 的地下水超采"漏斗区"。表 4-3 所示为 1980 年以来北京市地下水位情况。

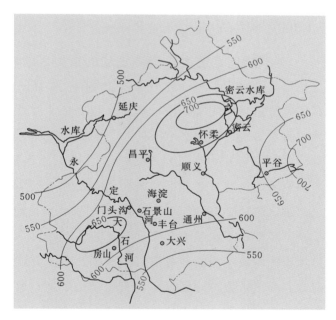

图 4-4　北京市多年平均降水量等值线图（单位：mm）

　　表 4-3 是从 1980 年开始统计的，这一年的地下水埋深 7.24m。当 20 世纪 50 年代笔者初进清华大学时，海淀这一带地下水上溢至地表的情况数不胜数，清华大学的近春园几乎插管就会冒水，可惜 60 年代后期这种景观就永远看不到了，到 1980 年左右清华大学盖房子挖地数米也见不着地下水的踪影。

表 4-3　　　　　　　　　　　　**1980 年以来北京市地下水埋深**

年　份	地下水埋深/m	降雨量/mm	年　份	地下水埋深/m	降雨量/mm
1980	7.24	387	1994	11.42	728
1981	9.01	434	1995	11.26	609
1982	8.66	585	1996	10.33	669
1983	9.64	465	1997	12.09	419
1984	10.62	442	1998	11.88	687
1985	9.58	611	1999	14.21	373
1986	9.96	560	2000	15.36	438
1987	10.16	663	2001	16.42	462
1988	10.15	595	2002	17.48	413
1989	10.97	479	2003	18.33	453
1990	10.62	662	2004	19.04	539
1991	10.55	663	2005	20.21	468
1992	11.39	500	2006	21.52	448
1993	12.66	424	2007	22.79	499

3. 海水淡化是解决水资源短缺的重要手段

我国人多水少，水资源不仅总量短缺，而且时空分布极不均衡。目前，水资源问题已经成为关系国家稳定发展的基础性、全局性和战略性问题。一是城乡缺水成为不争的事实。北方地区水资源供需矛盾突出，缺水范围扩大、程度加剧。据水利部专家 2010 年测算，全国年总需水量 7300亿 t，供需缺口约 1000 亿 t，相当于南水北调总水量的两倍。二是水资源供需严重失衡，过度开采地下水资源的情况日趋严重。据水利部数据，全国地下水开采率达到 98%，远远超出 40% 的警戒线。超采区已从 20 世纪 80 年代的 56 个扩展到目前的 164 个，超采面积也由 8.7 万 km² 扩展到 18万 km²，年均地下水超采量超过 100 亿 t。全国有 46 个城市因不合理开采地下水而发生地面沉降。三是水资源短缺造成的经济损失越来越大。水资源短缺引发了一系列环境地质问题，干旱范围扩至南方，海水入侵，地面沉降，土壤干化沙化，水污染加剧，江河、城市水系水质恶化，地质灾害频繁出现。

解决水资源短缺有多种途径，如修建水利设施、跨流域调水、生产生活节水、循环利用水和海水淡化等。与其他途径相比，海水淡化具有多方面优势：海水淡化可以从总量上缓解水资源短缺问题；海水储量巨大，获取成本为零，无须向任何一方付费；海水资源是无国界的；海水淡化生产稳定性强，受原料供应和自然气候条件影响很小；淡化水的水质纯净。

从国际上看，大规模海水淡化是一个重要的发展趋势，目前已解决了全球 2 亿多人的饮水问题，已成为海湾国家重要水源之一，沙特、以色列等国家 70% 的淡水资源来自海水淡化，美国、日本、西班牙等国家为保护本国淡水资源也竞相发展海水淡化产业。2008年，世界海水淡化总产量达6348万t/d，海水冷却水年用量超过7000亿t，海水制盐6000万t/a、镁260万t/a、溴素50万t/a。2013年8月据报道全球海水淡化已达8093万t/d，远远超过上述2008年的6348万t/d。

从国内看，近年来海水淡化和综合利用事业取得了长足发展。2011年我国海水淡化能力已达66万t/d。目前在建和待建的海水淡化工程有30多项，全部建成后海水淡化规模将达到195.8万t/d。规划2015年我国海水淡化能力达到220万～260万t/d，海水淡化原材料，装备自主创新率达到70%以上。

我国海水淡化起步早且较为成熟的是青岛市和天津市，青岛2012年中期向市区供应淡化水10万t/d，占市区每天用水量的1/6，天津市海水淡水日产22万t，居全国之首，除少量供饮用水大部分解决工业用水。随着淡化手段（主要是电渗析和反渗透法脱盐）的改进和提升，我国海水淡化工程的成本已降至5～8元/t，接近国际水平。

海水淡化有一个综合效益的优势，天津北疆发电厂的淡化水除自己发电使用之外，有一部分已进入滨海区汉沽市政管网与社会供水，同时还将海水淡化工程产生的浓海水就近引入汉沽盐场制盐，使汉沽盐场每年增加约50万t原盐产量，同时可节省出22km²盐田用地。制盐母液还可生产溴素、氯化钾等化工产品。海水被"吃干榨净"，实现了零排放。据测算淡化1t海水直接成本4元，加上设备折旧及财务费用4元，总数8元左右。

有人测算海水淡化成本费用与远程调水成本费用相差不大。调水费用计量的是日常运行费与管理费，而没有计量工程投资费用、引水渠道的土地占用费、设备费以及因引水而造成的间接损失。如果将这些费用计算在内，那么，远程调水距离越长成本越高，甚至远远高于海水淡化成本。海水淡化水纯净，不减少陆地淡水总量。天津、唐山、青岛、烟台等严重缺水的城市位于海滨，输水距离短，建海水淡化工程在经济上更合理。北京至渤海直线距离100多km且都是平原，利用管道输送淡化水基本不占农田，工程建设难度低于远程调水工程。

4.1.3 中国"水"的生态危机

1. 贫水且污染严重

我国不仅贫水且水资源分布极不平衡。有16个省、自治区、直辖市人均淡水资源量低于严重缺水线，宁夏、河北等6省、自治区、直辖市甚至低于500m³。

全国600多城市中，有400多座城市缺水，其中100多座城市严重缺水，日缺水1600万t。我国尚有3.6亿农村人口喝不上符合卫生标准的水。每年因缺水造成的直接经济损失达2000亿元。全国每年因缺水少产粮食700亿～800亿kg。

据2003年国家环保总局统计，全国污水废水排放量为460亿t，其中工业废水占46.2%（水利部提供的数据是，污水废水排放总量680亿t，工业废水占2/3），超过环境容量的80%以上。七大流域水系，40.9%是"丧失水功能"的劣Ⅴ类水质；75%的湖泊出现不同程度的富营养化。

依据《地表水环境质量标准》（GB 3838—2002）地表水水域环境功能和保护目标依次划分为
5类：Ⅰ类主要适用于源头水、国家自然保护区；Ⅱ类主要适用于集中式生活饮用水地表水源地
一级保护区、珍稀水生生物栖息地、鱼虾类产卵场、仔稚幼鱼的索饵场等；Ⅲ类主要适用于集中
式生活饮用水地表水源地二级保护区、鱼虾类越冬场、洄游通道、水产养殖区等渔业水域及游泳
区；Ⅳ类主要适用于一般工业用水区及人体非直接接触的娱乐用水区；Ⅴ类主要适用于农业用
水区及一般景观要求水域。所谓劣Ⅴ类水，即污染程度已超过Ⅴ类的水。但据《2010年环境状
况公报》显示，全国地表水污染依然较重。204条河流409个地表水国控监测断面中，Ⅰ～Ⅲ
类、Ⅳ～Ⅴ类和劣Ⅴ类水质的断面比例分别为59.9％、23.7％和16.4％。主要污染指标为高锰
酸盐指数、五日生化需氧量和氨氮。其中，长江、珠江水质良好，松花江、淮河为轻度污染，
黄河、辽河为中度污染，海河为重度污染。"三湖"中，巢湖总体水质为Ⅴ类，太湖、滇池为劣
Ⅴ类。

2012年经国务院正式批复的《重点流域水污染防治规划（2011—2015）》提出到2015年重点
流域水污染治理目标，详见图4-5。

流域名称	治理目标
松花江流域	总体水质由轻度污染改善到良好
淮河流域	总体水质在轻度污染基础上有所改善
海河流域	重度污染程度有所缓解
辽河流域、黄河中上流域	总体水质由中度污染改善到轻度污染
太湖	湖体维持轻度富养化水平并有所减轻
巢湖	湖体维持轻度富营养化水平并有所减轻
滇池	重度富营养化水平改善到中度富养化水平力争达轻富养化水平
三峡库区及其上游流域	总体水质保持良好
丹江口库区及上游流域	总体水质保持为优

图4-5 到2015年重点流域水污染治理目标
（制图：张芳曼）

2. 从黄河断流说起

中华民族的母亲河黄河，水资源已十分贫乏，河道萎缩，断流加剧。1972年4月，黄河在山东境内第一次出现断流，这是黄河漫长历史上的第一次。1990—1998年，黄河年年断流。1997年山东利津站断流多达13次，计226天，断流河段达700多km，300多天无水入海。仅给山东一省造成的经济损失就达135亿元。断流问题直到2001年小浪底工程竣工之后才得到改善。

巴颜喀拉山是黄河、长江的发源地。黄河源区第一县的玛多是三江源的核心区：长江总水量
的25％、黄河总水量的49％、澜沧江总水量的15％都出自三江源地区。玛多境内拥有大小湖泊
4077个，黄河在其境内绵延200多km，有着"千湖之县"、"中华水塔"的称誉。现在的玛多只剩
1000多个湖泊，面积大于0.06km²的湖泊仅261个，也就是说，90％以上的湖泊已经干涸。20世
纪90年代与80年代相比，长江、黄河、澜沧江的年平均流量分别减少了24％、27％和13％。由
于缺水，位于黄河上游的龙羊峡水库其发电量仅达设计量的一半。

扎陵湖和鄂陵湖是黄河源地区最大的一对"姊妹湖"，两湖间有20多km黄河水道相连。由
于上游扎陵湖水位下降，自1999年6月起两湖间曾出现5次断流。鄂陵湖往下120km河段的所有
支流早已全部干涸。黄河源头将下移至120km外的热曲河。20世纪80年代热曲河水深及胸腹，
21世纪初仅及膝盖了，照此速度发展，20年后的热曲河极有可能干涸。

20世纪80年代玛多地区一年有300多个雨雪天，每星期都下雨。由于过度放牧，牛羊如蝗虫

般扑向草场，使草场迅速退化、沙化，空气湿度越来越低，云层越来越薄，降雨只集中在某几天，之后便是旷日持久的晴天烈日。降水量急剧下降，蒸发量却与日俱增，达到降水量的 17 倍。湖泊被蒸发了；加之全球性的气候变暖，连千年的雪山也被"蒸发"了，再也看不到连绵的雪峰。

现在的玛多，草场退化、沙化，沙尘暴频繁，牛羊锐减。这个 20 世纪 80 年代初的全国首富县，现在成了青海省的重点扶贫县。数千名无家可归的生态难民不得不离开自己的家园。

3. 长江形势严峻

与憔悴枯槁的黄河相比，长江则变得喜怒无常，放荡不羁。继 1996 年特大洪水之后，1998 年长江又一次发生特大洪水，这是新中国成立以来长江洪水灾害造成损失最大的一次。严重的水土流失使长江流域塘堰的总库容被泥沙淤积了一半以上，中小水库淤积了库容的 1/4～1/6。长江干流河道的不断淤积，造成荆江河段为悬河。每到汛期，滚滚洪水全靠大坝挟持，洪水水位高出两岸达数米到十几米。

长江流域另一个突出问题是水体污染严重。2001 年废水污水排放总量为 220 亿 t，使得干流沿线形成 600km 的污染带，60% 的水体受到不同程度的污染。环保部门对 381 个断面水质评价结果显示，只有 53% 断面达到Ⅲ类以上水质，其中南京、上海、武汉、重庆、攀枝花等 5 城市江段近岸水域污染尤为突出，沿江城市 500 多个主要取水口不同程度受到污染。由于水质恶化，上海等 26 座城市已成为"水质型缺水"城市。"江南水乡没水喝"已较为普遍。

专家指出，长江面临六大危机，如森林覆盖率严重下降、泥沙含量急剧增加、水质严重恶化、物种生存受到威胁等，如再不加以保护，"10 年内长江就可能变成第二条黄河"。

污染最为严重的还不是长江。2001 年我国七大水系污染由重到轻的顺序是：海河、辽河、淮河、黄河、松花江、长江和珠江。淮河已成了全流域污染的脏河、臭河。"50 年代淘米洗菜，60年代洗衣灌溉，70 年代水质变坏，80 年代鱼虾绝代，90 年代身心受害。"这首民谣唱出了淮河儿女心中的隐痛。

4. 湖泊重病缠身

我国的五大湖——鄱阳湖、洞庭湖、太湖、洪泽湖、巢湖也是重病缠身。重病之一是湖面湖容积急剧萎缩。由于大规模围湖造田与水土流失，洞庭湖由新中国成立初期的 4350km² 缩小至 2840km²，鄱阳湖由 5100km² 缩小至 3900km²。又由于流失的泥沙淤积湖底，使湖底淤高，湖容量大减。仅洞庭湖其面积和湖容就减少了 50% 以上。湖面萎缩与湖底增高大大降低了蓄水与泄洪的功能，致使 1998 年爆发特大洪灾，江西境内 870 多座堤坝溃决，159 万人被洪水围困，无家可归。大灾后人们不得不退田还湖。本书的 5.3 节给出了我国第一次全国湿地调查（1996—2003 年）披露上述的五大湖只有洞庭湖和鄱阳湖是"通江"的，即与长江连通，其余已经萎缩成孤立的封闭湖。

重病之二是水质严重污染。由于接纳过量的氮、磷等营养物质，导致水质富营养化。巢湖接纳的废水量为五大淡水湖之首。西面湖水已呈重度富营养状态，严重地污染了该地区的合肥等市的饮用水。2003 年巢湖的水体已超过Ⅲ类水质标准，严重富营养化导致蓝藻大爆发，堵塞水厂取水口，供水不足使一些工厂停产或半停产，出现了湖边居民无水喝的尴尬。20世纪70年代，我国34个重点湖泊中富营养化仅占5%，到90年代，中国东部湖泊全部处于富营养化状态。2002年8个大型淡水湖泊水库有6个处于富营养化状态。湖泊水质的急剧恶化，自然是由于人口剧增、大量工业废水、城镇生活污水的排放以及农业生产中农药、化肥流失等因素所致。本书5.3节给出了我国重点流域主要污染物排放量（2010年）的详细数据，读者可以参阅。

5. 海洋在呼救

被称为"海上赤魔"的赤潮对沿海居民构成另一种威胁。

自进入21世纪以来，我国海域赤潮发生频率提高，面积不断扩大。据《中国海洋环境质量公报》披露：2000年，全国海域共发现赤潮28次，面积1万km²；2002年79次，面积超过1万余km²；2003年激增至119次，面积1.45万km²，直接经济损失4281万元。

东海为我国赤潮高发区。20世纪90年代前，东海区每年发生赤潮20起左右，近年来年均发生40起左右。2003年发生70多起，创历史新高。

浙江舟山海区更是触目惊心。2000年发生了10次，面积2000～3000km²。2003年发生了46次，面积达7000km²。就毒性来说，2002年之前没有出现有毒赤潮，2002年开始出现有毒赤潮。现在，浙江省近岸海域基本无Ⅰ类海水，Ⅳ类、劣Ⅳ类水质占整个近岸海域面积的81%，污染程度居沿海省市第二位。

赤潮是对人类的一种警告。赤潮频表明陆上及海上入海排污在逐年增加。海上污染80%来自陆地。以东海为例，2003年人们向东海倾倒了4245万 m³的疏浚物。其中，上海海区的倾倒量占55%以上。这些未加任何处理的疏浚物含有大量的铜、铅、锌、砷、镉、铬和油类等，使长江口一带海域无机氮和无机磷全部超标。

渤海的情况更为严重，经国家海洋局检测，渤海的环境污染已经到了临界点。水体中的无机盐、活性磷酸盐、铜、氮、锌、石油等全部超标。海底泥中，重金属竟超过国家标准的2000倍。渤海产卵场污染面积达到100%。专家警告，如果再不采取果断措施遏制污染，渤海在10年内将变成"死海"。那时，即便不向渤海排入一滴污水，单靠其与外界水体交换恢复清洁，至少也需要200年。至于积沉在海底的污染物，将存在更长的时间。

1980年以来，渤海赤潮频发（已超过300余次），周期越来越短，面积越来越大，持续时间最长的达72天，而且已从无毒赤潮向有毒赤潮转化。工业废水、生活污水和养殖污水向渤海的过量排放，导致海水越来越富营养化和赤潮灾害的加剧。

渤海的海产资源濒临枯竭。享有"鱼仓"美誉的渤海近年来几乎已无鱼可捕。一些渔民每次出海辛苦20多小时，捕捞上来的常常是几十斤"皮虾"。20年间，对虾产量锐减九成。比目鱼、黄花鱼、鲈鱼、鱿鱼和蛤蜊等水产品群带已经消失。消失的原因是狂捕滥捞。1960年，沿海省市机动渔船总数为550艘，1970年增加到3500艘，到2001年骤增至9万余艘。一些渔民甚至使用立体状地毯式的拉网，上自水面、下至海底的水生物无一漏网，就连刚刚出生的"子孙鱼"也难逃厄运。水生物失去了生存繁殖的空间，渤海几乎成为"空海"、"死海"。

4.1.4　粮食安全问题

粮食生产是离不开水的，全球饥饿人口 2006 年增至近 10 亿人，30 多个国家未来可能面临粮食安全危机。

图 4-6 给出了世界粮食生产、消费和库存情况，可以看出粮食安全的严重性。世界粮食产量在进入 21 世纪初叶连续数年低于消费量，供求缺口由库存弥补，导致粮食库存降至历史新低，仅能满足 54 天全球消费，见图 4-7。近年人均产量稳步回升，供求差额由负向正发展，见图 4-6，但库存"欠账过多"，整体仍处于风险阶段。

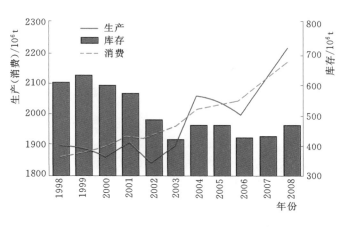

图 4-6　世界粮食生产、消费和库存

本书 5.2.3 节讨论"人口膨胀和失衡"问题时提供了一张联合国"世界农作物前景及粮食形势"的示意图，见图 5-14，图中显示全球谷物产量 2010 年为 22.39 亿 t，而 2010—2011 年度消费量高达 22.48 亿 t，"人不敷出"啊！

图 4-7　世界粮食库存可用天数（1960—2007 年）

受人口增长、养殖业和加工业快速发展的影响，我国粮食需求总量一直呈增长态势。粮食消费总量 2005 年为 4977 亿 kg，2006 年为 5080 亿 kg，两年缺口分别是 137.5 亿 kg 和 105.5 亿 kg。粮食供求偏紧、适当进口，将是相当长时期

的总体格局。截止到 2013 年年底我国粮食产量连续 11 年增产，2011 年总产量 5.7 亿 t，平均每人每年 4385kg，就吃饱肚子来说是"够"了，但还有饲料、农产品加工等，这个数字还是很低的，按国际人口学家估计每人每年要消费 5000～8000kg 粮食。照此数字我国目前人均 480kg 左右还低于这个标准的下限值。

人们公认大致有三大不可逆转因素影响粮食发展。一是耕地和播种面积。我国耕地面积仅占世界的 7%。二是水资源。我国人均水资源量仅为世界人均水平的 1/4，而且分布不均，水土资源严重不匹配。三是消费快速增长。受人口增长、养殖业发展和工业需求拉动，近 10 年我国粮食需求总量一直呈刚性增长，尤其是工业用粮增长较快，并且对粮食的质量提出新的更高要求。

国土资源部显示，2003 年我国耕地面积为 18.5 亿亩，比 7 年前的 1996 年减少了 1 亿亩，年平均减少了 1429 万亩。现人均占有耕地仅 1.43 亩，为世界人均水平的 32%。2003 年，全国 31 个省、自治区、直辖市中，人均耕地低于 0.8 亩警戒线的已有 6 个。预测表明，到 2030 年，我国人均耕地占有量将减少 1/4。

耕地面积有限，多数耕地质量又较差。现在耕地质量较好的一等耕地面积仅占耕地总面积的41.33％；质量中等的耕地面积约占34.55％；质量差的耕地面积约占20.47％；不宜继续耕种的耕地约占3.65％。可见，中等以下的耕地面积共占耕地总面积的58.67％。此外，全国耕地分布在山地、丘陵、高原地区的占69.27％，水资源占全国总量的80％以上的长江流域及以南地区，仅占全国耕地的38％，水资源不足全国的20％的淮河流域及其以北地区，却占全国耕地的62％。可见，我国60％以上的耕地无水源保障。

耕地的水土流失严重。我国水土流失面积达356万km²（2002年），占国土面积的37％。同时，每年还新增1万km²的水土流失面积。另外，土地污染日益严重。专家指出，我国过量使用化肥和农药已到极限。占世界7％的耕地面积却使用了占世界近30％的氮肥。化肥、农药被农作物吸收仅30％，70％散发于大气、渗入到土壤与江河湖泊及地下的水体之中，使耕地土质逐年下降，并对至少13个省份的居民及水生物造成生存与健康威胁。耕地的浪费也令人痛心。90年代以来，全国城镇普遍大面积的圈地运动使大片优质农田变为建设用地，各种名目的开发区有40％是开而不发，造成大量土地闲置。人口的膨胀与城市化使城市用地成倍增加。1986—1996年间全国31个特大城市占地规模由3270km²扩大到4910km²，增长了50.2％。我国耕地资源的数量一直呈逐渐下降趋势，见图4-8。图4-8显示出我国从1998—2007年耕地面积下降到接近18亿亩的水平。近年来，我国领导人在许多场合反复强调"要保住18亿亩"这条红线，就是针对这个问题而言的。

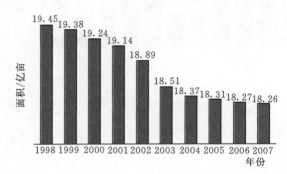

图4-8 中国耕地面积

据统计，2006年全国耕地中有较完善灌溉设施的水浇地8.25亿亩，仅占耕地总面积的45％，有40％的耕地还处于不断退化状态。截至2007年年底，全国农田有效灌溉面积达8.67亿亩，用占全国耕地面积（约18亿亩）46％的浇灌面积生产了全国70％的粮食，由此可以看出灌溉对粮食生产多么重要。研究表明，在影响粮食生产的诸要素中，水的增产效用最为突出，1亩水浇地的收益是1亩旱地的2~4倍，水利对粮食生产的贡献率达到40％以上。在我国三大作物中，小麦耗水最少，每亩需水400m³。通常生产1kg小麦，需要耗水1t。为了保证粮食安全，到2020年，全国有效灌溉面积必须达到9.5亿亩，至少还要增加300亿m³的灌溉用水。

根据党中央和国务院指示精神，国家发改委会同十多个部门从2005年年底开始组织编写《国家粮食安全中长期规划纲要（2008—2020年)》，2008年经国务院审议通过。该纲要规定了粮食生产能力建设重点工程，共10项：

（1）大型商品粮生产基地。在粮食生产省及非生产省的重要粮食产区，以地市为单位，集中连片建设高产稳产大型商品粮生产基础，重点加强小型农田水利、良种繁育等粮食生产基础设施建设，提高粮食综合生产能力。

（2）优质粮食产业工程。

（3）粮食丰产科技工程。

（4）生物育种专项。

（5）种子工程。

（6）农业科技入户工程。

（7）大型灌区续建配套和节水改造工程。开展灌区续建配套与节水工程，提高灌溉水利用率和灌区生产能力，力争到2020年基本完成全国大型灌区续建配套与节水改造任务。

（8）大型排涝泵站改造工程。实施中部粮食生产区大型排涝泵站更新改造，进一步增强排涝能力，促进农业综合生产能力的提高。

（9）旱作农业示范。建设农田抗旱节水设施，推广旱作节水农业技术，提高降水利用率、土壤肥力和抗旱能力，提高旱区农业生产水平。

（10）植保工程。

上述10项中（7）、（8）、（9）3项都属于水利工程的范畴，第（1）项涉及水利工程。

4.1.5　水力（能）开发前景广阔

据联合国统计，全球水力发电量占总发电量的19％～20％，平均开发程度为34％，其中欧洲国家达到72％，北美洲70％，大洋洲49％，南美洲35％，亚洲23％，非洲仅为8％。发达国家目前平均开发利用程度达到60％以上，如日本为84％，美国为82％，法国、挪威和瑞士在80％以上，德国73％，加拿大65％。我国是水能资源大国，居世界第一，但开发程度和水平却不理想，经近年的大力开发也仅占总发电量的20％左右，在能源消耗中占的比例很低。以2007年为例，我国国民生产总值24.7万亿元，能源消耗26.55亿t标准煤。在能源消耗中煤炭、石油、天然气等化石能源占相当高的比例，达91％以上，其中一半数量的煤炭用于火电，水电、风电和核电仅占8.7％，约相当于2.3亿t标准煤。

从1910年兴建第一座水电站——石龙坝水电站至今，中国水电建设已走过一百多年不平凡的历程。据统计我国水能资源理论蕴藏量6.9亿kW，技术可开发量为5.4亿kW，均居世界第一，截止到2012年中国水电总装机已突破2.3亿kW，成为全球水电第一大国。根据最新规划，到实现2020年节能减排目标，水电装机容量须达到3.8亿kW，其中常规水电3.3亿kW，抽水蓄能5000万kW。水电在全国电力和电量中占1/4和1/5，使水电成为我国能源的重要组成部分，为中国的减排做出不可替代的贡献。届时，中国水电开发利用程度将达到52.6％，水电装机容量将占全国电力装机容量的25％。

4.1.6　水利工程的综合性及其分类

水利工程是综合性很强的一类工程，以水库为例，小型水库主要是作蓄水供水用的，稍具规模的水库大都兼有防洪、发电、蓄水供水，甚至航运功能等。它的综合性还表现在学科专业与行业上的综合性，特别是它与土木工程有着密不可分的关系，世界上许多国家在学科和专业设置上是水土不分的。新中国成立初期我国全面学苏之后开始把水土分开，20世纪80年代以后倡导综合性学科，出来了一个新名词叫"大土木"，如果按大土木的概念，不仅水利工程，铁路、公路等也都在其涵盖之内。虽然国务院学位委员会在学科划分上，水利工程与土木工程还是分设的，但在教育系统，各校原有的水利系和土木系不是合并就是组建成一个院。这不完全是"一股风"，土水确有极密切的联系。

著名的水利专家黄万里先生将水利工程分为8类，如下：

治河工程（River Regulation，通常包括防洪，有时兼及航道）；

防洪工程（Flood Control）；

航道工程（Navigation Engineering，包括航道渠化工程）；

排水工程（Drainage Engineering）；

供水工程（Water Supply Engineering）；

灌溉工程（Irrigation Engineering）；

水力发电工程（Water Power Engineering）；

港湾工程（Harbour Engineering）。

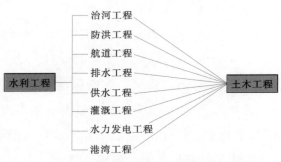

图4-9 水利工程与土木工程的有机联系

黄万里先生说"这8类工程在一条河上应尽量综合起来利用，以发挥最大效益"，又说"任何水利工程都涉及治河，治河工程或治水工程是最基本的水利工程"。

按照黄先生的这种分类画一个图，如图4-9所示，它可以形象地说明水利与土木的密切程度，甚至可以说水利工程的哪一项都离

不开土木，仅就三峡大坝而论，其浇注混凝土2500多万 m³，几乎全是土木工程。"水土不分家"这个形象的说法是有道理的，符合实际情况。

4.2 水库的重大作用

4.2.1 概述

世界上最早开始修建水库是在古代埃及的麦尼斯南王朝法老时期（大约公元前3000年），当时为了将麦姆费斯城地区的尼罗河引开，在该地区上游修建了拦河大坝，由于该坝未设溢洪道，不久即被冲毁。其后许多地区为了灌溉，也开始了水库建设。第二次世界大战后，全世界水库建设得到迅速发展，水库剧增，但规模较小。全球第一批大型水库的修建始于20世纪20年代，高峰期是20世纪60年代，在各大洲（除了南极洲），各个国家以及所有地区（除了北极和南极）的各个高程，包括冰川地带都有水库。其中，大部分水库都集中在南美洲和亚热带地区，俄罗斯、

美国、巴西、加拿大、印度和中国都是发展较快的国家。

中国水库的规模按库容大小划分：10 亿 m³ 以上为大（1）型，1 亿~10 亿 m³ 为大（2）型，0.1 亿~1 亿 m³ 为中型，100 万~1000 万 m³ 为小（1）型，10 万~100 万 m³ 为小（2）型。按照 2011 年我国对全国水利普查的数据，中国已兴建各类水库 98002 座，总库容 9323.12 亿 m³。

俄罗斯库容为 1693 亿 m³ 的布拉茨克水库、埃及库容为 1689 亿 m³ 的阿斯旺高坝水库和乌干达库容为 2048 亿 m³ 的欧文瀑布水库等均为世界特大型水库。中国的龙羊峡水电站水库（247 亿 m³）、新安江水电站水库（220 亿 m³）、丹江口水利枢纽水库（2012 年南水北调由 209 亿 m³ 扩容至 290 亿 m³）以及新建成的三峡水库（393 亿 m³）等均为我国的大型水库。

水库的作用有防洪、水力发电、灌溉、航运、城镇供水、养殖、旅游、改善环境等。水库防洪是利用水库的防洪库容调蓄洪水，以减免下游洪灾损失。水库一般用于拦蓄洪峰或错峰，常与堤防、分洪工程、非工程措施等配合组成防洪系统，通过统一的防洪调度共同承担其下游的防洪任务。

水库发展如此之快，一个重要原因是它具有极强的综合效益，大型水库集防洪、供水、灌溉、发电、渔业、航运等多种效益于一身。水库如果管理得好，其服役周期很长，将在国民经济发展中发挥极其重要的作用。

4.2.2　水库的四大作用

水库的重大作用至少有 4 个方面。

1. 防洪

许多世纪以来，洪水给人们带来无法估量的损失。洪水除了造成大量人员死亡，毁坏国民经济各种设施以外，还使农作物减产，牲畜死亡，工业企业和运输停顿，建筑物使用期限缩短甚至损坏，通信和供电中断等。在美国，总计有 40% 以上的城市和 1400 万 hm² 的土地遭受洪水的威胁，亚洲国家每年由于洪水泛滥而使近 400 万 hm² 土地上的农作物遭受损失，受洪水威胁的人口达 1700 万人。

洪水引起损失的大小，不仅取决于淹没的范围，也取决于一系列其他因素，如洪水发生时间和持续时间，水位升高的速度和洪水来临前的预报等。为了防洪必须利用水库进行径流调节。修建蓄洪水库，不仅可减缓洪水下泄速度，降低洪水水位，减少损失，还可以在洪水期存蓄多余淡水。

我国是洪涝灾害比较频繁也是损失比较严重的国家。图 4-10 所示为 1950—2003 年我国洪涝灾害损失情况。

根据 1950—2003 年洪涝灾害统计资料：全国平均每年因洪涝受灾农田 959 万 hm²，

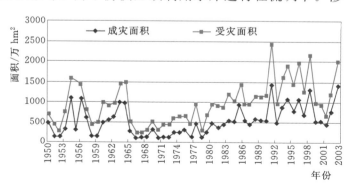

图 4-10　全国历年洪涝灾害损失情况

其中成灾面积 539 万 hm², 成灾率为 56%; 因灾平均每年倒塌房屋 205 万间, 因灾死亡人口 4962 人, 其中山丘区占 2/3, 平原区占 1/3。

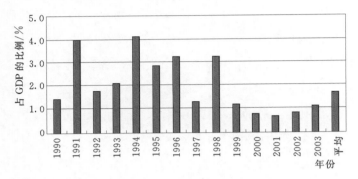

图 4-11　我国洪涝灾害造成的经济损失

如图 4-11 所示, 我国近年因洪涝灾害造成损失最严重的是 1994 年, 损失超过 GDP 的 4%, 1990—2003 年 14 年的洪灾损失平均占 GDP 的 1.8%, 而美国和日本则分别为 0.03% 和 0.22%, 比我国少得多。

如此重大的损失, 不修水库怎么行?

据 2003 年的出版物披露, 分布在我国七大江河上的 245 座大型水库, 其控制流域面积约 150 万 km², 占七大江河总流域面积的 34%。1963 年 8 月海河流域的大清、子牙、漳卫河遭遇特大洪水, 在这一地区的王快、岗南等 16 座大型水库, 共拦蓄洪水 43.5 亿 m³, 占水库上游来水量的 46.2%, 对减轻下游河北平原的洪水灾害, 尤其是对保卫天津市和津浦铁路的安全起到了决定性的作用。1975 年 8 月淮河流域的洪汝河、沙颍河和长江流域的唐白河遭遇了特大暴雨洪水, 这 3 个流域内的 20 座大中型水库拦蓄洪水 45 亿 m³, 约占这些水库上游来水量的 34%。薄山、昭平台、宿鸭湖和鸭河口等水库削减洪峰均在 80% 以上, 减轻了下游河南广大平原的洪水灾害。丹江口水库自 1968 年建成以来共拦蓄汉江上游洪水 10000m³/s 以上的洪峰 55 次, 总计历年减淹耕地 1100 万亩, 减免经济损失 38 亿元。黄河小浪底水库, 可将黄河花园口站防洪标准从 60 年一遇洪水提高到千年一遇洪水。三峡工程库容为 393 亿 m³ 的大型水库, 其中防洪库容为 221.5 亿 m³, 用于调节洪峰、拦蓄洪水, 可使长江荆江河段的防洪标准从目前的十年一遇提高到百年一遇, 配合其他措施可防止毁灭性的洪灾发生。2012 年 7 月长江流域上中游暴雨如注, 三峡水库经历了自建库以来最大的洪峰, 三峡水库拦洪削峰达 40%, 保证了下游安全度汛。

以上这些水库都已发挥或将要发挥很大的防洪效益。特别是在抗御 1998 年长江大洪水过程中, 湖南、湖北、江西、四川、重庆 5 省、直辖市的 763 座大中型水库参与了拦洪削峰, 拦蓄洪水量 340 亿 m³, 发挥了重要作用。据统计, 1998 年全国共有 1335 座大中型水库参与拦洪削峰, 拦蓄洪水量 532 亿 m³, 减免农田受灾面积 228 万 hm²（3420 万亩）, 减免受灾人口 2737 万人, 避免 221 座城市进水和直接经济损失 1353 亿元。

改革开放 30 多年来, 我国大江大河的治理进入了新的历史阶段, 目前长江干堤加固工程已基本建设完成, 其中荆江河段的防洪标准提高到百年一遇; 黄河中下游工程体系终止了黄河连续 22 年断流的历史; 治淮 19 项骨干工程初步形成的防洪工程体系成功地防御了 2007 年淮河大洪水, 洪水造成的直接经济损失分别比 1991 年和 2003 年减少了 54.3% 和 45.7%。

2. 灌溉

世界上许多国家由于缺水, 特别是在干旱年份, 农业将遭受很大损失。世界土地灌溉面积变化情况如表 4-4 所示，总灌溉面积中约 60% 集中在中国、印度、美国和俄罗斯。位于干旱和半干旱地区的所有国家，水浇地的粮食收成比未灌溉的高 1～1.5 倍，个别年份甚至达到 3 倍。气候比较湿润的地区，灌溉后的收成可提高 50%。

表 4-4 世界土地灌溉面积 单位：$10^6 hm^2$

年份 大陆名称	1900	1950	1970	2000
欧洲	3.5	10	21	45
亚洲	30	65	170	300
非洲	2.5	5	9	18
北美洲	4	13	25	35
南美洲	0.5	3	7	15
澳大利亚及大洋洲	0	0.5	1.6	3
合计	40.5	96.5	233.6	416

在天然状况下，河流水资源不可能保证流域内灌溉面积大幅度增加，因此需要进行径流调节。建设水库后径流得到充分利用，故使灌溉面积大大增加，同时又有可能在最优浇水时间引水浇地，增加自流灌溉面积，降低机灌费用。因此，俄罗斯、中东国家、中亚和东南亚、非洲、欧洲的许多国家已修建了几千座灌溉水库。例如，1970 年罗马尼亚灌溉面积达 100 万 hm^2，匈牙利为 50 万 hm^2，保加利亚超过 100 万 hm^2。2005 年，我国农业有效灌溉面积 5600 多万 hm^2，而由水库直接引水灌溉农田约 1600 万 hm^2，约占全国总灌溉面积的 30%。

图 4-12 是我国 1995—2005 年农业有效灌溉面积（$1hm^2 = 15$ 亩）的统计，中国 2011 年的水利普查显示我国农业用水高达 4168.2 亿 m^3 占经济社会用水总量的 67%。

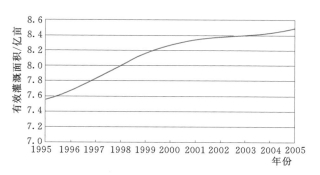

图 4-12 我国 1995—2005 年农业有效灌溉面积图

3. 供水调水

前面已提到我国是一个水资源严重缺乏的国家，全国 600 多个大中型城市一半以上是缺水的城市，蓄水供水逐渐成了水库一个主要的功能，例如北京的官厅水库和密云水库主要是供水用的。缺水是个世界性问题，许多国家如美国、英国、日本、巴西等国都建立了以水库为基础的供水系统。

水库具有调节径流的作用，一般水质较清澈，水量和水位变化较小，但水中含有大量的营养物质，在光照条件下水生物过度生长和繁殖易导致水质恶化，以致堵塞输供水管道及增加净水的难度，因此设计时应慎重对待。

我国水资源十分短缺，并且分布不均，跨流域的调水工程是解决问题的重要途径之一。目前已经建成的调水工程有江苏省的江水北调工程、淮沭河工程，广东省的东（江）深（圳）引水工程，天津市与河北省的引滦济津工程、引滦济唐工程，辽宁省的引碧入大（连）工程，山东省的引黄济青工程、梁济运河工程，山西省的引黄入晋工程等。这些引水主要靠渠系、管道和隧洞，其中输水隧洞上千座，长度超过1000km。青海到甘肃的引大入秦工程总干渠全长86.9km，共建

图4-13 南水北调工程示意图

隧洞33座，总长度75.11km，最长的盘道岭隧洞长15.72km，断面4.2m×4.2m，地质条件十分恶劣，却创造了最大月进尺1300.8m、日进尺65.6m的隧洞掘进世界纪录。万家寨引黄入晋工程，输水总干线长44.35km，其中隧洞11座，总长42.3km。

中国乃至全球最大的供水调水工程应属国务院2002年通过的总投资5000亿元工期约50年左右，分东、中、西三线的南水北调工程，见图4-13。其技术难度本书第1章1.3.1节已做了详细介绍。

南水北调工程3条线路与长江、淮河、黄河、海河相互连接，构成中部地区水资源"四横三纵"的总体格局。由于西线的特殊性一直在做更为详细的论证，只看东、中线：东线工程从扬州江都抽引长江水，利用京杭大运河及其平行的河道逐级提水北送，一路向北输水到天津，另一路向东经济南输水到烟台、威海。2013年3月东线主体工程已基本完工，实现通水，该线总长1156km，要求水质至少要达到Ⅲ类标准，人们普遍认为东线工程的关键环节在于治污。

中线工程从加坝扩容后的丹江口水库陶岔渠首闸引水，经河南、河北，到达北京、天津，见图4-14。第一期工程年调水量95亿 m³，其中河南省37.7亿 m³，河北省34.7亿 m³，北京市12.4亿 m³，天津市10.2亿 m³。输水干线全长1432km，一期工程投资2013亿元。

中线工程的起点是丹江口水库，终点是北京颐和园的团城湖，为了保证水流通畅，需要把丹江口大坝加高，由原来的162m增加到176.6m，正常蓄水位由157m抬高至170m（与团城湖形成98.8m水头差），蓄水量达到290亿 m³，水域面积扩至1050km²，以保证中线一期工程设计流量由原来的265m³/s提高到320m³/s，实现年均调水量95亿 m³/s的目标。

南水北调中线有一项颇为艰巨的穿黄隧道工程，见图4-15。

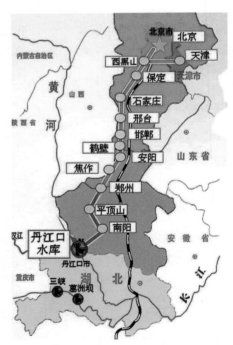

图4-14 中线工程示意图

图 4-15　南水北调穿黄工程三维效果图

其任务是将长江水从黄河南岸输送到北岸，向黄河以北地区供水，在水量丰沛时还可以向黄河补水。流量为 320m³/s，穿黄工程主体建筑物设计洪水标准为 300 年一遇，地震设计烈度为Ⅷ度，总投资为 31.37 亿元。两条引水的穿黄隧洞位于河南郑州市境内的黄河上游，每条隧洞总长 4250m、直径 7m，在黄河底部最大埋深 35m，最小埋深 23m，隧洞采用两次衬砌加固工艺，以确保输水安全。

中线工程还有 3 个技术难点，即膨胀土、高填方、高地下水位。据悉，膨胀土地段明渠渠坡处理技术是世界性难题。南水北调中线膨胀土（岩）的渠段累计长 360km，约占中线总干渠明渠的 1/3。"膨胀土遇水膨胀，就成了'橡皮泥'，解决不好将影响输水安全。"解决方案主要采用换土为主。

高填方是中线工程面临的又一难题。中线总干渠约 620km 属于填方渠道，最大填方高度达 23m。高填方意味着要在许多地方修一条 10m 高的地上河。

此外，高地下水位也是制约中线工程的重要难关。中线工程沿线穿越高地下水位渠段约 470km，其中地下水位高于设计水位的渠段 160 多 km，高地下水位渠段技术处理不好，将给渠道施工和运行带来安全隐患。谁说土木工程没有技术，它所碰到的技术难点往往是国民经济中必须解决的大课题，可概括为：一大二难，三耗时四费钱五占人，缺一不可。这同时也回答了为什么土木工程学科的人才比较容易就业的问题。中线已于 2014 年年底全线通水，大大缓解了河南、河北，特别是京、津用水的紧张局面。

4. 发电

据统计，我国能源中水力资源占有突出的地位，我国能源剩余可采总储量的构成中，原煤占 51.4%，水力资源占 44.6%，原油占 2.9%，天然气占 1.1%。根据 2002 年水力资源复查结果，我国大陆水力资源理论蕴藏量在 10MW 以上的河流共 3886 条，理论年发电量为 60829 亿 kW·h；这些河流上，单站装机容量在 0.5MW 以上的水电站有 13304 座，相应技术可开发装机容量

54164MW，年发电量 24740 亿 kW·h，其中经济可开发水电站 11680 座，装机容量 401795MW，年发电量 17534 亿 kW·h，分别占技术可开发装机容量和年发电量的 74.2% 和 70.9%。截至 2010 年年底，水电装机容量已达 2 亿 kW，开发程度占总发电量的 14%。远低于水电开发程度较高（50% 以上）的国家。

4.3 水利工程对环境的影响

4.3.1 水利工程影响环境实例

在河流上筑坝建库，尤其是大型水库，蓄水后形成很大的水面面积，由于水面蒸发远大于陆面蒸发，人工湖泊的蒸发增加了天然水量的耗损。据美国南部一些水库统计，在降雨较少年份，最大蒸发量占天然年径流的 42%。我国北方降雨稀少，而天气干旱，水面蒸发量很大，如黄河河口镇至兰州地区的半干旱地带，年降水量为 150～300mm，而年蒸发量达 1600～2400mm，因此在这些地区的河流上建库，蒸发导致的水量损耗绝不是少数。

下面通过国内外一些实例，简要介绍一下因修建水库等工程对环境带来的一些不良后果。

1. 美国科罗拉多河

美国西南部的科罗拉多河水系，1935 年干流上胡佛坝蓄水以来，相继修建了 10 座大型水库，控制了绝大部分流域面积，使入海水量不断减少。据该河的水文记载，蓄水前科罗拉多河流域年径流量 160 亿 m³，至 20 世纪 80 年代到达河口的入海水量，在枯水年不到原来的 1%。科罗拉多河三角洲和加州海湾是美国西南部最大的沼泽地和世界上物种最多的海洋生态系统之一，因入海水量太少引起沼泽地干枯，水质恶化，入海营养物大大减少，沿海生物繁殖地面积缩小，附近海湾的渔业产量急剧下降，许多珍稀海洋动物濒临灭亡。

2. 苏联阿姆河、锡尔河

苏联在中亚的阿姆河和锡尔河是流入咸海的内陆河，20 世纪 60 年代以前，两河每年向咸海输水 550 亿 m³，平衡了咸海的水面蒸发，维持咸海水位不变，见图 4-16。60 年代开挖了 1300km 的克拉库姆运河，把阿姆河水引向里海建设庞大的灌溉工程，打破了原有的水量平衡，1966—1976 年 10 年间使咸海水位下降了 3m，面积缩小了一半，原有的渔场损失惨重。1981—1990 年两河入咸海的水量每年仅 70 亿 m³，不到原有入海水量的 13%，咸海湖水含盐量增加了 3 倍，盐碱化降低了周围土地的肥力，500 万亩森林资源完全破坏，沙漠吞没了 200 万 hm² 耕地和周围 15%～20% 的牧场。气候条件恶化使有害物大量增加，严重影响周围居民的健康。据报道，伤寒发病率增加 30 倍，肝炎增加 7 倍，食道癌发病率为苏联平均发病率的 15 倍。

3. 埃及的尼罗河

埃及的尼罗河，1964 年在上游建成阿斯旺水坝，主要用以灌溉引水，见图4-17。建坝前尼罗河每年进入地中海的水量一直保持在 320 亿 m³ 左右，建坝后，由于水库蒸发和灌溉引水，每年入海水量迅速下降到 60 亿 m³，目前已降至 18 亿 m³，结果河里的商业鱼类由建坝前的 47 种减少为 17 种，而且产量大减，东地中海沙丁鱼产量减少了 90%。

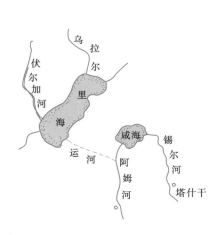

图 4-16　阿姆和锡尔两河流入咸海示意图

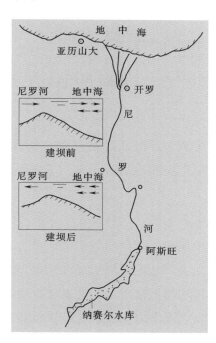

图 4-17　阿斯旺水坝与尼罗河示意图

建坝前丰水季尼罗河水在表层流向地中海，地中海水在底层流向尼罗河，枯水季节则主要是海水入侵河道的单向流。建坝后，由于尼罗河入海水量减少，全年大多数时间都是海水单向侵入河道，这使近海岸河段表层水含盐量超过了 39‰ 的上限值，影响近海地区供水、浅海鱼类繁殖及相应的生物结构。

4. 中国的黄河

黄河水量减少引起的各种问题同样是一个突出的例子。黄河平均年径流 580 亿 m³，20 世纪 50 年代利津入海水量占天然径流的 79%。60 年代以来，干、支流相继建成了很多大中型水库控制天然径流，引水量大增，尤其是农业灌溉引水。据近年来统计，引黄灌溉面积 410 万 hm²，年均用水量达 283 亿 m³（占黄河总用水量的 90%），使 70—80 年代利津入海水量减到只有天然径流的 50% 左右。90 年代入海水量进一步减少，约为年均径流的 25%。这导致枯水年份下游发生断流，而且断流时间还在延长，断流河段不断上延。这种枯水季节断流问题在 20 世纪末叶竟然延续了 20 年之久，直到小浪底水库建成之后才得到缓解。断流对河口地区的农业生产及胜利油田造成直接的经济损失，而且对河口的生态环境造成不良影响。

黄河河口及其附近海域的生物资源本来极其丰富，三角洲湿地自然生态保护区已被列入国家级自然保护区。河口海洋浮游动物（鱼类饵料）平均生物量 249mg/m²，有"百鱼之乡"和"东方对虾故乡"之美誉。黄河入海水量减少或下游断流使渤海水域失去重要的饵料来源，大量洄游鱼类将会游移他处或死亡，造成海洋生物链的断裂。

对黄河这样的多沙河流来说，入海水量减少带来的另一严重后果是河流输沙能力迅速下降，使黄河下游泥沙淤积加重。据统计，1952—1985 年山东黄河河道流量为 3000m³/s，每年因泥沙淤积上升 5.65cm，1986—1994 年由于水量减少泥沙淤积加重，每年平均上升 14.32cm，这意味着黄河下游防洪形势更趋严峻。

4.3.2　水库对气候、水质和生物的影响

任何事物几乎都摆脱不了正反利弊两个方面的效应，人们最重要的是要区分哪一边分量更重，更有利，而且要努力抑制它弊的一面，水利工程也不例外。在我们津津乐道于水库优点的同时，也要看到它可能产生的不利的一面，并从开工时就注意并采取措施消除至少抑制它不利的一面。

1. 气候

一般情况下，地区性气候状况受大气环流控制，但修建水库后形成了大面积蓄水，原先的陆地变成了水体或湿地，在阳光辐射下，蒸发量增加，使局部地表空气变得较湿润。一般夏季水面温度低于陆地温度，水库水面上部大气层结构比较稳定，使降水量减少；冬季水面温度高于陆地温度，大气结构不稳定性增加，降水略有增加，但影响不大。

从季节分析，春季气温回升，水体吸收热量升温较慢，水面温度低于陆地气温、秋冬季节气温下降，水体储存了大量的热量，水温下降，同时向大气输送大量热能，使空气增温，水面温度高于陆地温度。从年平均气温看，蓄水后库区平均气温略有升高，并且年、日温差也稍有减小。

**图 4-18　北京西北山区因水库
小气候引发的泥石流分布图**
（⊙表示泥石流发生处）

水库蓄水后，由于水面面积大，改变了小气候，在某些特定条件下，还会带来意想不到的结果。例如北京郊区密云水库，1959 年建成蓄水，水面占地 146.5km²，由于水体上气层相对稳定，对流受到抑制，暖季降雨相对减少，而水体周围高处陆地则降雨量增加，迎风面尤为突出。密云水库建库后，北京市暴雨中心由西北山区转移至北部山区（密云、怀柔一带）。大暴雨为山区泥石流的形成提供了强大动力。据统计，1959 年密云水库蓄水以后，北京市共发生 8 次较大的泥石流，其中 7 次发生在北部山区，西部山区只有 1 次，见图 4-18。因水库蓄水形成庞大水面，在一定范围内小气候变化带来的其他结果还有不少例子。

2. 水质

水库蓄水后，原来流动的水体滞留在库内，库内水流流速小，降低了水气界面交换的速率和污染物的迁移扩散能力，使得水库水体自净能力比河流弱；库内水流流速小，透明度增大，利于藻类进行光合作用，坝前储存数月甚至几年的水，因藻类大量生长而导致富营养化。例如，2005 年三峡库区回水区多次出现"水华"现象。

浮游植物常常在温暖的湖面水层里繁殖生长，释放出氧气，使溶解氧浓度一年四季大部分时间保持在接近饱和的水平，而在水库深水层，光合作用所必需的阳光不能透射到这里，因而生物化学过程中消耗的溶解氧不能得到补充，造成深部溶解氧的耗竭。所以大型水库底孔泄流，水中溶解氧很低。据一些水库资料，水库表层溶解氧含量 10mg/L，而底层只有 0.1mg/L（相差 100倍）。有人统计美国由切罗基坝（Cherokee Dam）底孔泄流的溶解氧较低，水流纳污能力下降所造成的霍尔斯顿河下游夏季溶解氧的亏损量，相当于 350 万人口的城市排出的污水所造成的后果。

蓄水、引水使河流入海水量减少，河水自净能力下降，使水质变坏。以黄河为例，由于用水量逐年增大，入海水量逐年减少，而入河污水没有减少反而增加，因此水质很快变坏。表 4-5 列出了 1995 年 12 月水利部水文司对黄河水质的评价与黄河水资源保护办公室 1986 年以前的资料进行比较的结果，可以看出，1986 年以后由于水量减少，水质恶化的速度是十分惊人的。1986 年以前黄河干流无Ⅲ级以上的水质，1995 年Ⅲ级以上污染河长占评价河长的 71.3%。

表 4-5　　　　　　　　1995 年 12 月黄河水质评价与 1986 年前的对比　　　　　　　　　　%

水质级别	1995 年 12 月河长百分比	1986 年前河长百分比	水质级别	1995 年 12 月河长百分比	1986 年前河长百分比
Ⅰ	1.1	50.4	Ⅳ	39.9	0
Ⅱ	5.8	39.8	Ⅴ	15.4	0
Ⅲ	21.8	9.8			

3. 生物

建库导致原有河流流速、流量的改变。在纬度较低、蒸发量较高的地区，天然条件下河流洪水周期性地对土壤进行冲刷，有利于抑制土地的盐碱化。水库将下泄流量调平后，没有条件进行对土地周期性的洗盐作用，容易导致盐碱化加重，使农业生产受到影响。三门峡水库蓄水运用期库区地下水位提高了 0.4～3.7m，增加了水库周围土地的盐碱化和沼泽化面积，以渭河南岸二华夹槽地带最严重，与建库前比较，盐碱化使棉花、粮食亩产分别减少了 73% 和 53%。

水库蓄水形成富营养化的有利条件，这些条件有利于浮游生物、底栖动物及底生植物的生长繁殖，喜欢流水生活和静水生活的鱼类的数量将在水库内增加，而对适应于急流中生活的鱼类，如体形细长、善泳或有吸盘等吸附构造的鱼类，将不能在库内生存。此外，水库大坝的修建，会隔断某些逆流产卵的鱼类的洄游通道，影响这些鱼的繁殖。清水下泄对下游河道的冲刷，使下游生长的鱼类的生存环境改变，将影响这些鱼类的生存。如长江葛洲坝下泄流量为 41300～77500m³/s，氧饱和度为 112%～127%，氮饱和度为 125%～135%，致使幼鱼死亡率达 32.24%。

诸多生命循环现象，如孵化、生长和羽化，要依靠热的刺激，因此水流温度状况是生物群演变的一个基本因素。水库对水温的调节，减弱了天然条件下温度的季节性变化（夏季水库泄流水温度比天然条件下水温低，冬季则比天然条件下高），这对许多水生昆虫的羽化产卵有很不利的影响，尤其是深水泄流大坝下游温度变化弱，不能提供某些种类昆虫完成其生命循环所必要的温度信号，引起一些大型无脊椎动物的灭绝。

对有些水面宽的大型水库，大面积的浅水区为多种疾病的传染媒介与中间宿主生物的繁殖提供了环境，如传染疟疾和多种病毒性传染病的蚊子（在南非十分突出）。阿斯旺高坝水库建设和灌溉发展导致血吸虫病蔓延，是这方面一个典型例子。水位变动区及灌溉引水，为血吸虫等的中间宿主——钉螺提供了孳生和传播条件（农田灌溉是重要的传播条件），使该区的血吸虫病发病率从零增加到80%。

4.3.3 引发地质灾害

1. 滑坡

水库蓄水后，由于库水的浸泡和库水位的变动，以及周边库岸地下水位的抬升，库区原有的地质环境平衡随之被打破，必然产生新的崩塌和滑坡，并可能导致老滑坡的复活。

在我国已建成的8.6万余座水库中，截至1980年的统计表明，因滑坡而导致垮坝的有130座，占垮坝总数的4.37%，占全部已建成水库土石坝的0.15%；1981—1990年期间，由于滑坡而垮坝的有13座，占这10年垮坝总数的5%。截至1990年，由于滑坡导致垮坝的总共143座，占垮坝总数的4.40%，占全部已建成水库土石坝的0.17%。

其他国家也有很多关于水库滑坡灾害的报道，其中影响最大的是意大利瓦依昂（Vajont）水库滑坡事件。瓦依昂水库大坝修建于意大利北部威尼斯省瓦依昂河下游，总库容1.69亿 m^3，设计水位高程722.5m，混凝土双曲拱坝，坝高265.5m，弦长160m，为当时世界上最高的拱坝。大

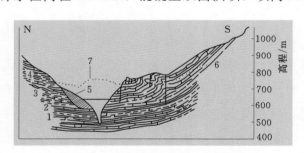

图4-19　瓦依昂水库左岸大滑坡示意剖面图
1—灰岩；2—夹黏土质的薄层灰岩；
3—夹燧石的厚层灰岩；4—泥灰岩；
5—老滑的残留物；6—滑动面；
7—堆积在峡谷中的滑动体

坝于1960年竣工，1960年2月开始蓄水，1960年9月完成蓄水任务，坝前水位已达到130m深度，水库最大水深232m。1963年10月9日22时38分（格林尼治时间）从大坝上游峡谷区左岸山体突然滑下体积为2.4亿 m^3 的超巨型滑坡体，见图4-19。2km长的水库盆地在15～30s内被下滑岩体冲起巨浪，浪高175m。滑坡体的运动速度为15～30m/s，滑坡体激发了相当大的冲击震波，在岩体下滑时形成了气浪，并伴随有落石和涌浪。涌浪传播至峡谷右岸，超出库水位达260m高，

涌浪过坝高度超出坝顶100m，过坝水流冲毁了位于其下游数千米之内的一切物体。龙热罗涅等几个市镇被冲走，死亡近3000人。这场灾难从滑坡发生到坝下游被毁灭，不到7min。

三门峡水库由于水位提高后岸壁的浸泡及波浪侵蚀，库区周边塌岸严重，塌岸线长201km，占总岸线长的41%，宽约300m。1960—1987年库周区塌5.15亿 m^3，损失了沿岸5万亩耕地，20多个村庄，40多个扬水站，以及公路、机井等。至于刚建成不久的三峡水库，其地质灾害则更为严重，是目前工程界关注的焦点之一。

2. 地震

因修建水库而诱发的地震简称"水库地震"。

世界上最早发生的水库地震是在美国，1935 年美国在科罗拉多河上建成胡佛坝，米德湖开始蓄水，次年 9 月即发生 5 级地震。迄今为止，全世界发生的水库诱发地震约有 120 例，分布于 29 个国家，其中中国 22 例、美国 18 例、印度 12 例。大于 6.0 级的水库诱发地震有 4 起，分别是中国新丰江、赞比亚-津巴布韦边界 Kariba、希腊 Kremasta 和印度 Koyna。其中，Koyna 坝建成后，自从 1962 年开始蓄水地震就不断发生，并且频度大、强度高，1967 年的 Koyna 地震达到 6.3 级，是截至目前最强烈也是危害最严重的水库诱发地震，致使约 200 人丧生，1500 人受伤，数以千计的人流离失所，并且对大坝造成损伤。丹江口水库作为南水北调中线工程的源头，初期工程于 1973 年建成，水库蓄水后地震活动加强，并于 1973 年 11 月 29 日在宋湾触发了 4.7 级地震。

4.3.4 淤积和渗漏

1. 淤积

天然河流由于其自动调节和适应功能，泥沙冲淤大多基本接近平衡。修建水库改变了这种自然平衡状态，而水库淤积和重新建立平衡是一个长期的过程，即使水库的兴建历史久远，但多沙河流水库泥沙淤积仍是一个突出问题。长期以来，水库淤积损失和消耗了大量的库容。全球范围内每年由于泥沙淤积，水库库容的损失率约为 1%，相当于 500 亿 m³ 的年库容损失率。美国的年平均库容损失率为 0.22%，津巴布韦超过了 0.5%，摩洛哥约为 0.7%，土耳其约为 1.2%。据统计，截至 1981 年我国水库总淤积量达 115 亿 m³，占统计水库总库容的 14.2%，年平均库容损失率达 2.3%，高于世界各国。表 4-6 所示为我国部分水库库容的淤损情况，表中显示水库淤积是十分严重的。

表 4-6　　我国部分水库库容淤损情况

序号	水库名称	河流	省（自治区、直辖市）	控制面积 /km²	初始库容 /亿 m³	总淤积量 总量/亿 m³	总淤积量 占总库容百分比/%	统计年份
1	三门峡	黄河	河南、山西、陕西	688400	96.4	56.9	58.1	1960—1989
2	红山	老哈河	内蒙古	24486	25.6	6.7	26.0	1960—1987
3	官厅	永定河	北京	47600	22.7	6.3	27.8	1953—1994
4	汾河	汾河	山西	5268	7.21	3.31	45.9	1960—1989
5	刘家峡	黄河	甘肃	172000	57.2	14.1	24.7	1968—1989
6	丹江口	汉江	湖北	95217	160.0	11.3	7.1	1968—1986
7	岗南	滹沱河	河北	15900	15.58	2.35	15.1	1960—1976
8	册田	桑干河	山西	16900	2.0	2.05	102.5	1960—1983

序号	水库名称	河流	省（自治区、直辖市）	控制面积 /km²	初始库容 /亿 m³	总淤积量		统计年份
						总量/亿 m³	占总库容百分比/%	
9	张家湾	清水河	宁夏	8000	1.19	1.01	84.5	1959—1964
10	镇子梁	浑河	山西	1840	0.36	0.29	80.0	1959—1973
11	闹德海	柳河	辽宁	4501	1.68	0.02	1.0	1963—1986
12	龚嘴	大渡河	四川	76400	3.57	2.06	80.1	1967—1987
13	碧口	白龙江	甘肃	27600	5.21	2.18	41.8	1976—1986
14	石门	褒河	陕西	3861	1.05	0.28	26.8	1973—1988
15	红寺坝	濂水	陕西	121.3	0.34	0.07	19.2	1960—1986
16	南沙河	南沙河	陕西	293.5	0.21	0.03	15.0	1960—1988
17	王瑶	杏子河	陕西	820	2.03	0.77	37.9	1972—1990
18	冯家山	千河	陕西	3232	3.89	0.63	16.0	1971—1990

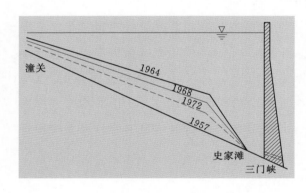

图 4-20 三门峡水库淤积示意图

图 4-20 为三门峡水库淤积的示意图，可以看出从 1957 年建坝到 1964 年，已经淤积得不能再继续蓄水了，打开底部全部 6 个泄水孔，使泄水能力达到顶点，发现淤积的末端仍向渭河逐渐上移。三门峡水库已被水利界专家公认为是一个不成功的水库。

淤积不仅表现在水库自身的淤积，还表现在对原有河床良性淤积的破坏。

塑造冲积河流的所谓造床流量主要取决于汛期（多沙期）的流量大小，水库调节（为了防洪、发电或下游供水等目标）汛期蓄水，减少下泄流量，表征着水库以下造床流量的减少，这促使河槽淤积萎缩，河道过洪能力相应下降，增加了洪水的威胁。如发源于山西省、汇入黄河的汾河，干流长 716km，流域面积 39400km²，流域内建有 17 座大小水库，使入黄的汛期水量由原来占全年的 63.9%～68.9% 下降到占全年的 45.2%～54%。汾河下游平滩流量（即造床流量）由于泥沙淤积河槽，随之逐年下降。据汾河入黄河段的河津水文站资料，1954—1959 年平滩流量为 1410m³/s，1959—1969 年下降为 810m³/s，1969—1979 年减少到只有 280m³/s，使河槽淤积萎缩，过洪能力大大下降。原来意图是建库拦洪，削减出库流量以提高下游河道的防洪标准，结果因出库流量减少，河槽淤积，过洪能力降低，反而使防洪标准下降，这种情况在多泥沙河道上屡见不鲜。

2. 渗漏

水库蓄水投入运行后所遭受的破坏主要有渗漏、滑坡和开裂，其中渗漏最为主要，其他两种事故也与渗漏作用有关。在我国 241 座大型水库的 1000 次事故中，渗漏所造成的事故占事故总数的 31.9%；2391 座水库垮坝事故中，渗漏所造成的占 29%。其他一些国家的统计资料表明，渗漏所造成的土坝事故占总土坝事故的百分比分别为：美国 39%（总失事土坝 206 座），瑞典 40%（总失事土坝 119 座），西班牙 40%（总失事土坝 117 座），日本 44%。

4.3.5 水库移民

水库移民是因水利工程建设造成的土地占用、淹没、浸没、滑塌，进而引起的人口迁移。水库建设造成大面积土地淹没，移民数千万人，如我国在 1949—1999 年期间共修建大中小型水利工程 8.6 万多座，水利工程移民（含竣工蓄水前自然增长人口）总计约 1750 万人，是世界上水库移民人数最多的国家。

三门峡水库初期 335m 高程以下移民约 27 万人，由于水库运用引起塌岸、浸没及盐碱化等因素，后又增迁人口 13 万人。由于移民区生活生产条件比原居地差，如据陕西、河南、山西部分统计，原有人均住房面积 12.8m²，人均耕地 0.24hm²，人均粮食 313kg，到移民地区人均住房 8.56m²，人均耕地 0.134hm²，人均粮食 214kg，而且与邻近地区人民生活水平差距拉大，移出人口纷纷要求返迁。返迁困难很大，首先是住房，其次是安全设施，再次是人口增加，40 年来又出生了两代人，移民人口自然增长了 45%，是一个沉重的负担。

我国由于人口众多，可供生存的地区又有限，在修建水库时，移民问题几乎是一个"瓶颈"，有些建库条件好的地区，因移民太多而不敢修建水库的例子是很多的。

4.4 三峡和小浪底工程

4.4.1 三峡工程

三峡工程是一项集防洪、发电、供水、通航等诸多效益于一身的巨大型水利工程。

长江三峡工程，由孙中山先生 1919 年在《建国方略·实业计划》中提出设想，经过 70 余年，尤其是新中国成立 40 余年来的反复论证和基础性研究，终于在 1992 年由全国人民代表大会通过，列入国民经济和社会发展十年规划，由国务院组织实施。它是我国目前最大的水利工程，也是世界上最大的水利枢纽工程之一。

图 4-21 所示为三峡水库的地理位置，图 4-22 为三峡水利枢纽平面布置示意图，它们简明而全面，可以使读者一目了然。

三峡水利枢纽坝址位于西陵峡的三斗坪，下距葛洲坝工程 38km，见图 4-21。它由拦江大坝、水电站和通航建筑物 3 部分组成，见图 4-22。

三峡拦江大坝建于坚硬、完整、强度很高的花岗岩地基上，是常规型的混凝土重力坝，最大坝高 175m，坝顶高程 185m（吴淞基面以上），坝长 2309m，总库容 393 亿 m³，其中防洪库容

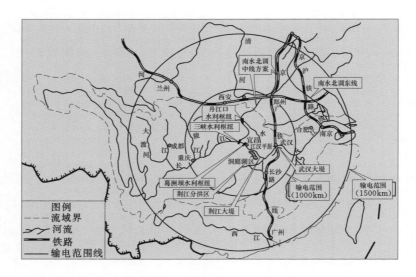

图 4-21 长江三峡的地理位置

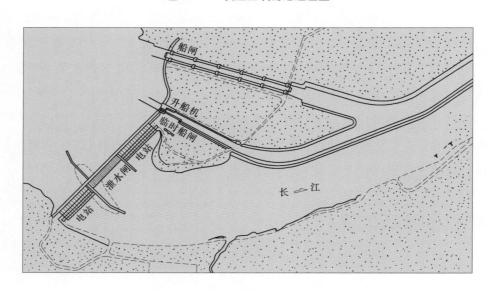

图 4-22 三峡水利枢纽平面布置示意图

221.5 亿 m³，能有效地控制长江上游暴雨形成的洪水，对荆江地区防洪起重要作用。1954 年 5—8 月间，长江流域连续暴雨，中下游地区出现本世纪以来最大洪水，曾先后 3 次运用荆江分洪工程，才保住荆江大堤安全，但灾情十分严重，受灾人口 1888 万人，死亡 3 万余人，受灾农田 4755 万亩。三峡大坝竣工后的 2012 年 7 月，长江流域大雨如注，三峡水库拦洪削峰达 40%，保证了下游的安全。

三峡水电站规模巨大，原设计装机 27 台，总容量 1890 万 kW，后续扩建截止到 2012 年 7 月共装机 32 台，总容量达到 2250 万 kW，年发电量近 1000 亿kW·h，居世界第一位，可供电华中、华东，少部分送川东。每年可替代原煤 4000 万～5000 万 t，相当于 10 座大亚湾核电站。

三峡通航建筑物为永久梯级船闸，双线 5 级，闸室有效尺寸 280m×34m×5m，其最大工作水头和最大输水量超过国内外已建工程的水平。年单向通过能力 5000 万 t，可改善航道约 650km。

三峡工程施工的最大特点是规模巨大：土石方填筑和混凝土浇筑工程量均达 2000 万～3000 万 m³，其中仅坝体浇筑混凝土总量就高达 2643 万 m³，用钢材和钢筋约 60 万 t。

三峡工程 1994 年开工，预测总投资 2039 亿元人民币，后因银行降息，物价涨幅不高，截至 2006 年年底核算总投资减少至 1800 亿元人民币。三峡工程采用边建设、边投产、边回收的滚动开发投资方法，从 1996 年开始，经中央同意即限令直接受益或将要受益的经济发达地区 16 个省、直辖市每度用电加征 7 厘钱，这种融资方法大大减少了中央直接投资，据媒体 2006 年报道，三峡工程建设费用的 50% 来自全国各地用电的支付。不仅是发电，还有旅游，早在三峡工程略具雏形时就开展旅游，游客人数逐年增加，2006 年接待游客 100 万人，2007 年增至 125 万人，这也是一笔十分可观的收入。

图 4-23 所示为三峡工程全貌实景。右侧是通航的五级船闸，中间是大坝，包括泄洪和发电厂房。

2009 年"两会"期间，人民日报报道了三峡工程已取得的成绩和效益，笔者摘录于此：

截至 2009 年 3 月 7 日 23 时，三峡电站已累计发电 2969.55 亿 kW·h，清洁能源惠及大半个中国。通过三峡坝区的货运总量累计已达 2.9098 亿 t，超过三峡水库蓄水前葛洲坝船闸通航 22 年过闸货运量的总和。三峡工程使长江防洪的标准由十年一遇提高到

图 4-23　三峡工程全貌实景

了百年一遇。中国水电装备的水平，因三峡工程实现了跨越发展。

三峡电站供电半径约达 1000km，促进了"全国联网，西电东送，南北互供"格局的形成，获得了可观的地区之间的错峰效益和水电站群的补偿调节效益，以及水火电厂容量交换效益。仅华中、华东两大电网联网每年可获得 300 万～400 万 kW 的错峰效益。

三峡工程作为长江中下游综合防洪体系的关键性骨干工程，水库防洪总库容为 221.5 亿 m³。如遇"千年一遇"大洪水，三峡工程配合荆江分蓄洪工程，可使长江中下游避免毁灭性灾害。2008 年年末，三峡水库试验性蓄水至 170m 后，防洪库容基本形成，三峡工程具备发挥正常防洪功能的条件，使江汉平原和洞庭湖区 2300 多万亩农田、1500 多万人民群众的安全得到有效保护。2012 年 7 月长江流域暴雨水如注，三峡水库拦洪削峰达 40%，有效地保证了下游的安全。

三峡工程建成后，重庆段由原来通行 1000t 级轮船升至 5000t 级，武汉至南京可通 8000t 级，南京以下可通 50000t 级。2008 年，三峡工程共通过货物 6847 万 t，远远超出蓄水前三峡坝区历史上最高年货运量 1800 万 t 的水平。三峡工程大大提升了长江这条黄金水道的运量。2013 年长江干线水运通过量 20 亿 t，是美国密西西比河的 3 倍，欧洲莱茵河的 5 倍，稳居世界第一。三峡工程已成为我国东中西部的物流中转中心，对长江流域经济社会的协调发展起到了重要作用。

4.4.2　小浪底工程

黄河小浪底水利枢纽工程位于河南省洛阳市以北 40km 黄河中游最后一段峡谷的出口处，控制流域面积 69.4 万 km²，占黄河流域面积的 92.3%，总库容 126.5 亿 m³，其中长期有效库容 51 亿 m³，淤沙库容 75.5 亿 m³，是黄河干流三门峡以下唯一能够取得较大库容的控制性工程。

图 4-24　小浪底水利枢纽主坝——壤土斜心墙堆石坝

（刘凤翔　摄）

小浪底水利枢纽土建工程由拦河主坝、泄洪排沙系统和引水发电系统 3 部分组成。拦河主坝是一座坝顶长 1667m、坝底宽 864m、最大高度 154m 的壤土斜心墙堆石坝，总填筑方量为 5185 万 m³，在全国首屈一指，名列世界前八位，见图 4-24。泄洪排沙系统包括进口引渠及由 3 条直径为 14.5m 的孔板泄洪洞（前期为导流洞）、3 条直径 6.5m 的排沙洞、3 条断面尺寸为 10m×（11.5~13）m 的明流洞、1 条灌溉洞、1 条溢洪道和 1 条非常溢洪道组成的洞群，在洞群的进水口和出水口，分别建有 10 座一字形排列的进水塔群和 3 个集中布置的出水口消力塘，进水塔群的规模和复杂程度在世界上首屈一指，出水口消力塘总宽 356m，底部总长 210m，深 25m，是目前世界上最大的出水口建筑物。引水发电系统由 1 座长 251.5m、宽 26.2m、高 61.44m 的地下厂房和 6 条直径为 7.8m 的引水发电洞、3 条断面尺寸为 10m×19m 的尾水洞、1 座主变压器室、1 座尾水闸门室、两层围绕厂房的排水廊道及交通洞等地下洞室组成。其中地下厂房是目前国内跨度和高度最大的地下厂房之一。小浪底水利枢纽工程规模宏大，地质条件复杂，水沙条件特殊，运用要求严格，被中外水利专家称为世界上最复杂、最具挑战性的水利工程之一。

小浪底工程 1994 年开工，2001 年主体工程完工，工期 7 年，工程难度极大。最值得称道的是在不足 1km² 的单面山体内，上下左右、纵横交错地开挖出 108 个洞室，构建了世界上地下洞群最密集的水利工程。

小浪底工程是具有"防洪、防凌、减淤，兼顾供水、灌溉和发电"多项功能的综合性大型水利工程，可以说是实现了黄河由"害河"变为"利河"的伟大创举。图 4-25 所示为小浪底水库坝后旅游区的景色。

治理黄河，既要治水，也要治沙。2002 年以来，运用小浪底水库连续 8 年调水调沙，将 5 亿多 t 沙输入大海，有效延缓了黄河下游的淤积，扭转了黄河下游河床逐年抬高的局面。

图 4-26 所示为小浪底水库 2006 年 6 月调水调沙的壮观场景，下泄流量高达 3300m³/s，是历年最大的一次"人造洪峰"，持续了 15 天之久。所谓调水调沙，就是在充分考虑黄河下游河道输沙能力的前提下，利用水库的调节库容，对水沙进行有效的控制和调节，适时蓄存或泄放，调整

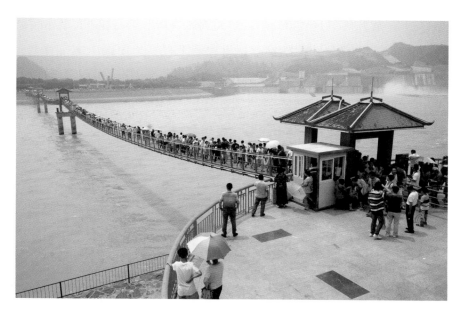

图 4 - 25　小浪底水库坝后旅游区的景色

图 4 - 26　小浪底水库调水调沙的壮观场景

天然水沙过程，使不适应的水沙过程尽可能协调，以便于输送泥沙，从而减少下游河道淤积，甚至达到冲刷或不淤的效果，实现下游河床不抬高的目的。

　　对于黄河，人们想到更多的是它的淤沙洪水为害，却很少有人看到在下游不断增长的湿地和国土面积。水利专家黄万里先生做过统计，认为黄河使中国下游淤出了最大的三角洲——25 万km²，世界上其他几个较大的三角洲，如珠江三角洲也只有 1 万 km²。随着人们科学认识的提高，湿地也引起了独特的重视。小浪底工程使黄河口湿地以年均 5 万亩的速度在增长，成为世界上土地面积自然增长最快的保护区。曾濒临灭绝的黄河刀鱼、海猪等珍稀水生动物又大量出现，保护区的鸟类增加至 283 种。实现人水和谐，重塑生命黄河。小浪底，成了治黄史上的一座丰碑。

　　小浪底使黄河下游的防洪标准由 60 年一遇提高到 1000 年一遇，基本解除了黄河下游的凌汛威胁，实现了黄河连年不断流，为引黄济青提供了稳定水源，提高了下游 5400 万亩灌区的灌溉保证率，竣工以来已连续 14 次参与黄河的调水调沙，将数亿吨泥沙冲入大海，黄河下游主河槽平均下切 2m 左右，最小过洪能力从不足 1800m³/s 增大到 4100m³/s。这项工程先后获得新中国成立60周年"百项经典精品工程"称号，国际堆石坝里程碑工程奖，中国土木工程詹天佑奖，中国水利工程优质（大禹）奖，中国建设工程鲁班（国家优质工程）奖等奖项和荣誉称号。

4.5 水电站工程

4.5.1 概述

就水利工程的经济效益而言，水力发电是见效最明显、收入最丰厚的工程之一。很多水库的兴建往往把它放在第一位，三峡工程早期论证其优越性都是把发电放在第一位的，随着认识的深化以及对长江洪水现实状况的深入了解，才使人们将三峡工程的防洪效益排在第一位，发电降为第二位。但不得不承认发电在水库建设过程中对滚动投资所起的巨大作用，没有边建设边发电，成熟一台（发电机组）运行一台，建设过程中的后续资金就难以源源不断地注入。

水电是清洁能源，水力开发是水利资源开发的一个极为重要的方面。"江河所以能为百谷王者，以其善下之"，自上而下的流动是大自然给予江河的本能，这种本能就是水能，人们稍许改进一点，例如在上游建坝蓄水然后再有组织地下泄，能量就更大了，而且可以基本不受季节的影响。

我国是水能资源最多的国家，但分布不均，开发的水平也差别很大。西南地区的水能蕴藏量最多，主要分布在长江上游、金沙江、通天河及长江支流嘉陵江、岷江、乌江等，西藏的雅鲁藏布江，云南的怒江、澜沧江等，这些都是今后要大力开发的对象。华北地区多为平原河流，水能蕴藏量不多，主要在滦河和海河水系中。

4.5.2 水电站的类型和布置

1. 坝式水电站

这是一种应用最广的水电站，中国的大型水电站大都属于这一种，如新建成的三峡工程、小浪底工程，其发电均属于这一类。

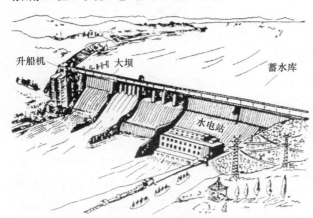

图 4-27 坝式水电站示意图

图 4-27 即为一个坝式水电站的示意图，从图中可以看出大坝将上游来水挡住蓄水成库，这一库水就是人工造成的势能，在下游坝后建电站，安装水力发电机，根据简单的物理学原理，电站应越低越好。

早在三峡工程开工以前就已建成并投入运行的葛洲坝工程，也是一个为修建三峡工程积累经验的大型水利枢纽，也具有防洪、航运、发电等多种功能，设计蓄水位高程为 66m，发电厂房与坝体洞室设在河床中，厂房同时也成为挡水结构的一部分，为发电所能提供的水头不足40m，属于河床式低水头电站。图4-29为葛洲坝水利枢纽布置图，从这张图上几乎可以看出整个葛洲坝工程的全貌和它的特点。对比一下图4-27，该图的水电站是修在坝后的，不参与挡水，三峡工程就属于这一种，见图4-22，而图4-28的葛洲坝电站则修在坝内，参与挡水，是挡水结构的一部分。

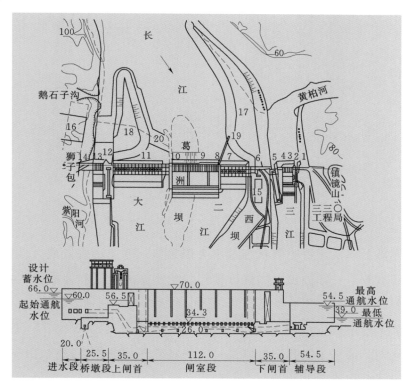

图4-28 葛洲坝水利枢纽布置图

1—左岸土石坝；2—3号船闸；3—三江冲沙闸；4—三江混凝土坝段；5—2号船闸；6—黄草坝混凝土坝段；
7—二江电站；8—左导墙；9—二江泄水闸；10—右导墙（纵向围堰）；11—大江电站；12—1号船闸；
13—大江冲沙闸；14—右岸土石坝；15—22万V开关站；16—50万V开关站；17—三江防淤堤；
18—大江防淤堤；19、20—导沙坝

2. 引水式水电站

引水式开发主要或全部用引水道来集中水头，但大多数水电站是混合式开发，即部分水头由坝集中，部分水头由引水道集中。这种发电站坝体大都不高且蓄水量也不大，但对发电的稳定性有很大的作用。图4-29为3种引水式水电站的示意图，上游都有一个不大的水坝。这个水坝可保证水量、集中水头，对维持发电的稳定性十分重要，如果坝前蓄水量较大，这一库水还可考虑综合利用。

挪威水电站建设被公认为是较好的。挪威总面积不足40万km²，山地占70%，全境降水量充沛，年平均降雨1415mm，是欧洲的2倍。雨水充沛，山地多，高差大，为开发水能资源提供了有利的条件，特别是开发引水式电站。由于高原台地上多冰蚀湖泊，使得该国开发水电产业时不建坝或只建低坝即可，有天然的高差又有一定容量的湖泊，用地下隧道直接把水引入下游的地下

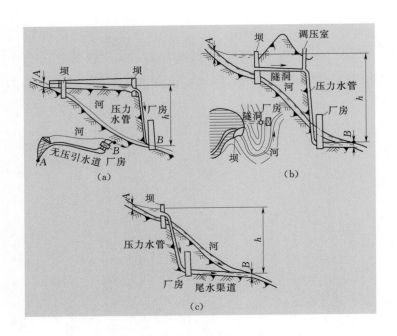

图 4-29 引水式水电站示意图

(a) 无压引水式；(b) 有压引水式；(c) 尾水渠引水式

发电厂内就保证了足够的水头，每个装机容量不大但很多，就使得挪威成为世界上有名的水电大国，自己用不完，还有相当一部分出口供邻国使用。我国南方雨量充沛的山区可以考虑修建这种引水式电站，至少解决农村就近用电是足够的，且没有大规模移民问题。

3. 抽水蓄能和潮汐电站

（1）抽水蓄能电站。抽水蓄能电站可以说是一种特殊作用的水电站，它并不利用河流水能来发电，而仅仅是在时间上把能量重新分配。一般在后半夜当电力系统负荷处于低谷时，利用火电站或核电站富余（多余）的电能，以抽水蓄能的方式把能量蓄存在水库中，即机组以水泵方式运行，将水自下游抽入水库。在电力系统高峰负荷时用蓄存的水量进行发电，机组以水轮机方式运行，将蓄存的水能转化为电能。由于能量转换有损耗，大体上用 4kW·h 电抽水可发出 3kW·h 电。但抽水蓄能是目前全球公认的最好的电网调峰的手段之一。

坝式和引水式水电站都可以作为抽水蓄能电站，一般来说，装有可逆式机组的抽水蓄能电站厂房的布置和结构设计与一般形式的水电站厂房相同。

随着核电站的出现以及消费性负荷增多，各国越来越多地开始建造抽水蓄能电站。

（2）潮汐电站。除了上述形式的水电站外，还有利用涨潮落潮时的潮位差（水头）发电的。这种潮汐电站都是河床式或贯流式机组的厂房，厂房作为挡水建筑物的一部分，与闸坝共同把海湾隔开，利用涨潮和落潮时的水位差（水头）来发电。图 4-30 为这种

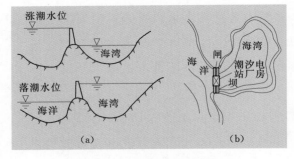

图 4-30 潮汐电站示意图

(a) 剖面图；(b) 平面图

电站的示意图，从图 4-30（a）可以看出涨潮时坝内水位高于海湾，这个水位差就是驱动发电机的水能，落潮时海湾内水位又高于海洋的海平面，又构成了一个水位差，在潮差大的地区修建这种电站是比较合算的。

4.6 海洋海运工程

4.6.1 概述

海洋工程的面是很广的，如海上采油平台，本书在第 7 章能源工程中进行介绍，这一节着重从水利工程的角度来介绍，亦即与航运有关的工程。

中国大陆海岸线北起辽宁省的鸭绿江口，南至广西壮族自治区的仑河口，总长 18000km。沿岸有 5400 多个岛屿，岛屿岸线总长 14000km。有海岸线的行政区域包括辽宁、河北、天津、山东、江苏、上海、浙江、福建、台湾、广东、海南、香港、澳门和广西，其中大多为经济发达地区。我国是海运大国，据 2014 年 9 月报道，现有海运企业 240 多家，海运船队总运力 1.42 亿 t 载重，约占世界海运总量的 8%，列第 4 位。

中国海岸线从北到南纵跨温带、亚热带和热带 3 个气候带，南北条件差异显著。大陆上有近千条河流入海，径流携带大量的泥沙。近岸流规律复杂。湖型类型多样，潮差变化大。受大洋涌浪和台风的影响，还常有异常波浪来袭。

4.6.2 港口工程

港口是海运的枢纽工程，截至 2013 年年底全国港口货物吞吐量 118 亿 t，集装箱吞吐量达 1.76 亿 t 标准箱，在世界总排名中我国居前 10 名。

1. 港口的一般布局

港口，按所处位置分有河口港（位于河流入海口或受潮汐影响的河口段内，兼为海船和河船服务）、海港（位于海岸或海湾内，也有在深水海面上的）、河港（位于天然河流或人工运河上，包括在湖泊和水库上的）。按用途分有商港、军港、渔港和避风港。

港口由水域和陆域两大部分组成。水域包括进港航道、港池和锚地。对天然掩护条件较差的海港须建造防波堤。港口陆域岸边建有码头，岸上设港口仓库、堆场、港区铁路和道路，并配有装卸和运输机械，以及其他各种辅助设施和生活设施。图 4-31 为一个海港全貌示意图。

水域是供船舶航行、运转、锚泊和停泊装卸之用，要求有适当的深度和面积，水流平缓，水面稳静。陆域是供旅客集散、货物装卸、货物堆存和转载之用，要求有适当的高程、岸线长度和纵深。

港口水域可分为港外水域和港内水域。港外水域包括进出港航道和港外锚地。有防波堤掩护的海港，在口门以外的航道称为港外航道。港外锚地供船舶抛锚停泊，等待检查及引水。

港内水域包括港内航道、转头水域、港内锚地和码头前水域或港池。为了克服船舶航行惯性，

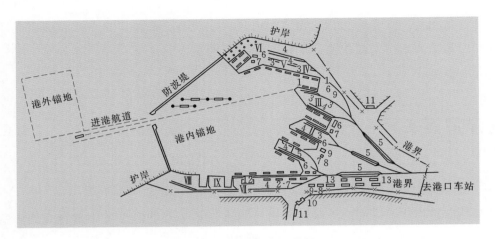

图4-31 海港全貌示意图

Ⅰ—件杂货码头；Ⅱ—木材码头；Ⅲ—矿石码头；Ⅳ—煤炭码头；Ⅴ—矿物建筑材料码头；
Ⅵ—石油码头；Ⅶ—客运码头；Ⅷ—工作船码头及航修站；Ⅸ—工程维修基地。
1—导航标志；2—港口仓库；3—露天货场；4—铁路装卸线；5—铁路分区调车场；
6—作业区办公室；7—作业区工人休息室；8—工具库房；9—车库；
10—港口管理局；11—警卫室；12—客运站；13—储存仓库

要求港内航道有一个最低长度，一般不小于3～4倍船长。船舶由港内航道驶向码头或者由码头驶向航道，要求有能够进行回转的水域，称为转头水域。码头前水域要有足够宽度以便使船舶能方便地靠离。海港港内锚地供船舶避风停泊，等候靠岸、离港及货物装卸。河港锚地一般也要这样一块水域进行这些作业。为了保证船舶安全停泊及装卸，港内水域要求稳静。在天然掩护不足的地点修建海港，需建造防波堤，以满足泊稳要求，见图4-31。

港口陆域则由码头、港口仓库及货场、铁路及道路、装卸及运输机械、港口辅助生产设备等组成，见图4-31。

2. 港口的水工建筑物简介

（1）防波堤：位于港口水域外围，作用是抵御风浪，保证港内有平稳水面。防波堤一般有斜坡式防波堤（指堆石防波堤和堆石棱体上加混凝土护面块体的防波堤）、直立式防波堤（指重力式防波堤，由重力墙组成）、桩式防波堤（由钢板桩或大型管桩构成连续墙身）、混合式防波堤（上述两种防波堤的综合体）等。

（2）码头：供船舶停靠、装卸货物和上下旅客用。目前广泛采用的是直立式码头，便于船舶停靠和装卸机械直接开到码头前沿，以提高装卸效率。码头的结构形式有重力式码头（靠码头墙体自重或码头结构内的填料重量保持稳定）、高桩码头（由打入土中的基桩和支承在桩顶的梁、板组成）、板桩码头（由板桩墙和锚碇设施组成）等3种。

（3）修船和造船水工建筑物：指修、造船舶的船坞和新建船舶的船台滑道。

3. 防波堤

防波堤是海港的主要水工建筑之一。近代用来消波防波的方法很多，至少有如图4-32所示的7种方法，前3种是最常用的传统方法，后4种则比较近代。从原理上看，它们消波防波的作用也是显而易见的，究竟采用哪一种则视不同的地质情况、环境条件而定，如当地基条件很差时，采取透空式或浮式防波堤很可能是经济的。

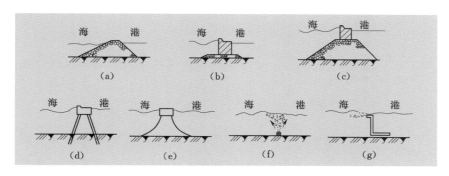

图 4 - 32　防波堤类型

（a）斜坡式；（b）直立式；（c）混合式；（d）透空式；（e）浮式；

（f）喷气消波设备；（g）喷水消波设备

4. 码头

（1）码头布置。常见码头的布置形式有以下 3 种。

1）顺岸式。码头的前沿线与自然岸线大体平行，在河港、河口港及部分中小型海港中较为常用。其优点是陆域宽阔，疏运交通布置方便，工程量较小。图 4 - 33 所示为顺岸式码头的两种形式。

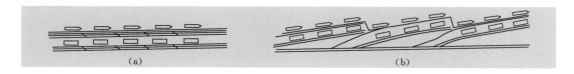

图 4 - 33　顺岸式码头布置

2）突堤式。码头的前沿线布置成与自然岸线有较大的角度，如大连、天津、青岛等港口均采用了这种形式。其优点是在一定的水域范围内可以建设较多的泊位，缺点是突堤宽度往往有限，每泊位的平均库场面积较小，作业不方便。图4 - 34 所示为突堤与顺岸结合部位的布置方式。

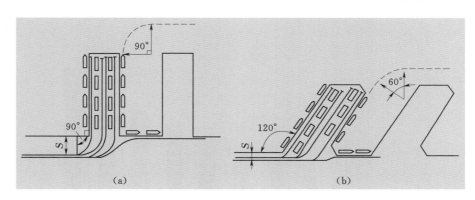

图 4 - 34　突堤与顺岸结合部位的布置

（a）直突堤；（b）斜突堤

3）挖入式。港池由人工开挖形成，在大型的河港及河口港中较为常见，如德国汉堡港、荷兰的鹿特丹港等。挖入式港池布置，也适用于泻湖及沿岸低洼地建港，利用挖方填筑陆域，有条件

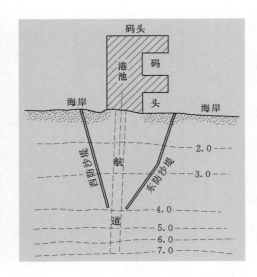

图 4 - 35 采用挖入式港池布置的唐山港

的码头可采用陆上施工。近年来日本建设的鹿岛港、中国的唐山港均属这一类型。图 4 - 35 所示为唐山港挖入式港池的布置。

由于现代码头要求有较大陆域纵深（如集装箱码头纵深达 350~400m）和库场面积，国内新建码头的陆域纵深有加宽的趋势，天津新港东突堤的平均宽度已达 650m。

随着船舶大型化和高效率装卸设备的发展，外海开敞式码头已被逐步推广使用，并且已应用于大型散货码头，我国石臼港煤码头和北仑港矿石码头均属这种类型。

（2）码头形式与结构。图 4 - 36 所示为 4 种码头断面的形式，从船舶停靠来说显然图 4 - 36（a）种最好，岸边水深可以停靠大船，但并不是所有的港口都有这样理想的条件，可以在码头结构上用砌墙桩、板桩或桩基等办法来实现。

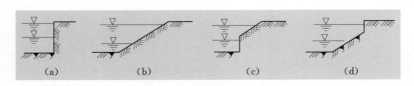

图 4 - 36 常见的码头断面形式

（a）直立式；（b）斜坡式；（c）半直立式；（d）半斜坡式

4.6.3 中国是港口大国功能日益现代化

随着国际化、工业化、城镇化进程的深入，我国对外贸易交流日益频繁，沿海港口作为我国对外物资交流的重要窗口，发挥了重要的支撑保障作用。目前，我国已经成为世界港口大国（图 4 - 37）。

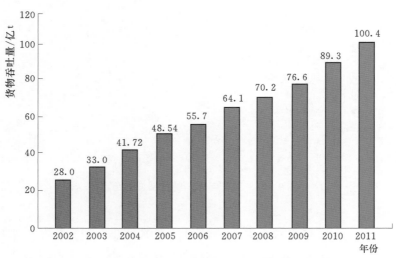

图 4 - 37 2002—2011 年全国港口完成货物吞吐量

2011 年，沿海港口完成货物吞吐量 73.3 亿 t，比 2001 年的 16 亿 t 净增约 57.3 亿 t，年均增量约 5.7 亿 t，年均增长 16.4%。煤炭、原油、铁矿石和集装箱四大货类的吞吐量分别达到 17.1 亿 t、4 亿 t、11.5 亿 t 和 1.6 亿 t，分别是 2001 年的 4.2 倍、2.5 倍、7.4 倍和 6.1 倍。

在全球排名前 20 名的亿吨大港中，我国占了 12 个。目前，大陆有 8 个港口进入世界港口吞吐量的前十位，5 个港口进入世界港口集装箱吞吐量的前十位，上海港货物吞吐量、集装箱吞吐量均居世界第一。集装箱吞吐量占全球港口集装箱总吞吐量的近 1/4。

大型港口是国际经济大循环中的一个重要节点，是国家与国家之间经济交流的重要基础设施。港口发展经历了由最初的运输功能逐步扩展到商贸功能、工业功能和综合功能的阶段。

运输功能是港口的最基本功能，随着生产力和商品交易的发展，逐步出现了货物在港口仓储、包装及销售等需求和与其相应的港口仓储和商贸功能。在现代社会的生产力和工业文明条件下，港口可以布局大型重化工业、能源工业和原材料工业及出口加工工业，发展临港工业，并汇集人流、物流、资金流和信息流，使港口作为现代物流的基础平台逐步进入更高的发展阶段，大大地提升以港口为依托的城市的地位和作用。

随着经济社会发展和科学技术的进步，运输船舶逐渐大型化、专业化，港口从内河港向河口港、海港和深水港发展，建设大型专业化泊位和现代化装卸设备，以提高港口的通过能力和效益。事实上集装箱运输就是伴随着船舶大型化和专业化出现的运输革命的体现。

港口发展的阶段划分及各阶段的特点列于表 4-7 中。

表 4-7　港口发展的阶段划分及特点

港口代别 / 特点	第一代港口	第二代港口	第三代港口
1. 发展期间	20 世纪 60 年代以前	60 年代以后	80 年代以后
2. 主要货物	杂货	件杂货和干/液散货	用货和成组、集装箱货
3. 发展形态	单一、封闭、保守	强调扩张的发展态势	面向商业化
3.1 战略形态	面向交通	面向工业	物流平台
3.2 港口功能	多种运输方式换装点	运输枢纽、工业活动基地	国际贸易运输中心、国际商贸后勤基地
	装卸、储存、中转	装卸、储存、中转	装卸、储存、中转
4. 业务范围与空间	活动限于码头装卸区	临港工业及相关产业	商贸、中转及相关产业和货物配送
		致力于扩大港区范围	向陆域发展
	港内独立活动	港口与用户关系密切	与贸易、运输一体化
5. 组织管理	与用户关系松散	港城非正式关系	港城关系密切
		港内各种活动关系松散	港口经营组织扩大

特点 \ 港口代别	第一代港口	第二代港口	第三代港口
6. 生产特点	货物移动	货物流动	货物、信息流动
	简单的分项服务	联合服务	综合物流服务
	低增值	高增值	高增值
7. 服务方式	港到港	部分联运点到点	多式联运门到门
8. 决定因素	资本与劳动	资本与技术	资本、技术与信息

注 本表引自《中国工程咨询》，2006（8）。

随着国际经济合作加强、竞争加剧和海运船舶大型化、专业化，运输组织联盟化日趋明显。现代的世界港口呈现以下发展趋势。

（1）港口码头大型化、专业化，大型枢纽港在综合运输体系中的枢纽作用和现代物流业中的战略地位更加突出。图 4-38 所示为改造后的青岛港停泊了一条世界上最大的集装箱"航母"——地中海"丹妮拉"轮，载箱量 13798 箱，是青岛港迄今为止靠泊的最大的集装箱船舶。

图 4-38 青岛港停泊的巨型集装箱船

（2）适应海运现代化的趋势，集装箱运输干线港、支线港、喂给港分层次布局形成，少数集装箱干线港发展成为国际航运中心。

（3）利用先进科学技术，以现代信息技术推动港口现代化，将港口融入区域经济和现代物流，并提高港口的国际竞争力。

（4）在港区内开辟临港工业区，重点引进和布局与港口相关的产业，以港口为依托发展临港工业、保税区和加工区，形成沿海、沿江产业带，带动城市经济发展，推动地区工业化进程。

（5）在经济一体化条件下，港口成为城市发展的重要资源和航运、商业、贸易、产业信息、综合服务的中心，是所在城市最具活力的多功能地区，港城关系逐步进入互动发展、良性循环阶段。

4.6.4 航道工程

在 4.1.6 节中给出了水利先驱黄万里先生的"水利工程的综合性及其分类"，其中航道工程是重要的一类，我国航道工程最古老且至今仍是南北重要航道的应属南北大运河。公元前 486 年由吴国开凿，历经隋、元、清几代扩建形成一条纵横京、津、冀、鲁、豫、皖、苏、沪、浙多达 9 个省（直辖市）的我国重要的南北大航道，2014 年 6 月 22 日被联合国通过列入世界文化遗产名录。

本节着重介绍长江口航道的治理工程。

长江，被誉为黄金水道，是世界上运输最繁忙的河流，沿线地区拥有占全国 40％的钢铁、石化企业，其能源、原材料等主要依靠水运完成。长江下游的长三角地区外贸进出口额的 95％以上通过水运完成。

改革开放以来，虽然长三角地区船舶载重总吨位比整个欧洲的内河运力规模还要大，但全长约为莱茵河 3 倍的长江干线，其货运量却不到莱茵河的 1/10。

原因是"长江入海口的'拦门沙'"，每年 4.8 亿 t 泥沙不断在入海口淤积，形成了长达约 60km 的混浊浅滩，严重影响了海上来船进入腹地。

早在 1958 年以来，国家先后组织数以百计的专家和学者，对长江口航道治理的自然条件作深入研究。

直到 1992 年，"长江口拦门沙航道演变规律与深水航道整治方案研究"被列入国家"八五"科技攻关项目。

作为国家重大基础设施项目，长江口深水航道治理工程将长江"黄金水道"与上海"国际金融、贸易中心"两大国家战略紧密相连，见图 4-39。

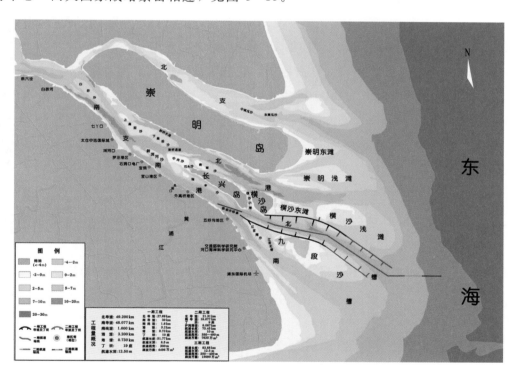

图 4-39 长江口深水航道整治工程示意图

打通长江出海通道，使航道水深达到 12.5m，激活南京以下 10 多个港口、252 个万 t 级泊位。上海的"江海联运"优势得以进一步放大。

1998 年 1 月，长江口深水航道治理一期工程正式开工。

整个工程是从河口挖出 3.2 亿 m³ 的淤泥，这么巨大的挖掘量，如果按 1m³ 连续堆放可绕地球 8 圈。与此同时还要在长江下游北槽段修筑 11 座丁坝，依次横卧堤坝内两侧用于呵护航道，引导江水抵挡流沙。

12.5m 的深水航道，大大提高了长江口的航道通过能力。20 世纪末的长江口，吃水大于 9m 的船舶每天只能通行 12 艘，2008 年这一数字翻了 4 倍，5 万 t 以上的船舶更是从无到有，突破 13 艘。此外，航道水深从 7m 增深到 12.5m 后，船舶平均每航次可多装载 50％～110％，提升了大型船舶的营运水平。

随着一期、二期工程的相继完工，2002—2009 年，仅大宗散货、石油及制成品、集装箱等三大货种运输船舶因运输费节约、中转费节约和中转损失减少产生的直接经济效益就达 729.83 亿元，相当于工程总投资的 5 倍。

长江口深水航道治理工程更带动了长江沿线港口及航运的快速发展。据上海海事大学水运经济研究所研究成果表明，2006 年长江口深水航道治理工程对整个长江流域的经济增长带动贡献达 2019 亿元人民币，占直接影响区域经济总量的 7.3％。长江黄金水道运输量一跃成为世界第一。

长江口深水航道治理工程还保障了上海国际航运中心的建设形成。

深水航道、齐全的港口码头与通畅的集疏运条件是上海国际航运中心建设的硬件设施。上海港集装箱吞吐量从 2000 年的 561.2 万标箱剧增到 2008 年的 2800 万标箱，跃居全球第二；货物吞吐量从 2000 年的 2.04 亿 t 增加到 2008 年的 5.8 亿 t，雄居世界第一大港。

如今，长江口深水航道蛟龙昂首，江海联运，长三角已经迈入了"大船大港"时代。

治理 12.5m 深的航道，用了 12 年。累计下挖 5.5m 耗资 150 亿元，每年却可产生直接经济效益 196 亿元，拉动间接经济效益逾 2000 亿元。

这项工程在 2000 年完成二期，2005 年完成二期工程时曾连续获得詹天佑土木工程大奖和国家优质金质奖。

最后需要提及的是：

深水航道治理是一个旷日持久的浩大工程。美国的密西西比河获得 13.7m 的水深，用了 150 多年；英国的莫塞河获得 13.6m 的水深，用了 45 年。

中国治理这条 12.5m 水深的航道只用了 12 年，比密西西比河和莫塞河虽然浅些，但却快了许多年。

4.6.5 运河

1. 京杭大运河

在 4.6.4 节已经对京杭大运河做了介绍，这里再补充一点，即我国河流基本上是自西向东，因此东西向的航运历代比较发达，而大运河是针对南北航运发展的。历史上乃至今天"南粮北运，北煤南调"的繁重任务有很大比例是靠这条运河来实现的，其繁忙的程度如不亲身去看一看几乎是难以相信的。京杭运河扬州段从 2006 年开始经过两年多的施工，对航道进行了升级改造，提高了扬州段的航道等级，以满足货运量不断增长和船舶向大型化发展的需要，并有效地改善了泄洪期的航行条件。图 4-40 所示为该河段改造后的壮观景象。此外，苏杭段、山东段的航运效果也十分理想。

2. 苏伊士运河

人类的勤劳与智慧在于不断创造。为便于世界各国的海上往来，人们开凿了洲际运河。世界上的洲际运河目前有两条，即苏伊士运河和巴拿马运河。

苏伊士运河位于埃及东北部的非洲与亚洲接壤地带，全长190多km。运河连通地中海和红海，进而沟通大西洋和印度洋，是一条极为重要的国际航道。航道修建缘起于欧洲资本主义的发展和殖民主义的扩张。15世纪，新兴的海上强国葡萄牙急于前往传说中"遍地是香料和黄金"的东方，开辟了绕行南非好望角的航道。但这条航道绕路太多，耗时费力。1859年，法国在埃及的苏伊士地峡开凿运河。当时埃及有人口500万人，作为奴隶劳工参加运河修建的先后有220万人次，其中至少有12.5万人劳累而死。1869年运河通航，使欧亚两大洲绕过好望角的航程缩短近万公里。

图4-40　2008年10月京杭大运河
扬州段改造后的壮观景象

运河的股权起初全部由法国和英国掌控。1952年，纳赛尔领导埃及人民推翻法鲁克封建王朝，四年后实现苏伊士运河国有化。这条被外国霸占长达87年的洲际航道回到埃及人民手里。从1976年起，埃及政府多次进行运河改造，拓宽和加深航道，扩建和新建沿岸港口，更新技术设施，运河航行能力大大提高。目前，河面宽280m，每年有2.5万艘大小船只通过。世界上有100多个国家和地区使用这条航道，世界贸易总量的14%，石油出口的26%，运往波斯湾各港口货物总量的41%，都通过这里。它是世界上最繁忙的运河之一，2012年共17225艘船舶使用这条河流，货运载超过7.4亿t约占国际贸易的10%以上。为了增加它的通航能力，2014年8月5日埃及政府宣布，在现有苏伊士运河东部投资40亿美元开凿一条新运河，新运河预计全长72km，其中单独开凿35km新河道，另外37km将以拓宽原有河道来实现。开通后通过运河的时间将由现在11h缩短为3h。

苏伊士运河的开凿将埃及的亚洲部分与非洲部分割裂开来，在一定程度上影响运河东岸西奈半岛的开发。1978年10月，埃及在运河下面开凿一条隧道，以便两岸车辆来往。同时，在隧道中敷设输水管和高压电缆，把比较富庶的西岸地区的水和电输送到东岸。

随着西奈半岛开发的加速，只一条隧道远不能适应发展的需要。2001年，在运河上先后修建一座公路桥和一座铁路与公路两用桥。公路桥是一座悬索桥，每天可容3万辆车通行。两用桥是一座闭合式钢箱桥，全长640m，张开时形成一条宽320m的航道，超大型船只也能通过；合拢时桥面宽12.6m，两侧是汽车道，中间是单行铁路线，可容时速160km的火车通过。这座桥不但将埃及的亚非两部分更加紧密地连接起来，还能通过铁路向约旦、叙利亚和土耳其延伸，把非洲经西亚同欧洲也连接在一起。

3. 巴拿马运河

巴拿马运河位于作为南北美洲分界线的巴拿马地峡，全长 81.3km，是沟通太平洋和大西洋的洲际水道。运河开凿之前，美洲东西海岸之间的海上来往，要绕行最南端的麦哲伦海峡。苏伊士运河开凿成功后，欧美列强开始寻求在美洲"蜂腰地带"也开凿一条运河。起初是法国动手，后因财政和技术困难被迫中止。1902 年，美国接手，迫使巴拿马签订不平等条约，将运河两岸宽16km 的地带划为"运河区"，归美国"永久占领和使用"。运河工程于 1904 年再次启动，10 年后竣工通航。运河的开通使北美洲东西海岸之间的航程缩短上万公里，为美国赢得巨大利益。但是，巴拿马却因开辟"运河区"而被拦腰辟为两段。为收回运河主权，巴拿马同美国进行近百年的斗争，直到 1999 年 12 月才取得胜利。

图 4 - 41　巴拿马运河三道船闸高程示意图

巴拿马运河与苏伊士运河同为人工水道，但运行方式截然不同。苏伊士运河连接的地中海与红海海平面相同，是一条畅行无阻的海平面水道，船只通过一般只需七八个小时。巴拿马运河是一条船闸式水道，因为运河所处地峡高出海平面大约 26m，南北出入口不得不各设三道水闸调节水位。船只过河，先得将它从洋面逐级抬进河床，过河之后，再把它从河床中下放到洋面，见图 4 - 41 及图 4 - 42。这样一折腾，船只通过运行一般需要 20 多 h。目前，每年有 1.5 万多艘货船从这里通过，运河承担着世界贸易货运量的 5%。从 2006 年 4 月起，巴拿马决定用 6 年时间进行运河扩建，届时通过这里的货运量将会翻番。据统计 2012 年发自中国或驶向中国的货运量占运河全部货运量的 27.8%，是仅次于美国通过量的第二大国。

运河开凿方便了海上交通，但本来连成一片的两岸大地却被割裂，给陆上交通带来不便。为弥补这一缺憾。巴拿马运河上现有两座大桥。一座靠近巴拿马城，1959 年修建，名为"美洲大桥"。大桥全长 1653m，两端是巨大桥墩支撑的平地桥，中间是桁架吊起的悬臂桥。粗大钢梁编织的拱门罩在桥面上，犹如一条蛟龙凌空飞起。乘车从桥上通过，不到 5min 便从南美洲来到北美洲。

运河主权收回之后，为解决原来桥上的交通拥堵问题，巴拿马在美洲大桥北边又修建一座大桥。因为 2003年 11 月 3 日是巴拿马建国 100 周年，新修的大桥命名为"百年大桥"。这座桥是索道桥，东西两端各建有一座高塔，两塔之间悬吊着一条 1052m 长的钢铁索道，任何大型船只都可从桥下穿过。桥面是 6 车道，每天可容 20 万辆车通过。这座大桥已成为连接北美和南美 20 多个国家

图 4 - 42　巴拿马运河通行船闸

的泛美公路网的必经之途。

说起巴拿马运河中国人是有贡献的。1854年3月20日一条名叫"海巫"号的帆船运载705名华工在海上漂泊60多天抵达巴拿马港口,他们是被美国人招募来修筑巴拿马地峡铁路的,但实际上大部分人从事运河的开凿。以后陆续又有大批华工被招募到这里参加开凿运河工程。1992年巴拿马市政府通过决议,为参与修筑巴拿马地峡铁路和运河的华工竖立纪念碑,上面用汉语和西班牙语文字刻有"华人抵达巴拿马150周年纪念碑",见图4-43。

图4-43 巴拿马城纪念华人抵达巴拿马150周年纪念公园

4. 即将兴建的尼加拉瓜运河

处于巴拿马北部的中美洲国家尼加拉瓜国民议会2012年7月以86票赞成、2票弃权、0票反对的结果,高票批准了政府提交的一份跨洋运河修筑草案,计划开凿一条连通太平洋和大西洋、全长约220km的尼加拉瓜运河,以刺激该国经济增长。

该运河最佳路线长约220km,将由大西洋一端的北圣胡安镇开始,穿过尼加拉瓜与哥斯达黎加边界有争议河流——圣胡安河抵尼加拉瓜湖,再从湖西侧进入里瓦斯地峡,最终到达太平洋沿岸港口南圣胡安港,这一线路需要开凿的陆地河道仅为20多km。尼加拉瓜运河将比巴拿马运河更深、更宽,以便使目前无法穿越巴拿马运河的巨型油轮能顺利通过,工程预计耗资约300亿美元,2019年部分竣工,其初始货物吞吐量为4.16亿t,占世界海运总吨数的3.9%,而到2025年运河全部竣工时,可提升至5.73亿t,占4.5%。

尼加拉瓜位于中美洲中部,运河将给尼加拉瓜和中美洲经济带来巨大活力,譬如可创造近20万个工作岗位,运河的运营收益据估算将超出本国国内生产总值一倍多。此外,新航线的开通还能大大缩短亚洲国家大型油轮到美国东岸城市和欧洲的航运距离,节省大量费用。运河的设计者测算,一艘来自日本前往美国纽约但无法通行巴拿马运河的大型货轮,未来如借道尼加拉瓜运河,航程可缩短7000km以上。尼当局称,尼加拉瓜运河与巴拿马运河将不会是"竞争"而是"互补"关系,两者"相得益彰"。

4.6.6 海上运载工具——船舶

要讲海运就离不开海运的运载工具——船舶，船舶的发展又进一步带动了港口码头的发展。因此，有必要了解一下船舶工业的现状。

造船业是我国新兴的基础支柱产业，2010年，我国造船完工6560万载重吨，新接订单7523万载重吨，手持订单19590万载重吨，分别占世界市场的43%、54%、41%，均居世界第一。在产能过剩的情况下，2013年我国承接的新船订单仍达6984万载重吨。这意味着我国船舶工业在总量上已经超越韩国和日本，跃居世界第一。国务院在2009年"两会"期间已将造船业列为我国制造业中的重点产业。为了扩大再生产，我国著名的拥有143年历史的江南造船厂于2008年整体搬迁至长江入海口处的长兴岛，目前已完成一期工程，建筑面积110万 m²，使用岸线3.8km，分为3条造船生产线，共建设大型造船坞4座，其中最大船坞长580m，宽120m，总投资约160亿元。

我国目前以发展10万~20万t级的油船和散货船为主，同时也生产规模较大的集装箱船。图4-44所示为我国建造的第一艘大型集装箱船"中远川崎48号"，已于2008年3月下水。该船可装10062个标准集装箱，总长348.5m，宽45.6m。

图4-45所示为由我国自行制造的第一艘大型天然气运输船。作为一种清洁、高效的能源，天然气已成为21世纪初缓解能源供需矛盾、优化能源结构的开发利用重点。运输船要保证在-163℃低温下，把天然气"压"成液化天然气（LNG），还需要满足超长距离运输液化天然气的能力。LNG船是国际上公认的高技术、高附加值、高可靠性的"三高"船舶。2010年年底我国已交付了5艘14.7万 m³ 的LNG船，正在研发20万 m³ 以上的LNG船的设计和制造。

图4-44 "中远川崎48号"试航 　　　　图4-45 我国自行制造的第一艘大型液化天然气运输船（2008年下海）

图4-46所示为由我国承接的将一艘30万t油船改装成集石油生产、加工、存储、输送为一体的大型综合船舶，是全球最大吨位的海上浮式生产储油船，船长315m，宽60m，相当于一座小型炼油厂。此船已于2008年年底交付订货方，并开始运营。

图4-47是我国2010年交付的一艘"新埔洋"号原油船，全船长333m、宽60m，甲板比3个

标准足球场还大；甲板面至船底型深 29.8m，可装载闪点低于 60℃ 的原油 30.8 万 t；甲板面上设有直升机停降平台，可持续航行 60 天，续航力约 20000 海里；配有 10 多门消防高压水炮，射程 30 多 m，足以打翻海盗船；配备先进的淡水造水机，每天可通过海水淡化产生 30t 生活用水。

图 4-46　由 30 万 t 油船改装而成的
海上石油生产综合船

图 4-47　"新埔洋"号原油船下海

能否设计建造 30 万载重吨超大型船舶，是衡量一个国家造船能力的标尺，"新埔洋"号的交付，标志我国造船工业迈入新阶段，有能力设计、建造世界上任一型号的船舶。

图 4-48 是 2011 年我国出口美国命名为"兰梅"号的好望角型的散货船。

图 4-48　"兰梅"号好望角型散货船下水

该船船长 299.92m，型宽 50m，型深 25m，设计吃水 16.1m，航速为 15 节。20.6 万 t 好望角型散货船作为原 17 万 t 级传统型好望角型散货船的升级产品，自 2009 年 10 月 15 日正式推向市场后，就一炮打响。截至 2011 年 9 月底，该船型订单已达 23 艘，成为上海外高桥造船有限公司又一拳头产品。

随着铁矿砂等散货运输量的剧增，开发环保、经济和大型化的散货船是必然趋势。业内有专家认为，20.6万t好望角型散货船的成功开发正是顺应了这种潮流，因此有望成为未来散货船市场的主力船型，市场前景十分看好。

船舶工业被誉为"综合工业之冠"。据统计，在国民经济116个产业部门中，船舶工业与其中的97个产业有直接联系，关联面达84%，其中尤以机械、冶金、电子等行业最为密切。每建造1万载重吨船舶可以提供船舶及其上游产业3000个就业岗位。以上简单的统计还仅仅指的是与造船直接有关的制造业，如果考虑到因造船而需要同步发展的港口、码头、船坞等的建设，那基本上都是土木工程行业和专业的事了。

图4-49　正在建造的大型船舶

图4-49给出了一个正在建造的大型船舶的图片，目的有三：其一是船舶结构就是一个大型钢结构，所不同的是这个钢结构是建造在一个可以浮在水上的壳体内；其二是造船业是吃钢大户，我国钢材的消耗大概除了土木之外，就是造船业了；其三是让大家认识到，土木工程专业的毕业生去造船业求职也是一个方向，因为从力学和结构角度来看，船舶结构力学与土木工程结构力学没有本质上的差别。读者应注意，船体内部的这些弯曲的竖向肋板从力学上看，统统是为了保证船体外壳在水压下稳定而设置的。当然，这些肋板之间还会布置各种仓位，以保证对这些空间的充分利用。

与造船业有关的还有一项深海载人潜水器，它是海洋开发的前沿与制高点之一，其水平可以体现一个国家在材料、控制、海洋学等领域的综合科技实力。在中国之前，世界上只有美国、日本、法国和俄罗斯拥有深海载人潜水器。中国的载人深潜始于2010年7月，下潜深度3000m。以后不断改进和突破。2011年7月潜深5057m，2012年6月潜深7020m。中国的载人深潜器定名为"蛟龙"，重量22t，可载3人，见图4-50、图4-51。对深潜来说，耐压和密封是考验深海载人潜水器性能最重要的两个指标。身处7000m的海底，意味着舱壁要承受$7000t/m^2$的压力，这个压力要远比海上运输船体外壁承受的压力大得多。除了选用高级钢材之外，更重要的是内部肋板的强度和布置，使其足以保证在强大的外压下不会发生屈曲而丧失稳定。这一点土木工作者特别是从事钢结构建设的人再清楚不过了。

据悉，有记载的深潜记录如下：美国1964

图4-50　中国载人深潜器"蛟龙"号开始下海

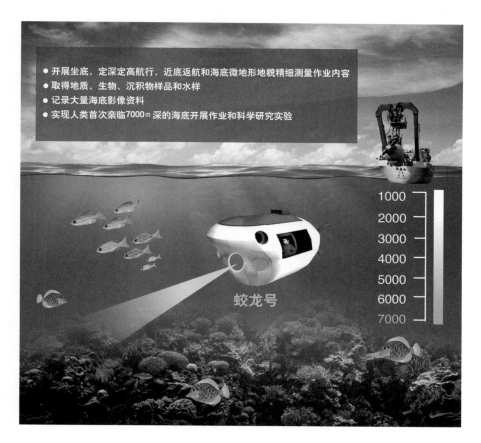

● 开展坐底，定深定高航行，近底返航和海底微地形地貌精细测量作业内容
● 取得地质、生物、沉积物样品和水样
● 记录大量海底影像资料
● 实现人类首次亲临7000m深的海底开展作业和科学研究实验

蛟龙号

1000
2000
3000
4000
5000
6000
7000

图 4-51 "蛟龙"号下潜全程示意图

年深潜 4500m，法国 1985 年深潜 6000m，俄罗斯 1987 年深潜 6000m，日本 1989 年深潜 6500m。我国起步晚，但深潜为最，2012 年深潜 7020m。

第 5 章 防灾减灾

5.1 灾害的定义、属性、分类与分级

"防灾减灾"是隶属于土木工程一级学科以下的一个二级学科。这种设置是科学的，是土木工程学科的属性所决定的，突出地表现为土木工程在防灾减灾中具有无可比拟的积极主动性和不可替代性。

灾害损失是很严重的，全球每年因各类灾害的损失多达上万亿美元。2005 年 8 月下旬，卡特里娜飓风袭击美国南部，媒体报道损失 2000 亿美元。

2011 年全球因天灾造成的损失多达 3800 亿美元。日本 2011 年最大的一次自然灾害是"3·11"地震，不计福岛核电站造成的后果，仅地震和海啸的直接损失就高达 2100 亿美元。

中国处于全球灾害多发区，从公元前 206 年到 1949 年的 2155 年间，中国发生的大水灾有 1092 次，较大的旱灾有 1056 次，几近年年成灾。据权威部门统计，中国在 2002 年各类自然灾害损失总计 1500 亿元人民币，2003 年上升为 2800 亿元，2005 年降为 1991.4 亿元，但死亡人数高达 1855 人，失踪 458 人（北京青年报，2005 年 11 月 26 日）。中国气象局介绍 2006 年 1—8 月中国因多种气象灾害（洪涝、泥石流、火灾等）死亡 1382 人，直接经济损失 1000 亿元。2008 年 5 月 12 日发生的汶川大地震，据《人民日报》9 月报道，直接经济损失高达 8451 亿元，且仅指各类物质损失，尚不包括人员伤亡❶。2010 年上半年，因各种自然灾害死亡 3154 人，直接经济损失 2113.9 亿元。

灾害损失占国民经济 GDP 的比重，因地域和发达程度而异，大约美国为 0.06%，日本 0.08%。中国没有权威的统计，按上述 2003 年损失 2800 亿元而当年 GDP 11 万亿元计，则为 2.5%。相对于发达国家，我国灾害损失是惊人的。

防灾减灾是全球性的任务，中国尤其需要给予高度重视。

5.1.1 灾害的定义与属性

1. 定义

世界卫生组织将灾害定义为："任何能引起设施破坏、经济严重受损、人员伤亡、健康状况恶

---

❶ 上述灾害造成的经济损失均指当年的币值。

化的事件,如其规模已超出事件发生社区的承受能力而不得不向社区外部寻求专门援助时,应可称其为灾害。"联合国 1989 年成立了国际减灾 10 年（1990—2000 年）委员会,该委员会的专家组将灾害定义为:"灾害是指自然发生或人为产生的,对人类和人类社会具有危害后果的事件与现象。灾害是一种超出受影响社区现有资源承受能力的人类生态环境的破坏。"

上述两个定义都包含两个基本概念:①灾害是破坏严重、损失巨大的事件;②这种事件超出了社区本身的承受能力。后者更明确强调了"灾害是自然发生或人为产生"的概念。

2. 灾害的属性

灾害具有下述的 8 个属性。

（1）灾害的普遍性和永恒性。表现为灾种、性质、时间、地点……它遍及宇宙且与宇宙同在。

（2）灾害的多样性与差异性。表现为复杂、模糊、起源不同、轻重不同等。

（3）灾害的全球性与区域性。总体上是全球的,不同区域灾种和程度不同。

（4）灾害的随机性和预测的困难性。表现为时间、地点、强度、范围等都是随机的。所有随机事件,预测都有一定的难度,如地震。但随着人类社会的进步,预测的准确度会逐渐提高,如近代台风预报已经比较准确。

（5）灾害的突发性与缓慢性。地震、火山等是突发的,沙漠化、水土流失等则是缓慢的。

（6）灾害的迁移性、滞后性、重现性和双重性。加拿大酸雨来自美国的污染,是空气流动造成的迁移性灾害;人口膨胀,生态失衡则表现为滞后;至于重现性则更多了,单单是台风,我国东南沿海几乎每年都要面对 20 次左右台风的袭击;但同时也给我国带来了大量的自然降水,充分体现了灾害的利和弊,这种双重性还能举出很多。

（7）灾害的相互联系性和伴生性。如暴雨引发洪水,继而引发溃坝、泥石流和瘟疫;爆炸大都伴生火灾等。

（8）灾害的人为性和可预防性。灾害的人为性,既表现为自觉主动地施加灾害,如战争、恐怖主义;又表现为随着社会发展,人类认识上的局限性和滞后性导致的被动灾害,如生态失衡、核泄漏、交通事故、燃气爆炸……这些灾害虽在一定程度上可以预防但又是不可避免的。

承认并正确认识和对待这 8 条灾害的属性是非常重要的,它在本质上是一个认识论和世界观问题。有人认为随着人类社会的进步、科学的发达,灾害可以减轻甚至消灭,这是很天真的。我们不否认有些灾害特别是自然灾害,由于预测和救助措施的先进,可以在一定程度上得到减轻,但却不能消灭,至少目前还看不到消灭地震的前景。我们更应该引起警觉的是在科学发达的同时,一些人为性强的灾害反而产生并多起来了。例如,随着汽车增加,道路交通事故就多起来。据统计,2003 年全世界交通事故死亡 50 万人,其中中国 10.4 万人、印度 8.6 万人、美国 4 万人、俄罗斯 2.6 万人;中国每年因道路交通事故死亡人数排在脑血管、心血管、恶性肿瘤、损伤与中毒及消化系统疾病之后,居第七位,道路交通事故死亡人数在全世界总死亡人数中居第十位。这显然与中国人口多、道路状况差、私家轿车发展过快有关。如核能的利用就有可能出现核泄漏,化肥、杀虫剂的发明,在大幅度提高粮食产量的同时也带来食物中的某些对人类不利的成分。最能说明问题的是抗生素的发明，它救治了千百万人的生命，功不可没，但在大量使用的同时，据媒体报道，人类细胞中又滋长了一些抵御抗生素的细菌，不仅原来的抗生素失效了，而且产生了一种新的抗生素病，这种现象在发达国家尤其严重。还有，信息技术被认为是现代科技发展的骄傲，但同时也暴露了它在安全方面的脆弱性，在互联网上对 TCP/IP 的攻击将导致服务性能下降、中断、数据泄露或篡改，特别是恶意用户或敌意用户发布错误信息，干扰甚至破坏全网的联通性，于是一个新的防灾领域诞生了。2001 年"9·11"事件对美国世贸大厦的恐怖袭击，死亡 3000 多人，可谓近代人为施加的最严重的恐怖主义灾害了。土木工程师们不像政治家那样去关心恐怖袭击的动因，而对高层建筑和钢结构的耐火性能提出了质疑。作为现代社会发达的标志之一的超高层建筑，如此风起云涌般的兴建，是否在设计时就应考虑万一发生恐怖袭击时如何做到损失最小？飞机、超高层建筑都是现代科学高度发达的产物，正是这些产物在特定的社会环境和政治氛围下竟然构成了一场惊人的人为灾害。

5.1.2 灾害的分类与分级

1. 分类

灾害按大类分自然灾害和人为灾害两种。例如，地质灾害（地震、火山爆发、地下毒气和海啸）、地貌灾害（山崩、滑坡、泥石流、沙漠化和水土流失）、气象灾害（暴雨、洪涝、热带气旋、冰雹、雷电、龙卷风、干旱和低温冷害）、生物灾害（病害、虫害和有害动物），以及天文灾害（天体撞击、太阳活动与宇宙射线异常）等，这些均属自然灾害；而生态灾害（自然资源衰竭、环境污染和人口过剩）、工程经济灾害（工程塌方、爆炸、工厂火灾、森林火灾和有害物质失控），以及社会生活灾害（交通事故、火灾、战争、社会暴力、动乱和恐怖袭击）等，则均属人为灾害。

2. 灾害的分级

灾害缺乏统一的量度方法，一般来说，地震和台风以释放的能量计算。

（1）地震震级与烈度。地震的震级 M 分 9 级，一说为 10 级，每一级的能量大约相当于前一级的 30 倍。它是根据里氏地震仪在距震中 100km 记录到的最大地震动位移 A 的对数值来度量的，即 $M=\lg A$（当测定位置不在距震中 100km 处时，A 值可通过修正求得）。图 5-1（a）所示为各级地震的大致分界，一般来说 5 级以下多为小震，而 5 级以上则为大震。迄今为止所测到的最大的地震是 1960 年智利大地震，震级 9.5 级，见图 5-1（a）。表 5-1 所示为全球近 50 年来测到的 8.9 级以上的 5 次地震。

同级地震仅表示释放的能量是相同的，但由于震源处于不同深度和不同位置［见图 5-1（b）］，震中周围的繁华程度以及伴生灾害轻重不同，同一次地震对不同区域的破坏程度是不同的。表 5-1 中序号 2 和序号 3 美国阿拉斯加的两次地震，震级都在 9 级以上，但那里人烟稀少，其破坏程度也低。因此还应该有一个表征破坏程度的指标，称做"烈度"。这个指标对于土木建设部门尤其重要，是城市建设及各种基本建设最重要的设计指标和依据。

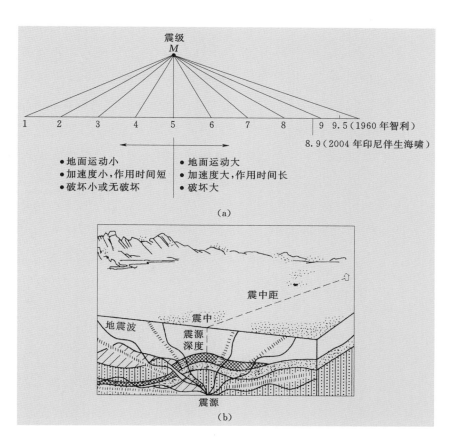

图 5-1　地震示意图
（a）地震震级示意图；（b）震源、震中、震中距示意图

表 5-1　　　　　　　　近 50 年来全球超过 8.8 级以上的地震

序　号	年　份	地　　点	里氏震级
1	1960	智利	9.5
2	1964	美国阿拉斯加威廉王子湾	9.2
3	1957	美国阿拉斯加安得列亚诺夫群岛	9.1
4	1952	俄罗斯堪察加半岛	9.0
5	2004	印尼苏门答腊北侧海域	8.9
6	2010	智利	8.8

烈度是地震对人员感知和伤亡状况以及建筑物、交通设施等毁坏程度人为量化的一个指标，一般划分为 12 度。1～4 度基本影响不大，可以不设防，但 6 度以上则会造成较大的毁伤。这个指标就是各个地区进行基本建设时抗震标准的依据，常称设防烈度。如北京地区按 8 度设防，有人往往把震级与烈度混为一谈，这是不对的。如 2011 年日本的"3·11"地震震级是 9 级，对日本西部破坏极大，并且造成严重的核事故，16 万人无家可归，但相距较远的北京却基本没有感知，

原因就是北京距日本较远，又隔着一片海域，其地震释放的能量传到北京地区已衰减得很小了。而唐山地震，震级7.8级，但北京离唐山很近，自然就会有较强的感知，并且引发了一些房屋的破坏。2014年8月上旬我国云南昭通市鲁甸发生地震，其震级为6.5级，但震中地区鲁甸县龙头山镇90m²的范围内其烈度高达9度，远离中心区的巧家县及更多广阔的地域其烈度多为6度。

工程设计中常用的有两项烈度指标，分别为地震基本烈度和设防烈度。基本烈度是某地区在今后一段时间内，在一般场地条件下可能遭受的地震最大烈度。它根据历史上的地震情况、地区地质条件、离强震区远近等因素综合判定。

设防烈度是按国家规定的权限批准作为某一地区抗震设防依据的地震烈度。抗震设防一方面要依据某个地区一定概率水平的地震大小，一方面又要根据国家的财力、物力及该地区的人口、经济、社会政治影响确定。一般情况下设防烈度直接取为基本烈度。有的地区（如人口稀少等）则略低于基本烈度。我国现行的地震烈度表（GB/T 17742—2008）共分12个等级用罗马数字表示，每一级烈度对于人的状态、感知程度、房屋震害、其他震害现象、水平方向地震动参数等均有详细的表述和界定，如烈度为Ⅵ度，则表述为"多数人站立不稳，少数人惊逃户外"，"多层砖砌体房屋少数轻微破坏……"，"水平地震动峰值加速度0.63m/s²"。我国规定设防烈度为Ⅵ度及以上时必须进行抗震设计（Ⅴ度以下的不予设防）。我国处于全球地震多发区，其中不小于Ⅶ度的设防地区约占国土面积的32%。北京市的设防烈度为Ⅷ度。

（2）风（热带气旋）的分级。风灾又称热带气旋，过去一直沿用英国人蒲福（Beaufort）于1805年拟定的"蒲福风力等级"，自0～12共分13个等级，1946年扩为18个等级，为0～17级，见表5-2。由于大家公认7级风才开始形成破坏，故国际上大都关注7级以上的风。请读者注意表5-2中的7级风，其风速已达到17m/s，迎风步行已感到吃力了。

表5-2 蒲福18级风力等级表

| 等级 | 距地10m高处的风速/(m/s) | 海面浪高/m | | 陆地地面物体征象 |
		一般高度	最大高度	
0	0.0～0.2			静，烟直上
1	0.3～1.5	0.1	0.1	烟能表示风向，但风向标不能转动
2	1.6～3.3	0.2	0.3	人面感觉有风，但风向标不能转动
3	3.4～5.4	0.6	1.0	树叶及树枝摇动不息，旌旗展开
4	5.5～7.9	1.0	1.5	能吹起地面灰尘和纸张，树的小枝摇动
5	8.0～10.7	2.0	2.5	有叶的小树摇摆，内陆的水面有小波
6	10.8～13.8	3.0	4.0	大树枝摇动，电线呼呼有声，举伞有困难
7	13.9～17.1	4.0	5.5	全树摇动，大树枝弯下来，迎风步行感到吃力

等级	距地10m高处的风速/(m/s)	海面浪高/m		陆地地面物体征象
		一般高度	最大高度	
8	17.2～20.7	5.5	7.5	可以折毁小树枝，人迎风前行感觉阻力很大
9	20.8～24.4	7.0	10.0	烟囱及屋顶受到损坏，小屋易遭到破坏
10	24.5～28.4	9.0	12.5	陆上少见，见时可把树木刮倒或建筑物损坏较重
11	28.5～32.6	11.5	16.0	陆上少见，见时必有重大毁损
12	32.7～36.9	14.0		陆上很少见，其摧毁力较大
13	37.0～41.4			陆上绝少见，其摧毁力极大
14	41.5～46.1			
15	46.2～50.9			
16	51.0～56.0			
17	56.0～61.2			

2006年6月2日，中国气象局与国家标准化管理委员会在北京联合举行新闻发布会上，将热带气旋定义为：生成于热带或副热带洋面上，具有有组织的对流和确定气旋性环流的非锋面性涡流的统称，包括热带低压、热带风暴、强热带风暴、台风、强台风和超强台风，并给出了热带气旋等级划分表，见表5-3（中国气象报，2006年6月3日），风速在32.7～41.4m/s及以上才称为台风。这是中国的规定，国际上仍习惯用表5-2所示的蒲福风力等级表。

表5-3   中国热带气旋等级划分表

热带气旋等级	底层中心附近最大平均风速/(m/s)	底层中心附近最大风力/级
热带低压（TD）	10.8～17.1（39～62km/h）	6～7
热带风暴（TS）	17.2～24.4（63～88km/h）	8～9
强热带风暴（STS）	24.5～32.6（89～117km/h）	10～11
台风（TY）	32.7～41.4（118～149km/h）	12～13
强台风（STY）	41.5～50.9（150～183km/h）	14～15
超强台风（SuperTY）	≥51.0（≥184km/h）	16或以上

2005年9月卡特里娜飓风袭击美国的新奥尔良，造成1000多人死亡，是近年来全球一次相当大的风灾。2012年8月上旬第11号台风"海葵"袭击我国东南沿海沪、浙、苏、皖等省区，截至8月8日8时，仅浙江省就有202.4万人受灾，倒塌房屋1530间，农作物受损920km²，停产企业

图5-2 台风"海葵"对浙江温岭电路的破坏情况

13619家。图5-2所示为浙江温岭市电路被吹倒的状况。2014年7—8月第9号台风"威马逊"先后登陆海南、广东、广西，中心附近的最大能力均为17级（60m/s），是自1973年以来登陆华南地区的最强台风，造成400多万人受灾，房屋倒塌，交通中断，电网受损，直接经济损失高达65亿元之多。

（3）雨雪、雾等级划分。传统的气象灾害除上述的风灾以外，还包括雨灾、雪灾、雾灾等，它们随着人类活动和全球变暖而日益严重。以雾灾为例，在100多年前，汽车和飞机尚未发明，雾灾事故不多，现在已完全不同了，大有日益严重的趋势。雨雪是按降水量来划分的，见表5-4，雾是按能见度来划分的，见表5-5。

表5-4   雨 雪 等 级 表

类　型	6h累计降水量 /mm	12h累计降水量 /mm	24h累计降水量 /mm
小雨、阵雨	0.1～3.9		0.1～9.9
小到中雨	2.0～7.9		3.0～16.9
中雨	4.0～11.9		10.0～24.9
中到大雨	8.0～19.9		17.0～37.9
大雨	12.0～24.9		25.0～49.9
大到暴雨	20.0～39.9		38.0～74.9
暴雨	25.0～54.9		50.0～99.9
暴雨到大暴雨	40.0～74.9		75.0～174.9
大暴雨	55.0～89.9		100.0～250.0
大暴雨到特大暴雨	75.0～119.9		175.0～300.0
特大暴雨	≥90.0		≥250.0
小雪、阵雪		0.1～0.9	0.1～2.4
中雪		1.0～2.9	2.5～4.9
大雪		3.0～5.9	5.0～9.9
暴雪		≥6.0	≥10.0

注 雨雪等级是按降水量的多寡来划分的。

表 5 - 5 雾 等 级 表

类　型	能见度/km
雾	≤1.0
大　雾	≤0.5
浓　雾	≤0.1

2012 年 7 月 21 日白天至 22 日凌晨，北京市遭遇自 1951 年有气象记录以来最凶猛、最持久的一次强降雨。全市平均降雨量 170mm，最大降雨点房山区河北镇达到 460mm。

特大暴雨导致全市 1.6 万 km² 面积受灾，受灾人口 190 万人。市区路段积水，交通中断，铁路停运，航班停飞；道路、桥梁、水利工程多处受伤，民房汽车受损，初步统计经济损失近百亿元。截至 22 日 17 时，北京市境内共发现因暴雨遇难 37 人，8 月 3 日升至 78 人。按表 5 - 4 中的数据，这次降雨应属特大暴雨。

（4）环境空气质量标准。

1）沙尘暴：全球北纬 40 度附近沙源带分布较多，受季节温度升高、积雪融化等因素影响，地表松动沙土易随大风扬向空中，导致春季沙尘天气多发。

自进入 21 世纪以来，我国频繁出现沙尘暴天气，多发生在每年的 3—4 月，且有逐年严重之势。图 5 - 3 给出了我国近 13 年以来沙尘天气次数。沙尘暴的严重极大地影响环境空气的质量，表 5 - 6 是我国气象部门给出的沙尘天气分类等级表。

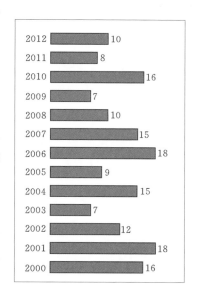

图 5 - 3　13 年来中国春季
沙尘天气次数

（制图：蔡华伟　资料来源：
国家气候中心）

表 5 - 6 沙尘天气分类等级表

分　类	起　因	特　征	出现时令	能见度
特强沙尘暴	狂风将地面尘沙吹起	空气特别浑浊，天色灰暗	北方春季易出现	<50m
强沙尘暴	大风将地面沙尘吹起	空气非常浑浊	北方春季易出现	<500m
沙尘暴	本地或者附近尘沙被风吹起造成	天空浑浊，呈现黄色，风很大	大多出现在雷雨和冷空气过境时，北方春季时节容易出现	<1km
扬沙	本地或者附近尘沙被风吹起造成	出现时天空浑浊，呈现黄色，风较大	大多出现在雷雨和冷空气过境时，北方春季时节容易出现	1～10km
浮尘	由于远地或本地产生沙尘暴或扬沙后，尘沙等细粒浮游空中造成的，俗称落黄沙	出现时远方物体呈土黄色，太阳呈苍白色或是淡黄色	大致出现在冷空气过境前后	<10km

2）霾：18 世纪开始的工业革命由于人类生产活动的大规模排放造成的空气污染直到 20 世纪末叶才引起联合国的重视，并陆续出台了一系列标准，且逐步从严。规定空气中固体或液体的颗粒不得大于 $2.5\mu m$，称之为 PM2.5，意味着空气中的这类颗粒的直径要小于人体头发丝直径的 1/30。这类微小颗粒的来源主要是燃煤排放、机动车尾气排放、工业生产等形成的挥发性有机物、城市扬尘和气态污染物在空气中发生化学反应而生成的二次粒子等有害物质，由于粒径小，可直接进入肺部，引发哮喘、支气管炎和心血管等疾病。

北京 2008 年奥运会前夕只检测 SO_2、NO、可吸入颗粒物 PM10，显然 PM10 是比 PM2.5 更为粗糙的指标。2012 年 3 月环保部发布了我国"环境空气质量标准"，主要精神是"调整、增设、更新、提高"8 个字，并声明由于我国还是一个发展中国家，经济技术发展水平决定了 PM10、PM2.5 等污染物的限值目前仅能与发展中国家空气质量标准普遍采用的世卫组织第一阶段目标值接轨。从这个意义上说，我国标准仅仅与世界"低轨"相接。

1952 年伦敦早已完成了工业革命阶段，在当年的 12 月由于燃煤采暖空气中充满煤烟中的 SO_2，恰巧逆温大雾天气烟尘难以消散，短短的 5 天之内伦敦市因胸闷咳嗽等症状死亡多达 4000 人，据后续统计这次烟尘天气直接间接导致 12000 人死亡。此后英国不用或很少燃煤，并逐步完成了能源的更新。1956 年，英国颁布了世界上首部空气污染防治法案《清洁空气法案》，规定城镇使用无烟燃料，推广电和天然气，冬季采取集中供暖，发电厂和重工业设施被迁至郊外等。1952 年和 1955 年，美国洛杉矶发生严重的光化学烟雾事件。对此，1955 年 7 月，美国国会通过了空气质量管理控制条例。1963 年国会通过更全面的空气质量管理办法，并根据不同地区的地形和气象特点，制定不同的空气参数指标。1997 年，美国环保署根据《清洁空气法》，制定了专门针对大气 PM2.5 含量的标准。

空气中的可吸入细微颗粒物直观上常表现为 3 种形态：

a. 霾：霾是大量极细微的干尘粒等均匀地浮游在空中，使水平能见度小于 10km 的空气普遍混浊现象。细颗粒物是大气霾现象的重要诱因。因际上用细微颗粒物的直径来量化为上述的 PM2.5、PM10。

b. 灰霾：灰霾的气象定义是悬浮在大气中的大量微小尘粒、烟粒或盐粒的集合体，使空气浑浊，水平能见度降低到 10km 以下的一种天气现象。

c. 雾霾：雾霾是雾和霾的组合体。相对湿度在 $80\%\sim90\%$ 之间时，大气混浊、视野模糊导致的能见度恶化是霾和雾的混合物共同造成的，即为雾霾。

国际上有一个空气质量指数（AQI），其值越高空气质量越差，中国有时称之为空气污染指数。中国气象部门有一个空气污染指数与影响的行业标准，见表 5-7。

2013 年 1 月我国大面积出现雾霾天气，包括北京、天津、武汉、河北、四川等十数个省区，多次出现重度污染，突破了测量上限。医院呼吸道疾病患者大增，大陆、航运航空等交通严重受阻。表 5-8 给出了 1 月 12 日 21 时的 27 个城市环境质量指数（AQI），第二天即 1 月 13 日全国 33 个城市空气严重污染，北京 PM2.5 浓度达到 $786\mu g/m^3$。超过表 5-8 所示重度污染指数 2 倍以上，而石家庄竟高达 960。

表 5 - 7　　　　　　　　　　　　　空气污染指数与影响

污染指数	级别	空气质量	对健康的影响
50 以下	1	优	可正常活动
51~100	2	良	可正常活动
101~200	3	轻度污染	长期接触，易感人群症状有轻度加剧，健康人群出现刺激症状
201~300	4	中度污污	一定时间接触，心脏病和肺病患者症状显著加剧，运动耐受力降低，健康人群中普遍出现症状
300 以上	5	重度污染	健康人群运动耐受力降低，有明显强烈症状，提前出现某些疾病

数据来源：《中华人民共和国气象行业标准——空气质量预报》。

表 5 - 8　　　　2013 年 1 月 12 日 21 时中国部分城市环境空气质量指数（AQI）

城　市	站　点	AQI	空气质量级别	首要污染物
北京	东城天坛	500	严重污染	PM10；PM2.5
天津	天山路	500	严重污染	PM2.5
石家庄	人民会堂	500	严重污染	PM10；PM2.5
邯郸	环保局	500	严重污染	PM2.5
邢台	路桥公司	500	严重污染	PM10；PM2.5
保定	接待中心	500	严重污染	PM10；PM2.5
衡水	电机北厂	500	严重污染	PM10
廊坊	药材公司	500	严重污染	PM10
唐山	物资局	500	严重污染	PM10；PM2.5
无锡	育红小学	500	严重污染	PM2.5
南通	虹桥	500	严重污染	PM10
盐城	开发区管委会	500	严重污染	PM2.5
郑州	银行学校	500	严重污染	PM10
贵阳	桐木岭	500	严重污染	PM10；PM2.5
武汉	吴家山	438	严重污染	PM2.5
哈尔滨	呼兰师专	390	严重污染	PM2.5

続表

城　市	站　点	AQI	空气质量级别	首要污染物
长春	岱山公园	385	严重污染	PM2.5
青岛	四方区子站	379	严重污染	PM2.5
成都	人民公园	368	严重污染	PM2.5
济南	省种子仓库	345	严重污染	PM2.5
乌鲁木齐	米东区环保局	341	严重污染	PM2.5
长沙	雨花区环保局	337	严重污染	PM2.5
南京	奥体中心	335	严重污染	PM10
大连	开发区	333	严重污染	PM2.5
沈阳	张士	330	严重污染	PM2.5
西安	高压开关厂	323	严重污染	PM2.5
合肥	庐阳区	311	严重污染	PM2.5

数据来源：中国环境监测总站网站，全国城市空气质量实时发布平台 2013 年 1 月 12 日 21—22 时更新数据。

2013 年 1 月 28 日中央气象台发布：今年我国中东部地区已发生 4 次较大范围的雾霾天气过程：分别为 1 月 7—13 日，16—19 日，21—23 日，26—31 日，共计 20 天，占全月的 2/3，北京则更为严重自 1 月 1—29 日仅有 5 天不是雾霾日，29 天中雾霾日多达 24 天。图 5-4 给出了一幅天安门广场的照片，整个天安门的形象几乎灰色一片。

1 月、2 月虽稍有好转，但全国 74 个城市空气质量达标天数的比例也仅为 54.3%，加之春节期间（2 月 9—15 日），74 个城市受烟花爆竹影响加剧了空气的污染，其中 PM2.5 是造成空气污染的首魁。中国科学院"大气灰霾追因与控制"专项研究组 2013 年 2 月 3 日发布研究报告，京津冀地区 PM2.5 来源，见图 5-5。

图 5-4　雾霾中的天安门广场

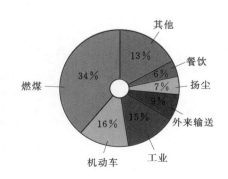

图 5-5　京津地区 PM2.5 来源（2013 年 2 月）

图中显示燃煤和机动车占全部排放的 50%，读者从第 7 章可以看出我国为什么要致力于改变能源结构。

"霾"的直接后果是呼吸系统的疾病，不算突发的呼吸道感染，单是肺癌一项 40 年前中国肺癌的死亡率为 5.46/10 万，排除胃癌、食管癌、肝癌和女性宫颈癌之后，2013 年统计，肺癌居恶性肿瘤死因的第一位，发病率为 53.37/10 万，死亡率为 45.57/10 万，其中男性肺癌发病率高达 70.40/10 万，死亡率为 61.00/10 万。

还有一种与霾直接有关的呼吸道疾病是肺结核，2013 年 3 月 24 日是世界第 18 个防治结核病日，北京市举办主题活动，卫生部门发布："目前，我国有 500 万活动性肺结核患者，在全球 22 个结核病高负担国家中排在第二位。且每年有 5 万人死于结核病，相当于每 10 分钟就有 1 人死亡。"据世界卫生组织估算，中国每年新发结核病人 100 万。

面对如此严峻的现实 2013 年 1 月 28 日中国气象局预报及网络司发布，中国对霾预警信号标准进行了修订，首次将 PM2.5 作为预警分级的重要标志之一，中央气象台首次单独发布霾预警不再像以前一样发布"雾霾"预警，而将霾预警分为黄色、橙色、红色 3 级，分别对应中度霾、重度霾和极重霾。在预警级别的划分中，首次将反映空气质量的 PM2.5 浓度与大气能见度、相对湿度等气象要素并列为预警分级的重要指标，使霾预警不仅反映大气视程条件变化，而且体现微粒颗粒物的"霾"的含量标准，见表 5-9。

表 5-9 霾 预 警 分 类 表

颜　色	黄　色	橙　色	红　色
等　级	中度霾	重度霾	极重霾

(5) 医学灾难。《灾难医学》根据我国国情，参考人口的直接死亡数和经济损失数，将灾害划分为 5 个等级。

E 级：死亡少于 10 人，或损失小于 10 万元人民币——微灾；

D 级：死亡 10～100 人，或损失 10 万～100 万元人民币——小灾；

C 级：死亡 100～1000 人，或损失 100 万～1000 万元人民币——中灾；

B 级：死亡 1000～1 万人，或损失 1000 万～1 亿元人民币——大灾；

A 级：死亡 1 万人以上，或损失大于 1 亿元人民币——巨灾。

2003 年春季的 SARS 疫情，从 3 月初至世界卫生组织于 6 月 24 日宣布北京撤销旅游警告为止，中国内地因 SARS 共死亡 347 人，连同中国香港特别行政区的 296 人及中国台湾地区的 84 人，中国共死亡 727 人。按照上述《灾难医学》分级，这次灾难可以列入医学灾难的 C 级。

2013 年初春我国暴发了 H_7N_9 禽流感，主要分布在浙江、江苏、上海等 11 个省市，截止到 5 月 31 日我国确诊病例 131 例，其中 39 例死亡，康复 78 人，其余 10 几人尚住院治疗。随着气温的升高，该病逐渐减弱，我国于 2013 年 6 月 13 日宣布全国终止禽流感的应急响应，按照上述医学灾难的分级这次禽流感属于 D 级。

2014 年春季西非暴发了埃博拉疫情。埃博拉病毒 1967 年首次被发现于法国的马尔堡，该病毒主要通过体液或血液传染，潜伏期两周左右，目前全球医学界还没有找到预防这种疾病的疫苗和可以治愈的药物。截止到 2014 年 12 月全球已有 20081 人确诊被感染，其中 7842 人死亡。该病主要发生在几内亚、利比利亚、赛拉利昂与尼日利亚等西非国家。在世界卫生组织的推动下许多国家纷纷提供支援和帮助，中国向四个国家都派出了医疗队，同时提供了大量的物资援助，总额 7.5 亿人民币。这是严重的医学灾难，按上述分级应属 C 级。

与此有关的还有自杀问题，2014 年 9 月 10 日是世界第 12 个"世界预防自杀日"世界卫生组织披露全球每年有超过 80 万人死于自杀，我国每年约有 12 万人死于自杀，其中精神病患者占 6.3％特别是抑郁症患者，这也是一个需要高度关注的问题。

（6）安全生产。我国 2007 年颁布的《生产安全事故报告和调查处理条例》规定，根据生产安全事故（以下简称事故）造成的人员伤亡或者直接经济损失划分为以下等级：

1）特别重大事故，是指造成 30 人以上死亡，或者 100 人以上重伤（包括急性工业中毒，下同），或者 1 亿元以上直接经济损失的事故；

2）重大事故，是指造成 10 人以上 30 人以下死亡，或者 50 人以上 100 人以下重伤，或者 5000 万元以上 1 亿元以下直接经济损失的事故；

3）较大事故，是指造成 3 人以上 10 人以下死亡，或者 10 人以上 50 人以下重伤，或者 1000 万元以上 5000 万元以下直接经济损失的事故；

4）一般事故，是指造成 3 人以下死亡，或者 10 人以下重伤，或者 1000 万元以下直接经济损失的事故。

上述表述中所称的"以上"包括本数，所称的"以下"不包括本数。

2010 年是"十一五"的最后一年，五年来安全生产 4 个方面均有了显著下降：

第一，全国安全生产事故总量显著下降。2010 年全国共发生各类事故 36.3 万起，比 2005 年的 71.8 万起下降 49.4％。

第二，全国安全生产事故死亡人数显著下降。2010 年事故死亡人数 7.95 万人，比 2005 年的 12.7 万人下降 37.4％。

第三，全国安全生产重特大事故显著下降。重特大事故起数和死亡人数由 2005 年的 134 起、3049 人，分别减少到 2010 年 85 起、1438 人，分别下降了 36.6％和 52.8％。

第四，反映安全生产总体水平的四项指标显著下降。其中亿元 GDP 事故死亡率由 0.687 降到 0.201，下降 71％；工矿商贸 10 万从业人员事故死亡率由 3.85 降到 2.13，下降 45％；道路交通万车死亡率由 7.6 降到 3.2，下降 58％；煤矿百万吨死亡率由 2.811 降到 0.749，下降 73％。

第四条中，生产百万吨煤的死亡率降至 1 以下，这是一个了不起的下降，已接近一些先进国家。图 5-6 形象地给出了我国自 2007—2012 年安全生产方面逐年改善的状况。

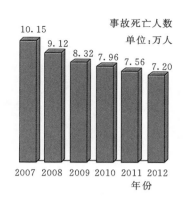

事故死亡人数
单位：万人

10.15 9.12 8.32 7.96 7.56 7.20

2007 2008 2009 2010 2011 2012
年份

重点行业领域安全状况

2012 年全国煤炭产量比 2007 年增加 47% ↗
煤矿死亡人数比 2007 年下降 63% ↘

2012 年全国机动车保有量比 2007 年增长 50% ↗
道路交通事故死亡人数比 2007 年下降 26.5% ↘

图 5-6　中国 2007—2012 年安全生产逐年改善的状况（制图：张芳曼）

我国是煤碳贮量大国，能源消费以煤炭为主，改革开放以来大量的小煤窑掘起，煤矿生产事故日益增加，解决的办法之一就是大型化、淘汰小煤窑（年产 30 万 t 以下者）采取关停、整合、重组等办法提高煤炭产业的集中度。

2005—2009 年我国共关闭各类小煤矿 1.2 万多处，淘汰落后产能 3 亿 t/a 据国外经验，集中度每提高 1%，每万吨死亡率就下降 0.58%，图 5-7 给出了我国 2005—2009 年在煤炭产量逐年增加而死亡人数却逐年下降的详细数据。令人欣喜的是，2014 年初发布的我国煤碳生产百万吨的死亡率一直在下降：2011 年为 0.564，2012 年为 0.374，2013 年为 0.293，这个数字已接近甚至超过一些发达国家的水平。

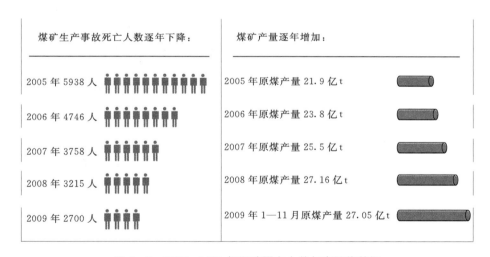

煤矿生产事故死亡人数逐年下降：

2005 年 5938 人
2006 年 4746 人
2007 年 3758 人
2008 年 3215 人
2009 年 2700 人

煤矿产量逐年增加：

2005 年原煤产量 21.9 亿 t
2006 年原煤产量 23.8 亿 t
2007 年原煤产量 25.5 亿 t
2008 年原煤产量 27.16 亿 t
2009 年 1—11 月原煤产量 27.05 亿 t

图 5-7　2005—2009 年煤矿死亡人数与产量的数据

从全球来看煤碳生产的矿难，历来必较严重。2014 年 5 月 13 日发生在土耳其西部索马地区一煤矿爆炸起火死亡 301 人应属近年全球最大的煤碳矿难了，事后土耳其政府举行为期三天的国家哀悼。

与安全生产密切关联的还有一个工程事故，它是由于勘察、设计、施工和使用过程中存在重大失误造成工程倒塌（或失效）引起的人为灾害，它往往带来人员的伤亡和经济上的巨大损失。我国规定建筑工程中的工程事故有 5 个级别，见表 5-10。

表 5-10　　　　　　　　　　　建 筑 工 程 事 故 级 别

重大事故级别	伤 亡 人 数	直接经济损失（人民币）
一级	死亡 30 人以上或 300 万元以上	
二级	死亡 10～29 人或 100 万元以上，不满 300 万元	
三级	死亡 3～9 人，重伤 20 人以上或 30 万元以上，不满 100 万元	
四级	死亡 2 人以下，重伤 3～19 人或 10 万元以上，不满 30 万元	
一般质量事故	重伤 2 人以下或 5000 元以上，不满 10 万元	

建筑工程事故从宏观上看大都由"六无"现象引发，这"六无"是指无报建程序，无设计图纸，无勘察资料，无招投标，无执照施工，无质量监督。正如第 1 章中提到的，我国建筑业由于技术人员不足，事故是比较严重的。2011 年全国建筑施工事故死亡 2634 人，其中房屋建筑和市政工程事故死亡 703 人，这还是近年来人员伤亡最少的一年。

5.2　全球灾害的严重性

5.2.1　自然灾害呈日益上升的趋势

1994 年世界减灾大会前夕，联合国公布了 1963—1992 年 30 年间世界重大灾害分类统计资料，分别按有效损失、受影响人数和死亡人数作为界定指标进行统计，如图 5-8～图 5-12 所示。3 个界定指标的含义如下。

（1）有效损失（SD），指损失等于或大于受灾地区或国家的国民生产总值 1‰者。

（2）受影响人数（AF），指受影响人数等于或大于受灾地区总人数的 1‰者。

（3）死亡人数（ND），指死亡人数等于或大于 100 人者。

满足上述条件者才作为一次灾害予以统计。这种界定是必要的，它排除了一些普通的小事故掺杂进去干扰灾害统计的科学性和准确性。

图 5-8～图 5-12 显示出如下规律。

（1）无论用哪个指标统计，全球灾害都呈上升的趋势。

（2）各种自然灾害中，最严重的几个灾种分别是水灾、干旱、热带风暴、地震、流行病和饥荒。

图 5-8～图 5-12 这 5 张图仅是根据自然灾害统计的结果，不包括人为灾害。

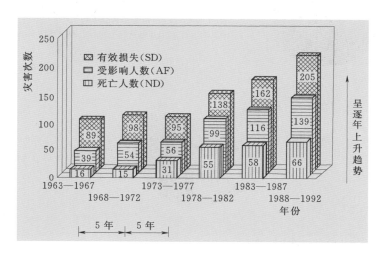

图 5 - 8　1963—1992 年世界重大灾害按 SD、AF、ND 统计每 5 年的灾害次数

（图中显示无论哪种统计方法 30 年来灾害次数一直呈上升趋势，其中按 SD 统计上升 2.3 倍，按 AF 统计上升 3.6 倍，按 ND 统计上升 4.1 倍）

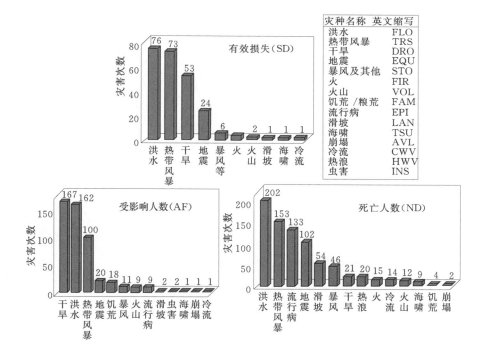

灾种名称	英文缩写
洪水	FLO
热带风暴	TRS
干旱	DRO
地震	EQU
暴风及其他	STO
火山	FIR
火山	VOL
饥荒／粮荒	FAM
流行病	EPI
滑坡	LAN
海啸	TSU
崩塌	AVL
冷流	CWV
热浪	HWV
虫害	INS

图 5 - 9　1963—1992 年世界重大灾害分别按 SD、AF、ND
统计不同灾种 30 年来发生的次数

（按 SD、AF 统计排在前 4 名的依次为洪水、热带风暴、干旱、地震，而按 ND 统计则流行病跃居第 3 位，说明流行病往往是死亡人数较多的灾种）

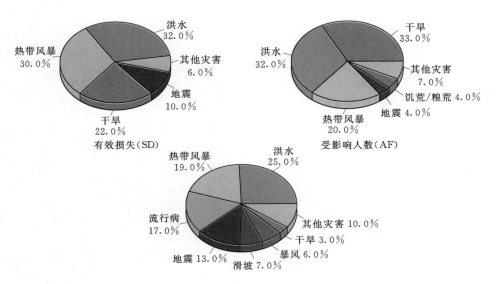

图 5－10　1963—1992 年世界重大灾害按三个指标统计时
不同灾种 30 年来发生的次数所占的百分比

（图中显示洪水、热带风暴、干旱、地震、流行病等几个灾种所占的比例最大）

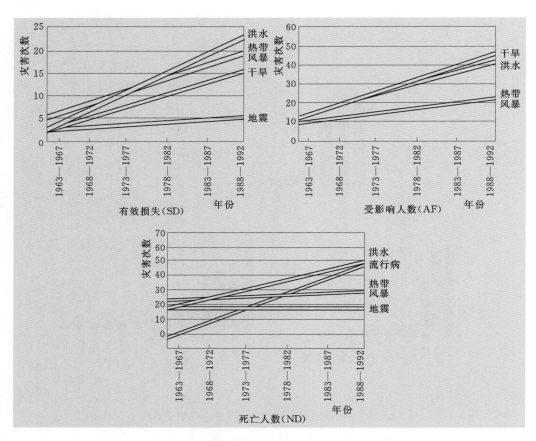

图 5－11　1963—1992 年世界重大灾害按 SD、AF、ND 统计危害
最大的几个灾种每 5 年的灾害次数的上升曲线

（图中显示洪水、热带风暴、地震、流行病这几个灾害都是危害较大的灾种且都呈上升趋势）

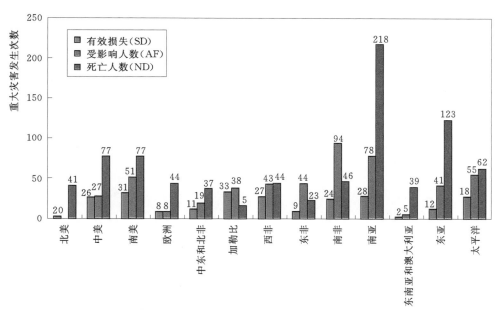

图 5 - 12 1963—1992 年世界不同地区按 3 个界定
指标统计所发生的重大灾害次数

（图中显示欧洲、北美洲次数最少，而东亚、南亚、非洲次数最多，我国处于东亚地区）

5.2.2 对人为灾害要给予高度关注

1. 战争

非正义战争是人为灾害之首。广义而论，人为灾害包括战争、恐怖袭击，人口过度膨胀，不合理开发引发的生态失衡，以及由于社会发展、科技进步和人类认识滞后所带来的负面影响等。

2005 年世界反法西斯战争胜利 60 周年，全球以各种方式对德、意、日发动的这场战争带给全世界人类的巨大灾难表示悼念。这场战争范围遍及全世界 60 多个国家，涉及将近 20 亿人口（日本军国主义侵华发动 "9·18" 事变的 1931 年，全世界总人口为 21 亿人）。到 1945 年战争结束时，不计伤残仅死亡人口就达 1 亿人之多（有的统计资料为 8000 万人），其中受害最大的是苏联和中国，苏联死亡 4000 万人，中国死亡 3500 万人，两者之和占第二次世界大战死亡总人数的 75％。

在德国、意大利宣布投降后，强弩之末的日本军国主义仍然负隅顽抗。在苏联出兵中国东北的同时，美国于 1945 年 8 月 6 日晨 8 时 15 分向日本的广岛投下了一颗代号为 "小男孩" 的铀弹，当量相当于 12500tTNT，爆心离地高度 570m，爆炸的冲击波摧毁了 90％的建筑，城市过火 6h 之久；日本军国主义者仍然拒不投降，于是美国于 1945 年 8 月 9 日上午 11 时 30 分又向日本的长崎投下了一颗代号为 "胖子" 的钚弹，当量相当于 22000tTNT，爆心离地高度 500m，由于长崎地形陡峭，山谷较多，对冲击波起了一定的遮挡作用，摧毁建筑物较广岛为少，约为 28.3％。表 5 - 11 所示为广岛、长崎在核弹爆炸后居民伤亡的情况，该表是 1956 年发表的资料，距爆炸已 11 年之久，所以伤亡情况应比较翔实可靠。

日本军国主义势力侵华期间，如果从 1931 年的"9·18"事变算起，到日本于 1945 年 9 月 9 日向中国当时的国民政府递交投降书，整整 14 年之久。这些豺狼成性的侵略者制造了一起又一起的惨绝人寰的惨案，仅南京大屠杀就有 30 万平民死于这次惨案，我国政府于 2014 年将每年的 12 月 13 日定为南京大屠杀公祭日。在首个公祭日党和国家领导人出席公祭仪式，当天，南京降半旗，鸣笛 3min，气氛庄严悲怆，凄婉之情憾天地。更有甚者，这批野兽竟违反国际协定在中国采用化学战例多达 2000 多次，造成中国军队的直接伤亡达 10 万人之多。在他们灭亡之日，还在我国各地埋设毒气弹等化学武器。1949 年以后，随着我国大规模建设的开展，60 多年来竟在十几个省、区发现了 30 余处埋设或遗弃的化学武器，其中毒气弹 200 万枚，各种毒剂超过 100t，使 2000 多人受害。2003 年 8 月 4 日，齐齐哈尔市施工时还挖出了日本军队在撤退时埋设的毒气弹，造成 32 人中毒，2 人死亡。

表 5-11　　　　　　　　　　　广岛和长崎在核弹爆炸后居民伤亡情况

	距离/mile	人口/万人	人口密度/(万人/mile²)	伤亡人数/万人			占人口的百分比/%
				亡	伤	合计	
广岛	0～0.6	3.12	2.58	2.67	0.30	2.97	85
	0.6～1.6	14.48	2.27	3.96	5.30	9.26	64
	1.6～3.1	8.03	0.35	0.17	2.00	2.17	27
	合计	25.63	0.85	6.80	7.60	14.40	56
长崎	0～0.6	3.09	2.55	2.73	0.19	2.92	94
	0.6～1.6	2.77	0.44	0.95	0.81	1.76	64
	1.6～3.1	11.52	0.51	0.13	1.10	1.23	11
	合计	17.58	0.58	3.80	2.10	5.90	34

注　1mile=1.61km，1mile²=2.59km²。

二战以后，从全球范围来看，几乎可以说战争从未间断过，当然大部分都是局部战争，其中朝鲜战争、越南战争及伊拉克战争应属于规模较大者。近现代战争由于武器的进步，平民伤亡的数字越来越大，读者可以参阅第 6 章 6.4 节给出的具体数字。这场战争持续 8 年之久，美军死亡 4419 人，伊拉克士兵死亡 8000 人，平民死亡 10 万～100 万人之巨（平民数字不易统计）。

笔者认为，战争除非有明确的正义与非正义区别者，人们都应持一种反对的态度，因为它对人类总是一场灾难。

2. 恐怖袭击

恐怖袭击首属 2001 年的"9·11"事件。纽约世贸中心南、北两塔楼，110 层（高 416m），占地 6.5km²，耗资 7 亿美元；办公面积 84 万 m²，电梯 100 部，可容纳 5 万名工作人员办公及 2 万人同时就餐；钢框筒结构用钢 7.8 万 t，最大风力楼顶可摆动 92cm。2001 年 9 月 11 日 20 时 45 分（北京时间）B-757 机型撞击北塔楼；21 时 03 分 B-767 机型撞击南塔楼，损失 300 亿美元。2001 年 9 月 17 日统计死亡 453 人，失踪 5422 人；2004 年初报道死亡增至 3000 多人。图 5-13 和表 5-12 给出了这次袭击的基本情况和必要的数据，有兴趣的读者可以详细参阅。

表 5-12　　　　　　　　　2001 年 9 月 11 日纽约世贸中心遭袭击情况

纽约世贸中心建筑	塔楼被撞时间		塔楼被撞机型，起飞重量，机上乘客（机组人员）数量	塔楼开始坍塌时间		塔楼自被撞至坍塌时间
	北京时间	美国东部时间		北京时间	美国东部时间	
北塔楼	20 时 45 分	8 时 45 分	B-757, 104t, 58 (6) 人	22 时 28 分	10 时 28 分	1h43min
南塔楼	21 时 03 分	9 时 03 分	B-767, 156t, 81 (11) 人	22 时 05 分	10 时 05 分	1h02min

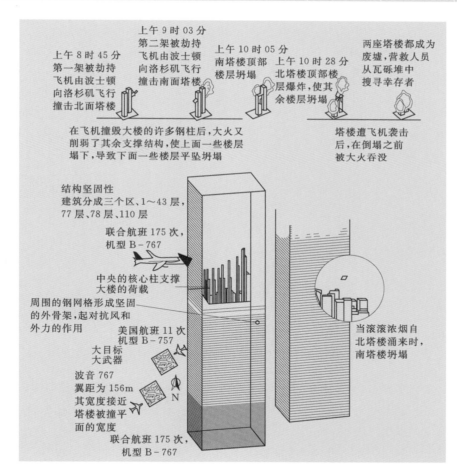

图 5-13　"9·11"事件的基本情况

B-757 载油 45t，B-767 载油 51t，燃烧温度高达 1000℃ 以上，而普通钢结构能耐受的温度最高达 500~600℃，到达这个温度以后钢材软化，丧失承载能力，在上部荷载的压力下大厦倒塌，这就是表 5-11 中最后一栏从撞击到坍塌长达 1 个多小时的原因。这可贵的 1h 为几万人的疏散提供了保障，但同时也为土木工作者提出了一个尖锐的问题——钢结构防火。

"9•11"事件之后，尽管在世界范围内掀起了一股反恐的热潮，但恐怖袭击不断且呈日益严重的趋势，表5-13列出了2004年一年内11起重大恐怖事件。其中以第7项俄罗斯的别斯兰第一中学的恐怖袭击为最，且多为青年学生。

表5-13   2004年11起重大恐怖事件

序号	日期	地　点	简　　况	亡/人	伤/人	备　注
1	2月1日	伊拉克北埃尔比勒	库尔德两办公楼自杀式爆炸	109	133	
2	2月6日	莫斯科地铁	列车爆炸	40	100	普京称车臣所为
3	3月2日	伊拉克巴格达及卡尔巴拉	系列爆炸	271	500	
4	3月11日	西班牙首都马德里	旅客列车系列爆炸	196	1800	"基地"下属的马德里旅
5	8月24日	（俄）图拉州及罗斯托夫州坠机	（俄）图-134、图-154由莫斯科起飞后坠毁	89		89人未计机组人员
6	8月31日	莫斯科地铁车站	自燃式爆炸	10	51	
7	9月1日	（俄）别斯兰第一中学	恐怖分子劫持人质1000人达3天，特种部队抢救	335		死亡中包括30名绑匪
8	9月9日	雅加达澳驻印尼使馆	自杀式爆炸	9	100	伤者有4名中国人
9	11月7日	埃及西奈半岛塔巴地区	连续3起爆炸	34	100	死亡中游客居多
10	12月6日	沙特阿拉伯美国领事馆	恐怖分子袭击	5		5人国籍不同
11	12月9日	伊拉克纳杰夫和卡尔巴拉两圣城	炸弹袭击	62	130	

注　1. 本表数据摘编自2005年1月2日《京华时报》。
　　2. 序号1、3、4和7这4次恐怖袭击事件最为严重；序号4、7两次事件影响最大。

2004年之后，恐怖袭击仍然没有间断，比较严重的是2005年伦敦地铁爆炸56人死亡，700多人受伤，2010年莫斯科地铁连环爆炸41人死亡10多人受伤；2009年7月5日中国新疆乌鲁木齐市广场打砸抢烧严重恐怖事件（"7•5"事件）死亡156人，伤数百人，毁车260辆。2013年6月26日新疆鄯善县恐怖袭击事件死亡24人，其中有16名维吾尔族，一名为女性，简称"6•26"事件。2014年新疆莎车"7•28"暴力恐怖袭击至37人死亡，13人受伤，东西被打砸，我公安民警迅速予以平息，击毙暴徒59人。警惕和打击恐怖袭击自2001年美国的"9•11"事件之后日益成为了一个国际性话题，各国大都组建反恐部队并同时疏导民族与宗教矛盾，以期降低并消除这种群体性流血事件。

5.2.3　人口膨胀和失衡

1. 全球状况堪忧

联合国宣布，2011年10月31日，全球人口达到70亿。1999年10月12日，前联合国秘书长安南宣布，标志全球60亿人口的婴儿出生在波黑。这一天人们常称之为60亿人口日，12年之后的2011年10月31日全球人口增至70亿。

面对这个现实，联合国秘书长潘基文表示了强烈的焦虑。联合国人口基金10月26日发表的《2011年世界人口状况报告》指出，在庞大的数字背后隐藏着更值得关注的问题：全球10～24岁的青年人口为18亿，占人口比例之大前所未有，要提供更多的就业岗位。从现在起至2050年，老年人将是数量增长最快的一部分人群；移民现象日趋显著；世界一半以上人口居住在城市，如果不进行规划管理，城市化会超出公共设施的承载能力；不断膨胀的人口需要一个健康的环境来支撑，除人口因素外，贫穷、过度消费、资源流动性差以及粗放型生产方式都将造成资源枯竭和环境恶化，从而抑制可持续发展。

20世纪后半叶，罗马俱乐部曾提出一份名为"只有一个地球"的研究报告，从此，地球生态对人口的承载力问题便成为许多人挥之不去的忧虑。据一个名叫"全球生态足迹网络"的组织计算，若全球人口继续照此增长，至2030年，人类需要第二个星球以提供足够的食物和消纳人类产生的废物，"危言足以耸听"。

当第70亿个人类居民降临这旋转不停的蔚蓝色星球，人们感受到了"人口时钟"加速运转的节奏。从10亿增加到20亿，人类用了100年；从20亿到30亿，用了30年；而从60亿到70亿，只用了12年。人们公认由于中国推行计划生育少生了大约4亿人口使世界70亿人口日推迟了5年，这是一个巨大的贡献。为此，联合国授予当时的中国计生委"计划生育人口奖"。

人口的迅速膨胀，一方面在资源上做着"减法"，70亿人每天最少喝干数个大湖，耕地、能源、矿产等资源也以同样惊人的规模在消失。另一方面则在需求上做着"加法"，更多的人口，意味着需要更多食物、更多能源、更多就业和受教育机会、更多社会保障，这已成为各国政府越来越沉重的社会责任。

然而，"加"与"减"的背后，远不止是数量"多"与"少"的消长，更有"贫"与"富"的差距、"众"与"寡"的对比、"安"与"危"的反差。发达国家食物充足，欠发达地区却有10亿人每天饿着肚皮睡觉；一些国家为人口剧增而头痛，另一些国家却为人口净减少而苦恼；一些人奢华度日，许多人却还在贫困线下挣扎……70亿人的地球，不仅是一个日益拥挤的星球，更是一个充满矛盾的世界。

图5-14给出了联合国"世界农作物前景及粮食形势"报告的形象示意表达，左上角显示不容乐观，2010—2011年度谷物消费量高出2010年全年的产量900万t，但右下角给出的库存消费比却高于2007—2008年粮食危机期间的库存消费比，高出3.4个百分点，且价格较低，单从粮食方面来看可谓一则以喜，一则以忧。

世界粮食安全面临挑战

全球谷物
2010年产量
22.39亿t
2010—2011年度消费量
22.48亿t
2010—2011年度
由于粮价上涨
全世界77个低收入缺粮国谷物进口费用将比上一年度增加8%

但
2010—2011年度
世界谷物库存消费比为
23%
2007—2008年度粮食危机期间
库存消费比为
19.6%
目前谷物价格
仍比2008年峰值低三分之一

图5-14 世界农作物前景及粮食形势简图
（郑悦 编制 新华社发 资源来源：《世界农作物前景及粮食形势》报告）

更值得注意的是人口问题不仅是粮食问题，更重要的是人口分布和财富机会等分布的不均衡是世界面临的一大挑战。发展中国家人口基数大，人口结构年轻，儿童和青少年比例相对较高，但欠发达国家的儿童和青少年能够享有的健康和教育资源有限，就业和发展机会有限，面对这些挑战，国际组织发出"投资于青少年就是投资明天"的呼吁，强调对青少年发展问题的关注。

事实上，对这些挑战的深入分析显示，人口问题所折射出的是社会经济问题和发展问题。如何把握时机、及时应对这些挑战，实现人口与社会经济的协调发展，取决于各国政府的应对策略和政治智慧。

2. 中国人口问题的严重性和特殊性

中国人口的基本状况。建国后我国共进行了6次人口普查，见第1章图1-23，图中第6次普查给出的数据，（普查标准时间为2010年11月1日）图中数据仅指大陆范围，不包括港、澳、台地区，如连同三地区算在内，中国的总人口应为1370536875人。让我们以第6次普查的基本状况做一下分析，可谓喜忧参半，且似乎"忧"更值得国人的重视。

（1）人口过快增长的势头得以控制。对比2000年到2010年的10年间，我国人口净增长7390万人，年均增长率为0.57%，也就是5.7‰。从1990年到2000年的10年之间，我国人口净增长1.3亿，年均增长1.07%，也就是10.7‰。这个成果得益于我国自1971年以来一直提倡计划生育。特别是1980年9月25日党中央发表了致全体共产党员和共青团员的公开信，明确提出"一对夫妇生育一个孩子"这个带有某种"刚性"的规定，起到了极为重要的作用。

（2）居民的受教育程度明显提升。我国的文盲率，从2000年的6.72%下降到2010年的4.08%；每10万人中具有大学文化程度的，由2000年的3611人上升为8930人，这形象地体现了我国全面普及九年义务教育、大力发展高等教育以及扫除青壮年文盲等措施的积极成效。

（3）出生人口的性别比仍呈失衡状态。图 5 - 15 国家统计局网站于 2012 年 3 月给出了一幅我国出人口性别比的形象图。

所谓性别比是以女性为 100 相应的男性值，2011 年我国性别比 117.78 仍远高于联合国规定的上限 107，性别比过高是导致婚姻失衡，婴幼儿拐卖，女婴失踪等社会问题的根源之一。

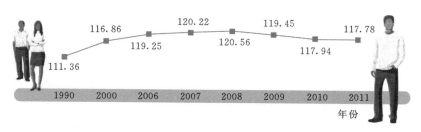

图 5 - 15 我国出生人口性别比近 10 年来的变化趋势
（制图：蔡华伟 数据来源：国家统计局网站）

（4）老龄化趋势加快问题严重。关于我国人口的年龄构成，这次人口普查表明，0～14 岁人口占 16.60％，比 2000 年人口普查下降 6.29 个百分点；60 岁及以上人口 1.78 亿人，占 13.26％，比 2000 年人口普查上升 2.93 个百分点，其中 65 岁及以上人口 1.19 亿人，占 8.87％，比 2000 年人口普查上升 1.91 个百分点。我国目前老龄化发展态势十分严峻，突出表现在三个方面：一是老年人口规模大，我国 60 岁以上老年人口已达 1.78 亿人，是全球唯一老年人口过亿的国家；二是老龄化速度快，2000—2010 年，我国 60 岁以上老年人口增加了 5000 万人，平均每年 500 万人；三是解决的难度大，高龄老人，空巢老人数量增长较快。

老龄化问题带来的影响广泛而深刻。人口年龄结构预测表明，我国每 100 个劳动年龄人口抚养的老年人，1990 年为 13.74 人，到 2025 年将为 29.46 人，2050 年为 48.49 人，总抚养比呈持续上升态势，这就意味着一对夫妇将要面对供养双方父母和抚养一个未成年子女的沉重负担。

目前我国老年人"长寿不健康"状况堪忧，失能发生率居高不下。据初步统计，我国当前的失能老年人已经达到 3300 万人，21 世纪中叶将接近 1 亿人。

中国 60 岁以上老年人余寿中有 2/3 时间处于带病生存状态。呈现部分失能和完全失能。

人口老龄化已成为中国社会的一个严重问题，2013 年春季发布了中国第一部老龄事业发展蓝皮书——《中国老龄事业发展报告》，报告太长，但人民日报用图表形式提供了一些数据已足以使人触目惊心了，详见图 5 - 16。

（5）劳动年龄人口逐渐下降引发的问题。中国自 2012 年年底出现绝对下降，国家统计局 2013 年初公布数据，2012 年我国 15～59 岁劳动年龄人口首次出现了绝对下降，比上年减少 345 万人，预计到 2020 年劳动年龄人口将减少 2900 多万人。社会经济学家有一个"人口红利"的概念，这个概念要有两个指标来界定：一个是劳动年龄人口，另一个是将劳动年龄人口作分母，其他年龄组如年幼、年老者作为分子得到人口抚养比，如果劳动年龄人口增加而抚养比下降就会带来人口红利。建国后我国人口数量居世界之首，过去老年人寿命又短，所以改革开放以来，GDP的高速增长除了政策对头以外，人口红利是个不可小视的因素。许多发达国家都有过这种经历，图5-17给出了人口红利消失前后日本的经济走势。

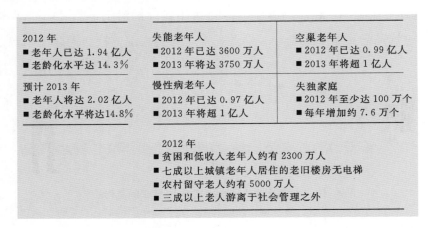

2012年 ■ 老年人已达 1.94 亿人 ■ 老龄化水平达 14.3％	失能老年人 ■ 2012 年已达 3600 万人 ■ 2013 年将达 3750 万人	空巢老年人 ■ 2012 年已达 0.99 亿人 ■ 2013 年将超 1 亿人
预计 2013 年 ■ 老年人将达 2.02 亿人 ■ 老龄化水平将达 14.8％	慢性病老年人 ■ 2012 年已达 0.97 亿人 ■ 2013 年将超 1 亿人	失独家庭 ■ 2012 年至少达 100 万个 ■ 每年增加约 7.6 万个

2012 年
■ 贫困和低收入老年人约有 2300 万人
■ 七成以上城镇老年人居住的老旧楼房无电梯
■ 农村留守老人约有 5000 万人
■ 三成以上老人游离于社会管理之外

图 5-16 《中国老龄事业发展报告 2013》重要数据图示

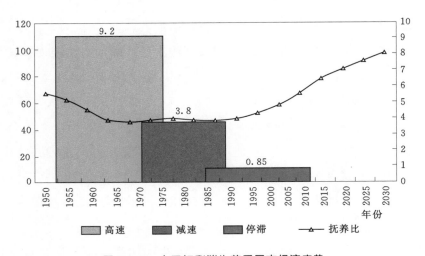

图 5-17 人口红利消失前后日本经济走势

$$\left(注：抚养比 = \frac{劳动年龄人口}{幼年和老年非劳动年龄人口}，制图：莉莎\right)$$

在 20 世纪 50—70 年代的 20 年中，日本人口抚养比不断下降，经济也实现了年均 9.2％的高速增长。当人口抚养比行至低点并在低点上持续 20 年左右时，日本经济增速也大幅回落至 3.8％。从政府到民间都不愿看到经济减速，于是动用了各种手段，如宏观经济刺激方案等。1990 年之后，日本人口抚养比开始上升，人口红利消失，经济陷入了年均增长仅为 0.85％的低谷。

解决这个问题的办法之一是延迟退休年龄，表 5-14 给出了部分国家退休和社会养老制度一览表，表中显示我国退休年龄是最早的，尤其是女性，加之我国由于就业岗位不足，还有许多非正常退休人员，如父母离岗子女顶替，企业转制一次"买断"等各种下岗的职工。据《中国养老金发展报告 2011》统计，中国非正常退休人数，2006 年为 63 万人，占当年退休人数的 22.3％，

2007 年 74 万人，2008 年 85 万人，2009 年 86 万人，2010 年 67 万人。

尽管舆论上曾多次议及延迟退休年龄问题，我国人社部于 2013 年 6 月公布 20～59 岁就业年龄组在 2020 年将达到 8.31 亿峰值，高校毕业生 2013 年增至 699 万人，未来五年将维持每年 700 万人，约占每年新进入人力资源市场劳动力的一半，连同中职毕业及未能升学的初高中生和退役兵总量达 1600 万人，所以暂不延迟退休年龄。考虑到老龄化及抚养老人的问题，2013 年年底我国正式出台了一个"单独两孩"的政策，即一对夫妻中有一个是独生子女的可以生育两个孩子，可望在一定程度上缓解一些有关人口失衡的矛盾。

表 5 - 14　　　　　　　　部分国家退休和社会养老制度一览表

国家	法定缴费年限	法定退休年龄		人均预期寿命		弹性退休及领取养老金情况
		男	女	男	女	
西班牙	最低 15 年，未来将延至 25 年	67	67	78.8	84.8	允许提前退休，拿部分退休金；鼓励延迟退休。如只缴费 15 年，只能领 50％退休金。实际退休年龄约 63 岁
美国	约为 10 年	65～67	65～67	76.2	81.3	允许弹性退休。最早可领取养老金的年龄是 62 岁，但只能领取一定比例
加拿大	10 年	65～67	65～67	78.9	83.5	允许弹性退休，可提前或延后，每早一个月养老金少领 0.5％，每迟一个月多领 0.5％
德国	连续 5 年以上，在职即缴纳	65（2029 年延至 67）	65（2029 年延至 67）	78.2	83	允许弹性退休。最低 60 岁起领取，提前领取养老金将减少
墨西哥	1250 周（约 24 年）	65	65	74.8	79.6	满 60 岁允许提前退休，且缴费满 24 年可领全额
日本	25 年	65	65	80.1	87.2	不实行弹性退休，绝大部分企业实施固定年龄退休制度。其中，82.2％的企业实行 60 岁退休，14％的企业实行 65 岁以上退休
瑞典	全额领取，需满 30 年	65	65	79.7	83.7	允许弹性退休。最早可 61 岁退休，可领取的基础养老金不到原工资的 55％。实际平均约 65 岁领取
比利时	15 年	65	64	77.2	82.8	允许弹性退休，不同职业退休年龄不同。提前领取养老金将减少，实际平均 59.2 岁领取
澳大利亚	无具体要求	65	63	80.0	84.4	可提前退休，但只有到法定退休年龄才可领取养老金

国家	法定缴费年限	法定退休年龄		人均预期寿命		弹性退休及领取养老金情况
		男	女	男	女	
波兰	25 年	65（2020 年延至 67）	60（2040 年延至 67）	72.2	80.6	不允许提前退休。因病无法工作可领失业救济金，但数额低于养老金
意大利	男 42 年、女 41 年	65（2018 年延至 66）	60（2018 年延至 66）	79.2	84.6	年龄加工龄满 96 年可领取。可提前退休，但拿不到全额养老金
法国	41.5 年	62	62	78.5	84.9	允许弹性退休。未达规定年限，按比例领取养老金。67 岁可全额领取。警察等特殊职业 57 岁退休
韩国	10 年	60	60	76.6	83.2	各公司自行制定退休年龄，约 55～58 岁。领取养老金年龄为 60 岁，2033 年将提高至 65 岁
印度	10 年	60	60	63.7	66.9	缴满 15 年最早可 50 岁领取，但距法定退休年龄每早一年养老金递减 3%
巴西	男 35 年、女 30 年	60	55	70.7	77.4	不实行弹性退休。提前退休或缴费不到法定年限，按相应系数减少养老金
俄罗斯	5 年	60	55	63.3	75.0	高危行业职工等特殊人群可提前退休。工龄低于 30 年，基本养老金减 3%；超过 30 年，每超一年增 6%
中国	累计满 15 年	60	工人 50 干部 55	72.4	77.4	不实行弹性退休。领取养老金须缴费满 15 年且达退休年龄
印度尼西亚	5 年	55	55	70.2	74.3	可提前退休。不满 5 年可在退休前领取累计献金，缴多少领多少

注 韩国退休年龄 60 岁为国家指导意见。

数据来源：综合本报驻外记者调查、美国社保局研究报告及《世界社会保障报告（2010—2011 年）》。

（6）出生缺陷及儿童伤害问题。据《中国出生缺陷防治报告 2012》，我国出生缺陷发生率约为 5.6%；每年新增出生缺陷数约 90 万例。其中出生时临床明显可见的出生缺陷约有 25 万例。请读者注意，每年 90 万这是一个多么大的社会负担。

报告显示，2009—2011 年中央财政投入 3.2 亿元，在全国农村地区实施增补叶酸预防神经管缺陷项目，有 2356 万名农村育龄妇女免费服用了叶酸。项目的实施提高了育龄妇女对叶酸的认识和服用率；明显改善了育龄妇女增补叶酸的认知、态度和行为；神经管缺陷发生率明显下降。2011 年全国神经管缺陷发生率为 4.5/万，较 2000 年下降了 62.3%。其中农村下降幅度达到 72.7%。另外，我国每年有 8 万多儿童死于各种伤害，如溺水、交通、中毒、烧伤、跌落等各种类型，这个问题并非我国所特有，全球每年约有 83 万儿童死于各种伤害事故。

我们花这么大的篇幅来讨论人口问题，不仅在于它是中国的一个大问题需要人人都能了解，还因为人口问题涉及城镇化、养老院、医疗机构的建设，这些是土木工作者责无旁贷的。

5.2.4 人为干预和社会发展认识上的滞后

1. 生态失衡

麻省理工学院在 20 世纪 70 年代根据 1900—1972 年共 73 年的世界人口、粮食、资源、工业发展和污染状态建立了一个生态模型，经计算机反复运算、识别……最后给出了如图 5-18 所示的结论，该图显示出以下几项内容。

（1）人口、人均粮食、人均工业产值均有一个峰值，该峰值大约发生在 21 世纪中末叶。

（2）资源日益减少，呈明显下降趋势。

（3）污染日益严重，近乎呈竖直线状态向上激增。

按照这个分析，人类社会的灾难可能发生在 21 世纪中叶或末叶。

图 5-19 所示为一个人为干预造成生态失衡的例证。

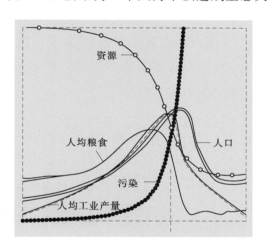

图 5-18　麻省理工学院给出的全球生态模型分析结果

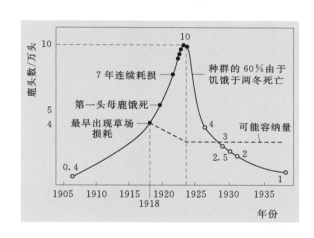

图 5-19　人为干预黑尾鹿种群的后果

美国亚利桑那州 Kaibab 草原盛产一种草食动物黑尾鹿，黑尾鹿的天敌是狮、狼等食肉动物。为了促进黑尾鹿的繁殖，自 1907 年开始大量捕杀狮、狼，一时黑尾鹿呈明显的上升趋势，由最初的 4000 头上升至 1918 年的 1 万头。此时发现草场开始损耗，但黑尾鹿由于天敌被消灭开始了大量繁殖，到 1925 年黑尾鹿上升至 10 万头，草场严重损耗，导致黑尾鹿因食物匮乏而大量饿死，17 年以后该草场仅剩 1 万头。经分析，这个草场即使一直处于茂盛成长的状态也只能养活 2 万～3 万头黑尾鹿。狮、狼对黑尾鹿起到了一个优选和维持这个种群长盛不衰的作用。

2. 非科学发展引发的人为灾害

近代大工业的发展对环境造成了严重的污染。美国匹兹堡是座重工业城市，被称为"熏黑的城市"，空气中的可吸入颗粒物大都是烟尘，据检测，最严重的一个月降尘量达到 $291t/km^2$。空气的污染除烟尘外，还有一些致病的化学成分，如机动车尾气中苯丙比都是致癌的物质。据统计，美国40多年来肺癌的死亡率增长了 150%；而日本则更高，增长了 261%。

5.1.2节"（4）环境空气质量标准"中提到的伦敦烟雾事件，以及关于北京沙尘暴和雾霾的污染均属于非科学发展带来的灾害。

还有温室效应，由于人类的活动大量释放 CO_2 导致大气温度变暖。其中甲烷、氧化亚氮和氟化气体等燃料和工业生产过程产生的 CO_2 最为严重，占 76%。图5-20所示为1860—1990年间南、北半球和全球年平均气温的变化。该图显示大约在1960年以前平均气温都在 $0℃$ 线以下，至1960年达到 $0℃$，此后则在 $0℃$ 线以上增长。2014年5月政府间气候变化专门委员会（IPCC）第五次评估报告指出从1980—2012年全球平均气温大约升高了 $0.85℃$。而我国更为严重，国家气候中心报道1913年以来我国地表平均温度上升了 $0.91℃$。全球平均气温的增长，首先引发海平面上升。联合国气候变化专门委员会1990年统计，发现每10年气温上升 $0.3℃$，而海平面则相应升高6cm，按照这个结果推算，再过 $110\sim120$ 年海平面上升超过68cm以后，孟加拉 27% 的国土被淹，将有2500万人无家可归，埃及将失去 20% 的可耕地，美国将丧失 $50\%\sim80\%$ 的沿海滩涂地。

不只是埃及、美国等国家，我国海洋局2012年发布的海洋公报揭示"中国沿海海平面为1980年以来的最高值，较常年（1975—1993年）高122mm，加剧了海洋灾害和海岸侵蚀"，见图5-21。更有甚者，2015年3月2日人民日报披露1980—2014年我国沿海海平面上升速率为3mm/a，高于全球的平均水平。海平面上升导致土地盐碱化及风暴潮加剧等伴生灾害。

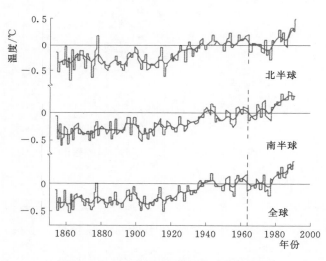

图5-20 1860—1990年间南、北半球和
全球年平均气温的变化

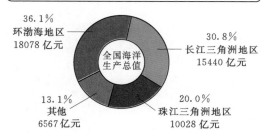

中国沿海海平面为1980年以来最高值
较常年（1975—1993年）高122mm，加剧了海洋灾害
和海岸侵蚀

我国共发生138次风暴潮、海浪和赤潮过程
各类海洋灾害造成直接经济损失155.25亿元，较2011年增加约 150%

全国海洋生产总值50087亿元，占国内生产总值的 9.6%

36.1%
环渤海地区
18078亿元

30.8%
长江三角洲地区
15440亿元

全国海洋
生产总值

13.1%
其他
6567亿元

20.0%
珠江三角洲地区
10028亿元

图5-21 国家海洋局2012年发布的海洋公报
（制图：张芳曼）

3. 组织管理不到位引发的人为灾害

还有一种人为灾害是因人群过分集聚失控造成的灾害，典型的应属印度宗教活动场面失控所酿成的灾难。印度宗教有一个昆梅拉节，每12年举行一次，教徒们以圣浴洗刷罪过，节日自7月30日至9月1日共30多天。1954年，印度的安拉阿巴德邦在昆梅拉节期间严重失控，人群互相

倾轧，踩死香客 800 多人，是历史上最为严重的一次踩踏事故。2003 年 8 月 27 日，西部的马哈拉施拉邦的昆梅拉节共集聚香客 150 万～160 万人，拥挤不堪，不慎失控，踩死 52 人，伤 167 人。由于集聚人群过多失控致灾，在我国也不鲜见。2004 年 2 月 5 日元宵节密云公园观灯晚会，游人 2000 多人，当人们拥挤到彩虹桥观灯时失控，死 37 人，伤 15 人。2014 年 12 月 31 日跨年之夜，上海外滩陈毅广场发生了严重踩踏事故，死亡 36 人伤 43 人，是我国近年比较严重的一次踩踏事故了。一般来说，这种群体活动组织管理得好是可以避免致灾的。

空难也属于人为灾害。最离奇的一次应数 2003 年 5 月 8 日，一架俄制伊尔-76 型的运输机自刚果（金）的首都金沙萨飞往南部的卢本巴希，飞行高度 2200m，起飞 40min 后，后舱门自行打开，在强大的气流吸引下 200 名乘客被吸出坠落，机上只有 9 人幸存。

2014 年 3 月 8 日马（来西亚）航空公司 MH370 航班从吉隆坡飞往北京途中失联，机上有 239 名乘客，中国同胞有 154 名。同年 7 月 17 日一架航班号为 MH17 的马来西亚航空公司的客机在飞过乌克兰东部时与地面失去联系，随后被证实坠毁。机上 283 名乘客和 15 名机组人员全部遇难，这是近期发生的一次最大的空难了。

死亡率最高的大概要数交通事故了。自汽车问世以来（约 100 多年）全世界死于各种交通事故（包括火车、航运）的总人数达 3000 万～4000 万人（请读者注意，这个数字差不多相当于第二次世界大战中中国或苏联的死亡人数）。据 2003 年统计，全球每年因交通事故死亡 50 余万人，伤残 1000 余万人。美国国土大，但人口密度并不大，1899—1975 年，77 年间仅汽车事故死亡 200 多万人，超过美国自建国以来战争死亡人数的总和。

综上所述，人为灾害，除战争、恐怖袭击等要另行讨论以外，相当一批则属于社会发展、社会进步，而人类的认识和技术手段未能同步发展造成的。但我们不能因噎废食，只能在发展中解决。我国把"科学发展观"定为国策是正确而及时的。

5.3 中国是一个多灾害的国家

5.3.1 灾频高、灾种多、损失大

中国处于地球上自然灾害多发的东亚地区（见图 5-12），所以历史上一直是一个灾害比较严重的国家。表 5-15 列出的近 200 年来死亡人数超过 100 万人的世界大灾害，1770—1985 年 20 次大灾难中中国有 11 次之多，占 50% 以上，而且死亡人数最多的前 3 名都发生在中国。1811 年，全国性饥荒死亡 2000 万人；1929—1939 年，中国四川、甘肃和陕西等省份连年大旱，颗粒不收，死亡 1770 万人；1849 年，全国范围的大饥荒死亡多达 1500 万人（见表 5-14 中的序号 3、6、13）。表 5-16 列出了全球死亡人数超过 2 万人的大地震，表中共 11 次地震，中国有 4 次，占 36%，而且死亡超过 20 万人的三次大地震都发生在中国（序号 1、7、9），其中 1556 年的关中潼关大地震死亡多达 83 万人，其次是 20 世纪 70 年代的唐山大地震，死亡 24.2 万人。中国地震的

特点是频率高、震级大、震源浅、死亡多，其中前三点是地域决定的，而第四点则主要是由于人多和贫穷以及相对比较落后等原因。表 5-17 列出了 1955—2010 年中国所发生的 7 级以上的强震，可以看出，短短的 55 年间中国大陆发生的 7 级以上的地震多达 15 次。死亡总人数 352536 人，请读者注意，这些地震都发生在 1949 年建国之后。

表 5-15 　　　　　　　　　　**近 200 年来世界死亡人数超过 100 万人的大灾难一览表**

序号	灾害发生年份	受 灾 地 区	灾型	死亡人数/万人
1	1770—1772	孟加拉	饥荒	800～1000
2	1810	中国	饥荒	900
3	1811	中国	饥荒	2000
4	1837	印度北部	饥荒	100
5	1845—1846	爱尔兰	饥荒	150
6	1849	中国	饥荒	1500
7	1847	中国	饥荒	500
8	1865	印度东北部	饥荒	100
9	1876—1878	中国山东、河南和河北等省份	旱灾	1300
10	1888	中国	饥荒	350
11	1896—1905	印度	饥荒、黑死病	1000
12	1918—1919	印度	饥荒、流感	1500
13	1929—1932	中国四川、甘肃和陕西等省份	旱灾、饥荒	1770
14	1931—1939	中国	水灾	698
15	1942—1943	中国河南省	旱灾	≈300
16	1943	中国广东省	旱灾	300
17	1943—1944	孟加拉	洪水、饥荒	350
18	1946	中国湖南省	饥荒	300
19	1968—1973	非洲萨赫勒地区	旱灾	150
20	1984—1985	埃塞俄比亚	旱灾	>100

表 5-16 　　　　　　　　**世界历史上死亡人数超过 2 万人的大地震一览表**

序号	城市名称	所属国	发震日期	灾 变 损 失
1	华县、潼关	中国	1556 年 1 月 23 日	关中大破坏，共死亡 83 万人
2	里斯本	葡萄牙	1755 年 11 月 1 日	8.0 级，欧洲最大地震，死亡 6 万人
3	西昌	中国	1850 年 9 月 12 日	7.5 级，城毁，死亡 2.6 万人
4	亚里加港	秘鲁	1868 年 8 月 8 日	震后海啸，98% 居民遇难，死亡 2 万人

序号	城市名称	所属国	发震日期	灾 变 损 失
5	旧金山	美国	1906 年 4 月 18 日	8.3 级，火烧三日，死亡 6 万多人
6	墨西哥	意大利	1908 年 12 月 28 日	7.8 级，伴生海啸，共死亡 8.5 万人
7	海原	中国	1920 年 12 月 16 日	8.5 级，包括其他地区共死亡 20 万人
8	东京、横滨	日本	1923 年 9 月 1 日	8.2 级，震后大火，海啸，共死亡 14.2 万人
9	唐山	中国	1976 年 7 月 28 日	7.8 级，京、津、唐共死亡 24.2 万人
10	阿斯南	阿尔及利亚	1980 年 10 月 10 日	7.5 级，死亡 2 万多人
11	列宁纳坎	苏联	1988 年 12 月 7 日	7.0 级，死亡 2.5 万人

表 5 - 17　　　　　　　　　　1955—2010 年中国内地 7 级以上强震灾害一览表

序号	地点	发 震 日 期	震级 M	震中烈度	受灾面积 /km²	死亡人数 /人	伤残人数 /人	倒塌房屋 /间
1	康定	1955 年 4 月 14 日	7.5	Ⅸ	5000	84	224	636
2	乌恰	1955 年 4 月 15 日	7.0	Ⅸ	16000	18		200
3	邢台	1966 年 4 月 14 日	7.2	Ⅹ	23000	7938	8613	1191643
4	渤海	1969 年 7 月 18 日	7.4			9	300	15290
5	通海	1970 年 1 月 5 日	7.7	Ⅹ	1000	15621	26783	338456
6	炉霍	1973 年 2 月 6 日	7.79	Ⅹ	6000	2199	2743	47100
7	永善	1974 年 5 月 11 日	7.1	Ⅸ	2300	1641	1600	66000
8	海城	1975 年 2 月 4 日	7.3	Ⅸ	920	1382	4292	1113515
9	龙陵	1976 年 5 月 29 日	7.6	Ⅸ		73	279	48700
10	唐山	1976 年 7 月 28 日	7.78	Ⅺ	32000	242769	164851	3219186
11	松潘	1976 年 8 月 16 日	7.2	Ⅷ	5000	38	34	5000
12	乌恰	1985 年 8 月 23 日	7.4	Ⅷ	526	70	200	30000
13	澜沧	1988 年 11 月 6 日	7.6	Ⅸ	91700	748	7751	2240000
14	汶川	2008 年 5 月 12 日	8.0	Ⅺ	100000	80000	374643	7800000
15	玉树	2010 年 4 月 14 日	7.1	Ⅸ		2690	12135	40000
	小　计				284223	352536	658448	16155726

5.3.2　灾种多，治理难度大

1. 灾种多且呈上升趋势

就灾种而论，世界公认的几种最主要的自然灾害中，旱灾、洪灾、地震在中国都是较频繁发生的，从表 5 - 14 也可证明这一点。历史上的饥荒大都与旱灾、洪灾以及相伴而来的瘟疫连在一

第 5 章　防灾减灾

起，有统计表明旱、涝灾害占中国自然灾害损失的 30%～50%，其中不乏瘟疫等伴生灾害。

中国灾害同样呈逐年上升的趋势，如图 5-22 所示，我国 1953—1988 年的旱、涝灾害的走势呈直线上升趋势。据统计，京津唐地区旱灾发生的频次，20 世纪 50 年代为 5 次，60 年代为 8 次，70 年代为 11 次。降雨量减少，工业用水又剧增，华北地区水资源总量一直在下降，图 5-23 给出了华北地区水资源总量演变曲线，1955 年总量为 625 亿 m³，到 1985 年减为 375 亿 m³，30 年共减少 250 亿 m³。

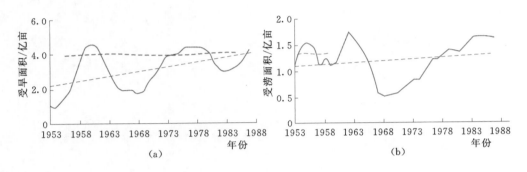

图 5-22 我国旱、涝灾害变化走势
（a）旱灾变化走势；（b）涝灾变化走势

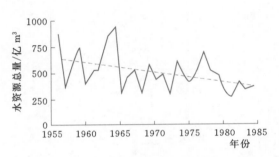

图 5-23 华北地区水资源总量演变曲线

黄河自 1972—1998 年 27 年间有 21 年出现断流，1990 年开始每年出现断流。1997 年，山东利津站全年断流 13 次，累计 226 天，330 天无黄河水入海，断流起点曾上延至开封柳园口附近，全长 704km，占黄河下游河道长度的 90%。断流严重影响了下游城乡用水及胜利油田用水。水环境容量减小，冲沙入海量减少，泥沙淤积下游河床，降低行洪能力，加重河口地区土地盐碱化，河口湿地生态系统退化。断流的原因主要是引水量超过黄河负载能力；目前黄河全区引水能力 6000m³/s，仅下游就达 4000m³/s，供水能力远远大于引水能力。浪费也是一个重要原因，农业引黄灌溉定额较先进灌溉定额高出 50%～100%，灌溉水利用率仅为 30%；工业万元值用水量高出全国 1 倍，高出发达国家 6 倍，而废水处理率不足 21%。2001 年小浪底水库建成后黄河终于终止了断流。但沿河地域的浪费更多的是政策问题。

2. 中国要高度关注荒漠化和沙尘暴问题

（1）荒漠化。荒漠化是指气候异常和人类活动等因素造成的干旱、半干旱和亚湿润干旱地区的土地退化，对人类的生存构成严重威胁。1994 年 12 月，第四十九届联合国大会正式通过决议，决定从 1995 年起将每年的 6 月 17 日定为"世界防治荒漠化和干旱日"；1996 年 12 月，《联合国防治荒漠化公约》正式生效，为世界各国和各地区制定防治荒漠化纲要提供了依据。

荒漠化是世界重大环境问题之一。荒漠化正影响着世界上 36 亿 hm² 的土地。据联合国公布的数字，过度的人类活动以及气候变化导致占全球 41% 的干旱地区土地不断退化，全球荒漠面积逐渐扩大。

目前，全球有 110 多个国家、10 亿多人口正遭受土地荒漠化的威胁，其中 1.35 亿人面临流离失所的危险。全球每年因土地荒漠化造成的经济损失超过 420 亿美元。荒漠化治理是一项长期复杂的工程，还需国际社会坚持不懈的努力。

我国国土大面积荒漠化日趋严重。我国现有荒漠化土地 22.37 万 km²，占国土总面积的 27.9%，而且每年仍在增加 1 万多 km²。我国 18 个省区的 471 个县、近 4 亿人口的耕地和家园正受到不同程度的荒漠化威胁。

荒漠化的重要原因之一是湿地的减少。

第二次全国湿地资源调查（2009—2013 年）已经完成调查的 21 个省（自治区、直辖市）统计数据显示：全国湿地总面积 5360.26 万公顷，与第一次调查同口径比较，湿地面积减少了 339.63 万公顷，减少率为 8.82%，其中自然湿地面积减少了 337.63 万公顷，减少率为 9.33%，10 年来基建占用湿地面积增长了 9 倍多。

据介绍，我国湿地面积减少最多、情况最严重的是长江中下游和东北三江平原地区。号称"千湖之省"的湖北省，其大小湖泊数量由过去的约 1000 个减至如今的 260 多个；三江平原湿地面积已由过去的 500 万 hm² 减至如今的 91 万 hm²；长江中下游的通江湖泊，由 102 个减少至如今的 2 个，仅剩下洞庭湖和鄱阳湖，而其面积还在持续萎缩。见图 5-24。

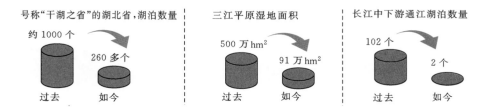

图 5-24　中国湿地面积减少的概况
（图中"如今"指湿地调查时段的最后一年，即 2013 年）

湿地面积减少虽受气候变化等自然因素影响，但主要还是人为因素造成的，不合理的开发利用，是造成湿地面积萎缩的重要原因。

除湿地锐减以外，世界气象组织于 2012 年年底披露号称地球的"第三极"青藏高原地区 85%～90% 冰川都在退缩，将严重危及未来数十亿人的生产和生活，首先是我国的长江、黄河怎么办？该组织还披露 2012 年夏季北极海冰面积创历史新低，格陵兰冰盖融化范围达到冰盖总表面的 97%。

2013 年 12 月 30 日国土资源部公布了第二次全国土地调查公报，主要数据如下：

耕地：13538.5 万 hm²（203077 万亩）。

其中，有 564.9 万 hm²（8474 万亩）耕地位于东北、西北地区的林区、草原以及河流湖泊最高洪水位控制线范围内，还有 431.4 万 hm²（6471 万亩）耕地位于 25° 以上陡坡。上述耕地中，有相当部分需要根据国家退耕还林、还草、还湿和耕地休养生息的总体安排作逐步调整。全国基本农田 10405.3 万 hm² （156080 万亩）。

请读者注意后半段中就有"还湿地"的要求。

保护湿地应持一个积极的态度，保护和合理利用湿地，生态和经济价值十分可观。如开展湿地种植业、养殖业、制药业、矿产业等，千百年来就是我国人民生存和发展的重要资源，湿地在保障和改善民生方面意义重大。例如，近年来，洪湖湿地水产品加工业迅速发展，规模以上水产品加工企业达 15 家，总产值达 6 亿元，解决了 3 万多人的就业问题。

（2）沙尘暴。频繁而日趋加剧的沙尘暴已成为我国北方严重的自然灾害。

自新中国成立至 2001 年的 52 年间，我国共发生沙尘暴 88 次，平均每年 1.7 次，尤以 1952 年在甘肃、1979 年在新疆、1983 年在西北五省区、1986 年在新疆发生的强沙尘暴为甚，特别是 1993 年 5 月 5 日发生自西北、掠及北方 72 个县 110 万 km² 地域的特强沙暴，其强度、范围、灾损都是 2000 多年历史记载中所没有的。进入 2000 年后，沙尘暴急剧增加，当年，强和特强的沙尘暴就达 9 次，为近 50 年之最；2001 年出现 12 次沙尘天气，其中沙尘暴 6 次；2002 年入春后仍是沙尘天气不止，3 月 19—21 日发生连续几天横扫大半个中国，远及日、韩的特强沙尘天气。这表明，沙尘暴的发生频数与趋势都在呈直线上升。

我国沙尘暴可分四大源区：一是甘肃河西走廊及内蒙古阿拉善盟，二是新疆塔克拉玛干沙漠周边地区，三是内蒙古阴山北坡及浑善达克沙地毗邻地区，四是蒙陕宁长城沿线。人类的过垦过牧，滥樵滥采，使这些地区湿地干涸，水源减少，土地荒漠化与沙化，是导致沙尘暴猖獗的根本原因。中国目前受沙尘暴袭击和污染的省会城市已达 20 多个。北京 2000 年出现 22 次沙尘天气，2001 年 10 余次，2002 年入春后又发生数次沙尘天气。以后几乎每年春季我国西北、华北及北京地区都会出现沙尘暴。图 5-25 给出了一幅石家庄沙尘暴天气的照片。

图 5-25　石家庄沙尘暴天气

治理沙尘暴除了扼制过度开采之外，更为积极的措施应是保护森林、开展植树造林工作。2014 年春我国公布了第八次森林资源清查结果，我国森林面积 2.1 亿 hm²，森林复盖率近 22%一直呈上升的趋势，森林的主要功能有五个：

一是固碳释氧。据测算，我国森林植被的总储碳量达到 84 亿 t，在减排中发挥着重要作用。

二是涵养水源。据测算，我国森林年涵养水源量约 5800 亿 m³，相当于 15 个三峡水库的最大库容量。

三是保育土壤。据测算，我国森林年固土量约 82 亿 t，年保肥量 4.3 亿 t，相当于我国化肥产能的 2 倍多。

四是净化空气。据测算，我国森林年吸收污染物量 0.38 亿 t，年滞尘量达 58 亿 t。

五是防沙固河。北京多年来一直在西北部造林，产生了显著的效果，2015 年春人民日报披露由于北京的造林使来自蒙古的沙尘有向东移的趋势，延及俄国东部和日本。

5.3.3 高度重视发展中的生态失衡和人为灾害

1. 地下水过度开采

水资源匮乏，问题极其严重，联合国专门会议警告："水不久将成为一项严重的社会危机，是继石油危机之后的一个更为严重的危机。"中国水资源总量世界排名第 6；但因人口众多，人均占有量很低，仅为世界人均值的 1/4，排名第 88 位。在农村，农田灌溉缺水 300 亿 m³/a，8000 万人、6000 万头大牲畜饮水困难；在城市，180 个城市缺水，日缺水量 1200 万 t（另有资料说 567 个城市有 300 多个城市缺水）。据 2000 年年底统计，我国共缺水 600 亿 m³，西部大开发的关键问题之一是"水"。据 2012 年报导，北京人均水资源占有量不足全国水平的 1/20，仅为 107m³。北京是世界上少有的以地下水为主要供水源的大都市。自 1972 年以来，北京开始大规模开采地下水，1999—2010 年，超采的地下水超过 56 亿 m³，已形成了 2650km² 的沉降区。

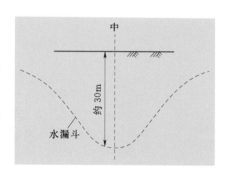

图 5-26 北京中心地区地下水下降的漏斗

2012 年供水量 24 亿 m³，缺口仍达 13 亿 m³。北京地下水位自 20 世纪 70 年代每年下降 1m，中心区地下水位在地表下约 30m，如图 5-26 所示。图 5-27 给出了 1959—1999 年京广铁路沿线河北段和南水北调中线河南段地下水位的下降曲线，从图 5-27 可看出 40 年间，天安门水位下降了 25m，红庙地区下降了 35m。图 5-28（a）显示 1964—1998 年 35 年间石家庄地区下降了 38m，保定地区下降了 32m。图 5-28（b）显示 1974—1994 年 21 年间，郑州下降了 12m，许昌下降了 25m 之多。

全国范围的地下水位下降导致地面下沉，苏州市下沉了 1m，上海市下沉了 2.7m，天津市下沉了 1.56m。

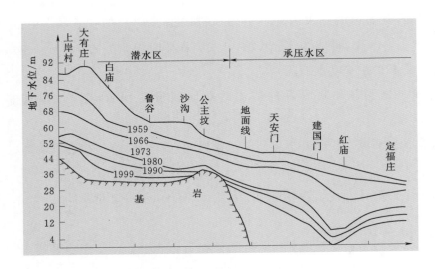

图 5 - 27　北京地下水位变化图

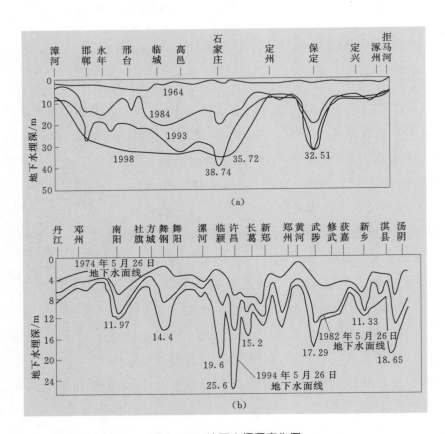

图 5 - 28　地下水埋深变化图

（a）京广铁路沿线河水段浅层地下水埋深变化图；（b）南水北调中线河南段
沿线浅层地下水埋深变化图

　　地面沉降不只是中国的问题，也不只是因为地下水超采所引发。从全球来看，美国、日本等国也是地面沉降的多发区。美国的休斯敦 1995 年测定地面下沉了 0.3m 左右，这个数字正好和附近油气及地下水的开采量相一致。图 5 - 29 给出了一幅地面沉降因果示意图。

地面发生沉降的原因

挖掘固体矿产　抽汲卤水

抽汲地下水

开采石油、天然气

人类活动可减缓（或控制）已经发生的地面沉降

1. 减少地下水的开采量　2. 调整地下水的开采层次　3. 人工回灌地下水含水层

图 5-29　地面沉降原因示意图

2. 水污染严重

中国水污染十分严重。1979 年，我国全年排放废水 283 亿 t；20 世纪 80 年代中期，每年排放废水达 310 亿 t，仅有很少一部分是经过处理的。有资料统计，我国每日排入长江的污水中，含有酚 21t，氯化物 14t，汞 3.2t，砷 6.1t，铬 3.2t。早在 1957 年，调查长江下游经济鱼类的汞检率为 100％。2010 年人民日报披露我国 2007 年一年全国废水中主要污染物排放总量（按万 t 计）：化学需氧量 3028.96，氨氮 172.91，重金属（镉、铬、砷、汞、铅）0.09，总磷 42.32，总氮 472.89；废气中：二氧化碳 2320.00，氮氧化物 1797.70，烟尘 1166.64，工业粉尘 764.68；除废水废气之外还有工业固体废物：4914.87，工业危险废物：3.94，请读者注意这是我国首次污染源 2007 年一年统计的结果，还要注意数字后面的单位是"万 t"。

2010 年我国发布了《第一次全国污染源普查公报》。

这次普查主要针对海河、淮河、辽河、太湖、巢湖、滇池等重点流域的主要污染物排放状况详见图 5-30。

这次污染源普查显示两大祸害的源头需高度注意：

（1）机动车氮氧化物排放量占排放总量的 30％，对城市空气污染影响很大。

重点流域（海河、淮河、辽河、太湖、巢湖、滇池）主要污染物排放量：

工业污染源
化学需氧量 145.28 万 t，氨氮 2.96 万 t，石油类 1.85 万 t，挥发酚 1938.63 万 t，重金属 0.01 万 t

农业污染源
种植业主要水污染物流失量：总氮 71.04 万 t，总磷 3.69 万 t。
畜禽养殖业主要水污染物排放量：化学需氧量 705.98 万 t，总氮 45.75 万 t，总磷 9.16 万 t，铜 980.03t，锌 2323.95t。
水产养殖业主要水污染物排放量：化学需氧量 12.67 万 t，总氮 2.15 万 t，总磷 0.41 万 t，铜 24.62t，锌 50.15t。

生活污染源
化学需氧量 328.07 万 t，氨氮 47.00 万 t，石油类和动植物油 22.35 万 t，总氮 65.92 万 t，总磷 3.77 万 t。

据《第一次全国污染源普查公报》2010

图 5-30　我国重点流域主要污染物排放量（2010 年）

（2）农业源污染物排放中，化学需氧量排放量为 1324.09 万 t，占排放总量的 43.7%。农业源也是总氮、总磷排放的主要来源，其排放量分别为 270.46 万 t 和 28.47 万 t，分别占排放总量的 57.2% 和 67.3%，对我国水环境的影响较大。

3. 空气污染

空气污染主要是烟尘、可吸入颗粒物及对人有害的各种化合物，如燃煤及炼焦过程产生的有毒气体，还有汽车尾气会产生致癌物质，美国近 40 年统计肺癌死亡增长 150%，日本近 20 年增长 261%，我国近 30 年增长 145%。在我国，燃煤形成的烟尘排放量十分惊人，国家规定城市降尘量为 6～8t/(km²·月)，1979 年 3 月北京居民区达 39t/(km²·月)，超标约 4～5 倍。有的城市甚至高达上千吨，超标 100 倍以上。我国烟尘年排放量为 1 亿 t 以上，平均 10t/km²，超出全球陆地平均负荷量 10 倍以上；氟全国年排放量为 7400t，占全世界总排放量的 19%；二氧化碳全国年排放量为 1500 万 t，平均 1.6t/km²（全国平均陆地负荷量为 1t/km²）。在迎接 2008 年奥运会时，由于采取了很多措施，可吸入颗粒物有较大幅度降低，但与世界先进国家相比，我国还是属于较严重的。细心的读者可看出这里披露的数据有很大的不一致和不确定性，事实上数据均来自人民日报。这种不确定性归根到底源自我国统计工作后进以及上级权威部门的干预，十八大以后，这种状况已经有了很大好转。

4. 食物污染

水和空气的污染势必造成食物的污染，人吃了被污染过的食物会致癌或引发各种不同的疾病，如上所述农业是个重要的污染源，总氮总磷的排放占我国总排放量的 57.2% 和 67.3%。过去农业上常将 666 及 DDT 作为最有效的杀虫剂，在植物、动物内均有浓集作用。图 5-31 所示为不同种类的生物对 DDT 的浓集作用。从该图可以看出，浮游生物最低而银鸥最高，高达 75.5ppm（即银鸥每千克中竟然含有 75.5mg 的 DDT）。

人死后从尸体脂肪上检测结果也是惊人的：

（1）上海市 276 例尸体脂肪测定（1977 年）。

666：9.52mg/kg；　　　　DDT：22.95mg/kg

（2）浙江省 120 例尸体脂肪测定（1974—1975 年）。

666：20.29mg/kg；　　　DDT：17.74mg/kg

（3）杭州市对大米的测定（1973 年）。

666：2.11mg/kg；　　　　DDT：0.75mg/kg

（4）杭州市对猪肉的测定（1974 年）。

有机氯：5.5mg/kg

（5）杭州市对蔬菜测定（1975 年）。

666：0.11mg/kg；　　　　DDT：0.028mg/kg

食品污染的问题在我国从未间断过，2012 年 5 月武汉南湖由于污水排放和生活垃圾的倾倒出现大

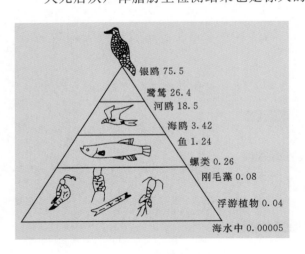

图 5-31　不同种类的生物对 DDT 的浓集作用（单位：ppm）

面积死鱼，更有甚者，7 月 17 日再次出现更为严重的死鱼现象。

2013 年 3 月 8 日上海黄浦江上出现死猪漂浮事件截止到 18 日打捞起死猪逾万头，引起了公众的强烈不满和质疑，媒体认为：①应对迟缓有瞒报之嫌，8 日发现 10 日才开始逐渐向媒体透露；②水质是否稳定，10 日以后才公布检测结果；③出厂水是否符合国家饮用水的标准；④有无安全处置大量死猪的能力。面对公众的质疑竟然延迟两天才向公众透露，请读者注意，这是我国最开放的城市上海呀！而且刚开完世博会不到两年。在边远的山区那种瞒产谎报死亡人数几乎成为常态了！

5. 土壤污染

2014 年 4 月环保部和国资部发布了《全国土壤污染状况调查报告》调查，调查覆盖全部耕地，部分林地、草地实际调查面积 630 万 km²。

调查显示，全国土壤环境状况总体不容乐观，全国土壤总的点位超标率为 16.1%，其中轻微、轻度、中度和重度污染点位比例分别为 11.2%、2.3%、1.5% 和 1.1%。从土地利用类型看，耕地、林地、草地土壤点位超标率分别为 19.4%、10.0%、10.4%。从污染类型看，以无机型为主，有机型次之，复合型污染比重较小，无机污染物超标点位数占全部超标点位的 82.8%。

公报指出，从污染分布情况看，南方土壤污染重于北方；长江三角洲、珠江三角洲、东北老工业基地等部分区域土壤污染问题较为突出，西南、中南地区土壤重金属超标范围较大；镉、汞、砷、铅 4 种无机污染物含量分布呈现从西北到东南、从东北到西南方向逐渐升高的态势。与"七五"（1986—1990 年）时期对比表明，表层土壤中无机污染物含量增加比较显著，其中镉的含量在全国范围内普遍增加，在西南地区和沿海地区增幅超过 50%，在华北、东北和西部地区增加 10%～40%。图 5-32 给出了首次全国土壤污染状况调查图解。

5.3.4 走出认识上的误区

灾害作为一种物质的运动形态，从唯物主义观点看是永远也不能消灭的，只要有物质的运动和运动的物质就有灾害。过去少数人有一种似是而非的说法，似乎只要有了先进的社会制度，灾害就可以减少甚至消灭，从新中国成立后的实践来看并非如此。表 5-18 给出了我国历史上各个不同时段灾害的情况，由于各个时段经历的年限不同，具有可比性的应是年均值。就表中显示的灾害中的死亡人数而论，半封建半殖民地时期最多，封建社会的第三期（大约是明初至清末）和第二期次之，社会主义阶段居第 4 位；而就灾害的次数而论，社会主义阶段高居第 2 位。表 5-19 给出了新中国成立后 1950—1978 年 29 年间全国发生的 6 次较大的自然灾害，损失都是相当严重的。1976 年的唐山大地震，震级虽然只有 7.8 级，死亡人数却高达 24 万人，其破坏程度和死亡人数是 20 世纪地震灾害之最。这还仅指自然灾害，尚未包括新中国成立后的那些围湖造田、毁林种地、随意排放和盲目开采等引起的生态失衡。

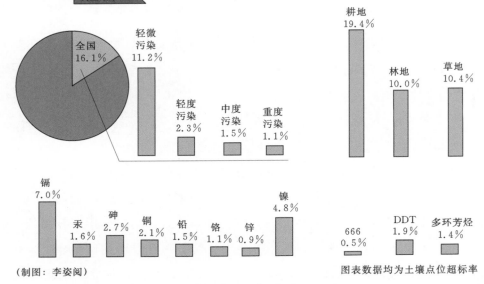

2014 年 4 月公布

首次全国土壤污染状况调查图解

调查范围
▶除香港、澳门特别行政区和台湾省以外的陆地国土、实际调查面积约 630 万 km²
▶调查点位覆盖全部耕地,部分林地、草地、未利用地和建设用地

调查项目
▶影响农作物产量和品质的污染物
▶对人体健康有害的污染物
▶13 种无机污染物
（砷、镉、钴、铬、铜、氟、汞、锰、镍、铅、硒、钒、锌）
▶3 种有机污染物（666、DDT、多环芳烃）

调查结果

全国 16.1%
轻微污染 11.2%
轻度污染 2.3%
中度污染 1.5%
重度污染 1.1%

耕地 19.4%
林地 10.0%
草地 10.4%

镉 7.0%
汞 1.6%
砷 2.7%
铜 2.1%
铅 1.5%
铬 1.1%
锌 0.9%
镍 4.8%

666 0.5%
DDT 1.9%
多环芳烃 1.4%

（制图：李姿阅）

图表数据均为土壤点位超标率

图 5 - 32　首次全国土壤污染状况调查图解
（2014 年 4 月人民日报）

表 5 - 18　　　　　公元 22—1987 年我国不同时段自然灾害情况　　　　　　单位：万人

社会性质		封 建 社 会			半封建、半殖民地社会	社会主义社会
灾害情况	时段	第一期 22—618 年	第二期 619—1368 年	第三期 1369—1911 年	1912—1949 年	1949—1987 年
干旱、饥饿	灾害次数	3	4	15	7	
	死亡人数	22.5	1003	1547.43	284.79	
洪水、涝灾	灾害次数	5	20	24	15	8
	死亡人数	8.25	17.13	143.48	96.97	1.05
地震	灾害次数	10	20	61	18	9
	死亡人数	0.59	31.59	189	39.65	28.11

灾害情况	社会性质\n时段	封建社会			半封建、半殖民地社会	社会主义社会
		第一期\n22—618 年	第二期\n619—1368 年	第三期\n1369—1911 年	1912—1949 年	1949—1987 年
海象灾害	灾害次数	1	8	56	1	3
	死亡人数	0.1	11.68	68.45	0.08	3.2
瘟疫	灾害次数			16	1	
	死亡人数			63.15	10	
寒冻	灾害次数				2	
	死亡人数				11	
风暴	灾害次数		2	16	5	2
	死亡人数		1.01	27.25	15.4	0.11
泥石流滑坡	灾害次数					2
	死亡人数					0.05
自然灾害	灾害次数			1		1
	死亡人数			1		0.32
合计	灾害次数	19	54	191	47	25
	死亡人数	31.44	1064.40	2050.76	446.89	32.84
年均值	灾害次数	0.03	0.07	0.35	1.27	0.67
	死亡人数	0.05	1.42	3.74	12.08	0.89

表 5 – 19　　　　　　　　新中国成立后的 6 次较大灾害一览表

灾害发生日期	灾害	灾情	经济损失/亿元
1950 年 7 月	淮河大水灾	河南省及安徽北部地区皖北许多地方一片汪洋，淹没土地 227 万 hm²，灾民 1300 万人	＞30
1954 年 7 月	长江、淮河大水灾	淹没农田 327 万 hm²，1888 万人受灾，损坏房屋 427.6 万间，京广线 100 天不能正常通车	100
1963 年 7 月	海河大水	淹没 104 个县市 486 万 hm² 耕地，2200 余万人受灾，倒塌房屋 1265 万间，冲毁铁路 116.4km，京广线中断	60
1975 年 8 月	河南大水	29 个县市的 113 万 hm² 农田被淹，其中 73 万 hm² 受到毁灭性危害，受灾人口 1100 万人，死亡近 9 万人，京广线被冲毁 102km，中断行车 18 天	100

灾害发生日期	灾　害	灾　　情	经济损失/亿元
1976 年 7 月	唐山大地震	整个城市几乎成为一片废墟，倒塌房屋 530 万间，死亡 24.2 万人，重伤 16.5 万人，7000 多家庭断门绝烟	300
1978 年	全国大旱	全国受旱面积 4000 万 hm²，晋、冀、鲁、豫、陕等省份小麦减产 50 亿 kg，皖、苏、鄂、湘、赣、川、黔、浙等省份水稻减产 25 亿 kg，豫秋粮减产 20 亿 kg，鄂、湘、皖棉花减产 230 万担（合 1.15 亿 kg）	50.95

那种认为只要有好的社会制度灾害就一定会减少，这至少是认识上的一个误区。我国是发展中国家，这种认识不仅是简单片面的而且是有害的，绝不是一个唯物主义者所应持有的观点。笔者怀疑热衷于这种宣传的人，至少是把客观存在"意识形态化"了。难怪新中国成立初期在黄河上游修建那个失败的三门峡水库时有些科学家竟然热衷于倡导"圣人出黄河清"作为修建这个水库的观点和依据。科学工作者的实事求是哪里去了？

5.3.5　火灾与燃气爆炸

在我国，火灾是列入安全生产范畴的，这里把火灾与燃气爆炸放在一起介绍是因为：其一，许多火灾是由爆炸引发的；其二，随着城市用气（天然气、液化石油气、煤制气等）的大幅增长，民用燃气的爆炸日益增多，而且几乎全部伴生火灾。由于民用燃气的爆炸峰值不高，大都低于 0.7～0.8MPa，因爆炸造成的破坏往往是局部的，远小于地震的破坏，但是它引发的次生灾害——火灾所造成的破坏和损失还是比较大的。

1. 火灾的严重性

火与人类生活和生产密不可分，火的利用是人类文明过程中的重大标志之一，但一旦失控则酿成灾害。世界上多种灾害中发生最频繁、影响面最广的首属火灾。

据联合国"世界火灾统计中心（WFSC）"近年来不完全统计，全球每年发生 600 万～700 万起火灾，全球每年死于火灾的人数有 6.5 万～7.5 万人。表 5-20 所示为世界几个主要国家在 20 世纪 90 年代中期的火灾统计数字。像英国这样的发达国家竟然每年因火灾死亡 850 人，印度和俄罗斯最严重，每年因火灾死多达 17000 人和 15000 人。

据不完全统计，1950—1966 年和 1973—1982 年（缺 1967—1972 年的统计数字）总共 27 年间，我国因火灾被夺去生命的有 10.9 万人，受伤 20 多万人，直接经济损失 42 亿元。

我国国土面积大，人口多，干旱环境覆盖率高，火灾问题十分严重。就以发生火灾较少的 2001 年为例，全国每天平均发生火灾 594 起，死 6.4 人，伤 10.4 人，直接经济损失 385 万元。图 5-33 直观地给出了每日火灾情况图。

表 5－20　　　　　　　　　世界若干主要国家火灾情况

国　名	人　口 /百万人	每年火灾起数 /千起	每年死亡 人数	每千人的 火灾次数	每百万人的 死亡人数
中国	1203.0	45	2300	0.04	1.9
印度	936.5	200	17000	0.21	18.2
美国	263.8	2000	4600	7.58	17.4
俄罗斯	148.3	300	15000	2.02	101.1
日本	125.5	58	1900	0.46	15.1
德国	81.7	215	700	2.63	8.6
英国	58.3	460	850	7.89	14.6
法国	58.1	290	600	4.99	10.3
澳大利亚	18.3	80	160	4.37	8.7
爱尔兰	3.6	32	45	8.89	12.5
总数	2897.1	3580	43155	1.27	14.9

注　以 20 世纪 90 年代中期统计数字为准。

2. 燃爆灾害日益严重

燃气指民用的煤制气、液化石油气和天然气。随着燃气的广泛普及，民用燃爆灾害日益增多，就像"火"的发明与普及，当家家户户都用火的时候，火灾一定会增多一样，燃爆也不例外。

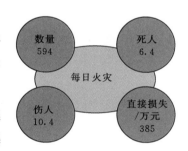

图 5－33　每日火灾情况图

几乎所有燃爆都伴随着火焰的产生与传播，许多火灾往往直接起源于燃爆，尤其是恶性大火。我国 1993 年下半年的三起大火都与燃爆有关：8 月 5 日，深圳清水河危险品仓库爆炸起火，伤亡逾百人，出动 1 万余名消防战士，1000 多辆灭火车，才制止了火势的蔓延；9 月 22 日，北京燕化公司化工一厂高压车间乙烯爆炸起火，死亡 3 人，整个高压车间连同设备几乎全部被毁，损失极为惨重，殃及附近房屋多处；10 月 21 日，南京炼油厂 1 万 m³ 的储油罐大爆炸，调动扬州、镇江、无锡和上海等近 10 个城市的消防车前往灭火，南京军区及省军区也派出部队及飞机协助扑救。上述爆炸均是由于可燃物挥发成的可燃气体达到一定浓度，遇明火引发并进一步加剧蔓延的。

燃爆不仅是一个火灾源，往往又是火灾的一个伴生灾害。上述深圳清水河危险品仓库的第二次大爆炸就属于这一种。8 月 5 日 13 点 25 分，4 号库爆炸起火，由于火势猛烈，没有得到及时制止，1h 后，即 14 点 28 分，由于大火的烘烤导致附近的 6 号库又发生了更强烈的爆炸，人员伤亡大都是这次爆炸造成的，而且几乎全是在现场灭火的消防干警。

根据对燃爆机理及其物理力学特征的了解可以看出，燃爆作为灾害领域的一个灾种，相对于其他灾害，如地震、洪水、飓风等，具有以下一些特点：

（1）频率高，偶然性大。千家万户都使用燃气，而燃气和空气混合到一定浓度，一遇明火就发生爆炸。将燃气输送到千家万户，又需要经过许多环节，任何一个环节都有可能发生爆炸。

（2）常与火灾伴生，既是火灾的引发源，也是火灾的次生、伴生灾害。由于燃爆的动力效应和可燃介质的传播、蔓延，因而常比一般单纯火灾严重。

（3）灾害具有显著的人为特征。与其他灾害相比，少了"自然"特征（如地震及风暴潮等，其自然特征很强），多了人为特征，因而对预防的可能性强，人为干预能力强。

（4）灾害相对来说是比较局部的。如局限于一个单体建筑、某一个小区、某一段管路等；爆炸对承载体（如结构）破坏的程度也较一般化学爆炸为低，且多为封闭体（如室内）的约束爆炸，因而泄爆非常敏感。泄爆成为减轻室内燃爆的重要手段之一。

（5）与其他灾害相比，抗灾措施较易实施。

笔者对这一灾种有过较多的探讨，认为居家预防燃爆注意以下几点，可望收到较大的效益：①燃气灶不要与冰箱放在同一房间（冰箱经常起动，是一个点燃源）；②家里无人时（包括出差），厨房一定要开启通风口或窗户开一条缝，这样即使有燃气泄漏，也不会达到爆炸浓度；③燃气烧水，万一水沸将火扑灭等，发现时可能火早已灭掉而燃气一直外泄导致室内达到爆炸浓度，一定要彻底通风后再开启燃气灶，切勿立即打火开启。

5.4 汶川大地震[1-7,24]

把汶川大地震作为专门一节介绍不仅在于这次震害的巨大（震级8级震中烈度11度）还因为这是我国新中国成立以来，震后救灾最成功最人性化的一次，更希望读者可以从中体会和感受到土木工程师肩上的责任。

5.4.1 基本情况

1. 概述

2008年5月12日14时28分04秒，四川省汶川县发生了里氏8.0级地震，四川省南从都江堰市、北到青川县成为地震重灾区，严重受灾地区还包括甘肃、陕西两省的局部地区，面积达10多万 km^2，造成大量的人员伤亡和巨大的财产损失。这次地震的宏观震中在汶川县映秀镇，仪器测定震中位于北纬31.00°，东经103.40°，震中烈度达11度，是中华人民共和国成立以来所发生的震级最高、烈度最大的一次地震。

汶川地震是一次浅源地震，震源深度为10~20km。余震频发，截至2008年9月1日12时，发生余震近27256次，其中5级以上余震33次，最大余震约6.4级。

据统计，汶川地震造成8万多人遇难，2400多万间房屋受损，其中倒塌房屋近780万间。强烈地震还造成16条国道、省道干线公路和宝成线等6条铁路受损中断，近2500座水库出现不同程度的险情。

2. 震害严重的主要原因

汶川地震震害严重的主要原因有以下几个方面。

（1）震级大。总的震级达到里氏 8 级，其破坏力相当于近千颗广岛原子弹的总能量。

（2）震源深度浅。汶川地震的震源在地表下 10～20km，地面运动剧烈。地震所产生的峰值加速度大于 0.4g。

（3）地震持续时间长，地面运动剧烈。地震破裂从震中汶川的漩口镇和映秀镇开始，以 3.1km/s 的速度向北偏东 49°方向传播，破裂长度达 300 多 km，总持时 120s，主要能量在前 80s 释放，最大垂直和水平错距分别达 5m 和 4.8m，最大错动达 9m。

（4）地质灾害严重。强烈地震引发大面积山体崩塌、滑坡和泥石流，造成严重人员伤亡。大面积地质灾害还严重破坏了地面交通，形成众多堰塞湖。

（5）震中区的地面运动强度远高于当地工程建筑的设防标准。我国 2001 年颁布的《中国地震动参数区划图》中，此次地震重灾区的抗震设防烈度最高为 7 度，远低于这次震中烈度的 11 度。

5.4.2　地质灾害的影响

所谓地质灾害是指由自然因素或人为活动引发的危害人民生命和财产安全的山体崩塌、滑坡、泥石流、地面塌陷、地裂缝、地面沉降等与地质作用有关的灾害。汶川地震区域的地质环境极为脆弱，由于地震诱发了大量山体滑坡、崩塌、泥石流、堰塞湖等地质灾害。这些灾害沿地震带和极震区呈带状分布，其规模之大、数量之多、造成损失之重，举世罕见。

1. 道路堵塞影响救灾

（1）道路堵塞的严重性。地震引发的各种伴生次生灾害，造成道路堵塞，严重阻碍救护车辆和人员向灾区的支援。加之四川多山，本来就有"蜀道难，难于上青天"之说。图 5-34 给出了途经都江堰—汶川—茂县—松潘的 213 国道 2005 年 11 月的航拍，可以看出道路蜿蜒曲折，途中经过高山峡谷。其部分路段的山峰在海拔 4000m 左右，就是在正常情况下汽车通行都要十分谨慎，而汶川地震几乎完全毁坏了这条救灾生命线，沿途数不清的滑坡、滚石、塌方、断桥……图 5-35 所示为地震中一座大桥崩塌的情况。图 5-36 所示为地震造成的山体破坏。

图 5-34　213 国道 2005 年的航拍

图 5-35　地震中坍塌的大桥

图 5 - 36 地震造成的山体破坏

（2）道路破坏的工程评判。在地震调查和震害评估中，一般把道路破坏状态划分为 5 个等级，见表 5 - 21，这 5 个等级可以反映出不同破坏程度的路面对震后交通系统的影响。

表 5 - 20 显示以震害指数 1 最严重，属于毁坏型。汶川地震对道路的破坏，经工程人员鉴定评判为"中等破坏"。这个结论是十分综合的，它涉及今后像四川这种地理地质条件的区域修建公路的等级应该如何把握。地震造成道路中断几乎是不可避免的，我们又不能在震区的道路设计上把标准订得过高，就像房屋设计的设防烈度一样，只要求大震不倒，并不要求不许开裂，不许歪斜……只要不倒，人员伤亡的问题就大大缓解了。

地震对道路的破坏，有文献给出了一个比较实事求是的小结。

1）从破坏形态上看，道路结构内部的损伤是比较普遍的，其耐久性将受重大影响。日后通车、雨水的综合作用将可能使道路结构以较快的速度损坏，这是应该引起重视的。

2）就横断面而言，对半填半挖的路基形式，较高的填方，当然还有较深的挖方对地震的抵抗能力都不是强的。临空一面一般比较弱，应该加强防护。

3）常规的措施没能抵抗住地震的作用，但也没有造成严重的灾难性后果，只是一些路基开裂以及地基或挡墙变形。考虑到这是 8 级地震，实践上原设计采用的一些常规措施应该还是可行的。

表 5 - 21　　　　　　　　　　道 路 破 坏 等 级 标 准

破坏等级	震 害 描 述	平均震害指数
基本完好	路基路面无损坏，或出现少量裂缝，对承受能力无影响，无须修复即可正常运行	0.1
轻微破坏	路面轻微变形，出现不同程度的裂缝、拥包、沉陷，一般车辆仍能运行，稍做补强即可恢复正常	0.3
中等破坏	路基、路面出现严重裂缝，路面拥包、沉陷或喷水冒砂，路肩小面积失稳、滑塌，已影响车辆的行驶速度，需及时修复，方可恢复通车	0.5
严重破坏	路基、路面严重断裂，路面严重喷水冒砂、拥包、沉陷，路堤坍塌变形，交通中断，修复难度较大	0.7
毁坏	路基、路面大范围拥包、沉陷、喷水冒砂，路基路面断裂，严重变形，丧失交通功能	1

笔者想再加一条，即：

4）地震引发道路堵塞影响救灾的根源主要是该地区的地理地质特征所致。解决这个问题的最好办法是强化救援力量，加强救援设备的投入，添置直升运输机、大型挖掘机等设备，这些设备往往在震后救援中能发挥重大作用。在这种地区把着眼点放在无限制提高道路等级上是不明智的，也是不经济的。

2. 堰塞湖危及下游

堰塞湖是由山崩滑坡体等形成围堰堵截河谷或河床后储水而形成的湖泊，对下游具有不同程度的危害。汶川地震形成了大大小小的堰塞湖 35 个。

按照形成和所造成的灾害程度不同，堰塞湖可分为 3 类：高危型堰塞湖、稳态型堰塞湖和即生即消型堰塞湖。高危型堰塞湖由于蓄水量大、落差大，往往在形成后的几天至几年内会被冲垮，形成严重的地震滞后次生水灾；稳态型堰塞湖可以存在很长的时间，且积水量很大；即生即消型堰塞湖很快会被后来累积的水体冲毁，危害不大。

堰塞湖的数量同地震的次数和震级大小成正相关关系，但地震堰塞湖造成的次生水害的严重程度与堰塞湖的数量并没有直接关系，而是同堰塞湖蓄水量、决口后下游地区人口密度、经济发达程度成正相关关系。

唐家山堰塞湖是汶川地震形成的处于上游且形体最大、蓄水量可达 3.2 亿 m³ 的高危型堰塞湖，如图 5 - 37 所示。

唐家山堰塞湖位于北川县城上游 3.2km，大地震造成两处相邻的巨大滑坡体瞬时裹挟巨石、树木、泥土冲向河道，落入河道后在湔江形成堰塞湖。该湖处于上游，余震时有发生，如不采取应急措施，遇强降雨随时存在溃坝风险，严重威胁下游近 7 万群众的安危。另外，处在这个堰塞湖下游的绵阳市是我国国防科研重地，一旦溃坝洪水下泄，后果不堪设想。图 5 - 37 为唐家山堰塞湖的行政地理位置示意图，可以看出该湖一旦溃坝，沿通口河、涪江会直泻绵阳市。

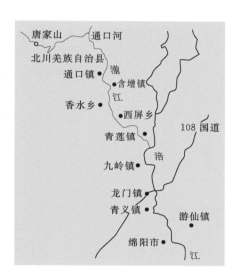

图 5 - 37　唐家山堰塞湖行政地理位置示意图

图 5 - 38 为人民日报提供的唐家山堰塞湖险情日益严峻的形势图。其中，图 5 - 38（a）所示为该湖的基本形体；图 5 - 38（b）所示为震后 12 天（即 5 月 24 日）堰塞湖的水位，图上标注的水位是高程；图 5 - 38（c）所示为 5 月 25—27 日的强降雨使湖内蓄水大增，已超过 1 亿 m³。

解决堰塞湖的办法之一是将山体溃塌形成的围堰炸开，让悬在高处的这块水体下泄。唐家山堰塞湖既高（距下游城区约 60m 高）又大（能容 3.2 亿 m³ 的水体），为了解决这个悬湖之险，解放军以及武警水电部队官兵动用直升机，通过扩挖、爆炸等手段，至 6 月 8 日成功地排除了唐家山堰塞湖的险情。

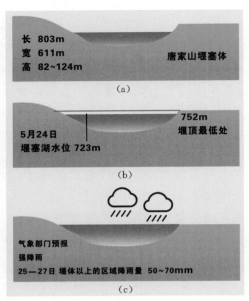

长　803m
宽　611m
高　82~124m

唐家山堰塞体

(a)

5月24日
堰塞湖水位 723m

752m
堰顶最低处

(b)

气象部门预报
强降雨

25—27日堰体以上的区域降雨量 50~70mm

(c)

图 5-38　唐家山堰塞湖险情
日益严峻形势图

3. 供参考的 5 点建议

我国西部地区处于印度板块的活动区，未来川西地区的地震活动不会终止。因此，防治地震引发的地质灾害是一个很重要的课题，做到以防为主，以治为辅，以下是 5 点反思和建议。

（1）建设厂址应尽可能避开活动性断层（地震断层）。但在地震区，选出一块完全不存在灾害威胁的场址是不现实的。汶川地震灾害调查结果证明，只要房屋抗震等级设计按规范和有关规定要求，即使靠近错动断层，房屋的结构性也未受到明显损坏，有些甚至还很完整。

（2）建设厂址的工程地质条件要尽可能符合避免和减小地震危害的原则。要避免在地形陡峻或地形切割比较强烈、地形坡度陡—缓变化部位、山体走向转折部位、孤立或凸出山体旁侧、单薄山脊附近等选择建设场址。避开易于液化的砂土层，极可能在上游形成堰塞湖的风险。

（3）边坡工程应采用抗震能力强的支护结构形式。加筋土挡墙已被证明是一种抗震能力很强的土工构筑物。汶川地震中，锚索支护、锚索格构支护、锚喷支护和抗滑桩的整体表现良好。而浆砌石重力式挡墙和公路边修建的防护网损坏严重。

（4）在地震山区应提高公路建设等级。由于隧道在地震中能发挥很好的抗震性能，在灾区，无一例隧道在地震中坍塌。因此，在地震山区，特别是山谷的峡谷段宜尽量使用隧道方案。在地质、地形条件较好的地段，若使用传统的方案开挖边坡也需要进行锚固。

（5）应加强地震地质灾害风险评价。风险评价作为一种科学决策手段，可以在防灾减灾中发挥重要作用。如预测和评估可能形成的泥石流范围、规模及对灾区工程结构和生产生活设施的潜在影响是一个不可或缺的风险评价工作。

5.5　土木工程在防灾减灾中的重大作用

防灾减灾作为一个二级学科放在土木工程一级学科之下是科学、合理的。

5.5.1　土木工程的属性

1. 防护性

从土木工程演变发展的历史可以看出，它从一开始就是为抵御自然灾害而诞生的，最早人类为了防风雨、御猛兽构巢筑穴，这大概是最早的居住建筑了。进而为了防御相邻部落袭击，开始筑城挖壕，如果注水则变成壕沟，这个防护概念到近代的热兵器时代就变成地下防护工程了。抗美援朝上甘岭战役，美军可以用炸弹将山头削去数米，但隐蔽在山洞坑道里的战士却基本安然无恙，最终保住了上甘岭高地。可以看出土木工程从诞生开始到近代，它所具有的防护、抵御乃至抗衡的属性一直在延伸。我国习惯于把"防震"称为"抗震"，也许和这个属性有关。

现代土木工程的防护性还体现在新技术的运用过程之中，如核电站，它一定要有一个以重混凝土为主体的反应堆，以及反应堆外围的巨大而坚固的安全壳，它们是防止核泄漏所必需的。更不用说还有比常规要求更高的防震及防海啸的土木工程措施。

2. 超前性

准确地说，所有具有防护功能的设施几乎一定是超前的。从防风雨、御猛兽的构巢筑穴，到古代的万里长城，近代的人防工事，现代的核安全壳，无一不是在预计到可能发生某种灾害或因某种灾害袭击使人们领悟到要防止这种灾害的再次发生必然预先采取的措施。如一定要事先构筑好巢穴才能防风雨，事先修建万里长城才能防冷兵器时代匈奴的侵袭，事先挖掘浇筑好人防工事才能预防并减少敌方的空袭或炮轰，事先修建好安全壳才能防止万一反应堆发生事故造成核泄漏的扩散。

近代土木工程的超前性，还表现为许多更为积极的方面，如必须开通苏伊士运河才能解决从红海至地中海的航运问题，必须先在长江上架桥才能解决江南江北的交通运输，必须先开挖构筑英吉利海峡海底隧道才能解决从英国到法国的汽车或火车的通行，不事先修建三峡水库，则无法解决长江中下游的防洪，自然也得不到发电的效益。

广而言之，几乎所有行业，如交通、航运、能源、机械……土木工程都承担先行官的角色，就是现代顶尖的航天技术也需要土木工程事先为它建造一个巨大的钢结构发射塔架。

土木工程的超前性是这个学科和行业与生俱来的，是土木工程的一个重要属性。

3. 基础性

凡是具有防护性和超前性的学科和行业都具有不同程度的基础性。我国从新中国成立初期直到现在都把许多大型项目称做基本建设，可能出于这个道理。上面提到的苏伊士运河、长江大桥、海底隧道、三峡工程，还有 2005 年 11 月底美国国防部长拉姆斯菲尔德访华时指名要参观而最终被我国谢绝的西山地下军事指挥所，无一不是基础性工程。

土木工程的基础性还表现在它投入大、建设周期长的特点。任何称得上基本建设的项目几乎都投入巨大且长达几年甚至十几年。上面提到的三峡工程总投入多达 1800 亿元，自 1998 年开工到 2008 年长达 10 年时间才基本竣工。

土木工程不仅建设周期长，更重要的是它的服役周期长，这进一步突出了它的基础性。公元前李冰父子修建的都江堰水利工程至今还在继续发挥效益，自公元前英国开始兴建又经历代延伸的南北大运河，至今尚在通航，船只之多导致经常发生堵塞现象，是我国南粮北调、北煤南运的一条主要水道，其中有些河段还是我国南水北调工程的输水渠道。

600多年以前修建的故宫,至今还是世界上唯一的以木结构为主、占地面积最大的皇权建筑。随着时代的变迁,尽管它已不再为皇室所享用,但却成了全国乃至全世界重要的参观胜地。从最初兴建到今天,尽管服役对象不同,但服役周期则是连续永存的。往近处说,上海外滩100多年前兴建的那一批高楼大厦至今还完好无损,被认为是最具上海特色的建筑群,有的甚至作为文物来保护。

综上所述,我们可以毫不夸张地说,土木工程的基础性是任何行业也无法比拟的。

4. 普遍性

一个学科和行业的普遍性是指国民经济中其他学科和行业的发展对它的依赖和需求程度,如果这种需求是不可或缺的,就可以说这个学科和行业具有较强的普遍性。

社会是发展的,学科、行业也是发展的,有的行业随着社会的进步而逐渐淡化甚至消亡。有人统计全世界每年大约有500个工种退出市场而消亡,又有400多个工种诞生和成长。如用于活字印刷的铅字铸造,随着计算机排版的兴起,铸造铅字这个行业和工种消亡了,原有的铅字除作为反映人类社会印刷术发展历史的少量铅字保留用作文物之外,其他大都熔化销毁了。但是新兴的计算机排版仍然需要一个建筑空间,而且其功能和要求比传统的铅字排版所需的厂房更为先进,在一定程度上要求恒温、恒湿甚至达到智能化建筑的水平才行。以交通为例,步行、马车需要道路桥梁,近代的汽车、火车更需要道路和桥梁,而且远比马车需要的道路和桥梁更为复杂和先进。至于机场的飞机跑道,其要求之高则更是其他交通设施所不能比拟的。号称最现代化的信息高速公路的发展也需要埋设电缆和光缆,修建集成电路的车间,这个车间是一个远比一般厂房对功能及使用过程的要求高得多的生产厂房。

综合上述,我们是否可以说,土木工程的普遍性大概出于各行各业对它的依赖性?无论各行各业有着多么快的发展,都离不开土木工程,这种依赖性铸就了土木工程的普遍性和基础性。当然这并不意味着可以放松土木工程自身的发展和提高,而是要适应国民经济中各行各业发展的需求,为它们做好服务工作。

5. 恒久性

具有防护性、超前性、基础性以及普遍性的学科和行业一定是恒久的。这里我们所指的恒久,并非指某一种具体设计、施工手段,也不是指专业教学中某一门具体课程的设置和分析方法,而是从大的一级学科的视角及"大土木"行业范畴来阐述这个问题的。人类社会的发展离不开人类的生活、生产乃至生存,这些无一不需要土木工程。因此,只要承认人类社会发展的恒久性,就必须同时承认为其服务的土木工程的恒久性。

再如本章讨论的灾害问题,你只要承认世界是物质的,物质是运动的,灾害就是永恒的,那么在防灾减灾中承担重要角色的土木工程就是永恒的。至少短期内我们看不到飓风、洪水等气象灾害的消亡,那么防波堤、修大坝就是必需的。我们更无法预断地壳突发运动所带来的地震灾害,那么用以保证房屋整体性的剪力墙,圈梁、隔震、减震装置就是必需的。

其实关于土木工程的恒久性,可以从它服役周期长的特点中得到某种直观的解答,而不必从哲学的高度进行探讨。

6. 小结

土木工程作为一个一级学科和大型的工程技术行业，具有如下的 5 个特点和属性。

（1）防护性。从诞生时的防风雨、御猛兽直到近代的人防工事和核电站安全壳都体现了这个特点。

（2）超前性。所有具有防护功能的设施都必须建在遭受袭击以前，国民经济中各行各业的发展都需要土木工程充当先行官。发展交通要先修路、架桥，发电要先建电厂，防空要事先修筑人防工事等。

（3）基础性。几乎能称得上大型土木工程的都属于国民经济的基本建设，它投入大、效益大、服役周期长，其作用可以一直延续几代人甚至数千年。

（4）普遍性。遍观人类社会发展的全过程，众多的行业几乎无一不对土木工程有着不同程度的依赖性，可以说任何行业的正常运行或发展，土木工程都是不可或缺的。

（5）恒久性。这一条从哲学的意义上是容易说明白的，"只要承认人类社会的发展和运动是永恒的，土木工程就是永恒的"，更何况在前面各条属性中已经体现了它的永恒性。

5.5.2 土木工程在防灾减灾中的极端重要性

小至全球每天都可能发生的大小火灾，大至地震、火山和海啸，都呈现它的随机性。这种随机性是灾害这种运动形态所固有的。迄今为止，人们公认气象灾害相对来说预报的是比较好的，但 2005 年夏季几次台风对我国台湾和大陆的袭击仍然没有得到准确预报，甚至 2012 年 7 月北京暴雨成灾也没有事先得到足以引发人们注意防护的灾害征兆，以致房山区日降雨超过 300mm，死亡 70 多人。就连美国这样科技如此发达的国家，2005 年 8 月下旬发生在大西洋墨西哥湾的卡特里娜飓风，由于缺乏预见性使新奥尔良遭到了严重的破坏，以致总统布什不得不多次向国会追加救灾款，高达 2000 亿美元，甚至变更胡锦涛主席的访问日期。至于地震是更难预报的，2008 年的汶川地震几乎事先没有任何征兆，2004 年 12 月 26 日印尼苏门答腊岛附近海域的地震也是没有事先预报到的。这不能片面责怪地震预报的技术人员，要知道人们对地球的认识还是很有限的。因此人们面对随机突发而不易预测的灾害只好采取"守势"，这恰恰是土木工程的"绝活"。

上述土木工程的 5 大属性决定了它在防灾减灾中的极端重要性，是任何其他学科都无法比拟的。

我们无法预断今年有没有洪水，洪水有多大，但我们却可以根据历史资料统计的最大洪峰值来修筑堤坝。地震也一样，处在地震带的城市，我们就界定一个合理又安全的设防烈度，作为城市规划及建筑结构设计的强制性依据。现代能源高科技的标志之一——核电站，早在苏联切尔诺贝利电站核泄漏以前人们就预见到这种危险的可能性，所以从世界上第一座核电站建成以来，安全壳就被认为是最重要的安全防护工程之一。就是社会性极强的人为灾害——战争，其防护手段也主要是土木工程行为，古代的长城和近代的高级地下指挥所均属这一类。图 5-39 展示了土木工程在防灾减灾中的作用，这种作用是广泛的、超前的、积极主动的，是其他行业不具备或不完全具备的。

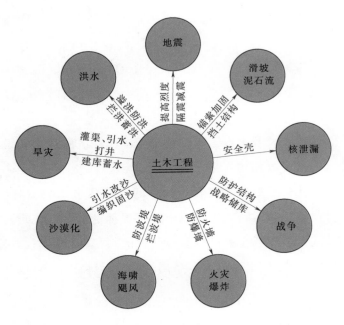

图 5-39　土木工程在防灾减灾中的作用示意图

图 5-40 是一幅减灾对策示意图。减灾有主动和被动之分，被动减灾主要体现在灾后救助上，而主动减灾又分"防"和"抗"，其中所有称得上"抗"的措施和手段，几乎无一不是土木工程行为。当然，这并不意味着在被动减灾的救助中土木工程是无所作为的，恰恰相反，大量的灾后救助如抢修公路、供水管道，拆除堰塞湖等，仍然离不开土木工程。

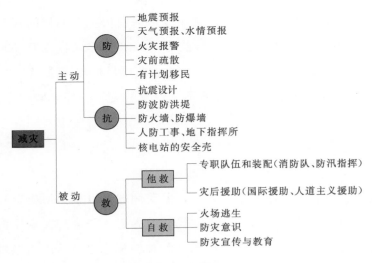

图 5-40　减灾对策示意图

以北京市的防火为例，据统计，北京市 20 世纪 50 年代每年发生火灾 700 起左右，70 年代年均 1250 起，80 年代末达到 3690 起，90 年代平均 5000 多起，进入 21 世纪年均达 9000 多起。火灾造成的经济损失也成倍上升，20 世纪 50 年代每年损失 50 万元左右，60 年代增至 190 多万元，80 年代达到 400 万元，进入 90 年代以后上升势头更猛，1997 年全市火灾造成的损失竟高达 1.31 亿元；1999 年的损失有所减少，但也高达 3000 多万元。

由于火灾的灾频高，又多发生在市区，影响较大，因此除了在规划建设中就事先考虑诸如防火墙、防火通道、防火门窗等外，尚应考虑一旦发生火灾后的紧急救助，这首先要保证有足够的消防站。北京市消防站是 25 万人一处，与国外东京、芝加哥等城市 4 万～7 万人一处有很大的差距，就是与国内的上海和天津相比也有很大的差距。因此北京市在 21 世纪初开始增建消防站，而消防站的建设首先应该是车库、油库、消防员的居住及训练场馆，这些都是土木工程的事，这些事有了眉目之后才谈得上订购消防车等有关消防设施的工作。

从一个日常生活中常见的灾种——火灾的救助，就足以看出土木工程无论在主动防灾还是被动防灾中其作用都是巨大的，至于一些更大的灾害如地震、洪水等，单单运送救灾物资及紧急安置灾民就需要事先修筑临时道路，搭建临时帐篷。从汶川地震引发的道路损毁和堰塞湖就足以说明问题了。当然这些工作不同于长期服役的大型土木建筑，不需要精心设计与施工，但它却属于土木工程的范畴。

第 6 章　地下工程

早在 1981 年 5 月，联合国自然资源委员会就把地下空间确定为与宇宙和海洋并列的"重要的自然资源"。随着城市化的发展，人口的过度膨胀以及耕地越来越少，人类在拓展生存空间上可以采取的有效措施之一就是开发和利用地下空间。作为土木工程一个重要分支的"地下工程"日益成为工程师和科学家关注的热点，有人甚至预言 21 世纪既是航天工程的世纪，也是地下工程的世纪。事实上，后者所面临的困难丝毫不亚于前者，盖因人类对地球内部的认识还滞后于对太空的认识。

6.1　开发地下空间的紧迫性

6.1.1　地少人多的矛盾日益尖锐

地球表面的分配大致是海洋占 71%，陆地占 29%。其中陆地大部分是山地、森林、草源、沙漠等各种不宜耕种的土地，适于耕种的仅占 6.3%，如果算上城市化发展所占的部分，真正能用于生产粮食的可耕地还要小于这个比例。至于中国的情况则更不容乐观。无论耕地、林地、水资源，中国的人均值都远低于世界平均水平。即使是人口同样众多而国土面积仅为中国的 1/3 的印度，人均耕地也为我国的 2.5 倍。

一方面是耕地日益减少，另一方面人口又急剧增加。早在 1999 年 10 月 12 日世界人口达到 60 亿时，联合国有关组织警告说，人口危机对国际社会构成的潜在威胁比金融风暴和军事冲突等其他问题更为严重。

中国是一个人口大国，1995 年 2 月 15 日中国人口达到 12 亿，这一天被定为"中国 12 亿人口日"，截至 2010 年 11 月 1 日中国第 6 次人口普查结果显示中国总人口已高达 13.7 亿。按较高水平的产量每公顷每年产粮 10000kg，再按低水平的消耗每人每年 600kg 计算，每公顷耕地要养活 16 个人，已远远超过人口生态学家认为的每公顷最多养活 10 个人的极限状态。

耕地越来越少，人口越来越多，为了保证粮食安全，坚守住 18 亿亩耕地红线，我们可以采取的有效措施之一就是开发地下空间。自 1981 年 5 月，联合国自然资源委员会把地下空间确定为"重要的自然资源"之后，许多有识之士在不同的场合指出了开发城市地下空间的重要性。一些发达国家也都率先规划甚至大规模投资兴建地下工程，如早在 1972 年莫斯科城市规划中就规定开发城市地下空间面积 720km²，占全市总面积的 30%；1974—1984 年美国用于地下工程的投资为 7500 亿美元，占基建总投资的 30%。

6.1.2　人类对地球认识和开发的困难

相对于对太空的认识，人类对地球的认识是远远滞后的。原因固然很复杂，但有一点是人们公认的，即太空飞行在理论上，早在300多年以前牛顿就有了明确且准确的研究成果，即三个宇宙速度今天人们至少已达到了第二个宇宙速度，即能达到火星。而对地球内部的认识至今还只是一个假说。

以地表为界，向上发展人们可以一直到月球，甚至发射探测器去火星探测，可以在太空行走。图6-1给出了一幅自地表向上和向下的反差极大的图景，往上在1万m高空人们可以自由飞翔，再往上有一块极广阔的供通信使用的传播和反射空间，由于它的繁忙，以至于人们不得不做细致的划分并给予统一管理，继续一直往上就进入太空了，这是一幅多么诱人而又足以令人类自豪的蓝图。可是自地表往下呢？目前在1000m以下的矿井采煤已算比较深的，即使不下人的深井采

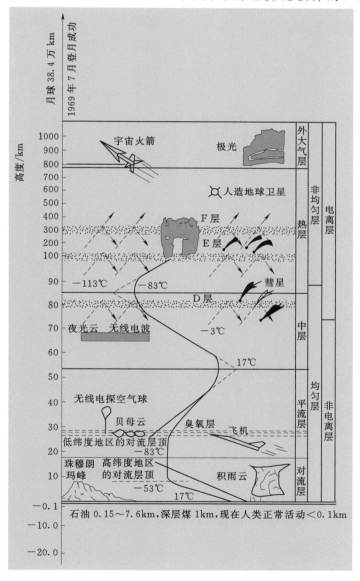

图6-1　地表上下人类开发水平的差距

油，也还达不到 1 万 m，相对于动辄按万 km 计（到达月球 38 万 km）的太空实践真是小巫见大巫了。这种认识和开发上的差距对土木工作者无疑是一个激励和促进。

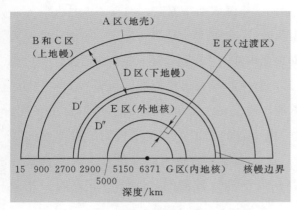

图 6-2　地球剖面和内部主要分层

毋庸讳言，地表以下的开发有一定的难度。1936—1942 年布伦根据当时求得的地球内部的有关数据以及地球的转动惯量值，提出 A 型地球模型（见图 6-2）。A 型地球模型分层的编号如下：A 代表地壳，B、C 和 D 代表地幔，E、F 和 G 代表地核。其中 B、C 层延伸至 900km 深度处，它们构成上地幔，D 层是下地幔，E 和 G 层是外地核和内地核，F 层是内地核和外地核之间的过渡层。

从图 6-3 可知，自地表往下越深压力越大，进入地幔以后每增加 1km，压力增加 470 个大气压，到达地核界面上（深 2900km 左右）压力陡增可达 137 万个大气压，而重力加速度则开始突然下降，人将逐渐处于一种失重的状态。图 6-4 所示为地球内部的主要力学参数随深度的变化。可见，如此严酷的条件显然不适于人类活动，但在地壳层即 A 区内人类则是大有用武之地的。

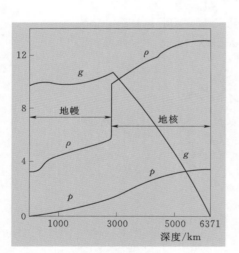

图 6-3　地球内部的密度 ρ（g/cm³）、
重力加速度 g（m/s²）
和压力 p（10^{11} Pa）

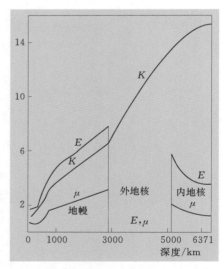

图 6-4　地球内部的主要力学参数随深度的变化
［体积压缩模量 K、刚度 μ、杨氏模量 E（三者单位均为
10^{11} Pa）。深度接近 3000km 时 E 和 μ
均变为 0 值，超过 5000km，E、μ 又开始上升］

6.1.3　向地下要发展空间

1. 向地下发展是一个趋势

耕地不许侵占，城市又要发展，特别是中国长期以来住宅是不足的，更不用说还有数亿多分散在农村的农民，要城镇化、集中居住，还要发展制造业、盖工厂，修铁路、修公路。土地哪里

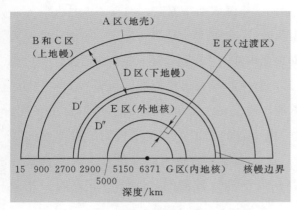第 6 章　地下工程

来？单是停车位，目前在中国的各大城市已经成为一个严重的不容忽视的问题了，更何况还因城市集约度高导致城市地表的交通几乎到了拥挤不堪的程度。出路在哪里？

向上发展是方向之一，在地表以上开辟人类的生存空间表现为多层特别是高层建筑的兴建。地面上同样一块地皮可以发挥几倍乃至上百倍的作用，每增加一层就等于在地球表面增加了一块相应的面积。20世纪高层建筑风起云涌，就是这种需求的表现（详见第2章）。高层建筑的兴建不仅节约了土地，而且大大提高了城市的集约化程度。但一般来说超过500m的高层建筑不仅在建筑上会碰到一些难题，似乎也不太适合人类正常居住和使用；更何况2001年的"9·11"事件之后，人们对高层建筑增加了一个新的思索，至少从防护的角度它存在弱点，战争期间更是如此。

向地下发展是大势所趋，近几百年特别是近100年的实践也证明了这一点，特别是为了解决城市交通拥挤而在近代兴起的地下轨道交通发展尤其突出。

地下工程越深难度越大，造价也越高，而且深度越大温度越高。接近地表的这层地壳，一般来说每进尺100m温度升高1℃。炎热的夏天，当地面温度为30℃以上时，1000m深的矿井里常常要高达40℃以上。旧社会，在没有通风设施的矿井里的采煤工人大都赤身露体，主要是由于高温问题。因此，太深的地下工程不仅施工困难、造价高昂，而且通风设备、人流、物流的上下运输等环节都将变得困难起来，甚至已不适于人类的正常活动了。

从图6-3和图6-4所示的地球深部的物理力学指标可以很容易理解，至少在近期，太深的地下空间是不宜开发的。

2. 目前可供开发的深度和应用领域

目前公认的适于人类活动且成本造价较低的开发深度是在距地表50m以内的范围，超过50m就属于深层开发了，当然难度也要大一些。图6-5给出了近期开发城市地下空间的竖向层次。

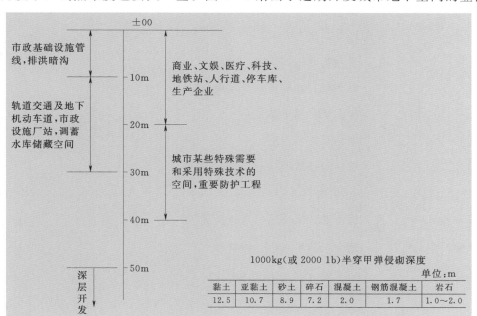

图6-5 开发城市地下空间竖向层次

从图 6-5 可以看出，不同功能的设施其埋设深度是不同的，这既是一种功能的需要，也是一种地下空间的分配规划图；还可看出，重要的防护工程埋深在 20～40m 的范围。作为参考，图 6-5 中附了一个 1000kg 半穿甲弹侵彻深度表。表中显示，即使是一般的黏土，其侵彻深度也才仅为 12.5m。因此，埋深 40m 且由钢筋混凝土浇筑的防护工事，其抗力是相当高的。

我国是发展中国家，目前开发地下空间应以浅层开发为主。建设部会同有关部门勾画了一个我国现阶段城市地下空间开发利用的重点及其大致的深度，见表 6-1。从该表可以看出，规划的最大深度为 30m，人防工程也不例外。

表 6-1　　　　　　　我国现阶段城市地下空间开发利用重点及其大致深度

类　　别	设　施　名　称	开发深度/m
交通运输设施	轨道交通（地铁、轻轨）	10～30
	地下道路（隧道、立体交叉口）	10～20
	步行者专用道	0～10
	机动车停车场	0～10
	自行车停车场	0～10
公共服务设施	商业设施（地下商业街）	0～20
	文化娱乐设施（歌舞厅、博物馆）	0～20
	体育设施（体育馆）	0～20
市政基础设施	引水干管	10～30
	给水管	0～10
	排水管	0～10
	地下河流	0～30
	燃气管	0～30
	热力管、冷气管、冷暖房	0～30
	电力管、变电站	0～30
	电信管	0～30
	垃圾处理管道	0～30
	共同沟	0～30
防灾设施	蓄水池、指挥所、人防工程	10～30
生产储藏设施	动力厂、机械厂、物资库	10～30
其他设施	地下室（设备用房、储库）	0～20

城市地表以下的这块空间的应用是很广的，根据应用领域分类，包括交通、市政、防灾、储藏和商业活动等诸多方面。表 6-2 从 8 个方面列出了具体的项目或功能。

表 6 - 2　　　　　　　　　　　城市地下空间应用领域及其项目或功能

序号	应用领域	具体项目或功能
1	交通设施	地下铁道，地下道路，地下停车场，地下人行道
2	市政设施	共同沟，给水、排水、电力、电信、燃气和热力管线，油管，垃圾收集管道，污水处理厂，焚化场变电站，排洪沟
3	商业设施	商店，餐馆，步行道
4	文化娱乐设施	图书馆，博物馆，美术馆，展览馆，体育馆，游泳池
5	防灾设施	人防掩蔽所，防震、防爆、防射线、防雷击掩蔽所，雨水调蓄池，疏散通道
6	储存设施	能源储存（气体、液体、固体燃料），粮食（谷物、蔬菜）库，果品库，日用品库，冷库，热库，核废料库
7	生产设施	精密加工厂，化学工厂，水、火电站，栽培场（地下温室），食用菌养殖场，变电站，地下核电站
8	教育科研设施	地震观测，放射线观测，高能物理、教育实验楼，图书馆

6.2　城市地下轨道交通

6.2.1　必要性和优越性

1. 必要性

衡量一个城市发展水平的重要指标是它的集约化程度，即单位面积的利用率，高层建筑和地下工程的兴建都是提高集约化程度的重要方面。图 6 - 6 给出了日本的东京（1986 年）和中国的北京（1989 年）两座人口和面积大致相当的城市其集约化程度的差别。由该图可以看出，两者差距悬殊，东京远胜于北京。除了现代化水平及历史发展上的差别之外，可能东京地下空间的开发水平高是一个重要原因。

2. 安全性高，污染小

自 20 世纪 50 年代以来，由于空运和高速公路的发展，铁路运输一直处于下滑的状态。80 年代以后，公路和航空运输的弊端逐渐暴露出来：公路交通堵塞，交通事故日益增多，空气污染和噪声日趋严重；航空运输不仅成本居高不下且污染问题也十分严重。这时铁路运输又重新被人们所重视，特别是铁路电气化之后大大激发了人们建设铁路的积极性，这在第 3 章做了详细介绍。

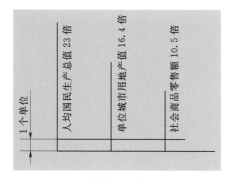

图 6 - 6　北京和东京两座城市几个指标的相对示意图

（以北京为 1 个单位，右侧三栏表示东京高出北京的倍数）

发达国家已经认识到铁路在陆地运输竞争中之所以处于劣势地位，其主要原因之一是环保方面的不平等竞争。从环保角度看，公路运输影响最大，而承担的义务最小。公路运输产生很多问题，如噪声、拥挤、污染和事故等，而形成的外部成本，它是不用支付的。如果将这些外部成本进行量化并由公路运输系统来承担，其数目相当惊人。美国政府计算过，20世纪80年代后期由于公路拥挤，美国每年损失840亿h的工作时间，每小时按最低工资8美元计算，结果为6720亿美元。欧盟曾经对17个成员国的交通运输外部成本进行量化分析，外部成本每年高达3100亿美元，其中公路占到92%，而铁路运输仅占2%。全年公路阻塞导致的损失就达1184亿美元，约占欧盟GDP的2%。东京每年因交通拥挤造成的经济损失约为123000亿日元。美国联邦公路局研究中心计算出1988年美国公路事故成本，包括痛苦、受难的价值和生活品质的损失，达3580亿美元。

高能耗和高污染是汽车和航空运输的致命弱点。巨大的能源消耗，导致了昂贵的经济成本和环境治理成本，也对我们的生活环境和生存条件构成严重的威胁。铁路运输或轨道交通运输是解决上述问题的根本途径，可以说轨道交通运输工具是21世纪最好的绿色交通工具。

轨道交通安全大，污染小，这个优越性在城市地下交通中尤其重要和突出。

3. 运量大

轨道交通的运量在各种交通体系中是最大的。

以胶轮系统为主体的公交车，即使不考虑地面运行等制约因素，由于每一橡胶轮胎的最大承载力仅为0.5t，一辆四轴车总承载力也不过8t，远低于火车一个载重50t的车厢的承载力，使载重量受到了限制。图3-13给出了各种交通系统的最大运送能力（一条线路单方向在1h所能运送的最大客流量）。图中显示公交车的运送能力还不足地铁的1/10。表6-3给出了更明晰的数字，从数据分析，地铁每小时单向运力竟为公共汽车的16倍，还有一个可供比较的数据是单向小时每输送5万人，采用公共汽车并排行驶占路宽度高达16m，而轨道交通仅用6m就足够了。

表6-3　　　　　　　　　　三种运输系统每小时单向运力

交通方式	平均时速/(km/h)	单向运力/(万人/h)
公共汽车	10～20	0.2～0.5
轻轨	30	1.5～3.0
地铁	35	3.0～8.0

6.2.2　国外地下铁道的大发展

1863年1月10日伦敦首辆地铁正式运营，自此以后引发了城市交通的革命，它节省交通时间，减少城市拥堵，加速整个城市的运转速度，地铁成了便捷和效率的代名词。目前全球约有190

多个城市拥有地铁，各国的铁路建设以年均 3.2％ 的速度增长。地铁并不一定全在地下，许多地铁离开市中心之后往往驶向地面，这可以减少因地下施工昂贵的造价，因而地铁有时也统称"城市轨道交通"。

伦敦地铁经历了一次革命性的改造和升级，早期建设的三条地铁在长达 40 年的时间里一直使用烧煤和焦炭的蒸汽机车，那时人们一提到地铁总是和黑暗、烟雾连在一起，直到 1905 年电气机车才取代蒸汽机车，受到了人们的普遍欢迎，开启了地铁迅猛发展的时代，它的运量大、速度快、安全、准时、舒适、无污染、高效便捷的优点得到全球的认可。

表 6 - 4 给出了世界主要城市截至 20 世纪 80 年代末地下铁道的概况。

表 6 - 4   世界主要城市地下铁道概况

国家	城市	市区人口/万人	运营线路				占城市总客运量的比重/％	资料年份
			全长/km	地下线长/km	线路数/条	始运年份		
英国	伦敦	670	408	167	9	1863	27.2	1985
法国	巴黎	230	276	198	15	1900	45.0	1983
联邦德国	西柏林	190	106	98	8	1902		1988
西班牙	马德里	320	103	98	10	1911		1988
苏联	莫斯科	800	216	180	9	1935	40.7	1987
瑞典	斯德哥尔摩	65	104	57	3	1950		1984
美国	纽约	700	416	232	26	1868	26.0	1984
	芝加哥	300	156	18	9	1892		1984
	华盛顿	60	103	53	4	1976		1988
日本	东京	835	206	62	12	1927	19.0	1984
	大阪	263	100	88	6	1933		1988

轨道交通的优越性吸引了大量的乘客。以巴黎大区为例，所谓巴黎大区是法国北部，包括巴黎市及其周围 7 个省组成的行政区域，面积 12012km²，人口 1149 万。20 世纪 90 年代，该大区是全球仅次于纽约和东京的第三大经济区，面积为全国的 2.2％，而人口却占全国的 19％，号称法国的政治、经济、文化中心。该区拥有世界上最完备的城市公共交通体系，这一系统由多种交通方式组成：地铁、市域快速轨道交通（RER）、市郊铁路、轻轨、渠化公交线（指在完全封闭的专用道上，由特殊的公共汽车提供的快速公交服务）、公共汽车和出租车。在各种陆上公共交通方式中，轨道交通是居民主要的出行工具。从表 6 - 5 中所列 1998—2003 年的数据分析来看，巴黎大区内地铁所占的份额最大，约 40％，RER 及市郊铁路约 30％，轨道交通方式加起来所占的市场份额达到城市公共交通的 70％ 左右。

表 6-5 巴黎大区 1998—2003 年的客运量及份额情况

年　份		1998	1999	2000	2001	2002	2003
地铁	客运量/百万人次	1157	1190	1247	1266	1283	1248
	份额/%	39.8	39.8	39.7	40.0	39.7	39.2
RER 及市郊铁路	客运量/百万人次	858	890	945	950	985	972
	份额/%	29.5	29.7	30.1	30.0	30.4	30.6
巴黎市区公共汽车	客运量/百万人次	350	353	358	316	356	346
	份额/%	12.1	11.8	11.4	10.0	11.0	10.9
郊区公共汽车	客运量/百万人次	540	560	594	552	560	563
	份额/%	18.6	18.7	18.9	17.4	17.3	17.7
轻轨和 TVM	客运量/百万人次				84	52	52
	份额/%				2.7	1.6	1.6
合计客运量/百万人次		2905	2993	3144	3168	3236	3181

注 表中数据为巴黎运输公司和法国国家铁路公司的数据之和，不包括其他私营运输企业、轿车及私营公共汽车运输等在内；包括郊区公共汽车、轻轨和渠化公交线（TVM）的相关数据。

由 15 个联盟共和国组成的苏联在 1991 年解体，同年 12 月 21 日，11 个独立国家的领导人在哈萨克斯坦正式宣布建立"独立国家联合体"（简称"独联体"）。由于地下轨道交通的快速、方便、安全以及路网规划的要求，即便已经解体不再是传统意义上的一个国家了，但为了发展和协调地铁行业，各国于 1992 年 2 月成立"独联体地铁协会"。表 6-6 为该协会主要城市地铁运营参数 10 年的比较，我们特意提醒读者关注最后一列"10 年来地铁占城市客运量的百分数"，可以看出历史上地铁运输比较发达的莫斯科和圣彼得堡 10 年来提高不大，而一些新建地铁的城市如基辅和明斯克，其增长量竟高达 2 倍和 4 倍之多。这个现象充分说明：①地铁已基本构成运输网的城市，可以承担客运量的 50% 甚至更高；②随着城市发展和人口的增长，地铁建设是个必然的趋势，它是缓解城市交通堵塞的基本措施之一。

6.2.3　中国地铁建设突飞猛进

1. 起步晚但发展快

中国地下铁道的建设起步较晚，北京第一条地铁是 1965 年开始兴建，直至 1971 年 1 月 15 日中国首条地铁开始正式运营，西起苹果园东至北京站，全长 10 多 km。但在 20 世纪末叶和 21 世纪初叶中国城市地铁建设开始了突飞猛进的发展，主要原因有 5 个：第一，中国人口多，各大中城市的市内交通日益拥挤不堪，发展城市轨道交通是解决这个问题公认的最好的手段和措施；第二，经过 30 年改革开放，我国无论是综合国力还是各大省市的财政力量已基本可以提供发展地铁的财政保证；第三，地下施工技术的进步和高科技的运用，为建设地铁提供了技术基础条件；第

表6-6

独联体地铁协会成员运营参数10年比较表

参　数	年份	莫斯科	圣彼得堡	新西伯利亚	下诺夫哥罗德	萨马拉	叶卡捷林堡	第比利斯	巴库	埃里温	塔什干	哈尔科夫	德聂伯尔彼得罗夫斯克	基辅	明斯克
按双线计运营里程/km	1992	239	91.75	9.85	11.4	3.7	2.70	25.2	28.00	10.90	29.5	27.70		39.70	15.67
	2001	264	98.60	13.20	14.0	7.8	7.45	27.1	28.51	12.25	29.5	33.04	7.09	51.70	21.90
车站数/站	1992	148	54	8	10	4	3	21	18	9	23	21		33	15
	2001	162	58	11	12	7	6	22	19	10	23	26	6	40	19
最高行车密度/(对/h)	1992	42	38	20	12	13	10	26	24	17	24	30		42	20
	2001	40	33	17	12	9	15	16	20	11	20	24	10	40	30
运行图执行率/%	1992	99.94	99.97	99.99	99.99	100	100	99.84	99.88	100	99.99	99.99	99.99	99.98	99.99
	2001	99.74	99.86	99.99	99.98	99.99	99.98	99.48	99.81	100	100	99.98	99.99	99.99	99.93
运用车厢总数/节	1992	2946	1278	64	56	33	44	139	187	54	148	256		460	102
	2001	3223	1311	76	67.9	43.5	54	110.5	187	26	146	298	45	570	164
平均技术速度/(km/h)	1992	47.84	46.50	45.48	49.49	38.55	38.10	44.8	45.1	47.51	44.7	48.0		45.83	45.3
	2001	48.58	45.22	44.47	47.90	36.40	43.27	44.7	51.6	40.4	45.1	41.8	41.5	43.40	49.9
运营扶梯数/部	1992	499	184	28	8	6	4	59	32	24	26	28		90	33
	2001	551	211	29	8	6	17	59	37	24	26	45	16	107	33
运送乘客总量/(百万人次/a)	1992	2521.4	777.00	62.4	55.9	9.53	2.85	167.3	160.7	49.2	133.4	251.1		344.2	101.6
	2001	3202.7	799.04	76.0	52.4	27.3	28.92	105.4	88.9	15.5	126.7	233.1	14.93	328.6	252.2
平均每昼夜运送人数/(百万人次/d)	1992	6.91	2.13	0.171	0.153	0.026	0.008	0.460	0.440	0.134	0.360	0.690		0.940	0.278
	2001	8.75	2.18	0.208	0.143	0.070	0.079	0.288	0.243	0.040	0.346	0.637	0.041	0.898	0.706
占城市客运量的比重/%	1992	42.6	23.0	9.6	7.2	2.2	0.5	50.0	28.8	24.2	16.0	27.7		20.0	8.4
	2001	55.1	27.0	15.3	5.8	4.0	4.3	66.4	31.0	24.2	16.1	45.6	4.0	48.9	25.8

四，制造业中的车辆产业近年有了极大的发展，为地铁提供充足而舒适的运载工具已毫无问题；第五，信息、信号业的发展，为地下高速运行提供了安全保障。这些背景和强大的需求，大大促进了我国城市规道交通的发展，截至2011年年底，全国拥有轨道交通运营线路58条总里程1699km，而在2002年中国仅有北京、上海、广州3个城市6条线路运营通车。

2. 北京市地铁建设的基本情况

北京作为首都，城市交通早已拥挤不堪，2008年8月的北京奥运会，为北京发展地铁提供了一个最有利的契机。北京决定按照规划适当加快轨道交通建设进度，首先推进13条线路建设，争取每年至少通车一条线路，每两年建成100km，截至2012年年底已通行442km，见图6-7，由于版面限制图幅大小无法将每一个站名标清，但读者可以看到这个密如珠网的轨道交通网络。预计到2015年，北京轨道交通运营里程将达到561km，构建起"三环、四横、五纵、七放射"的骨架。中关村、金融街、北京西站、奥林匹克公园、商务中心区等繁华地区都将有多条地铁通过。昌平、顺义、门头沟、房山、通州、亦庄、延庆和大兴7个周边新城将各有一条轨道与市中心连接。届时，轨道交通运输量将由目前的日均500万人次增加到1000万人次，2012年年底统计，北京公共交通日均客运量逾2060万人次，公共交通的出行比例达44%，其中轨道交通占一半左右，市民在四环路内平均步行800m左右即可到达地铁站，2014年披露规划中的标准是步行500m左右即达地铁车站。北京公共交通已达到并超过现代化国际城市水准。

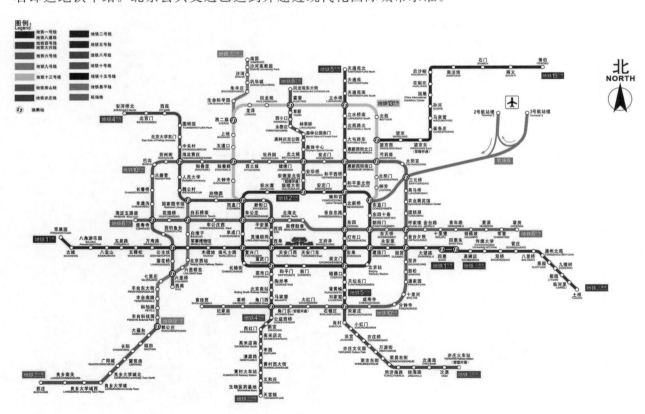

图6-7 北京地铁线路图

3. 正视我们的差距

交通拥堵已经成为各大城市的"心腹之痛"，其最重要的原因就是小汽车保有量不断攀升，而公共交通设施改造慢，服务水平低。致使公众从公交车分流到私家车，造成能源浪费，加剧拥堵。因此要解决城市交通问题，必须依靠一种比私家车具有明显竞争优势的公共交通运输方式，只有轨道交通在时间效益、能源效益上明显占优。

另外，交通是三大耗能领域中上升最快的。要解决城市空气污染问题，就必须减少汽车尾气排放，2014 年下半年统计汽车尾气对城市空气的污染竟高达 30％～50％。轨道交通是不可替代的最有效途径。

此外，地铁可以使大量资源向站口聚集，带动周边商业发展和居住环境的升级改造，对优化城市空间结构、引导土地合理利用、促进城市综合发展具有积极作用。现在正是城市布局调整最频繁的时期，是中国城镇化进程最快的时期，修建轨道交通是实现城市合理布局最有效的工具，应当成为中国走新型城市化道路的重要战略举措。轨道交通最能体现以人为本，使城市更适合人类居住。

4. 迎来一个新的机遇

2008 年下半年国务院推出 4 万亿元拉动内需方案后，31 个省、自治区、直辖市的投资计划相继出炉，投资计划总额近 18 万亿元，其中交通基础设施成为重点。北京、广州、武汉、长沙等众多城市的轨道交通规划引人注目，获批准的项目总里程达 1700km，总投资逾 6000 亿元，超过 3 个三峡工程的总投资。

如上所述，城市轨道交通包括地铁和轻轨，具有大容量、高效率、低污染、集约化的特点。无论是建设速度，还是建设规模，目前我国的轨道交通正经历一个前所未有的发展期，中国已经成为世界上最大的城市轨道交通建设市场。

将中长期运营里程瞄准了 500～600km 的远不止北京。上海市 2012 年轨道交通里程已超过 500km，建设总投资逾 1500 亿元；广州也计划 2020 年通车里程要达 500km……以此估算，类似的特大型城市地铁建设总投资都将超过千亿元。

一些中西部城市的地铁项目也是如火如荼。据武汉轨道交通线网规划，政府将斥资 3000 亿元修建 530km 的轨道交通网络；重庆则宣布斥资 455 亿元投资轨道交通建设，其他省会及海滨城市也纷纷做出规划，并已先后建成了一定数量的通车里程。

5. 地铁建设可以大幅度拉动国民经济

包括设备成本在内，地铁造价为平均每千米 6 亿元，需要消耗大量的水泥、钢筋、石材等建筑材料。两个北京黄庄车站的用钢量就相当于整个国家体育场的用钢量，而且这还不包括钢轨和车辆的钢材消耗。地铁是消耗水泥大户，每延米的用量远超过地上建筑每平方米的用量，所以有人说地铁工程是拉动内需的发动机。

地铁建设对中国装备制造业的带动作用更大，按 2010 年我国城市轨道交通数量 55 条、1500km 计算，配属车辆逾 6000 辆，以平均每辆车 600 万元左右计算，车辆投资将达到 360 亿元。

如果采购的是技术含量更高的无人驾驶城轨车辆，车价约为 1200 万元，拉动作用更大。依托这个市场需求，国家要求城轨交通设备国产化率不低于 70%，我国轨道交通装备制造行业的生产能力和技术水平都将有极大的飞跃。不仅车辆制造，还有地铁土木施工机具的制造，图 6-8 是一台

2011 年专为北京地铁 14 号线隧道施工制造生产的盾构机——吉祥九号，该盾构机是目前国内地铁施工最大直径土压平衡盾构机，读者可以与附近的人体比较，该盾构机直径约 8m 左右，这个庞然大物要采用高强钢特别是前端的切削推进机构必须是锋利的特种钢。据欧洲铁路工业协会预测，2006—2015 年间，国际市场的城轨整车需求以 3.3% 的速度递增，年需求为

图 6-8　2011 年生产的土压平衡盾构机（刘学忠　摄）

500 亿～600 亿欧元。以中国地铁建设为竞技舞台，我国交通轨道装备企业已"借势出海"，打入海外高端市场。截止到 2013 年年底机车车辆已超过百位数。

研究统计，轨道交通每投入 1 亿元将可以拉动 2 亿～2.6 亿元相关产业的发展，装备制造、工程基建、钢铁、水泥等产业链的重要环节都将获得丰厚的订单，还将创造施工、制造等千余个就业岗位。所以说加大财政投入发展轨道交通，对稳定经济发展有直接作用。

当然，由于地铁造价太高（平均 6 亿元/km），国务院曾于 2003 年下达了国办发〔2003〕81 号文件，明确指出要"坚持量力而行，有序发展"，规定申报建设地铁的城市应达到下述基本条件才予受理：①地方财政一般预算收入在 100 亿元以上；②国内生产总值达到 1000 亿元以上；③城区人口在 300 万人以上；④规划线路的客流规模达到单向高峰每小时 3 万人以上。一般来说地面轻轨交通的成本要低些，每千米约为地铁的 1/2，但仍然是一个很大的数字，为此国务院在上述文件中也对地面轻轨交通作了较地铁稍微放宽的规定。据悉，在 2013 年两会期间曾有人提出这个规定似应适度放松。事实上各地在财政允许的情况下，早已突破了这个规定。

如上所述，地铁建设每公里投资约 6 亿元，其中 60% 用于土木工程，又因为地铁带动的产业链实在太大了，这又是一个具体而生动的关于土木工程可以大幅度拉动国民经济的例证。

6.3　建筑节能

除了北方冰雪地区地表以下有一个厚度不等的冻土层，如北京最大冻土层不超过 30～50cm，哈尔滨大概也不超过 80cm，大部分地区都没有冻土层。冻土层以下基本上受地表气温影响不大，在 50～100m 之内可以说是个"恒温库"，许多地下或半地下住宅，大都是冬天不取暖，夏天不制冷的。近代一些发达国家已相继修建了不少地下或半地下住宅，做到了既不影响采光，还可起到建筑节能的作用。

6.3.1 中国建筑耗能情况

20 世纪 80 年代以来，在国民经济持续发展，人民生活不断改善的条件下，房屋建设规模日益扩大。80 年代初期，全国每年建成建筑面积 7 亿～8 亿 m²；到 90 年代初期，每年建成 10 亿 m² 左右；21 世纪初期已增加至每年建成 16 亿～20 亿 m²。世界银行认为，2000—2015 年是中国民用建筑发展鼎盛期的中后期，并预测，到 2015 年民用建筑保有量的一半为 2000 年以后新建的。此外，据 2008 年资料，我国城乡既有建筑量相当巨大，总面积高达 450 亿 m²，占城市建筑面积的 50% 左右，总建筑耗能占全国能耗的 30%。2010 年年底，全国房屋建筑面积达 519 亿 m²，预计 2020 年年底，全国房屋建筑面积将高达 686 亿 m²。

但目前我国建造的房屋大部分仍属于高耗能建筑，单位建筑面积采暖能耗超过发达国家新建建筑的 2～3 倍，按照目前建筑能耗水平预测，到 2020 年，我国建筑能耗将超过 2000 年的 3 倍。如果不采取积极的建筑节能措施，就不可能实现能源消费翻一番、GDP 翻两番的目标，它必然制约我国的可持续发展。

随着我国房屋建筑规模扩大、城市化进程不断加快和人民生活水平的提高，建筑已经成为我国能耗的大户，在我国能源消耗总量中所占的比例已从 20 世纪 70 年代末的 10% 增加到 2000 年的 27.6%，其中供热采暖能源消耗占到其中的 60%。2002 年，我国一次能源消耗量为 15.14 亿 t 标准煤，其中城市建筑的建造与使用能耗占 13% 以上，连同墙体材料生产能耗，共占总能耗的 20% 左右。采暖地区（东北、华北、西北）的建筑能耗约占总能耗的 25%。因此，建筑节能应作为我国能源可持续发展的重要组成部分之一。

不仅中国，就是美国这样的发达国家，建筑能耗在整个能耗中也占有相当大的比重。例如，1968 年美国全国的能耗情况为：工业占第一位，为 41.2%，其次就是建筑，为 33.6%（到 1980 年已上升到 37%），交通仅占第三位，为 25.2%。在建筑能耗中，居住建筑占一半以上，应是节能的重点。在 1970 年，美国居住建筑能耗下降为占全国总能耗的 22%，其中供热（包括暖气、热水、烧饭）占 84.7%，制冷占 5.2%，照明及家用电器占 10.1%。

6.3.2 中国建筑节能的标准低，差距大

我国建筑节能标准规定的围护结构保温、隔热指标以及采暖通风空调设备的能效与发达国家的相关标准相比，有很大的差距。建筑围护结构的传热系数是衡量建筑热工性能的主要指标。1973 年世界性石油危机以来，各发达国家不断修订建筑标准，例如，丹麦分别于 1972 年、1977 年、1982 年、1985 年、1995 年、1998 年先后修订过 6 次，英国、法国、德国等国家至今已修订了 4 次，而每次修订标准时，都要求进一步改善建筑围护结构的热工性能。几十年来，其建筑围护结构热工性能指标已提高 3～8 倍。根据建筑标准要求，不仅新建建筑保温隔热性能越来越好，还对既有建筑进行了大规模、高标准的节能改造。与此同时，还在成批建造比一般建筑标准能耗低得多的低能耗建筑和零能耗建筑，包括住宅和商用建筑，其中许多建筑利用了太阳能、风能和

地热能等可再生能源，包括在寒冷地区修建地下和半地下建筑。

我国建筑耗能高，节能措施又不力，与发达国家相比差距太大了。表6-7给出了国内外标准中建筑围护结构传热系数限值的对比。可以看出，即使严格地按照建筑节能标准实施，我国建筑围护结构的热工性能仍远较发达国家落后，采暖空调能耗高出很多，更不用说有的地方为了节省材料并不严格执行建筑节能标准所带来的后果了。

表6-7   世界各国外围护结构传热系数对比表   单位：W/(m²·K)

国 别		外 墙	外 窗	屋 顶
丹麦		0.20～0.30	2.9	0.15
美国		0.32（内保温） 0.45（外保温）	2.04	0.19
德国（柏林）		0.2～0.3	1.50	0.20
英国		0.45	（双层玻璃）	0.45
加拿大（相当于北京采暖度日数地区）		0.36	2.86	0.23（可燃的） 0.40（不燃的）
日本（北海道）		0.42	2.33	0.23
瑞典南部		0.17	2.50	0.12
中国 （北京）	80年住宅建筑耗热指标	1.70	6.40	1.26
	节能设计标准86	1.28	6.40	0.91
	JGJ 26—1995	0.82～1.16	4.0～4.7	0.60～0.80
	DBJ 01—602—2004	0.7～0.92	2.80	0.45～0.60

必须指出表中所提供的标准是比较早期的，近年来我国有关部门一直致力于调整和提高我国的采暖标准，对既有房屋建筑北京地区已出台了一项不影响室内正常居住而在外墙增加保暖层的政策性措施，并已开始试点，清华大学西北小区十几幢五层住宅楼已于2012年年底全部完工，预计几年之内北京的住房可以普遍推广。

6.3.3   最廉价的建筑节能措施

降低围护结构热传导系数最廉价而又最直接的措施就是修建地下和半地下房屋，巧妙地实现既可以从上部采光，又可充分利用地壳的保温性能，做到冬暖夏凉。

我国幅员辽阔，自南边接近赤道的南沙群岛到北边接近北纬55°的漠河，气温变幅很大。考虑到地下工程保温的特点，我国北方寒冷地区甚至可以政策性地规定要兴建地下工程。从表6-8中可见，我国寒冷地区30万人口以上的城市就有18个，仅从建筑节能的角度考虑，这些城市开发地下空间都是必要的。

表 6 - 8　　　　　　　　　　寒冷地区 30 万人口以上规模的城市（1997 年）

城市名称	非农业人口/万人	城市名称	非农业人口/万人
营口市	49.18	赤峰市	43.87
秦皇岛市	47.10	宝鸡市	43.29
盘锦市	45.86	双鸭山市	42.97
银川市	45.44	辽源市	39.32
葫芦岛市	44.01	牙克石市	39.16
四平市	37.91	乌海市	31.56
通化市	36.31	石嘴山市	31.08
延吉市	32.39	铁岭市	30.82
石河子市	32.36	松原市	30.02

　　其实中国西北黄土高原大量的窑洞建筑除了地质条件的特殊性之外，还有一个重要的目的是节能——冬暖夏凉。有时即使地形不平坦等因素导致直接利用自然地形挖窑洞比较困难，也要从地面挖一个坑，形成一个下沉的院落，四周构成一个人工的黄土陡崖，向里横向挖洞，形成一个低于自然地面的窑院和窑洞，称为下沉式窑洞，俗称天井窑院，或地坑窑院。在陇东、陕西关中、晋南、豫西等地都有大量下沉式窑洞，有的整个村庄几乎全由这类窑洞组成，尤以豫西地区最多。图 6 - 9 和图 6 - 10 给出了两种窑洞的概貌。

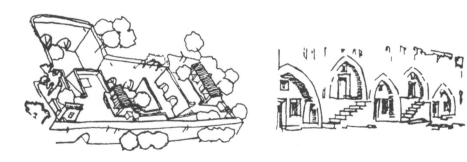

图 6 - 9　不在同一层面上的靠山式窑洞

　　农村城镇化社区，由于人口并不密集，不必建设过多的高层建筑，那么兴建覆土建筑或下挖一半的半地下建筑是否可以试验和推广呢？在这方面发达国家比我国起步早，而且有的已颇具规模。如美国早在 20 世纪 70 年代就发展覆土建筑。美国能源署和几个州的能源署都进行了试验，发展覆土住宅 2200～3000 栋，主要分布在中部各州，其中以明尼苏达、威斯康星、俄克拉荷马三

图 6 – 10　靠山式窑洞与洞外的院落

州最为集中，在东北和西北的几个州中也有一定数量。按美国政府当时的计划，到 2000 年全国覆土住宅数量应从 1980 年的 2200 栋发展到 160000 栋。这个计划现在应该实现了。

　　图 6 – 11 就是一栋靠覆土达到节能目的的住宅，我国三北地区（东北、西北、华北）应该也可以发展这样的节能建筑。当然它占地较多，在城市人口密集的地方是不适宜的。而在农村城镇化过程中适当考虑兴建地下节能建筑则是可行的。

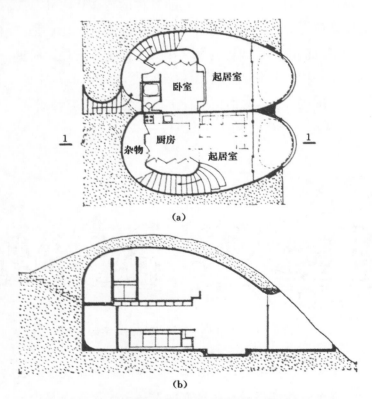

图 6 – 11　美国采用钢筋混凝土壳体结构的覆土住宅平、剖面图
（a）平面图；（b）剖面图

还有一种利用地下资源的节能措施就是对地热的充分利用，这种利用不仅限于温泉等地下热水的露出地域，由于地壳深部温度是很高的，在一般地区也可以通过人工注水等各种措施把热量带出来使用。图6-12就是一个颇为形象的示意图。事实上我国北方许多蔬菜大棚的采暖用的就是这种方法，如把热水输入室内不就是很好的供暖方式吗？

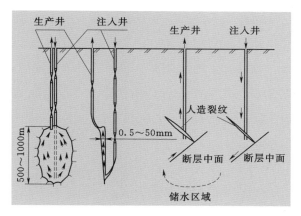

图 6-12　干热岩地热开发示意图

6.4　抗灾、抗爆与防护

6.4.1　地下空间的抗灾能力

几乎没有人怀疑地下工程具有很强的抗爆和防护能力，但地下工程抵抗其他灾害的能力却容易被人们忽视。

首先地下工程较地上建筑具有较强的抵抗地震的能力。表6-9给出了日本阪神地震时地上与地下震害的比较，可以看出房屋建筑、交通、市政等地上设施的破坏情况远较地下严重。一个直观的解释是震害是地壳表层运动的结果，地下结构相对于地上结构而言，更容易与地壳同步运动，因而破坏小些。我国唐山地震以及海城地震等也多次发现这一现象，汶川地震尤其明显，隧道破坏都不大。

我国是个多震的国家，就震灾而论，新中国成立以来7级以上的强震10余次，死26.2万人，伤76.3万人，致残20万人，震塌房屋超过1亿 m²。面对这样一个现实，在我国倡导兴建地下工程时还应考虑抗震这个不易被人重视的优越性。

此外地下结构还有防火隔火作用。当地表发生火灾，火灾中心温度达1100℃时，顶板厚30cm的混凝土板内表面温度在十几个小时之内不会超过100℃，如果结构表面再覆盖40cm厚的土层，则顶板内表面温度升至40℃需36h，此时距顶板表面10cm处室温只有20.5℃。

6.4.2　必须加强人防工程建设

随着武器的发展，特别是空军和导弹的出现和发展，近代战争中空袭成为一种不可缺少的力量和手段，大量民用、工业设施被摧毁，平民伤亡日益严重。

1991年1月17日，以美国为首的多国部队对伊拉克发动空中打击，持续38天，随后转入地面进攻，直至2月28日伊拉克宣布失败告终（这次战争称为海湾战争）。多国部队动用飞机2780架，起飞11.2万架次，投弹20多万t，空袭目标12类：①指挥设施；②发电设施；③电信设施；

④战略防空系统；⑤空军及机场；⑥核生化武器研究所及储库；⑦"飞毛腿"导弹发射架和生产储存地；⑧海军及港口；⑨石油提炼输送设施；⑩铁路桥梁；⑪陆军部队；⑫军用仓库和生产基地。结果大量的地面军事和民用设施被摧毁，而隐藏于地下防护工程中80%的飞机、70%的坦克以及65%的装甲车都得以保存。令人吃惊的是人员伤亡情况的统计结果，而伊军死亡2000人，一般平民的伤亡高达20万人之多，因为军人大都在第一线的坑道或掩体内。

表 6-9　　　　　　　　　　　　　　日本阪神地震地上与地下震害比较

地　上		地　下	
地面建筑	住房损坏 191155 栋，其中： 　严重破坏：89423 栋； 　中等破坏：68762 栋； 　轻度破坏：32970 栋； 公共建筑损坏：3105 栋。 房屋倒塌引起的次生灾害严重，共发生火灾531 起，仅神户市烧毁建筑面积达 100 万 m²	地下商业街	地下部分基本完好。 　地铁三宫站附近的地下商业街，面积1900m²，共分三层，以饮食店、服装店为主。地震后，除部分地面隆起数厘米、酒柜玻璃破碎、部分墙壁瓷砖剥离外，其他未见异常
道路	道路破坏计 9402 处： 　分布在以神户、芦屋、西宫市为中心的广泛区域内，交通中断； 　高速公路路面屈曲，高架桥倾倒，铁路高架桥破坏 20 处，路轨扭曲； 　车站建筑、铁路通信系统多处遭破坏，停业运行区间长度 181.4km，全部恢复需 3530 亿日元	地下铁道	大阪、神户市的地铁大部分通道基本完好，部分车站遭不同程度破坏； 　新长田车站附近通道内出现裂缝； 　上泽车站及上泽至新长田间通道里的钢筋混凝土柱有 170 根出现裂缝； 　三宫车站地下一层的中央电气室、信号室、通风机械室的 30 根钢筋混凝土柱表层脱落、钢筋外露； 　浅埋式的大开挖地铁站，有 30 根钢筋混凝土柱折断，顶板纵向裂缝宽达 150～250mm，造成地面下沉 2～3m
港口	岸口普遍移动、下沉，防波堤陷没； 　起重塔下部屈服、塔架倾斜； 　码头地面开裂、仓库地基液化	隧道	山区隧道基本完好；山阳新干线的神户隧道（长 7.97km）和六甲隧道（长 11.25km），混凝土衬砌内壁上有多处出现裂缝；隧道内铁道线路未见异常
市政管线	10 个火力发电厂、48 个变电所、38 条高压线路、446 条配电线路遭不同程度破坏，100万户停电，损失 2300 亿日元； 　供水系统遭破坏，配水管线损坏 5287 处，43.5% 的用户断水； 　供气系统遭破坏，63% 的用户停气； 　通信系统备用电源线路损坏，局部地区通信中断	附建式地下室	大部分地面建筑物附建的地下室都是安全的； 　部分地面建筑物的地基持力层为液化土层时，地震后其地下室有裂缝和墙面剥离现象出现，属轻度破坏

近代战争的一个重要特点就是军民伤亡比例的倒反差，平民的伤亡日益严重。表 6 - 10 给出了 20 世纪几次主要战争的军民伤亡比例，可以看出海湾战争中军民伤亡比例竟是 1 : 100，即前线的军士每死亡一人，后方的老百姓要死亡 100 人。因此，对于以空袭和导弹袭击为主要特点的现代战争，人防工程是不能忽视的。

表 6 - 10　　　　　　　　　20 世纪几次主要战争的军民伤亡比例

战争名称	军民伤亡比例	战争名称	军民伤亡比例
第一次世界大战	20 : 1	越南战争	1 : 20
第二次世界大战	13 : 12	海湾战争（1991 年）	1 : 100
朝鲜战争（1952 年）	1 : 5		

在核武器和常规武器高度发展的今天，能否在地面设施被摧毁后仍然保持较强的人力资源和反击力量，主要取决于人防工程的完善程度，这种认识大大提高了人防的战略地位。瑞士作为一个中立国已有 170 多年的历史，但仍然毫不放松自己的人防建设。据资料披露，早在 1984 年瑞士已拥有人员掩蔽位置 550 万个，占当时全国人口的 86%，还有各级民防指挥所 1500 个，各类地下医院病床 8 万张。北欧的瑞典在 20 世纪 80 年代末已为全国人口的 70% 提供了掩蔽位置。

我国的人防工程，自 20 世纪 50 年代末到 70 年代中期有一个相当大的发展，但缺口仍然很大，更不用说已建的工程大部分不配套，防护效能不高。与发达国家相比，我们的人防工程不是多了而是少了，主要原因是我国人口太多，经济落后，人防投资又较低。

现代高技术战争对地下防护工程提出了更高的要求，主要特点是"深"。早在 20 世纪 50 年代开始的冷战时期，美国在科罗拉多州斯普林市西南的夏延山构筑了一个岩层下 300 多 m，纵深达 600~700m 的北美防空司令部地下指挥中心，内部钢制防爆门厚 40cm，重 30t，指挥中心还装有 1300 个巨型减震器，以缓解爆炸所带来的压力冲击。该地下工事共有 15 层，其中的防空指挥控制中心主要用于跟踪监视敌方弹道导弹、战略轰炸机和太空飞行器。自 1966 年至今，美国和加拿大军人一刻不停地坚守在该指挥中心。在任何时间，在那里工作的人数始终保持在 200 人左右。自 2001 年 "9·11" 事件以来，美国国防部又投资 7 亿美元用于升级夏延山指挥中心的早期预警系统，使夏延山指挥中心开始协助美国民航管理当局追踪国内航班。俄罗斯则相应地构建了一个庞大而复杂的莫斯科地下指挥中心。20 世纪 90 年代以后随着钻地核武器和精确制导武器的发展，美俄对深层地下防护工程的建设提出了更高的要求，筹建防护层厚度达 1000~2000m 的超坚固地下指挥中心，美国已明确准备在马姆山建一个深达 1000~1500m 的地下指挥中心作为夏延山地下指挥中心的备用工程。

6.5 战略储油

6.5.1 战略储油的重要性

第二次世界大战时向前线补给的战略物资总量中，燃料占 50% 以上，战后各国普遍关注大规模储油储气，以备不时之需。

表 6-11 给出了世界各国及地区石油储备天数，即以该国（地区）每天的耗油量作为基本单位，一旦中断供应，该国（地区）可以维持的天数。中国内地石油储备天数为 35 天，不仅低于韩国，也低于中国台湾、新加坡和泰国。而中国又是一个耗油大国，我国的原油年产量约 2 亿 t，而实际需求量 4 亿 t 以上。缺口只有依靠进口，供需矛盾尖锐。

表 6-11   各国及地区石油储备天数

国家或地区	石油储备天数		
	总天数	政府储备	民间储备
美国	158	90	68
日本	169	90	79
德国	127	95	32
欧盟	90		
韩国	74.5	29.7	44.8
中国台湾	60		
新加坡	44		
泰国	36		
印度	19		
印尼	21		

2008 年一年之内，石油价格剧烈波动，在历史上是少见的，它严重影响经济的正常运转，事实上中国的民航业和汽车业都遭受到不同程度的亏损。这种石油市场的波浪起伏，就足以提醒人们认识储存石油的重要性，更何况还有一个更重要的因素就是国防安全。如果一旦发生战争，海上封锁，我们的坦克装甲设备将无法起动，更谈不上发挥作用了。因此，为了国防安全，在我国储油已刻不容缓。

据悉，负责石油储备的国家石油储备中心已经成立。根据《能源发展"十一五"规划》，中国将借鉴国际经验，建立起三级石油储备管理体系：从上至下分别为发改委能源局、石油储备中心、储备基地。

从 2003 年起，中国斥资 15 亿元，建立紧急石油储备系统，国家战略石油储备一期工程基地确定为镇海、岙山、青岛和大连，2010 年大都建成并实现满储而且正计划再建二期储油基地，分别在新疆克拉玛依市独山子区、甘肃兰州市、山东青岛市黄岛区等 15 地。

6.5.2 水封油库

水封油气库是中国根据储存原理意译的名称，英文直译应为不衬砌岩洞油气库（storage of oil and gas in unlined cavern 或 oil and gas storage in unlined cavern），也有前面带有"地下"（underground）这个词的。本节主要介绍水封油库。

早期的战略储油与其他物品的战略储存方式一样，即在岩体内开挖洞室，室内构筑钢板罐，油品存在罐内，与地面存油并无二致，但在山体岩洞内却增加了一层地壳的防护，这种方式无疑储量不会很大，但工程量很大。

1938 年，H·约翰逊（瑞典）对水封油库的储油原理申请了专利权。20 世纪 40 年代末，瑞典人将一个废矿穴成功地改建成一个水封油库。50 年代中期，各国的政治家认识到大规模储存油料的战略地位时，瑞典首次建成了一个人工开挖的岩洞水封油库。70 年代末，又建成了一个巨大的 Hisingen 原油库，容量高达 120 万 m³。有人计算，如果把这些原油装到油罐车上可以横贯全瑞典，即从东边的斯德哥尔摩直到西部的哥德堡大约 500km 的距离。此后不久又建了一个容量达 260 万 m³ 的油库。到 20 世纪后半期，全世界几乎兴起了一个建设大容量水封油库的高潮，至今不衰。

1. 原理及其优越性

大自然中的石油和天然气未开采之前，就是储藏在储油地层相互沟通的孔隙之中，四周被地下水或不渗透层包围，地壳中的石油并没有因为地下水的存在而流失，恰恰是由于油比水轻，油水不混的原因，石油及天然气被封存在储油岩层之中，构成了一个天然的地下油库，见图 6-13。

这启发人们模拟大自然这种原始结构的储存方式来储存石油和天然气，即利用原生地壳作为储油空间的结构体，靠稳定的地下水位来封存比水轻的油气产品，这就是现代的水封油气库。

地下水封油库与通行的岩洞钢板罐及钢板贴壁罐比较，有如下明显的优越性。

（1）投资少、造价低。地下水封油库罐体不做衬砌，取消了钢板罐，改变了储油方式。因此，无论是建筑材料，还是施工及管理运行费用都大大降低。据资料介绍，在北欧等国家，容量为 10 万 t 甚至 100 万 t 的地下水封石洞油库与同容量的岩洞钢板离壁油罐比较，投资可以节省 83%。我国第一座水封油库尽管存在着容量小、

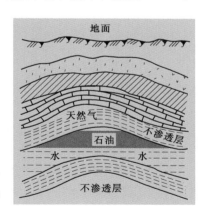

图 6-13 背斜油藏的横剖面

施工过程变化较多等不利于降低造价的因素，但根据决算分析，该油库每立方米库容的单位造价仍比一般岩洞钢板离壁罐降低 50% 左右。随着设计施工水平的提高，工艺设备的配套以及库容量的增大，我国水封油库的投资及单位造价将会大大降低。

（2）节约材料。地下水封油库可以大大节约钢材、水泥、木材。以我国第一座水封油库与同容量的岩洞钢板离壁罐比较：钢材可以节省90％，水泥节约50％，木材节约80％。

（3）施工速度快。地下水封油库不做衬砌，没有钢罐，因而取消了几道繁杂的施工工序，从而大大加快了施工速度。

（4）油品损耗小。地下水封油库罐体埋深较大，罐内温度较低且常年稳定，因此，油品的呼吸损耗很小。

（5）运行安全、管理方便。地下水封油库由于处于封闭状态，利于消防，运行安全。另外，在油库使用过程中，降温除湿及维修的工作量很小，需要的工作人员也少。

（6）利于战备。地下水封油库罐体的覆盖层较厚，具有较高的防护能力，特别利于战备储存。

（7）节省耕地。地下水封油库不占用耕地且由于罐体覆盖层较厚，所以在其上面仍可修建其他建筑物。开挖出来的石渣又可围海造田。

地下水封油库的缺点主要体现在对工程地质条件及水文地质条件要求严格。前者要求区域稳定，岩体完整，能够做到不衬砌而形成一个大的储存空间；后者则要求有一个稳定的地下水位，所以国外水封油气库大都建在海滨基岩地区。改革开放后中国建成的一期国家石油储备基地，镇海、岙山、青岛、大连均为沿海地区，二期工程，有独山子、兰州、黄岛等，其中黄岛也是滨海地区的。

2. 组成

图6-14为20世纪70年代投产的我国第一座水封油库——象山水封油库，储存0号和32号柴油。笔者有幸参加了油库的研究与设计工作，是围岩应力有限元分析及渗流量分析的负责人，所以可以较详细地给出该油库的组成。图6-14中两个比较大的洞室1（指图中的标识，下同）就

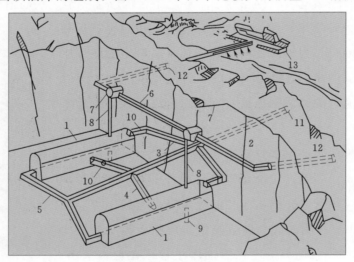

图6-14　象山水封油库透视图

1—罐体；2—施工通道；3—第一层施工通道；4—第二层施工通道；5—第三层施工通道；
6—通道；7—操作间；8—竖井；9—泵坑；10—水封墙；11—施工通道口；
12—操作通道口；13—码头

是储油的罐体，每个罐体的几何尺寸为宽×高×长＝16m×20m×75m，容积2万m³，两个共4万m³。由于罐体较高，施工时自施工通道2入口又分一、二、三层3个支通道3、4、5，以实现三层同步开挖，操作通道6是为运营期间人进入操作间7准备的，操作间与竖井8相连，收发油管及抽水管自操作间竖井插入罐体，抽水管端设有潜水泵一直插入泵坑9之内。在竖井与操作间接口处要设置混凝土的密封塞，以防油气进入操作间。操作通道口部12有管路和道路与码头相连，供收发油及交通所用。施工完毕，所有与罐体连接的施工通道口部均用很厚的混凝土墙密封，称水封墙10，装油前施工通道注满水。

3. 类型

仅就存油来说可分两种方法：一种是固定水位法，另一种是变动水位法。

（1）固定水位法。固定水位法，即罐内水垫层的厚度固定，水面不因储油量的多寡而变化，见图6-15（a）。

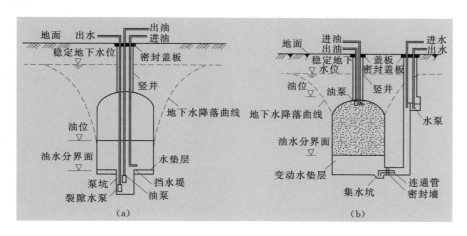

图 6 - 15　水封油类型
（a）固定水位法示意图；（b）变动水位法示意图

水垫层的厚度是由泵坑周围的挡水堤控制的，当罐内裂隙水渗入量增多时，水就越过挡水堤溢入泵坑。泵坑内的多余裂隙水通过潜水泵排到罐外。

固定水位法的优点是：当收发油时，不需要大量排水和进水，平时只需排除少量的裂隙水。因此，既减少了裂隙水泵的运转量，也减少了污水处理量，节省运行管理费。缺点是：当罐内储油量较少时，罐体上部出现空间，这就增加了油品的挥发损耗，在收发油作业时，大呼吸的损耗也很大。此外，由于罐体上部空间充满了油气，也增加了爆炸的危险性。固定水位法的这些缺点也可采取一些措施进行改善。例如，把储存相同油品罐体的油气管串联，当收发油作业时，使各罐的油气相互补充，这样可以减少大呼吸损耗。对于防爆问题，可以在罐体上部空间充入惰性气体，也可以采取措施使罐内油气的浓度低于或高于爆炸限值，以消除爆炸的危险性。固定水位法是当今用得最多的储存方法。

（2）变动水位法。变动水位法，即罐内油面位置固定，且充满罐顶，而灌内水垫层的厚度不定，水面的高度随储油量的多寡而变动。收油时，边进油边排水；发油时，边抽油边进水；罐内无油时，罐体就被水充满，见图6-15（b）采用变动水位法时，罐底可不设置泵坑。

变动水位法的优点是：油罐上部的空间极小，油品的挥发损耗可大大降低，并且可以利用水位的高差调整罐内的压力。其缺点是：收发油作业时需大量地排水和进水，因此，水泵的运转量及污水处理量都很大，使运行费用增加，故目前用得较少。

6.5.3　水封气库

1. 水封气库的基本原理和储存方式

水封气库的基本原理与水封油库一样，其差别是封存压力比油库要大，因为液体状态储存需要提供足以使气体液化并封存这个压力的水头，所以处于地下水位以下的储藏深度远比水封油库要深。

（1）常温高压储存。在常温下施以高压将气体液化输入水封气库内封存，不同气体其液化临界压力 p_L 不同，储藏深度也不同。表6-12给出了25℃时不同气体的临界压力及储藏深度。

表6-12　25℃不同气体的 p_L 及储藏深度（地下水位以下）

气体	液化临界压力 p_L /10^5Pa	储藏深度（瑞典规定）/m	气体	液化临界压力 p_L /10^5Pa	储藏深度（瑞典规定）/m
丁烷	2.5	30	甲烷	45.8	460
丙烷	9	90	天然气	100	1000

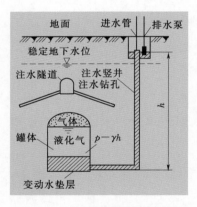

图6-16　常温常压气库示意图

常温高压气库又分常压气库和变压气库两种。常压气库的罐内压力恒定，当向罐内充气时，则减少水垫层厚度；当向外排气时，就向罐内充水，提高水垫层厚度。这样，通过调整罐内水垫层厚度，借以维持恒定的气体压力，见图6-16。这种储气方法，类似水封油库中的变动水位法。应该指出的是，注水竖井所具有的水头压力应与罐内气压匹配，并略小于周围岩体的地下水的压力，以保证安全储气。

变压气库，设计时按最大气容量及该种气体所需的最大压力来设计。运营时当向外排气时，罐内气压逐渐变小，一部分被液化的气体可能汽化，进气时这部分气体又被液化，因而库内的气压是变动的。而由于这种气库工艺简单，而变动气压又始终处在设计最大压力范围之内，不会造成任何渗漏的风险，因此，国外许多高压气库均采用变压储存。图6-17为常温变压气库的示意图。

常温高压气库的埋深不仅应考虑气体的储存压力，而且也应认真考虑工程地质条件，以保证在高内压及高水头作用下的洞体围岩的稳定。常温高压储存，土建比较容易实现，工艺条件较简单，目前世界上应用较多。

（2）低温常压储存。在常压下将气体温度降低至临界温度以下，把气体冷冻成液态，储存于岩洞之中，可以大大减少罐体埋深。图6-18就是地下岩洞低温液态常压库的示意图。

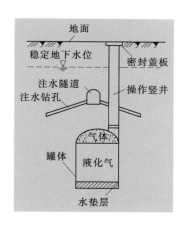

图6-17　常温变压气库示意图

图6-18　地下岩洞低温液态常压库示意图

低温液态库的储存温度取决于气体液化的临界温度。不同气体在常压下液化的临界温度不同，见表6-13。

表6-13　　　　　　　　　　　$p=10^5 \mathrm{Pa}$ 时，不同气体液化临界温度 T_L

气　　体	液化临界温度 T_L/℃	气　　体	液化临界温度 T_L/℃
石油气	−42	天然气	−160
甲烷	−82.1		

在低温气库中由温度裂缝造成的渗漏是一个极其重要的问题。岩体在低温状态下收缩，产生裂缝，造成气体严重渗漏。这就是20世纪70年代以前低温常压储存得不到发展且至今世界各国用得不多的原因。

为了防止温度裂缝造成的气体渗漏，瑞典采用一种特殊的胶泥浆液灌注密封低温气库，效果较好，但成本太高且属专利产品。

2. 挪威大型地下储气库

奥托—内莫达（Outer-Namdal）气库是挪威一个海上气田输到陆上的容积为100万 m³ 的大型末端储气库。1986—1988年笔者曾以挪威皇家科学技术委员会（NTNF）博士后的身份赴挪威特隆汉姆大学参加该项目的前期研究工作。

挪威是斯堪的那维亚半岛西边紧靠大西洋的一个狭长的滨海国家，历史上国民经济以航海、造船、捕鱼为主。一直到20世纪50年代末，挪威的工业界还自称对石油一无所知，但60年代挪威西海岸的北海发现了油气蕴藏相当于60亿 t 等价石油的油气田，几年之后挪威就一跃成为北欧的产油大国，年产5000多万 t（1988年统计），年人均13t（挪威全国人口只有400万，我国年产2亿 t，人均0.15t）。

20世纪80年代末期，挪威筹建一个发电量为160万 kW 的奥托—内莫达气体燃料电站，该工程共包括4个部分，见图6-19：①处于海平面以下1000m 圆形断面直径为4.5m，总长15.6km

的海底隧道，将开采的天然气送到陆上；②在海滨岩层内修建一个容积 100 万 m³，可存 1 亿 m³（标准状态下）液化天然气（Liquefied Natural Gas，LNG）的大型储气库，该库处于海平面以下 1000m；③山体上层兴建一个大型蒸气与压缩气联合驱动的地下电站；④有关电力生产与输送工程。

我们感兴趣的是它的第 2 项即大型地下储气库，由于天然气（Natural Gas，NG）常压降至−160℃才液化，要消耗大量的能量去降温，故采用常温高压储存，这就是必须要处在海平面以下 1000m 的原因。储库洞室的断面为直墙拱顶形，跨度×高度＝20m×30m，共 4 个并行的洞室，每个长 470m。地层为粗粒花岗岩，采用岩石钻进机钻进，在洞室四周

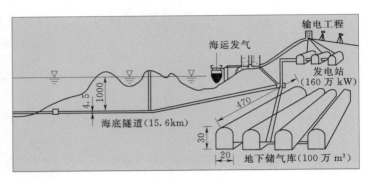

图 6 - 19　奥托一内莫达气体燃料电站示意图（单位：m）

均开挖注水隧道注入高压水形成高压水幕，以保证密封效果。笔者有幸参加了这项工程的前期研究，除对地下气库的围岩应力做了分析之外，还推求了四周有高压水幕的洞库渗流量公式，计算结果显示在不做水泥注浆的情况下，气库周围水的渗流量为 305m³/d，如果施做水泥注浆则渗流量可降至 10m³/d。这个渗流量是相当理想的，即便以 305m³/d 计，其渗流量也仅占总容积的 3‰，潜水泵抽取地下水的运行费是很低的。

6.6　地下储藏是一个发展趋势

6.6.1　地下粮仓

所谓地下粮仓，大都建在基本上没有地下水渗流的火成岩的岩体内，厚厚的岩体保证了储洞内基本上是恒温的，且没有阳光照射长期处于黑暗状态。无水、恒温和避光保证了仓内粮食的质量可以长期存放，不必像地面粮仓那样需要翻晒，既须防霉又须防火，还要防止老鼠的偷吃，霉变和阳光的直晒又导致粮食质量的下降，因而存放期较短，基本上每年或隔几年都要倒仓，换一次新粮。

图 6 - 20 给出了北京西山一座山洞粮仓的一隅，该粮仓以贮藏小麦为主，全长 1500m 以上。内有 28 个库房，储粮数万吨，仓内温度无论

图 6 - 20　北京西山一座山洞粮仓的一隅
（姜文清　摄）

冬夏均稳定在10℃，从洞口到真正储粮的地方，还要再过四道大门，每道门都是水泥混凝土浇筑，大门的厚度在10cm左右。推开大门，是1.5m宽的巷道，28个储存粮食的库房就分布在过道一侧。该库1971年开工，到1977年7月14日完工，所以定名为714粮库，储粮一般5～10年才换一次，10年储存的粮食品位正常，无异味。

笔者曾在辽宁亲身参观过一个花岗岩体内的玉米仓，令人惊讶的是其不仅避光、防霉、防火、恒温之外，还有一个意想不到的优点，就是防老鼠，看守人告诉我们有时他们检查验仓时发现门口有死老鼠，原来老鼠进去之后饱餐一顿，找不到水喝最后渴死在门前，这真是山洞粮仓另一个意想不到的优点。

6.6.2　地下储藏历史悠久、前景广阔

漫长的人类发展史，有着大量地下储藏的实践，秋收后的薯类、萝卜乃至白菜、花生等埋在地下，来年春天开窖食用味道鲜美，且大部分由于糖化的原因都更加甜爽。笔者还在挪威参观过一个冰激凌库，挪威地处寒冷的高纬度地区，地温常年都很低，在洞库周围像冻结法施工那样埋设冷却管，用电力降温可使洞库内温度降至−40℃以下，存放冰激凌是很安全的，由于整个地区的地温都很低，这样一次降温可保证洞室内若干年使用而不用频繁耗电，参观时我们都穿着皮棉衣，跑步前进，出来之后冰激凌的香味还久久有所感知，这是民用的。政府国家的金库也大都设在严密监视的地下洞室内，近代随着核电站的发展，一个100万kW的核电机组每年要烧掉30t的核燃料，其核废料也以吨计，用凝结物固化在高强混凝土的储缸内（见第7章7.3.6节）存放在西部地区的花冈岩体内，这是目前唯一储存核废料的方法，法国由于国土面积小而核电利用又列全球之最，其废料大都运往俄国边远的无人居住的西伯利亚地区的花冈岩体内，当然要支付昂贵的费用。

开发地下工程是人类生存的需要，从城市的地下交通、地下车库到农村的保暖住宅窖藏食品，再到国家战备物资的长期安全储存无一不是选在地下。而开发地下工程无疑是土木作者的份内之事。

第7章 能源工程

7.1 能源工程离不开土木工程

　　传统的土木工程学科是不包括能源工程的。或许有的学者在不同的论著中将采煤、井巷工程特别是冻结法凿井等列入土木工程中介绍，但由于新中国成立后条块分割的原因，行业部又各自有下属的高校，如煤炭部有矿业学院、冶金部有冶金钢铁学院、铁道部有铁道学院等，部内又下设自己的基建局，再往下就是局属的基建单位了，如铁道部下属竟有21个铁建局，甚至公认的应属于土木工程范畴的水电行业也有十几个水电建设局。自1978年改革开放以后，国务院先后撤销了一批行业部，原有的一些部属基建单位各自进行了重组和改革，且大都企业化，承接的基建任务也大大拓宽了。但对一些专业性很强的基建工程，仍然保持各自的强势，有别于传统的基建单位。最典型的就是能源工程中的核电站建设和海洋采油平台的建设了，因而中海油及中核电集团等都有自己下属的基建部门和建设队伍，其技术人员的组成也大都是传统的土木工程专业的毕业生，这些项目的建设除了它自身的工艺流程之外从设计到施工都离不开土木工程的专业技术人员而且是重要的一个组成部分。无论是核电站那个厚重的堆体和外罩的安全壳，还是海洋采油平台矗立在海底的那些粗大的钢筋混凝土支柱和构架以及钢结构为主体的那个操作平台，无一不是土木工程的专业技术工作。土木工程学科的毕业生比较容易就业，其原因之一就是各行各业都需要这种人才。

7.2 我国的能源形势[*]

　　我国地域辽阔，资源总量大、种类全，但人均占有量少，禀赋总体不高。人均耕地、林地、草地面积和淡水资源分别仅相当于世界平均水平的43％、14％、33％和25％；主要矿产资源人均占有量占世界平均水平的比例分别为煤67％、石油6％、铁矿石50％、铜25％。矿产资源品位低、贫矿多；土地资源中难用地多、宜农地少，宜居面积仅占国土面积的20％；水土资源空间匹配性差，资源富集区多与生态脆弱区重叠。加之，我国正处在加快推进工业化、城镇化和农业现

---

[*] 7.2节资料主要来源为：张国宝，为祖国经济腾飞提供能源保障，人民日报，2012 - 06 - 13.

代化的进程中，有其他国家无法比拟的巨大资源需求，资源供给的刚性制约也在不断加剧。这是问题的一方面，另一方面也要看到改革开放极大地解放了生产力，国民经济持续快速增长。能源、交通基础设施曾经是影响经济发展的两个制约性瓶颈，改革开放以来的 30 多年间大部分时间处于紧迫状况。但是自 2005 年开始截至 2012 年 6 月以来，我国迅速崛起为世界能源大国，一次能源生产总量和消费总量都跃居世界首位，在国际能源事务中的影响力和话语权明显提升，能源安全供应能力显著增强，新能源异军突起，能源结构和生产力已明显优化，科技创新能力进一步提升，装备水平长足进步，能源走出去取得历史性突破。能源领域的改革稳步推进，科学发展的理念日益深入。我国能源无论在量还是质上都取得了举世瞩目的成就。

7.2.1　供应保障能力明显增强

1. 总体状况

我国一次能源生产总量从"十五"末（2005 年）的 21.6 亿 t 标准煤上升到 2010 年的 29.6 亿 t，2011 年达到 31.8 亿 t；一次能源消费总量从 23.6 亿 t 标准煤上升到 2010 年 32.5 亿 t，2011 年达到 34.8 亿 t 标准煤，能源生产消费总量超过了美国，见图 7-1。请读者注意该图的单位是"油当量"而不是中国传统的"煤当量"。

2. 煤

2011 年全国原煤产量 32 亿 t，是 2005 年的 1.5 倍。重点建设的 13 个大型煤炭基地产量达 28 亿 t，占全国煤炭总量的 87.5%，生产集中度大大提高。

值得注意的是截至 2009 年中国煤炭剩余的可采储量仅为 1636.9 亿 t，而煤在中

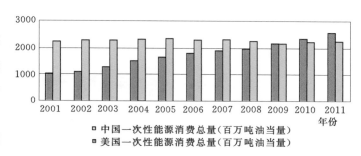

图 7-1　中美一次性能源消费总量对比（2001—2011 年）

国一次性能源消耗中占比超过 2/3，未来 10～20 年提升中国能源供应一靠煤炭增产，二靠进口，三靠加速水力、核能及新能源的开发和利用。

煤炭供应的瓶颈之一是运输。中国铁路运煤干线在 100% 甚至 200% 地发挥作用（参见第 3 章铁路运输的内容），如果考虑公路上排成长龙的运煤卡车，煤炭运输几乎不堪重负，到了终端大部分用于发电。我国的发电构成大约 60% 是煤电。

3. 电

2011 年全国装机总容量达到 10.5 亿 kW，居世界第二位。全国 220kV 及以上输电线路长度达到 43 万 km，变电容量 19.6 亿 kV·A，分别是 2005 年的 1.7 倍和 2.4 倍，技术上也居于世界先进水平。实现了包括新疆、西藏、海南在内的全国联网，电网规模居世界第一位。

4. 石油

原油产量稳定在 2 亿 t，是世界第四大产油国，其中海上油气年产量超过 5000 万 t 油当量，再造了一个海上大庆（大庆年产油 4000 万 t）。原油一次加工能力达到 5 亿 t/a，千万吨级炼油厂达

到 17 座。全国原油和成品油管道总长度达到 3.7 万 km，比"十一五"（2010 年）末增长 85%。新发现南泥湾等 63 个油田，新增国内石油地质探明储量 42 亿 t。国家石油储备基地从无到有，一期镇海、岙山、青岛、大连 4 个储备基地建成并实现满储，二期独山子、兰州、黄岛等基地相继开工并陆续建成。

5. 燃气

2011 年生产量 1030 亿 m^3，消费量 1240 亿 m^3。中亚天然气管道建成，实现与西气东输管道相连，西气东输二线已开始向湖南、江西、广州、深圳、香港供气。西气东输三线已开工建设，全国 3 亿多人口用上了西气东输天然气。天然气管道总长度超过 4 万 km。页岩气等非常规天然气勘探开发开始起步，煤层气成分基本上是采煤时而引发爆炸的瓦斯气，实时抽采还可降低灾害，其抽采利用量超过 32 亿 m^3。

6. 3 种主要能源资源储量

图 7-2 展示了中国 3 种主要能源自 2002—2011 年储量的增长情况，可以看出除煤炭和石油分别增加 35% 和 36%，而天然气的增幅高达 98%，在我国不断增加进口天然气的情况下，地质储量的增加无疑是一个令人振奋的喜讯。

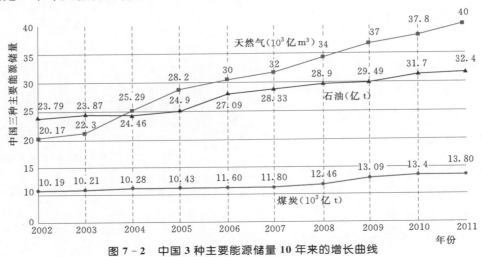

图 7-2　中国 3 种主要能源储量 10 年来的增长曲线

7.2.2　能源结构不断优化，清洁能源异军突起

（1）电力工业"上大压小"成绩显著。到 2010 年年底累计关停了小火电机组 7500 万 kW，超额完成了任务。2005 年全国在役火电机组中 30 万 kW 及以上机组不到一半，2010 年末提高到 70% 以上，其中百万千瓦超临界机组有 33 台。每千瓦时煤耗从 370g 下降到 330g，仅此一项节约原煤超过 3 亿 t。我国火电机组的装备达到国际先进水平。

（2）整顿关闭小煤矿，煤炭产业集中度提高。5 年全国关闭小煤矿 9000 多处，淘汰落后产能 4.5 亿 t/a，千万吨级以上煤炭企业达到 50 家，产量 17.3 亿 t，占全国总产量的 58%，产业集中度大大提高，煤矿百万吨死亡率从 2005 年的 2.81 历史性地降到 1 以下。

（3）水电建设规模加大。"十一五"期间龙滩、小湾、拉西瓦、瀑布沟、构皮滩等大型水电站相继投产，三峡 32 台机组全部并网，总装机 2240 万 kW，溪洛渡、向家坝、糯扎渡、锦屏等大型水电站开工建设，全国水电装机超过 2.3 亿 kW，居世界第一。

（4）核电发展步伐加快。2005 年以来国家先后批准建设辽宁红沿河，福建宁德、福清，广东阳江、台山，浙江三门、方家山，山东海阳，广西防城，海南昌江 10 个核电项目，共 28 台机组，3130 万 kW，在建规模占全球在建 66 台核电机组的 40% 以上。我国核电一直安全运行，多项运行指标居世界领先地位。

（5）风电产业异军突起。风电装机已连续 5 年翻番增长，2011 年年底并网风电机组已达 4700 万 kW，超过了美国，居世界首位。风力发电 970 亿 kW·h，相当于一年少烧了 3500 万 t 标准煤。上海东海大桥附近建成世界上欧洲以外的第一个海上风电场。中国的风电设备制造企业 5 年前还名不见经传，现已有 3 家进入世界十强。

（6）太阳能产业快速发展。2011 年年底全国太阳能发电装机已达 300 万 kW，敦煌 1 万 kW 光伏电站建成并网发电。太阳能热水器安装使用保有量超过 1.7 亿 m²，居世界首位。形成了比较完整的光伏电池产业链，年产量达到 800 万 kW，出口量占全球市场一半。

水、核、风、太阳能、生物质等非化石能源自 2006—2010 年 5 年累计发电量超过 3 万亿 kW·h，替代原煤 15 亿 t。减少二氧化碳排放 30 多亿 t。

据电监会最新统计，仅 2012 年我国共消纳清洁能源电量 10662 亿 kW·h，占全部上网电量的 21.4%，其中，水电 8641 亿 kW·h，核电 982 亿 kW·h，风电 1004 亿 kW·h，太阳能发电 35 亿 kW·h。见图 7-3。

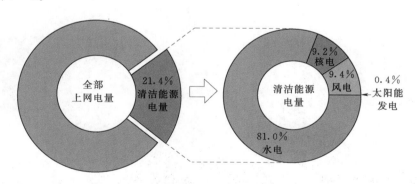

图 7-3　2012 年全国清洁能源电量构成及占比

（制图：张芳曼）

7.2.3　能源科技创新水平大幅提升

1. 油、气、煤科技创新

国家 16 个科技重大专项之一的"大型油气田及煤层开发"专项攻关形成了岩性地层油气成藏理论等 21 项新认识，突破特高含水油田提高采收率等 24 项重大核心技术，获得 162 项专有技术和 30 项新产品新工艺。在引进消化吸收实现 30 万 kW 流化床技术国产化的基础上开发出世界首台 60 万 kW 循环流化床发电机组并应用于四川白马电厂，为利用煤矸石、洗中煤、高硫煤、劣质煤提供技术装备。在引进消化吸收的基础上我国建造了 33 台 100 万 kW 超临界机组，成为世界上应用此项技术装备最多的国家，使我国火力发电装备处于世界领先水平。我国在世界上率先建成 60 万 t 煤制烯烃、100 万 t 煤直接液化规模化的煤化工项目，标志着我国煤化工技术已走在了世界前列。

2. 核电的科技创新

我国已建成 AP1000 三代核电厂，三代核电的大型锻件、控制系统、锆管、蒸发器 U 型管、主管道、安全壳及一批核级阀门技术均已掌握并实现国产化，已无颠覆性的技术难点。在施工技术上采用模块化建造，大大缩短了建设周期，这是世界上在工程实践中首次采用，它使我国的核电施工能力走在世界前列。"大型先进压水堆和高温气冷堆"重大科技专项取得重大进展，具有自主知识产权研发的单机 140 万 kW AP1400 核电机组样机已开始制造。中国实验快堆已成功建成，见图 7-4，快堆具有铀资源利用率高、安全性高的特点，是世界上第四代先进核能系统的首选堆型，代表了第四代核能系统的发展方向。中国实验快堆热设计功率 65MW，电功率 20MW，是目前世界上为数不多的大功率、具备发电功能的实验快堆。我国成为世界上少数掌握快堆技术的国家。高温气冷堆试验示范工程已具备建设条件。

图 7-4 中国实验快堆反应堆大厅（新华社）

3. 高压电网传输

我国已建成了世界上电压等级最高的 ±800kV 直流输电线路，用于云广直流输电，并开发出世界最大的 6in 晶闸管。1000kV 交流输变电线路已用于晋东南至湖北荆门输电线路，实现了华北、华中、川渝变成一个同步电网，而没有出现有些人担心的电网安全问题。

4. 风力发电

引进技术生产的 1.5MW 风力发电机在我国已成为主力机型，同时自主研发的 3MW 海上风机，研制成功的 5MW、6MW 风机，均已开始出口并处于世界领先水平。

5. 深水采油平台和液化 LNG 运输船

我国研发制造的 3000m 深水钻井平台"海洋石油 981"已在南海成功开钻。依托 LNG 引进项目实现了 LNG 运输船的国产制造，填补了我国在这一领域的空白，进而向美国克森莫比尔和日本商船三井出口自主设计的 17 万 m^3 燃电混合驱动 LNG 运输船。

7.2.4 能源为民生服务，城乡居民用能条件改善

1. 人均能耗和用电大大提高

2005 年我国年人均能耗不到 2t 标准煤，低于世界人均水平；2011 年我国年人均能耗已为 2.6t 标准煤，达到世界人均水平。2005 年我国人均电力装机只有 0.5kW，2011 年人均装机达到 0.8kW。农村人均生活用电比 2005 年提高了 80% 以上，为"家电下乡"提供了用电保障。2010 年经国务院批准启动了新一轮农网升级改造，准备用 5 年时间，投入 2000 亿元以上资金对农村电网再进行一次改造。农村沼气、太阳灶、太阳能热水器、太阳能照明得到推广应用。

2. 高寒和少数民族地区

5 年来在北方高寒地区建设了 6000 万 kW 热电联产机组，替代了大量燃煤小锅炉，解决了 4000 多万城市人口供暖问题。

能源为少数民族地区发展和生活改善服务。西藏农村"户户通电"工程全面竣工，解决了西藏主电网覆盖的全部 32 个县、17 万户、76 万人口的用电问题。2011 年实现了青海和西藏的联网，中国大陆包括海南岛在内实现了全部联网。5 年来在新疆开工建设 700 万 kW 燃煤电站，实现了新疆电网与西北 750kV 主网互联，进而又开工建成新疆至郑州的 ±800kV 直流输电线路。实施"气化新疆"工程，北疆三条天然气管线建成，使南疆气化乡镇工程全面展开。

3. 能源为中国成为制造业大国提供了保障

中国已经成为世界上最大的能源生产国和消费国，一次能源生产总量是 1949 年新中国成立初期的 123 倍。能源工业为中国经济腾飞和人民生活改善注入了强劲动力，助推了中国经济发展，是中国强盛的重要标志。同时也为中国成为制造业大国提供了能源保障，有约 28% 的能源又以产品形态出口到世界各地，为世界经济的繁荣做出了贡献。

7.2.5 提高能源利用率，开拓能源渠道

改革开放以来，我国能源强度从 1978 年的 15.68t 标准煤/万元下降到 2008 年 4.83t 标准煤/万元（按 1978 年不变价计算），下降幅度达 69%。同期，我国工业能源强度下降幅度约为 75%。与其他国家同一经济发展阶段相比，我国在提高能源利用效率上取得的成绩非常突出。但与国际

水平相比，我国能源利用效率总体低下。根据国际能源署的统计，2007 年中国单位 GDP 能耗为 0.82t 标准油/千美元（按 2000 年不变价计算），而世界平均水平是 0.30t 标准油/千美元，美国和日本分别为 0.20t 标准油/千美元和 0.10t 标准油/千美元。从地区比较来看，2008 年我国单位地区生产总值能耗最低的是北京，为 0.66t 标准煤/万元（按 2005 年不变价计算），其次是广东和浙江，分别为 0.72t 标准油/万元和 0.78t 标准煤/万元；能源强度最高的是宁夏、青海和贵州，大都在 2.5t 标准煤/万元以上。最高省份是最低省份的 5.57 倍。

我国是煤炭生产大国，2009 年全国煤炭产量接近 30 亿 t，2010 年更超过 32 亿 t，但 2009 年中国煤炭进口量多达 1.25 亿 t。作为世界上煤炭产量最大、煤种最全的国家之一，我国正从煤炭净出口转变为开始少量进口煤炭了。

一个改革开放的国家，经济是面对全球的，适度进口是正常现象，在价格上也是合算的，再说我国探明煤炭储量虽居世界前列，但人均储量却不及世界平均水平，仅为世界平均水平的 70%。煤炭总体上是一种稀缺资源，多进口就意味着少用一些自己国家的煤。

7.3 核电站

7.3.1 核能是后油气时代的主要能源之一

石油、天然气和煤炭属于化石能源，是不能再生的资源，可能会在不久的将来消耗殆尽。而世界能源委员会发布的调查报告指出，即使目前全球已探明的可开采石油和天然气储量足够再使用四五十年，但 20 年后廉价能源将难以获取，人类将不得不转向可替代能源。

与石油、天然气和煤炭相比，核能具有价格稳定的优势。核能的原材料——铀全球储量丰富，可满足人类几十年的需求，铀在全球分布广泛，难以被个别国家掌控。而且，如果世界各国同意 2020 年温室气体排放量在 1990 年的基础上再减少 20%，甚至 30%，那就必须使用几乎不排温室气体的核能，否则很难满足"减排"要求。

自从 1945 年美国在日本首先使用原子弹迫使日本军国主义无条件投降之后，人们一直在研究如何使核裂变有序释放，以便人类有控地利用核能。这种研究几乎延续了近 10 年之久。1954 年 6 月，世界上第一座用于发电的反应堆在苏联首先启用，这是总容量不超过 5000kW 的小型核电厂；1956 年 10 月英国的考尔德豪尔核电厂开始运转，容量 5 万 kW；美国是世界上第三个拥有核电的国家，此后世界范围开启了一个核能发电的新时代。

在全球范围内，核能开发呈现明显的增长趋势。越来越多的国家计划新建并开始拥有核电站。据国际原子能机构预测，至 2030 年全球核电所占份额将增加 1.5 倍，达到 27%，至 2050 年增加 3 倍。目前，欧盟已有 16 个成员国拥有核电站，核电站总数 158 座，另外 7 个国家正在建造核电站或准备进入核电领域。

图 7-5 所示为 2015 年 5 月 27 日人民日报披露的部分主要国家运营和在建的核电站数量。它

大体上说明了目前 10 个主要核电大国的反应堆数量，其中在运营的美国 100 座，法国 59 座，日本 48 座，中国 22 座，俄罗斯 33 座，韩国 23 座……总装机容量超过 1256 万 kW。在建机组，中国 26 座雄居榜首分布在辽宁红沿河，福建宁德、福清，山东海阳等地，占全球在建机组的 50%，总装机容量超过 4000 万 kW 以上。

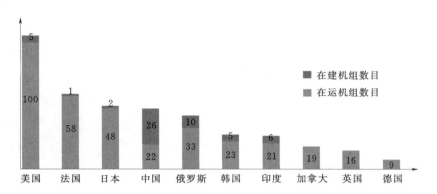

图 7-5　世界各国在运和在建的核电站项目（人民日报　制图：蔡华伟）

据世界核协会统计：到 2030 年前，全球有明确核电建造计划的反应堆高达 158 台（不包括中国的 59 台），新增核电共约 17800 万 kW。这些新建核电将带来 1.5 万亿美元左右的投资，是中国核电走出去的机遇。

7.3.2　核电站的基本原理

图 7-6 为一个常规燃煤火电站示意图，图 7-7 为一个核电站生产过程示意图。两者最大的差别是用双线框标注的部分，前者的燃料是常规化石燃料煤，在经过蒸汽发生器之后产生过热蒸汽直接推动涡轮机去发电，回水系统只有一路；后者的燃料是反应堆内的核燃料，经过蒸汽发生器之后产生饱和蒸汽或微过热蒸汽，然后再去推动涡轮机发电，而回水系统有一、二两路。虽然就是这点差别，但实际流程却十分复杂。图 7-8 为一个气冷式核电厂的稍微详细的示意图，可以看出在反应堆内有一些复杂的反应堆材料如铀棒，其反应产生的热气再通过热交换器变成饱和蒸汽去推动涡轮机发电机发电。

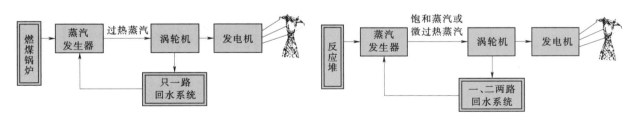

图 7-6　常规燃煤火电站生产过程示意图　　　　**图 7-7　核电站生产过程示意图**

由图 7-9 可以进一步了解核电站核心部分的反应堆结构的复杂程度。

反应堆是以铀（或钍）作为燃料实现可控制的链式裂变反应的装置。反应堆由安全壳、堆内构件、堆芯、控制棒驱动机构 4 部分组成，如图 7-9 所示。

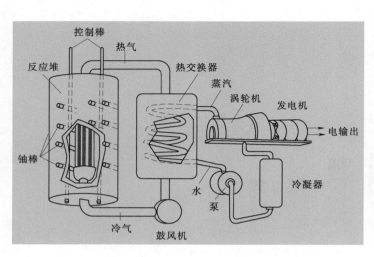

| 图7-8 气冷式核电站示意图 | 图7-9 反应堆内部结构 |

与土木工程最密切的是反应堆的安全壳,它是一个圆柱形的容器,分为上下两部分,见图7-9。底部是带有焊接半球形封头的圆柱体,上部是一个可拆卸的半球形上封头。安全壳内部放置堆芯和堆内构件,顶盖上设有控制棒驱动机构。为保持一回路的冷却水在350℃时不发生沸腾,反应堆安全壳要承受140~200个大气压的高压,要求能在高浓度硼水腐蚀、强中子和γ射线辐照条件下使用30~40年。安全壳的大部分工作是土木工程专业的基础性建设。其实依赖土木工程的远不止是安全壳,反应堆乃至整个厂房的基础,防震措施,防海啸的防波堤冷却塔等无一不是土木工程完成的。

与核安全关系最密切的是反应堆安全壳的顶盖上所设的控制棒驱动机构,通过它带动控制棒组件在堆内上下移动,以实现反应堆的启动、功率调节、停堆和事故情况下的安全控制。

对控制棒驱动的动作要求是:在正常运行情况下棒应缓慢移动,行程约为10mm/s;在快速停堆或事故情况下,控制棒应快速下插。接到停堆信号后,驱动机构机件立即松开控制棒,控制棒在重力作用下迅速下插,要求控制棒从堆顶全部插入到堆芯底部的时间不超过2s,核裂变反应立即停止,从而保证反应堆的安全。

7.3.3 核电站的类型

根据国际原子能机构2011年1月公布的数据,全球正在运行的核电机组(一个核电站经常有若干机组)共443个,见图7-10,核电发电量约占全球发电量的16%;正在建设的核电机组65个,中国占40%。

在当前以发电为目的的核能动力领域,世界上在运行的核电站中,应用比较普遍或具有良好发展前景的主要有压水堆占60%,沸水堆占21%,重水堆占9.2%,气冷堆4.9%,快中子堆0.6%,其他堆型4.3%。其中石墨堆起步最早,但自苏联切尔诺贝利事故后即废止此类堆型的建设。

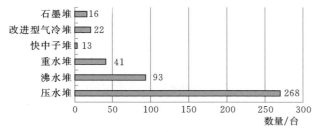

图 7-10　全世界各类在役堆类型

图 7-10 中所示的快中子堆（以下简称快堆）是新兴的最优堆型，快堆中没有慢化剂，主要的冷却剂是液态金属钠或氦气。快堆在运行中既消耗裂变材料，又生产新裂变材料，而且所产可多于所耗，能实现核裂变材料的增殖。从某种意义上说，其他核电堆型是消耗核燃料产生电能的工厂，而快堆核电站则是可以同时产生核燃料和电能的工程。但是实际中还有一些技术问题正在克服。随着快堆技术的日臻完善，将来在反应堆中将逐渐占主导地位。我国的实验快堆项目已经研制成功，在反复实验的基础上可望投入建设。

7.3.4　中国核电站的飞速发展

中国核电站起步较晚。1982 年在邓小平同志的倡议推动下，国务院正式批准大亚湾核电站的建设。1987 年 8 月深圳大亚湾核电站正式开工，向技术比较成熟的法国购买了两台核电机组，其核电技术是美国西屋公司开发的两环路非动能压水反应堆 AP1000，属第Ⅲ代技术，可在灾害发生时不依赖电力机械力仅依靠地球引力等自然力自动让水降温；而日本福岛核电站是第Ⅱ代技术，在电力机械力遭到破坏后不能使水自动降温。在引进美国西屋公司 AP1000 项目中美方公司唯一没有转让的技术是核电的关键设备——主管道。主管道是当今世界上最先进的连接核电站反应堆压力容器、主泵和蒸发器的大型厚壁承压管道，其作用相当于人体输送血液的大动脉。大约在 2008 年前后，经过多次的研发和试制，我国掌握了主管道制造核心技术，形成了稳定的制造工艺和质量保障措施，具备了年产 5～6 套主管道的生产能力。首套第Ⅲ代核电 AP1000 主管道交付海阳核电站之后，三门核电站将是我国下一个采用 AP1000 主管道的核电站。有些报纸杂志在提到 AP1000 第Ⅲ代反应堆时常称之为中国改进型 CAP1000。

大亚湾核电站的成功建设和运行，化解了人们对引进国外先进技术发展中国核电的纷争。2009 年，大亚湾核电基地 4 台 100 万 kW 机组，与同等规模的燃煤电站相比，少消耗原煤约 1200 万 t，减少向环境排放二氧化碳约 2700 万 t，二氧化硫约 10 万 t，二氧化氮、一氧化氮等其他气体约 6 万 t，煤灰约 120 万 t。核电的优越性不仅在于减少污染，还有一个对我国来说可以缓解煤炭运输量过大的瓶颈。据统计，1 台 100 万 kW 级核电站一年仅需补充 30t 核燃料，一辆重型卡车便可运输。而同等功率的火电厂一年要消耗 300 万 t 原煤，相当于每天有一列 40 节车厢的火车为其运输。核电发电量的提高，缓解了交通运输压力，优化了我国的能源结构，实现了节能降耗减排。图 7-11 所示为装机 100 万 kW 煤电与核电年消耗燃料与排放的比较。两者优劣差别实在太大了，难怪人们热衷于发展核电。

燃煤电站	核电站
约300万t煤	约30t核燃料
产生约675万t二氧化碳	核能发电阶段不排放二氧化碳

图 7-11　装机 100 万 kW 煤电与核电年消耗燃料与排放比较（制图：宋嵩）

早在大亚湾核电站正式投产之前，我国就启动了处于杭州湾海盐县的秦山核电站的建设，

图 7-12　岭澳核电站

1991 年 12 月 15 日，秦山 30 万 kW 压水堆核电站（比大亚湾早 3 年投产）并网发电。第一台 30 万 kW 的压水堆是从加拿大引进的，但 2002 年 4 月投产的第二期工程是我国自主设计的 65 万 kW 机组，2004 年 5 月第二台投入运营。2008 年 11 月秦山核电站三期工程又投入运营，采用重水堆。截至 2012 年 4 月，秦山核电站运行机组多达 7 台，总装机容量 432 万 kW，年发电能力达 340 亿 kW·h，是我国运行机组最多的核电基地。

继 1991 年秦山第一台核电机组投产之后，2008 年年底我国迎来了一个核电建设的高潮，建成投产的广东岭澳核电站，采用我国自主品牌的"中国改进型"CPR1000 的第Ⅲ代非动能压水反应堆，单机容量为 108 万 kW，该核电基地共有两台 CPR1000，见图 7-12。图 7-13 为中国 2013 年

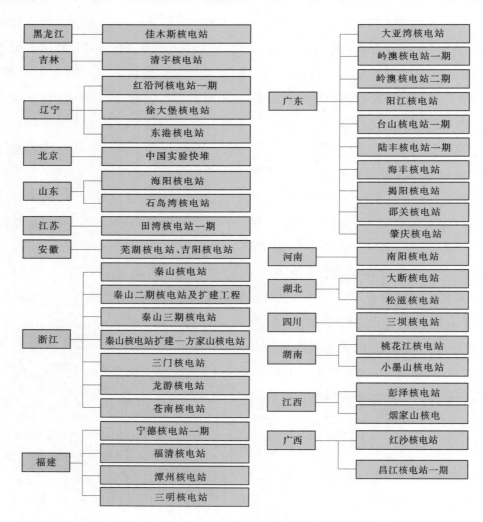

图 7-13　中国核电站分布图

披露已建、在建和筹建的核电站的分布图。图中显示北起黑龙江南至广东，西起四川东至沿海各省区，几乎遍及半个中国，一个核电建设的高潮正在兴起。

图7-14为一个在建的福建省方家山核电站的堆芯基座部分的施工图。读者从中心部分操作的工人按比例推算可以大概知道这个核电站反应堆基础的雄伟和壮观。现代高科技的核电站不仅离不开具有基础性的土木工程，而且它往往是最重要的先行官，更是核安全问题最不可少的行业和学科，单是堆体基础、防震和安全壳的建造远比一般房屋建筑要复杂和困难得多。图7-15是已部分建成并运营的江苏田湾核电站的鸟瞰图。

图7-14 在建方家山核电站

图7-15 江苏田湾核电站鸟瞰图

2008年11月21日，我国第九座核电站开工，它是位于台湾海峡西岸的福建省福清核电站。这一核电站规划6台100万kW级发电机组，总投资近千亿元。福清核电站还首创了新的建设模式，实现国产化率高达75%。

《国家核电发展专题规划（2005—2020年）》确定，到2020年，我国核电运行装机容量争取达到5800万kW；核电年发电量达到2800亿kW·h以上。《规划》指出，按照15年内新开工建设和投产的核电建设规模估算核电项目建设资金需求约为4500亿元人民币。

由于我国核电起步较晚，截至2011年年底，其发电量仅占全国发电量的2%；而美国正在运营的商用反应堆多达100多座，分布在31个州，占美国电力消费的20%。相比之下我国核发电不是多了而是少了，核电发展正未有穷期。

从对环境的影响看，我国发展核电是必须的，20世纪90年代中期，我国曾对煤电链和核电链产生的环境危害做过比较，当时的结果是：从大气污染物排放来看，正常情况下，燃煤发电向环境排放二氧化硫、氮氧化物、颗粒物等污染物，而核发电不产生任何大气污染物；从放射性流出物排放来看，煤中含有天然存在的原生放射性核素，通过燃煤电厂的烟尘排放到环境中，而核电链向环境排放的气态和液态流出物远低于天然本底水平，产生数量很少的固体废物作封闭处理，没有外排。总的来说，煤电链对公众产生的辐射照射约为核电链的50倍。同时，它没有温室气体排放；沿海建设的核电站都用海水冷却，大大节约了淡水资源。

7.3.5　正确认识和对待核安全问题

1. 三次核电事故[1]

（1）切尔诺贝利核灾难。1970 年，苏联乌克兰北部切尔诺贝利核电站建成，该核电站为乌克兰提供了 10% 的电力，由 4 座核反应堆组成，均为苏联 20 世纪 70 年代设计的 RBMK - 1000 型压力管式石墨慢化轻水堆。

1986 年 4 月 26 日凌晨，切尔诺贝利核电站的工作人员对四号反应堆进行安全测试，测试过程中为了提高工作效率违反操作规程，将控制棒大量拔出。这些控制棒是调节反应堆堆芯温度的，拔掉它们是一个致命的失误。由于没有控制棒调节温度，使得堆芯过热。工作人员心存侥幸，按下了关闭核反应堆的紧急按钮，本意是想立即停止测试，但是电源的突然中断致使主要冷却系统停止了工作，反应堆失控了！堆芯内的水被强辐射立即分解成了氢和氧，由于氢和氧浓度过高，随即导致了四号核反应堆的大爆炸。

2000t 重的钢顶被爆炸的冲击波掀了起来，一个巨大的火球突然从反应堆中腾空而起，8t 重的核燃料碎块、高放射性物质块瞬间被抛向夜空，2000℃ 的高温和高速放射剂量吞噬了周围的一切。附近哭声喊声一片。半小时后，救援人员火速赶到，消防车、空军、直升机等全部参加救援，从空中向 4 号反应堆投了近 5000t 白云石、砂粒、硼化物、土和铅等灭火材料，热火才逐渐被扑灭。工作人员和参加事故善后工作的人员之中有不少人因高辐射而死亡。

调查结果显示，经受到大剂量辐射而直接死亡者多达 300 多人，当场死亡的就有 30 人。等到灾情稍微得到控制以后，大批的工人就被匆忙调集到切尔诺贝利清理现场。同年 11 月 30 日，苏联用 30 万 m^3 的混凝土、600t 钢材固封了熔化的 4 号堆。又动用了数十万人来防止放射性物质进入地下水，专门用钢筋混凝土建成了一座长 160m、宽 110m、高 75m 的黑色建筑物，将 4 号核反应堆残存物质全部封闭在里面，这座建筑物被称为"石棺"。

灾难发生后，围绕在核电站半径 30km 地区内居住的居民都被紧急撤离，并把这一地区辟为隔离区，任何人不得随便出入。随后政府又把普里皮亚特地区的居民撤走了一大批，撤离的居民有 13 万之多。

为避免出现不必要的恐慌，苏联试图将这一事故隐瞒过去，没有通报邻国。随风席卷而来的辐射浪潮，给整个欧洲带来了一场横祸。欧洲各国纷纷拿出确凿证据并向苏联提出强烈抗议，苏联才不得不公布这起核爆炸事件的真相。这次核爆炸是"第二次世界大战"以来最大的核灾难。有 5.5 万人在抢险救援工作中死亡，15 万人残废，并且还造成了大量的生态难民。

（2）三里岛核事故。1979 年 3 月 28 日凌晨 4 时，美国宾夕法尼亚州的三里岛核电站（见图 7 - 16）第 2 组核反应堆放射性物质在 2h 内大量溢出。

直到 6 天以后堆芯温度才开始下降，蒸汽泡消失——引起氢爆炸的威胁免除了，反应堆最终

---

[1]　该节资料主要引自人民日报社"思想理论动态参阅"，2012 年 7 月 20 日第 28 期。

陷于瘫痪。美国民众在得知这一消息后无不震惊，核电站附近的居民更是惊恐不安，约20万人撤出这一地区。民众纷纷举行集会示威，要求停建或关闭核电站。美国和西欧一些国家政府也不得不重新检查发展核动力的计划。

这次出人意料的核泄漏事件是由于二回路的水泵发生故障：事故发生前几天工人检修后未将事故冷却系统的阀门打开，致使二回路的水仍断流。但操作人员却做出了错误的判断，反而关闭了应急堆芯冷却系统，停止了向堆芯内注水。管理和操作上的失误与设备上的故障交织在一起，使一次小的故障迅速而急剧

图 7-16 美国三里岛核电站

地扩大，最终造成堆芯熔化的严重事故。所幸的是在这次事故中，主要的工程安全设施都自动投入，加之反应堆有几道安全屏障，没有人员伤亡，仅3位工作人员受到了略高于半年的容许剂量的照射。此次事故造成直接经济损失达10亿美元之巨。

三里岛事故对环境的影响相对比较小。这是美国第一起也是最严重的一起商业核事故，它促进了此后美国核工业对核安全的关注和重视。

（3）日本福岛核事故（"3·11"事故）。2011年3月11日下午日本西部福岛附近发生里氏9.0级的特大地震，并引发了巨大的海啸，地震连同被海水淹没至使福岛核电站1号机组于第2天下午3时36分发生爆炸，2、3、4号反应堆也遭到了不同程度的破坏，见图7-17。

图 7-17 福岛核电站地震后情况

日本原子能安全保安院26日宣布，在福岛第一核电站排水口附近的海水中，检测到放射性，其中碘-131浓度是法定限度的1250.8倍，铯-134是法定限度的117.3倍。

依据监测数据，核电站附近海水放射物质浓度几天来维持在法定限度100倍上下。放射性碘浓度22日大约为法定限度的126倍，24日大约为145倍。

图7-18给出了日本原子能安全保安院于3月26日宣布的有关数据。

继福岛第一核电站3号机组厂房出现含高浓度放射物质的积水之后，1号、2号和4号机组厂房25日发现类似积水。

截至26日上午，1号机组涡轮间地下室积水40cm，放射物质浓度与3号机组相当，是正常水平的1万倍左右；2号机组积水1m左右，3号机组1.5m，4号机组80cm。

日本原子能安全保安院在积水中检测出多种放射物质。除了碘-131和铯-137，其他物质通常

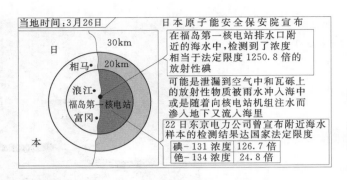

当地时间：3月26日

30km

日

相马•
20km

浪江•

福岛第一核电站

富冈•

本

日本原子能安全保安院宣布

在福岛第一核电站排水口附近的海水中，检测到了浓度相当于法定限度1250.8倍的放射性碘

可能是泄漏到空气中和瓦砾上的放射性物质被雨水冲入海中或是随着向核电站机组注水而渗入地下又流入海里

22日东京电力公司曾宣布附近海水样本的检测结果达国家法定限度

| 碘－131 浓度 | 126.7 倍 |
| 铯－134 浓度 | 24.8 倍 |

1250.8 倍！

■ 福岛附近海水放射性碘严重超标

■ 核事故处理或长期化

■ 境内13座火山活动加剧

图 7 - 18　3 月 26 日日本原子能安全保安院宣布的放射性情况

密闭在燃料棒内，较少出现在反应堆内水里。估计积水可能由反应堆阀门泄漏，或源于冷却过程中外界喷水，没有数据显示反应堆压力壳受损。

据日本警察厅截至 2011 年 3 月 27 日 21 日的统计，此次地震后已确认遇难 10804 人，失踪 16244 人，超过 24 万人至今仍在避难所生活。

2011 年 4 月中旬公布的数字，死亡人数升至 1.3 万人，失踪人数降至 1.4 万人左右。

2. "3·11" 事故后世界各国的反应[1]

"3·11" 事故引发了全球范围的核恐惧。日本时任首相也宣布 "弃核"，但立即引发了国内严重的 "电荒"。"弃核" 尚未展开就遭到了质疑。

2012 年 5 月 5 日（这一天是日本的儿童节）日本政府在民众的压力下于 5 月 5 日下午 5 时起，北海道电力公司所属的泊核电站 3 号机组核发电量从 89 万 kW 开始逐渐下降，至当晚 11 时 3 分发电量降到了零。这是 2011 年 "3·11" 福岛核灾难事故后日本最后一座正在运行的核电站停止运转发电，也标志着自 1966 年日本启用核电以来第一次出现所有核电站停运、核发电量为零的局面。

日本关闭了所有 55 座核电站，与此同时加强了对煤炭、石油、天然气的进口，仅天然气一项 2011 年进口量就激增 18%，并大力倡导发展海上风力发电、太阳能发电，许多国际有识之士认为日本是资源贫乏的国家，零核电维持不了多久。果然在 2 个月之后由于缺电又启动了 2 座，但声明是暂时的。

美国是全球核电生产能力最强的国家之一。目前，美国有 104 座通过注册的核反应堆，其中 69 座为压水反应堆，另外 35 座为轻水反应堆，美国全国电力中的 20% 来自核能发电。

在 "3·11" 之后的 3 月 14 日美国白宫发言人卡尼表示奥巴马政府已把核能作为清洁能源，是美国未来竞争力的动力之一，这一政策不会因 "3·11" 事故而改变，在已经运营的 104 座核反应堆的基础上，已拨款 180 亿美元新建核电站，并计划新增 360 亿美元的核电投入。

俄罗斯总理普京于 "3·11" 之后 3 月 14 日表示，日本福岛核电站爆炸事故不会对俄罗斯的

---

❶　该部分资料主要引自 2012 年第 20 期香港《亚洲周刊》。

核能发展计划造成影响。俄原子能工业公司网站发布的数据显示，俄目前有 10 座核电站在运营，共有 31 个发电机组，核能发电量占全国发电量的 16%。

欧盟现有 143 座运行中的核电站，其中，法国有 59 座，英国 9 座，德国 9 座，瑞典 10 座，西班牙 8 座，比利时 7 座，核能占欧盟能源总量的 14%。另外，意大利、波兰、捷克、斯洛伐克、芬兰和瑞典等国都计划新建或增建核电站。"3·11"事故后欧盟目前已启动了核安全早期预警系统。

法国是欧盟大国，据法国能源机构公布的数据，法国核电上网电价约为每兆瓦时 50 欧元，而生物质发电为每兆瓦时 120 欧元，风力发电每兆瓦时 150～180 欧元，太阳能每兆瓦时达到 250～600 欧元。法国电力公司目前平均每千瓦发电量仅排放 48g 二氧化碳，在欧洲名列前茅。法国不愿弃核。"3·11"之后德国反应较强烈，将 7 座核电站临时关闭，德国总理甚至表示要在 20 年之内停用核电。

中国在"3·11"事件时投入运营的核电站共有 13 台机组：秦山一期 1 台、二期 3 台、三期 2 台，大亚湾 2 台，田湾 2 台，岭澳 3 台。其中，最早的是秦山一期，始建于 1985 年，1994 年投入商业运行；最新的是岭澳二期 3 号机组和秦山二期 3 号机组，分别于 2011 年 9 月、10 月投入运营。

"3·11"事故之后的 3 月 16 日我国国务院召开常务会议，决定对全国核设施进行安全检查。继而中国工程院组织开展了为期近一年的"我国核能发展的再研究重大咨询项目"，形成了《新型势下我国核电发展的建议》阶段性研究报告。总体结论是：我国核安全标准全面采用国际原子能机构的安全标准，核安全法规体系与国际接轨。民用核设施在运行中对地震、洪水等外部事件进行了充分论证。核电厂在设计、制造、建设、调试和运行等各个环节均进行了有效管理，总体质量合格，风险受控，安全有保障。

检查发现的问题主要是：个别核电厂的防洪能力不满足新的要求，个别民用研究堆和核燃料循环设施抗震能力未达到新的标准，部分核电厂未制定实施严重事故预防和缓解规程，海啸问题评估和应对措施比较薄弱等。对这些问题，有关部门和企业迅速组织整改。

2012 年 2 月 8 日国务院常务会议讨论并原则通过《核安全与放射性污染防治"十二五"规划及 2020 年远景目标》，向社会征求意见。肯定了继续发展核电的政策。

3. 正确认识和对待核安全问题

（1）日常生活中不乏核辐射问题。发展核电是大势所趋，人们在发展过程认识上的滞后也带有某种意义上的必然性。随着核电事业的发展，人们的认识和防护手段会日益深化和提高。

核泄漏一般情况下对人类的影响表现在核辐射。放射性物质以波或微粒形式发射出一种能量，包括阿尔法（α）射线、贝塔（β）射线和伽马（γ）射线。α射线只要用一张纸就能挡住，但吸入体内危害大；β辐射是高速电子流，带负电，质量小，用几毫米厚的铝片就可以挡住，皮肤沾上后烧伤明显；γ辐射和 X 射线相似，能穿透人体和建筑物，危害距离远。

宇宙中和自然界能产生放射性的物质很多，譬如，人体内部天然存在着放射性物质钾-40；岩石、土壤和水体中也存在着放射性物质；太阳光等天体也不断产生宇宙射线；使用手机、看电视、坐飞机、抽烟，特别是胸透检查，都会产生辐射。辐射无色、无味、无声，看不见摸不着，但可用仪器来探测和度量。度量辐射剂量的单位是希沃特（Sv），简称希，1毫希等于1‰希。图7-19为人类日常生活中可能受到的核辐射量的形象图。

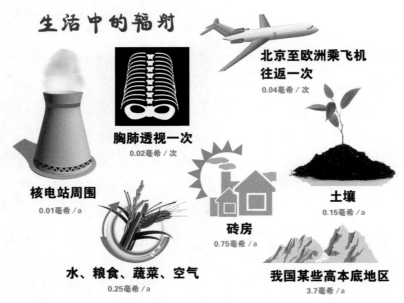

图7-19 人类在日常生活中可能遇到的核辐射

据统计，世界各地的天然辐射剂量平均为 2.2mSv/（人·a），（每人每年 2.2 毫希）而核电站对周围居民造成的辐射剂量平均仅为 0.02mSv/（人·a），不到前者的 1%，相当于一年做一次 X 光胸透检查所受的辐射。科学研究表明，少量的辐射照射对人体是无害的，只有核爆炸或核电站事故泄漏的放射性物质超标人才会大范围地造成人员伤亡。

（2）核事故分级。为了在世界范围内有一个就发生的核辐射事故（事件）后果进行沟通的共同尺度，国际原子能机构和经济合作与发展组织核能机构制定了国际核事件分级表（INES）。

INES 将事件分为 7 级，见图 7-20，1～3 级称为"事件"，4～7 级称为"事故"，没有安全意义的事件则称为 0 级。各事件按照严重性递增进行排列。其中，事件又分为异常、一般事件和重大事件。事故分为影响范围有限的事故（4 级）、影响范围较大的事故（5 级）、重大事故（6 级）和特大事故（7 级）。日本原子能安全院人士 4 月 12 日透露，已经根据国际核事件分级表，将福岛第一核电站事故定为 7 级。

下面详细说明关于核事故的 4 个级别。

1）第 4 级核事故标准。非常有限但明显高于正常标准的核物质被散发到工厂外，或者反应堆严重受损或者工厂内部人员遭受严重辐射。

2）第 5 级核事故标准。有限的核污染泄漏到工厂外，需要采取一定措施来挽救损失。目前共计有 4 起核事故被评为此级别，其中包括 1979 年美国三里岛核事故。其余三起分别发生在加拿

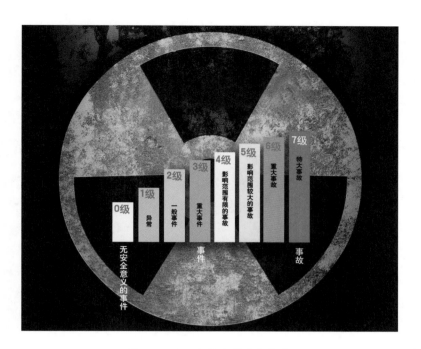

图 7－20 国际核事件分级标准

大、英国和巴西。

3）第 6 级核事故标准。一部分核污染泄漏到工厂外，需要立即采取措施来挽救各种损失。这一级别历史上仅有一例，为 1957 年苏联 Kyshtym 核事故。事故当时造成 $70 \sim 80t$ 核废料发生爆炸并散播至 $800km^2$ 的土地上。

4）第 7 级核事故标准。大量核污染泄漏至工厂以外，造成巨大健康和环境影响。1986 年切尔诺贝利核事故和 2011 年 3 月 11 日日本福岛核电事故均属这一级。

（3）核电发展过程不断提升安全保障。1970 年建成的苏联切尔诺贝利核电站是压力管式的石墨慢化轻水堆，在本来控制棒就不完善的情况下，调试工作者违反操作规程将控制棒大量拔出导致堆芯过热而爆炸，电源也突然中断致使冷却系统失效。这种早期的石墨反应堆以后没有再建。

美国的三里岛事故是 1979 年的事，反应堆的安全问题已得到较大升级，但是由于工人检修后未将事故冷却系统阀门打开，二回路水断流，致使堆芯熔化。

日本的福岛核事故发生在 2011 年，这时核电建设已取得了较大的进步，安全设施也有很大的改进。但该电站已运行 20 余年，应属 20 世纪末叶的产品，又没有得到有效的及时检测，遇到震中 9 级地震特别是意想不到的海啸，漫过了整个核岛，核设施包括安全设施都被浸泡着几乎难以抢救。所以说这次事故的主要结论应该是加强核电的防震和防止海啸淹没堆体。

我国核电起步较慢，从一开始就引进比较先进的第Ⅲ代核电技术，对于上述三个电站事故都有制止措施，且一旦发生事故能及时预防。图 7－10 所示的核电类型，我国基本上是全球使用最多且比较先进的压水堆，有多种预防措施。

"3·11"事故之后，我国立即启动了大型核电站先进压水堆和高温气冷堆 16 个项目的"国家科技重大专项"，强化自身的研发能力，确保核电不断升级并安全运行。

如前所述，美国核电占全国电力消费的 20%，而我国仅 2%，相比之下我国核电不是多了，而是少了，核电的发展正未有穷期。

7.3.6　土木工程为核电建设和核安全保驾护航

核电站发展历程中的三次核事故问题是严重的，后果也十分惨痛，几乎每次都引起人们对核发电的质疑，可是过后不久，核发电照样发展而且越来越快，分布也越广。图 7-5 和图 7-10 就充分显示了这一不可阻挡的趋势。正如人类历史发展进步的过程认识总是落后于实践的，几乎不可避免地要经受一些事故甚至是惨痛的教训。如汽车发明到现在已经 100 多年了，美国因汽车而死亡的人数远远超过该国在"第二次世界大战"中死亡的人数，可是汽车照样发展，美国也号称轮子上的国家。其实何止美国，我国是发展中国家，近 10 年来差不多已达到每 10 人就有一辆汽车了，以致交通拥堵不得不限号购买，限日行车。实际情况是汽车照样生产（这是制造业的一个重头戏），为了防止堵塞就广修公路，多修停车场，于是带动了土木工程及水泥建材及建筑业的发展。有问题是正常的，想办法解决就是了，还可以带动其他产业。

在没有核电以前靠化石能源发电的办法，它所发生的问题也不少，爆炸、碳排放、空气污染都极其严重。英国是产煤大国又是蒸汽机起步最早的国家，连它的首都伦敦都成了有名的"雾都"。蒸汽机年代也不乏爆炸事例，且不说爆炸造成的直接死亡，单单是碳排放、空气污染就导致肺病患者的增多，有的转成肺癌。相对于这些污染排放影响来说，核发电还是十分清洁的，但核事故除了爆炸、力学效应导致的死亡和破坏之外，又多了一个放射性污染，真的应了一句话"有其利必有其弊"。

由于事故大都是突发的，且预测困难，这就用得上本书前言中对土木工程属性中所说的它的固有的"基础性"和"超前性"了，把反应堆的安全壳做得十分牢固，采用有效的抗震措施和防波堤的加固和提高，这些都是土木工程的长项和专长。

笔者有幸在 20 世纪 50 年代末参加过清华大学最早的用于科学研究的反应堆的建设工作，当时就惊讶于为了保证混凝土的重度，那个堆芯外围的用大炼钢铁时的废"钢"锭堆成的又厚又重的反应堆外壳，外面还要有一个钢筋混凝土的安全壳，现在当然不会那样"土"了，安全壳至少是预应力高强钢筋混凝土结构。那时承担建设的是北京第三建筑公司，除了该公司的技术人员和工人之外，还有我们这些即将毕业的土木系学生，工地满是土木工作者，而真正从事反应堆工艺流程的技术人员却很少。图 7-21 所示为三门核电站反应堆基础浇注混凝土的壮丽场景，读者只要对比一下旁边的工作人员，就可以看到这个庞然大物是何等壮观和巨大，可以毫不夸张地说一句，这些都是土木工作者的功劳。图 7-22 所示为三门电站正在将反应堆压力容器吊入安全壳中。

学者乃至普通老百姓从图 7-21、图 7-22 上立刻就可以看出这是土木工程的工作，浇注一个核岛和安全壳基础与盖一幢大楼或建一个电视发射塔的基础在施工上没有多大差别，只是体型与要求不同而已。至于防震和防海啸的措施更是土木工程的长项。还有核废料存放问题，大亚湾核

图 7-21　建设中的核电站

电站核废料罐为直径 1.4m、高 1.3m、壁厚 130mm 的圆筒状混凝土容器，用于装填拌有核电站废料的凝结物。核废料罐质量要求严格，抗压强度要求大于 50MPa，混凝土表面不得有细微的裂缝和气泡。原计划是采用流态高强混凝土，用振动台振捣成型，但是由于筒壁较薄并且混凝土黏稠，成型质量不理想，制品表面常有气泡和裂缝。后采用免振捣自密实混凝土浇筑核废料容器，成功地解决了这一问题，混凝土 28 天抗压强度为 64.1MPa。这又是一个核电离不开土木工程的例子，从核电的建设到尾端的核电废料处

图 7-22　核电站中的土木工程

理，有哪一个环节能离开传统的土木工程？有时笔者斗胆设想，做两层安全壳行吗？和盖房子抗震一样，既然地震很难预测，你大大提高建筑的设防烈度，即使地震来了房子也不会垮塌，损失自然就少了。

这仅是一个比喻而已，防止核事故在工艺流程上有一些更直接的办法，如控制棒即使停电时单靠自重也能迅速下滑使反应堆在几秒之内立即停下来，这就是压水堆 AP1000 采用的非动能型的紧急停堆措施。

人的认识总有一个过程。日本是多地震的国家，福岛核电站设计时肯定充分考虑了地震的影响，但无论如何想不到地震引发的海啸竟将福岛电站的部分机组全部淹没了，使控制系统失效（福岛电站不是非动能型的反应堆）以致使其无法停堆。针对这个问题我国对临海的核电站都进行了检查，该加固提高的防波堤都加固提高了，这又是土木工程的事。

核电站建设有其独特的要求，所以一般核电集团都有自己的建筑公司，正如过去蒸汽机车的年代，每个小站几乎都有一个供上水的水塔和加煤的小煤场一样。铁路部门都把上水塔称做特种结构，这些也多是铁路系统的建设单位设计和施工。现在铁路电气化了，乘客稍微注意一下就可以看到两旁的水塔没有了，遇风满天飞扬的煤场也没有了，只剩下列车上方的电力导线，通过授电弓传给拖动车使列车运行，不仅清洁了，速度也大大提高了。这有没有风险呢？准确地说仍然有且不鲜见，曾经就有人不幸触电而亡；至于地下铁道其风险更大，列车未停靠车站时人跳到下边的运行轨道上如果碰到站台下边的输电轨同样会触电身亡。更何况地下空间中遇火灾、水灾逃生更加困难（火灾时出口很少），可是全世界都在发展地铁，我国虽然起步较晚，但全国几乎大城市都在建设或筹划，上海和北京的总里程已分别达到并超过 500 多 km。

7.4　石油和燃气工程

7.4.1　我国石油和天然气的资源和消费状况

截至 2010 年年底，我国累计查明石油地质储量 312.8 亿 t，资源探明率 35.5%；累计查明天然气地质储量 9.3 万亿 m^3，资源探明率 17.9%；累计查明煤层气地质储量 2734 亿 m^3，资源探明率仅 0.74%。我国海岸线长 18000km，海岛 7000 多个，大陆架面积 110 万 km^2，管辖海域 $300\times10^4km^2$，海上石油储量约 40 亿 t，天然气 15000 亿 m^3。

我国是石油消费大国，石油可开采储备相对不足，需要继续加大勘查的投入。据已发布的《国土资源公报 2010》显示，2009 年，我国石油保有储量为 29.5 亿 t，2008 年我国石油消费量为 3.8 亿 t，而产量仅为 2.03 亿 t，考虑到化工对石油的需要，大量原油需要进口。我国每年进口原油接近总消费量的 56%，其中有 28% 来自非洲的 17 个国家。

我国 2010 年能源消费结构中，煤炭占 72%，石油占 18%，天然气占 4%，水电、核电等其他能源占 8%，说明我国油气优质能源结构偏低。但另一方面，我国石油产量和天然气产量分别达到 2 亿多 t、近千亿 m^3，分别位居世界第四、第六位，这说明我国是世界油气生产大国。常规油气资源基本得到有效开发利用，油气产量还能增加 1000 万 t 以上。天然气年探明地质储量仍保持"十五"以来的高速增长态势，20 年可累计探明 12.6 万亿 m^3，年均 6300 亿 m^3。天然气年产量将持续快速增长，到 2025 年，油气"二分天下"的格局可初步形成，2030 年产量可接近 3000 亿 m^3。到"十二五"末，5000 万 t 级油气生产基地达到 5 个，分别是松辽盆地、渤海湾盆地陆域、鄂尔多斯盆地、塔里木盆地和近海海域。但我国人口多，人均消费能源仅及美国的 1/5。

7.4.2　海上采油平台的类别

"第二次世界大战"期间向前线运送的总物资中油料占 50%，战后引发了世界范围的储油热，第 6 章介绍的水封油库就是这时兴起的。"第二次世界大战"的教训和经济的高速增长使全世界对能源，特别是石油的需求几乎形成了一股浪潮。需求就是商机，于是海上采油开始大规模发展起来了。

1947年墨西哥Couissan海第一座采油平台建立（钢结构），目前全世界有近万座。我国超过几百座，水深超过30m的有50余座，南海和东海有的水深超过332m；近5年还将兴建100余座。

一般来说海洋深度在300~500m均可采用固定式海上采油平台。试想这种最容易制造的采油平台就需要若干高达数百米的巨型钢筋混凝土墩柱或桩柱自海底至海平面支撑着这个用来采油的操作平台，其技术难度、施工风险和经济成本是很高的。图7-23为一个水深小于500m固定式采油平台，请注意那些粗大的钢筋混凝土柱，其直插海底在上面托起了一个以钢结构为主体的操作厂房，从外观上看均与传统的土木工程毫无二致。图7-24给出了一个不同支撑形式与水深的关系图。

图7-23　壮观的固定式采油平台

图7-24　不同深度不同采油平台类型示意图

可以看出不同深度基底和基础有着不同做法，但几乎无论哪种形式和做法，近代固定式平台的基础大都采用钢筋混凝土结构，因为单纯的钢结构对海水的腐蚀抵御能力很弱，而悬索式在钢索外一定设有防腐的外包装。

采油平台是很特殊的特种结构，结构的工作环境恶劣（风、流、浪、冰、腐蚀……），施工条件及安全问题突出，以致早期石油工人不许住在平台上，上下班乘直升机来回。从图7-23可以看到平台上也建有多层住宅和办公楼等，多是为了保卫人员和部分工作人员在上边居住之用，近代随着技术的进步，在平台上居住已成常态。在海上修造这样一个生产和生活的平台，其难度可想而知，说它是土木工程的奇迹毫不过分。

对于深海平台用钢筋混凝土巨型墩柱固定在海底是很困难的，因而采用悬浮式平台在深海的海底打入若干固定桩，将海平面上执行采油的工作台用悬索吊住，既简单又节约成本，见图7-25。

应注意，这种平台采出来的石油直接装入右侧的海轮上然后运抵岸上。

图7-25（b）所示为一个在海底用多索悬浮的海上采油平台，这种类型较单索悬浮的要稳定一些，但较费材料。这个平台的海底还有6根辅助的海底缆索，虽然海底条件极端恶劣（海、流、

(a) (b)

图 7-25 悬浮式采油平台

（a）深海单索桩悬吊的采油平台；（b）多索悬浮式海上采油平台

风浪、氯离子和海生物腐蚀），但由于对石油的巨大需求和其高额利润，人类竟可以采用这种办法来满足可能条件下的安全采油。

笔者有幸曾于 1986—1988 年以挪威皇家科学技术委员会（NTNF）博士后的身份在挪威从事两年的研究工作，因此对挪威的情况了解得多一些。自 1973 年挪威在北海（大西洋英国北边的一片海域）埃科菲斯克（Ekofiskl）海域建造第一座海上采油平台起，截至 1984 年，仅 9 年间就在北海建起了 17 座平台和储油舱。其工程之巨大，发展之迅速，令人惊叹。这 17 座中的 5 座（有 2 座是英国的）的主要功能及相关技术数据见表 7-1。

表 7-1　　　　　　　　　　1973—1981 年北海的五座采油平台

区　　域	主要功能	海面以下深度/m	设计浪高/m	混凝土体积/10^3 m	基础直径/cm	储量/10^6 桶	安装年份
Ekofiskl（挪），埃科菲斯克	储藏、钻探、生产	70	24.0	90	92	1.00	1973
Beryl A（英），贝里尔	储藏、钻探、生产	12	29.0	55	100	0.93	1975
Brent D（英），布伦特	钻探、生产、储藏	142	30.5	65	100	1.00	1976
Statfiord A（挪），国家湾	钻探、生产、储藏	149	30.5	88	110	1.30	1977
Statfiord B（挪），国家湾	钻探、生产、储藏	149	30.5	169	169	1.50	1981

从深度来看，这 5 座平台都是固定式的。

采油平台也有采用浮动式采储炼三用的平台。图 7-26 所示为全球第一个在岸上船台制造的（2008 年 9 月）多功能生产平台。该平台呈椭圆筒型，直径达 66m，深 27m，每日可加工原油约 3

万桶，储油能力可达 30 万桶。海上炼油可以大大减少陆地上的空气污染。

7.4.3 深海采油是一个发展趋势

1. 深海石油储量丰富

深海油气资源，是指水深 300m 以上水域所蕴藏的石油天然气资源。据美国地质调查局和国际能源机构的统计，全球深海区最终潜在石油储量可能超过 1000 亿桶。2010 年海上采油满足了全球石油需求的 9%，这一比例还在不断扩大中。据测算，世界海洋石油日产量约占全球石油供应量的 29%，到 2015 年预计为 45%，而新增产能几乎都来自深海石油开发。

图 7 - 26　浮动式采储炼三用平台

目前全球新增海洋油气开发项目中，约一半左右位于 300m 以下的深水中，位于 1200m 以下超深水者达 25% 左右。随着人类对石油资源需求的增加和技术的进步，浅海油气资源已被充分开发，人类越来越有欲望进军深水，开发深海油气资源。

据地质资料分析，全球分布在海洋里的天然水合物中有机碳（石油、天然气和煤炭）十分丰富，如果充分开发，可供人类使用 1000 年左右。石油、天然气资源集中分布在北纬 20°～40° 和 50°～70° 适宜油气沉积的白垩纪沉积地层中，其分布地带既有陆地、大陆架浅海也有深海。由于深海油气开采成本高、技术难度大、开发起步晚（20 世纪 70 年代才起步），因此近年来才出现了越来越多新探明的油气储量分布在深海、超深海的现象。随着石油、天然气资源开发的深入，这种趋势还会变得更加明显。

目前全球四大深水油气开发热点为巴西近海、墨西哥湾、安可拉和尼日利亚近海。北冰洋、南海中部海盆等海域，则被认为是新的深水油气开发热点。

2. 深海采油难度大、风险大

据统计，2006 年全球具备深海钻探能力的钻井平台仅有 15 座，如今也不到 40 座。具体来说，油气勘探中如何确定油气储藏的精确位置就是一个难题。随着水深的增加，石油储藏情况更加复杂。在开钻前要进行地震信号分析、波场分析、深水储层识别等分析。

深水钻井也面临很多问题。首先深海油田的压力是海平面压力的数千倍，这导致深海油气温度超过 200℃，并充满硫化氢等腐蚀性物质，增加了开采难度。而且将石油从海底输送到海平面需要大量特殊管线，深海钻井平台势必造得十分庞大，否则无法在海面上漂浮。而在浅海开发则没有这些麻烦。

由于深海石油开发难度大、技术含量高，投资密集，这项能力目前主要被西方发达国家垄断。美国拥有的深海钻井装置总数占全球的 70%。英国和挪威钻井平台自给率达 80%。

新兴经济体巴西深海油气储量潜力巨大。2011 年，巴西平均日产深海石油逾 200 万桶。不过，巴西的深海勘探技术还有很长的路要走。一般深海岩层下的石油蕴藏量十分丰富，但岩层穿孔十分复杂，要通过不稳定的流体和地层，经受苛刻的温度和压力条件，对于钻井技术是极大挑战。读者应注意，传统的钻井取水本来是土木工程的范畴，现在钻井取油且在深海之下，无非是要考虑这个特殊性而已，早期的采油工人绝大部分是土木工程转行过去的。由于这种特殊性，近代几乎所有的油气集团都有自己的基建采掘队伍。

3. 中国在南海深水采油势在必行

此前我国勘探开发的海上油田水深普遍小于300m，大于300m水深的油气勘探开发处于起步阶段。而我国南海油气资源极为丰富，整个南海盆地群石油地质资源量为230亿～300亿t，天然气总地质资源量约为16亿m^3，占我国油气总资源量的1/3，其中70%蕴藏于153.7万km^2的深海区域。南海有潜力成为继墨西哥湾、巴西和西非深水油气勘探开发"金三角"之后全球第四大深水油气资源勘探海域。

南海虽然资源储量丰富，但勘探开发环境恶劣复杂。这里是世界台风繁多的地区之一，几乎全年都有台风，加之海上钻井工程本身比陆上钻井工程复杂，而深水钻井更甚，多种因素叠加，导致南海深水油气勘探形成高技术、高成本的特点。目前我国仅在南海东部和西部有两个千万吨级的油田。

7.4.4　中国海上采油大发展

1. 从陆地和浅海采油起步

新中国成立初期，西部虽有克拉玛依等少数油田，但产量有限，真正大规模陆上采油应属起步于1957年的大庆油田，发展到现在的大庆油田已实现年产4000万t，经历了漫长的50多年。

近年来我国不断发现新的陆地油田，除胜利油田等早已闻名的油田之外，又在渤海湾的滩涂地区发现了一个总储量多达10亿t的"冀东南堡油田"，油层埋深在1800～2800m的范围，而且处于陆地便于开采。图7-27为这个油田的鸟瞰图。

图7-27　冀东南堡油田

我国海上采油起步较晚，1966年12月渤海湾一井开钻，次年即1967年开始喷油成为中国第一口工业流油井，比美国在加利福尼亚州试钻成功的第一口海上油井整整晚了60多年。

渤海水域较浅，建设的海上采油平台也较多，年总产量4000万t，但油质较差，多为稠油，且分布非常分散。中海油集团采用"优快钻井技术"可以做到4天钻一口井，而且在一座采油平台上采用整体打加密井的技术也大大节约了采油平台的建设。目前渤海湾正采和已采的油井多达1700口以上，分布在100多座采油平台上。可以设想渤海油田做到年产4000万t实属不易，需要向深海进军了。

2. 深海采油的崛起

2012 年 5 月我国自行研制的"海洋石油 981"在南海水域距香港东南 320km 的地方开钻了，见图 7 - 28、图 7 - 29，它标志着我国海洋石油深水开采战略迈出了实质性的步伐。

平台自重超过 3 万 t，从船底到井架顶高度为 137m，相当于 15 层楼高，见图 7 - 30。"海洋石油 981"最大作业水深 3000m，钻井深度可达 10000m。

针对南海的恶劣海况，"海洋石油 981"开创了 6 项世界首创和 10 项国内首创纪录，其中包括：首次采用 200 年一遇的风浪参数加上南海内波浪作为设计条件，大大提高了平台抵御灾害能力；首次采用动力定位和锚泊定位的组合定位系统，水深在 1500m 以内时可以采用全动力定位模式，大大节约燃油，首次突破半潜式钻井平台可变载荷 9000t，为世界半替式平台之最，大大提高了远海作业能力。

特别值得一提的是，"海洋石油 981"在全球首次采用了最先进的安全型水下防喷器系统，在紧急情况下可自动关闭井口，能有效防止类似墨西哥湾事故的发生，参考表 7 - 2。

图 7 - 28 "海洋石油 981"基本参数
及开钻示意图

图 7 - 29 "海洋石油 981"海平面以上的平台远景
（资料来源：美联社）

图 7 - 30 "海洋石油 981"平台近景

3000m 的深水作业，意味着一方面要求隔水管更长、钻井液容积更大、设备的压力等级更高，隔水管与防喷器的重量等均大幅增加，必须具有足够的甲板负荷和甲板空间；另一方面，水深增加，深水作业环境更加恶劣，也使得钻井非作业时间增加，对设备的可靠性要求苛刻，选择钻井装置、设备和技术时都要针对水深进行单独校核。

"海洋石油 981" 除配备了先进的操作仪表和供运送人员和设备的直升机停机坪以外，还充分地体现了人性化，为在平台上的 160 名员工配备了先进的生活设施，营造了舒适的海上生活环境。不光有整齐的员工宿舍、明亮的食堂，还设置了健身房，见图 7-31。工作服还有专人收集并在洗衣房里统一洗涤。冷库里储藏了大量蔬菜。

与深海采油平台相关联的就是深水铺管起重船，这是一种专供深水采油采气必不可少的辅助设备，图 7-32 给出的 "海洋石油 201" 就是我国于 2012 年中期投产的首艘大型深水铺管起重船正开赴南海为荔湾 3-1 汽田 1500m 深水铺管施工作业。

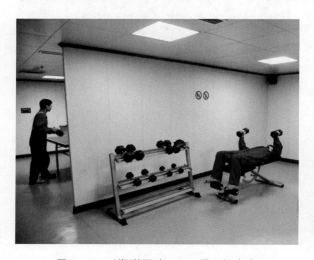

图 7-31 "海洋石油 981" 员工健身房

图 7-32 "海洋石油 201" 轮赴南海作业
（2012 年 5 月 21 日，"海洋石油 201"
轮缓缓驶离中海油青岛码头）

7.4.5 高度关注海上采油的安全问题

海上的环境恶劣，如风、浪、流、冰、潮汐、海生物等对关键结构会造成腐蚀，使得采油平台大都成本高、技术含量高，因此服役安全度和耐久性要求高。相应地，采油平台的事故也较多，见表 7-2。

2011 年 3 月墨西哥湾发生漏油事件（见表 7-2 序号 10），美国国内哗然，总统奥巴马 3 月 27 日宣布，为加强对近海油气开采的监管，墨西哥湾所有的 33 个深水钻井平台将暂停钻探作业 6 个月。

根据这一宣布，一些已经开始钻探的平台必须停止工作；准备开始进行钻探的平台必须停止相关准备工作；联邦机构在 6 个月内将不再发放钻井许可，直至总统委员会完成对漏油事件的评估工作。当年 5 月，奥巴马再次下达禁令；阿拉斯加沿岸两处原定进行石油勘测的项目暂停进行；墨西哥湾和弗吉尼亚州沿岸的石油开采租约销售被取消。

表 7 - 2　　　　　　　　　　按年度给出的几个海上采油平台事故

序号	事　故　描　述
1	1964 年冬阿拉斯加库克湾两座新建平台被海水推倒
2	1964—1965 年飓风，墨西哥湾 1000 座平台中有 22 座倒塌，占 2%
3	1965 年英国北海"海上钻石"号支柱拉杆断裂，平台沉没
4	1969 年我国渤海二号平台被海冰推倒
5	1970 年 12 月墨西哥湾 Marchand B 平台火灾，4 人死，37 人伤
6	1980 年 3 月北海（大西洋北）油田钻井平台一支腿疲劳断裂倾覆，死 122 人
7	1988 年 7 月英国北海 Alpha 平台大火，死 165 人
8	1992 年 Andrew 飓风使墨西哥湾内 3850 座平台中 19 座毁坏，被毁的大都是 1965 年前建造的
9	2001 年 3 月巴西 P-36 平台火灾死 11 人，4 月 P-7 平台井喷 1.3 万 L 原油泄入大海
10	2011 年 3 月墨西哥湾"深海地平线"（美）爆炸，11 人死亡，17 人受伤，440 万桶原油流入海湾，是海上采油以来最严重的漏油污染事件

环保人士认为，钻井平台的最大问题来自常规排放的废水，其中含有钻井液以及包括泵在内的重金属。"反对石油开采委员会"的数据显示：墨西哥湾的钻井在服役期内排放 9 万 t 钻井液体和金属碎片。而深海油井排放的污染物会在海洋生物食物链中积累并对海岸线造成影响。不仅如此，钻井平台的日常运营本身也释放温室气体，并会导致诸如铅、汞等有害化学物质排入周围水体。与原油一起泵出的水也含有砷、苯等污染物。钻井之前使用空气枪寻找石油和天然气的过程还会伤害海洋哺乳动物。此外，深海钻井及运输原油的管道、油轮出现的漏油污染事件还会打击渔业、旅游业等地方经济。

墨西哥湾漏油事件后，美国对深海钻井管理进行了有史以来最为全面积极的改革，出台了《钻井安全规定》和《作业安全规定》，对油井设计、罩壳和浇注操作及井喷预防等实施更高的标准，同时要求开采公司执行和维护安全与环境管理体系。执行局还恢复了漏油反应计划，在审核公司许可证申请时要求具备防泄漏控制设备，确保深海钻井安全。

7.4.6　天然气和燃气工程

1. 天然气

天然气是公认的清洁能源，二氧化硫、粉尘排放量接近于零，二氧化碳及氮氧化物排放量低于煤炭 50%，温室效应仅为石油的 54%，煤的 48%。

中国天然气总资源量为 38 万亿 m^3。其中在面积为 56 万 km^2 的塔里木盆地，天然气资源量就

达 $8.39×10^4$ 亿 m^3，累计已探明地质储量 4000 亿 m^3，剩余可采储量 2790 亿 m^3，是国内天然气资源量及剩余可采储量最丰富的气区。预计今后 5～10 年，累计探明地质储量可达 10000 亿 m^3。此外，从图 7-33 中可以看出，陕西、四川、青海等地的天然气储量也都十分可观。气田分布的西倾状况比较明显。从天然气消费结构来看，我国天然气消费主要用于生产化肥，占天然气消费结构的 49％，而日本则主要用于发电，占比接近 60％，见图 7-34。

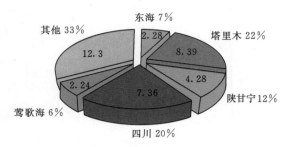

图 7-33　中国天然气资源分布图（单位：$10^3 m$）

"十一五"期间我国新发现了 7 个亿 m^3 级的大气田，如川东的普光气田探明储量 2510 亿 m^3，技术可采储量 1883 亿 m^3；2010 年采气 80 亿 m^3，并已成功地输往济南及北京等城市，见图 7-35。

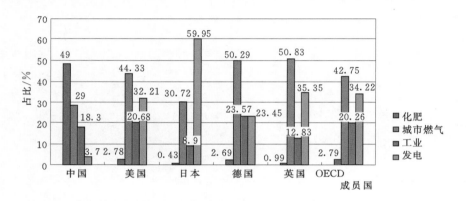

图 7-34　中国与部分国家天然气消费结构比较（制图：赵丹笛）

图 3-35　普光气田向济南送气示意图

我国天然气资源总体上是不足的，不得不从国外进口，西气东输二线、三线管道工程就是从中亚地区土库曼斯坦等中亚国家进口的输气管路，详见 3.6 节管道运输。

2. 煤制气和煤层气

（1）煤制气。其实煤制气和煤层气是两种完全不同的气，其差别是煤制气在将煤采出来之后制成可燃气体，故有的文献称之为煤制天然气，早期北京用的罐装燃气就是煤制天然气，民间简称"煤气"。由于中国是产煤大国，把煤制成烯烃类化工产品可以减轻我国用石油和天然气转化成化工产品的负担，且在成本上也有优势。从图 7-34 可以看出我国原生天然气接近 50％用于生产化肥，这是不合算的。但用于燃烧的煤制天然气由于民用的需要且技术上成熟可靠，我国一直呈一个发展的势头，这也是不得已之举。煤制气就需要煤，我国最大的露天煤矿位于内蒙锡林郭勒盟的东部，煤层最厚达 320m，是世界煤炭开发史上发现的最厚煤层之一，开采深度最深达 623m，创世界露天煤矿开采深度之最，这项工程已基本投产。为了说明采煤业的基础工作基本上是土木工程，这里给出两幅图片（图 7-36、图 7-37）。

图 7 - 36　建设中的煤仓和传送带　　　　　　　图 7 - 37　大型工程车

（2）煤层气。煤层气作为一种新能源大家对此似乎很陌生。其实，它并不是什么新东西，它的另一个名字"瓦斯"大家早已耳熟能详，由于往往和煤矿事故相关联，因此也被称为"矿井杀手"。然而，这一"杀手"，其热值与天然气相当，如果利用得好，则和常规天然气一样，是非常优质的能源，且煤层气预先抽取还可大大预防采煤时的"瓦斯"爆炸。我国煤层气储量巨大，可有效补充石油天然气的不足。世界范围总储量约 2.4×10^6 亿 m^3，中国 3.7×10^5 亿 m^3，占 13%，位居第三。但直至"十一五"末，利用总量才仅为 34 亿 m^3。

煤层气是一种非常规天然气，主要由甲烷气体构成，燃烧产生的污染只有石油的 1/40，煤炭的 1/800，是近年来在国际上崛起的洁净优质能源和化工原料。

我国煤层气产业起步较早，但一直停滞不前。相比较而言，美国、加拿大等国家的煤层气产业发展比较快，我国煤层气藏普遍具有低压、低渗透的储层特性，开采难度很大。

据石油专家介绍，针对中国煤层气储藏特点，必须采取 U 形水平井和多分支水平井的开采方式开采。而这种方式必须由一对连通井组来完成，两井相距 200～1000m。这个距离在地面上可能不算什么，但如果要在几百米甚至上千米的地下准确地把两口井相连，难度就像在地底"穿针"一样。

2012 年中期我国已研制成功这种地下远距穿针系统，有望大大推动我国煤层气的开发和利用。更何况这种竖井与水平井连通的技术在页岩气开采中是必须的。

国家正在限制使用煤炭、鼓励用气，并提出到 2020 年，天然气用量要增加到 4000 亿 m^3，占能源消费的 12% 以上，这个巨大的缺口，要靠非常规天然气煤层气来填补一部分。由此推算，到 2020 年，我国煤层气产量将接近或达到 500 亿 m^3。

（3）页岩气。页岩气指赋存于页岩中的非常规天然气，往往分布在沉积盆地的烃源岩地层中。很早以前，人们就知道页岩气的存在。但是，这种气体被束缚在致密的几乎没有孔隙裂缝的页岩里，在对其进行开采时必须人工压裂地层，制造长裂缝，并把裂缝支撑住形成通道，让气体保持压力并源源不断地流入井筒。这项技术难度很高，因此使页岩气的开发利用一直可望而不可及。

1981 年，美国第一口页岩气井压裂成功，随着水力压裂技术日臻成熟，美国由此兴起了页岩

图 7-38 美国宾夕法尼亚州在页岩下
钻探天然气鸟瞰图

气开发热潮并在近年实现技术突破，见图 7-38，带动国内天然气产量飙升，能源对外依赖度不断下降。2010 年全美页岩气产量达到 1379.2 亿 m³，占美国天然气产量的 23％。2011 年全美页岩气产量超过 6500 亿 m³，远超过中国常规天然气 1011.15 亿 m³ 的年产量。2012 年在生产页岩气的同时还生产了 3600 万 t 页岩油。有专家甚至预言，美国将凭借页岩气实现能源自主，图 7-39 所示为一幅美国能源署提供的页岩气藏和常规气藏等地质构造示意图。

据测算，每 1000 亿 m³ 的供气能力相当于 8400 万 t 石油，这与美国现在进口中东石油基本相当。加上现有石油储备，美国可以维持 420 天不从中东进口一滴油，这是它不害怕西亚及非洲内乱及核问题引发石油危机的重要原因。

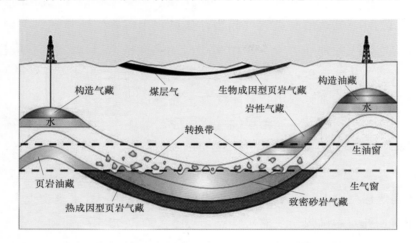

图 7-39　页岩气与常规天然气地质构造及开采的差别（美国能源信息署）

由于页岩气产量的增加和成本的下降，使美国天然气价格、油价都明显低于世界绝大多数国家。2011 年美国的工业天然气价格折合 1 元人民币/m³，中国是 3～3.8 元/m³；美国的电价是 7～9 美分/(kW·h)，中国为 12～15 美分/(kW·h)。美国页岩气的开发和推广导致全球石油价格的大幅下跌，2014 年秋冬季节国际石油价格竟从每桶 100 美元陆续跌至 50 美元，严重影响非洲中亚、西严等产油国家的出口。

其次，页岩气是一种清洁能源，它的开发和广泛应用，对节能减排有不可估量的积极影响。据测算，燃气电厂的二氧化碳排放量只有燃煤电厂的一半。在页岩气的带动下，近年来美国碳排放量也逐年下降。国际能源署的数据显示，美国的二氧化碳排放在过去 5 年里减少了 4.5 亿 t。

据预测，目前世界页岩气资源量为 456 万亿 m³，主要分布在北美、中亚和中国、中东和北非、拉丁美洲、前苏联等地区。其中，中国是储量大国。

近年来，页岩气在非常规天然气中异军突起，已经成为全球油气资源勘探开发的新亮点。

2011 年，加拿大产量约 100 亿 m^3。波兰、德国、土耳其、印度等 30 多个国家也在积极开展页岩气勘查开发。

我国陆域页岩气地质资源潜力为 1.3442×10^6 亿 m^3，可采资源潜力为 2.508×10^5 亿 m^3（不含青藏区）。未来页岩气储量、产量的增长将主要来自四川、重庆、贵州、湖北、沙坪坝、陕西、新疆等地区的盆地，包括四川盆地、渝东鄂西地区。中国页岩气资源虽然潜力很大，但面临的开采环境要比美国差很多，特别是水资源的匮乏和环境承载能力的压力，开采页岩气最常用的方法是水力压裂法，有消耗"千吨沙子万吨水"的说法。我国目前勘探到的页岩气大多赋存于地下 2000～2500m，比大部分饮用水埋得要深。我国将会采用严格的钻探井要求，严格环境监测、压力监测，杜绝地下水污染和土壤污染甚至地表污染。

除了环境制约，页岩气开发具有初期投入大、开发成本高、回收周期长等特点。

有资料显示，我国页岩气每米直井和水平井的成本分别为 2 万美元和 3 万美元，打一口 3000m 深的气井，需投入超过 3 亿元。对此，我国鼓励符合条件的各类资本投资页岩气的开发领域。

目前我国已经在页岩气开发实验区钻井 62 口，其中 24 口获得工业气流。2011 年 8 月 2 日我国首口页岩气水平井在威远气田试采成功，见图 7－40。

依据发展规划，到 2015 年我国将基本完成全国页岩气资源潜力调查与评价，建成一批页岩气勘探开发区，初步实现规模化生产，页岩气产量达到 65 亿 m^3/a。在技术方面，2015 年我国要突破页岩气勘探开发关键技术，主要装备实现自主化生产，形成一系列国家级页岩气技术标准和规范，建立完善的页岩气产业政策体系，以期为"十三五"页岩气快速发展奠定坚实基础。2014 年 5 月传来喜讯，我国首个大型页岩气田提前商业开发，重庆市涪陵区焦石镇，一口井一天出气 20.3 万 m^3。

图 7－40　我国首口页岩气水平井试采成功

"美国可以用 15 年将页岩气成本降低 85%，中国完全可以用更短时间实现。"

由于油气资源的紧缺，过去被认为开采价值不合算的油藏近代也实施大规模开采，典型的是加拿大阿尔伯塔省的油砂矿藏，它是一种由沙、沥青、石油和水等混合在一起的黏稠物，每立方米油砂可提取 7%～20% 的石油，图 7－41 和图 7－42 给出了两幅加拿大阿尔伯塔省天然资源公司的油砂提炼厂的图示。我国"中海油"以 151 亿美元的资金并购尼克森公司的交易已于 2012 年 9 月获得加拿大政府批准，依据美国证券交易委员会规则计算，尼克森拥有 9 亿桶油当量的证实储量及 11.22 亿桶油当量的概算储量。此外，根据加拿大国家油气储量评估标准，截至 2011 年 12 月 31 日，尼克森还拥有以加拿大油砂为主的 56 亿桶油当量的潜在资源量。请注意这笔收购还包括巨大的油砂矿。

图 7-41　加拿大油砂开采提炼厂之一　　　　　　图 7-42　加拿大油砂开采提炼厂之二

　　在这一节结束的时候，读者应该能够接受"煤、油、气这几种重要的能源其开发、生产过程的大量的环节是土木工程方面的工作"这个观点吧，无论煤炭的采掘、海洋平台的建造以及开采，均可归入有关土木工程这个大学科的中的岩土工程、钢结构、工业厂房及管道架设等二级学科。这些土木工程行业，其产品不是高楼大厦，也不是厅堂楼馆，而是比这些更为重要的人类须臾不可或缺的能源。

7.5　可再生能源工程

　　所谓可再生能源，一般是指水能、太阳能、风能、生物质能、海洋能、地热等清洁能源，它既无环境污染问题也无枯竭之虑，是优质能源之最。水能已在第 4 章水利工程中做了详细讨论，本章基本只讨论其余的几种可再生能源。

7.5.1　几种主要的可再生能源

1. 太阳能

　　太阳是人类能源之母。尽管太阳辐射到地球大气层的能量仅为其总辐射能量的 22 亿分之一，但已高达 173000TW，也就是说太阳每秒钟照射到地球上的能量相当于 500 万 t 煤产生的能量。广义的太阳能包括风能、水能、海洋温差能、波浪能和生物质能以及部分潮汐能等，狭义的太阳能则限于太阳辐射的光热、光电和光化学的直接转换。

　　我国幅员辽阔，太阳能资源丰富地区的面积占国土面积的 96%。据估算，我国陆地表面每年接受的太阳辐射能约为 50×10^{18} kJ，全国各地太阳年辐射总量达 $335 \sim 837$ kJ/cm^2，每年地表吸收的太阳能大约相当于 1.7 万亿 t 标准煤，每年太阳能的热利用可相当于 3.2 亿 t 标准煤，年发电量可达 2.9 万亿 kW·h。太阳能利用具有广阔的前景。

2. 风能

　　风是一种由太阳辐射热引起的自然现象。据估计，到达地球的太阳能大约有 2% 转化为风能。别小看这 2%，它要比地球上可开发利用的水能总量大 10 倍。

风能利用有风能动力和风能发电两种主要形式，其中又以风力发电为主。

利用风力发电，是指风力发电机在强风的吹动下旋转，然后通过变速齿轮加速，带动发电机旋转发电。

我国风力资源丰富，陆上 50m 高度达到 3 级以上风能资源的潜在开发量约为 25.8 亿 kW，5～25m 水深线以内近海区域、海平面以上 50m 高度可装机容量约 2 亿 kW，具有良好的风能发电前景。

3. 生物质能

垃圾处理是一个社会难题，传统的填埋不仅污染环境，而且侵占大量土地。如果让垃圾变为燃料则可变成一种能源，如从 3000t 废塑料和橡胶中可以提炼出 2000t 高纯度汽油，而且在生产过程中不产生污染环境的烟雾。这就是一种生物质能。

从科学意义上生物质能是绿色植物通过叶绿素将太阳能转化为化学能而储存在生物质内部的能量。在生物质能中，可以作为能源利用的主要是农林业的副产品以及人畜粪便和垃圾等有机废弃物。

生物质能是人类利用最早、最多、最直接的能源，是世界第四大能源，典型的是木材的直接燃烧，人类社会早期主要的燃料就是木材，近代也仅次于煤炭、石油和天然气，但目前其作为能源的用量还不到总量的 1%。

中国拥有丰富的生物质能资源，理论上我国可利用的生物质能资源约 2.9 亿 t 标准煤，主要是农业有机废物。2006 年年底全国年产沼气约 90 亿 m^3，为近 8000 万农村人口提供优质生活燃料。

4. 海洋能

我国是一个海洋大国，大陆海岸线达到 18000km，500m^2 以上的海岛 6900 多个，海域蕴藏着丰富的海洋能储量和可开发利用量。我国潮汐能可开发资源量约为 2200 万 kW，潮流能可开发资源量约为 1440 万 kW，波浪能可开发资源量约为 1300 万 kW，温差能可开发资源量超过 13 亿 kW，具有很好的开发利用前景。

海洋能中开发技术较为成熟的应属潮汐能。

因月球引力的变化引起潮汐现象，潮汐导致海水平面周期性升降，因海水涨落及潮水流动所产生的能量称为潮汐能。

海洋的潮汐中蕴藏着巨大的能量，这种能量是永恒的、无污染的能量。世界上潮差较大值为 13～15m，但一般来说，平均潮差在 3m 以上就有实际应用价值。

潮汐能的利用方式主要是发电。潮汐发电是利用海湾、河口等有利地形，建筑水堤蓄能。我国是世界海洋潮汐类型最为丰富的海区之一，潮汐能资源以福建和浙江为最多，两地合计总装机容量占全国潮汐能利用总量的 88.3%。关于潮汐能有兴趣的读者可参阅本书第 4 章水利工程中关于水力发电的章节。

7.5.2 中国可再生能源的强劲发展

广义的可再生能源按国际惯例是包括水电在内的，尽管在第4章中我们对水电已做了详细讨论，这里我们仍给予少量提及。

截至2012年10月底，全国6000kW以上水电厂装机容量已达20632万kW，同比增长6.9%；全国并网风电装机达到5589万kW，同比增长33.9%。继21世纪初我国水电装机规模超过美国跃居世界第一之后，2012年我国风电装机也超过美国，升至全球榜首。在以水电、风电为主的可再生能源领域，我国发电装机规模雄踞世界第一。

过去10年中，全球可再生能源快速发展，全球风电装机年均增长25%，太阳能光伏发电装机年均增长44%，但我国可再生能源发展速度比世界平均速度更快。近10年来，我国风电装机累计增长118倍，年均增长超过60%；太阳能光伏发电装机累计增长67倍，年均增长超过50%。用短短10年的时间，我国就实现了水电总装机规模比新中国成立后50年的总和翻一番的超越。用5年半时间，我国就取得了美国、欧洲花费15年才取得的发展成绩，实现了风电装机从200万～5000万kW的跨越。太阳能、生物质能、地热能的利用，也从能源大舞台的幕后走到台前。

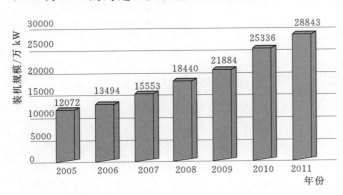

图 7-43　中国近年可再生能源的装机规模

在2012年举行的联合国气候大会多哈会议上，《联合国气候变化框架公约》秘书处赞扬了中国在应对气候变化和发展新能源领域所做的巨大努力。

可再生能源的发展，为我国保障能源供应、调整能源结构、应对气候变化做出了重要贡献。图7-43给出了我国近年可再生能源的装机规模（包括水能发电），可以看出我国可再生能源的强劲发展。

7.5.3 中国是风能发电大国

2012年中国风电并网装机容量达到5589万kW，风发电量800亿kW·h，我国风机国产化率已接近100%，风机技术已发展到不仅3000kW的风机已规模化生产而6000kW的风机也已试制成功下线。图7-44给出了我国自1995年至2011年风电并网装机容量，图上可以看出，2004年以前我国风电装机不足百万kW，仅相当于三峡地下电站的一台机组，而到2011年并网装机已高达4505万kW，到2012年更高达5589万kW，稳居世界第一。"十二五"规划中强调到2015年我国风电装机规模将达到1亿kW以上。我国"三北"地区（西北、东北、华北）风能大，可利用度高。例如西北的甘肃河西走廊是风能主要分布区之一，其理论储量约2亿kW，且甘肃有充足的建设风电厂的土地——戈壁滩，既不占用耕地，也不需要拆迁且地势平坦，仅在酒泉地区方圆1100km² 戈壁滩上就集中布局了32个大型风电厂，图7-45所示即为其中的一个。截至2012年9

月酒泉风电厂风电装机总量达 500 万 kW，是三峡水电站装机总量的 1/4。

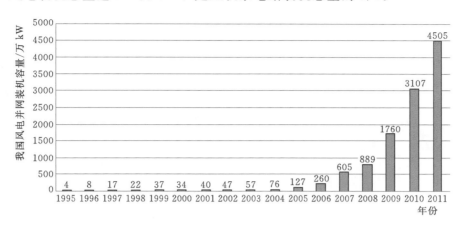

图 7-44　我国风电并网装机容量

再如河北围场坝上草原一个属于国家级红松洼自然保护区内的红松风电厂，见图 7-46，这里地处高原，风力大、土地开阔，是建设风力发电厂的绝好地区，该电厂总装机已达 30 万 kW 左右。

贵州乌江源百草坪风电项目规划总装机 30 万 kW，按 6 个风电场分期开发建设，是目前贵州省规划装机规模最大的风电项目。2012 年乌江源风电场项目 132 台风机已全部并网发电，成为贵州西部稳定的清洁电源点。见图 7-47。

图 7-45　矗立在甘肃河西走廊酒泉地区的风电厂　　　图 7-46　河北坝上草原红松风电厂（杨国华　摄）

海上风力发电具有更大的优势，据研究，海上风电的潜在能量达 16 亿 kW，是陆上风电（2.8 亿 kW）的 5.7 倍，是太阳能发电（1.5 亿 kW，不包括住宅）的 11 倍，是地热和中小水力发电（各为 0.14 亿 kW）的 114 倍。

欧洲海上风电技术起步较早，自 1991 年丹麦建成第一个海上风电场以来，海上风电在欧洲迅速普及。至 2010 年，全欧洲已建成大约 39 座海上风电场，供电能力总计达到 2396MW。但海上风电目前占全球风力发电的比例很小，其装机总容量至 2010 年仅占全球的 2.5%，且大部分在欧洲。

图 7-47　贵州乌江源草坪风电厂的一隅（何欢　摄）

从技术上来说，海上风电机组的安装有两种类型：一种是"着底型"结构，即在浅海域采用直径 6m 的圆柱形基础或重力着底型结构物；另一种是"浮体型"（类似船舶）海上风力发电机，适用于大深度海域。目前浮体型风力发电装置的成本约为着底型的两倍。欧洲浅海域比较多，大多采用着底型结构。日本由于近海水深，只能以浮体型结构为主。

与陆上风力发电和其他传统的发电方式相比，海上风电有着难以超越的优势：首先，海上风力比陆地更大、更稳定；其次，与陆地风电场的平均规模 15MW 相比，海洋风电场的平均规模达到了 300MW，是前者的 20 倍；再次，在海上能转化为电力的风力、即风能开发的效率高达 40%，陆地只有 29%。事实上，海上风电的好处远不止这些，它不像陆地风电场那么扎眼，不占用土地，较少受地形、建筑物的影响，也不存在噪音的干扰和景观的破坏等问题。正是这些天然的优势，使得海上风电目前呈现出了快速发展之势。

目前，海上风电面临的最大挑战在于成本过高。以底型结构为例，在海上建设一台风电机，要先在海底大陆架的岩层上打桩，然后建一个基座平台，再在上面安装风机。此外，铺设海底电缆的成本也非常高，按照每兆瓦装机容量的成本来看，海上风电的造价要比陆上风电高出一倍，因此，如何降低成本成为行业亟待解决的问题。不过，从整体上看，世界化石燃料价格在上升，风力发电的成本在下降，特别是海上风电的稳定性，注定了它在未来新能源市场上要占据一席之地。

我国海上风电起步较晚且多建在沿海的海涂滩地，即上述的"着底型"，如山东、东营滨海地区的风电厂，见图 7-48；上海东海大桥海上风电机组见图 7-49，国内最大的海上风电厂应属 2012 年 11 月全部竣工的 150MW 的江苏如东风电厂，该厂的风机均在潮间带，另外还有 2010 年 9 月底，已经建成的 32MW 的试验风电厂，该海上潮间带的风电总装机高达 182MW，是国内海上风电规模最大的风电厂，见图 7-50。

图 7-48　东营滨海地区落日余晖下的风电厂
（刘芳仁　摄）

图 7-49　上海东海大桥海上风电厂
（章轲　摄）

第 7 章　能源工程

我国风电设备还远销国外，我国制造的 5000kW 海上直驱型风电机组 2011 年 9 月在荷兰并网发电。

不仅荷兰，瑞典也从中国采购了两台 3000kW 的风电机组，并已于 2012 年 2 月在瑞典中部公牛山风力发电园安装完毕投入运营。

风电具有随机性和间歇性强的特点，季风来临时容易实现满负荷发电，但此时往往并不是用电高峰季节，以致使变电站和输电网处于超负荷状态，只好部分停机限电，确保输电运行安全。我国张北地区（张家口以北）主要是季候风和山地风，一天之中凌晨风力最大，一年之中秋冬春风力最好，夏季则差，当风速达到 12m/s 时机组可以达到满负荷发电，当风速超过 25m/s 时就会自动停机，否则

图 7-50　江苏如东海上风电厂
（郭典　摄）

这部分多发的电就会引发变电站和输电网的振荡甚至崩毁，这就是为什么风力发电要与其他发电装置相匹配的原因。我国风力发电还有一个地域上的矛盾，"三北"地区风力发电条件好，但多是经济相对落后用电量相对较少的地区，即风力资源富裕区和用电负荷中心区分离，风电的随机性和上网的困难又强化了这种地域上的矛盾。国际上公认这类问题解决的办法有二：一是在电源上解决，如荷兰、德国等风电发达国家规定风电占当地总发电量不能超过 20%，否则当地电网无法承受这种不稳定的负荷冲击，在发展风电的同时，一定配以煤电、核电、水电等多种电源，即发展调峰电源。我国比较成熟的调峰电源是抽水蓄能电站。二是解决大规模远距离输送问题。一般来说高压直流电可以大规模输送，把风电的交流电输到电网上再转变成直流电远距离输送，有的科学家总结为风电外送要坚持"强交、强直，先交后直"（交、直分别指交流、直流电），这是电力行业中的一个大问题。上面提到的我国风电装机总容量高达 5218 万 kW，其中大部分实现并网发电，有少量被弃风弃电了，幸好我国在高压输电领域一直有着强劲的创新发展的势头。

风电直观上分两部分，一部分是塔杆把发电机及叶片举高至 100m 左右甚至是以上的大风速上空，这个塔杆底部直径约 3m，大都是由优质钢板制成，外部有强力防腐层，塔杆下部还有一个直径 6m 左右的钢筋混凝土基座；另一部分是塔杆顶部的风轮叶片，其直径可达 12m 左右，这个庞然大物无论在力学分析和制造安装过程，许多工作都属于土木工程的范畴，是特种结构的一种，主要承受侧向荷载，一般以风力为主，如在地震区尚应考虑地震与风载的叠加。还要考虑其顶部有一个巨型发电机和随风旋转的叶片，这个荷载是很复杂的。建设安装过程一般是先把顶部带有发电机芯的塔杆竖起来，再将叶片吊上去，装成一体。其发电原理并不复杂，靠风力使叶片转动造成转子绕定子旋转而发电，土木工作者可以从事除发电这个环节以外的其他工作，请读者注意，这个"其他"工作是最基础、最重要而且必须是超前的。近年来在风电行业里不乏土木工程技术人员和工人，他们承担了基础性很强而又最为繁重的那一部分工作。

7.5.4 中国太阳能发电方兴未艾

1. 概述

人类对太阳能的直接利用历史并不长，最早应属太阳能热水器，用于洗浴等。用于发电则首先是太阳能光伏发电，但大规模应用是近几年的事情。

太阳能光伏技术（photovoltaic）是将太阳能转化为电能的技术，其核心是可释放电子的半导体物质。太阳能光伏电池有两层半导体，一层为正极，一层为负极。阳光照射在半导体上时，两极交界处产生电流。阳光强度越大，电流就越强。太阳能光伏系统不仅只在强烈阳光下运作，在阴天也能发电。

早在 1839 年，法国科学家贝克雷尔（Becqurel）就发现，光照能使半导体材料的不同部分之间产生电位差。这种现象后来被称为"光生伏打效应"，简称"光伏效应"。1954 年，美国科学家恰宾和皮尔松在美国贝尔实验室首次制成了光电转换效率为 4.5% 的单晶硅太阳电池，诞生了将太阳光能转换为电能的实用光伏发电技术。

此后太阳能光伏产业技术水平不断提高，生产规模持续扩大。在 1990—2006 年这十几年中，全球太阳能电池产量增长了 50 多倍。随着全球能源形势趋紧，太阳能光伏发电作为一种可持续的发电方式，于近年得到迅速发展，并首先在太阳能资源丰富的国家（如德国和日本）得到了大面积的推广和应用。

据欧洲光伏工业协会（EPIA）预测，太阳光光伏发电在 21 世纪会占据世界能源消费的重要席位，不但会替代部分常规能源，而且将成为世界能源供应的主体。预计到 2030 年，可再生能源在总能源结构中将占到 30% 以上，而太阳能光伏发电在世界总电力供应中的占比也将达到 10% 以上；到 2040 年，可再生能源将占总能耗的 50% 以上，太阳能光伏发电将占总电力的 20% 以上；到 21 世纪末，可再生能源在能源结构中将占到 80% 以上，太阳能发电将占到 60% 以上，这些数字足以显示出太阳能光伏产业的发展前景及其在能源领域重要的战略地位。

2. 中国光伏电池产量世界第一

在中国各种可再生能源中，恐怕没有哪一种像太阳能光伏发电这样，既如此辉煌，又如此曲折。2010 年，我国的光伏电池产量约占全球总产量的 50%，居世界第一；但形成巨大落差的是，我国生产的光伏电池 95% 左右出口了，真正在国内安装并提供绿色电力的少之又少。《世界能源统计回顾 2011》报告显示，中国的光伏发电装机容量 2010 年末为 893MW 相当于 89.3 万 kW，仅占世界份额的 2.2%。

图 7-51 是 2013 年上旬公布的统计资料，图上显示截止到 2011 年我国光伏发电的装机容量已达到 214 万 kW 远高于上述"世界能源的统计回顾"的 89.3 万 kW。尽管如此我国比上面提及的德国、西班牙、日本、意大利、美国等还是低了很多。

真正享受太阳能这一清洁能源之利的，依然是欧美和日本。《世界能源统计回顾 2011》报告显示，到 2010 年末，欧洲累计安装光伏发电机装机 29617.145MW，占世界光伏发电装机总容量的 74.5%，以国家而论，世界最大的光伏发电国家是德国，2010 年末装机容量高达 19320MW，占

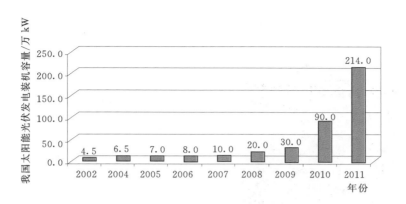

图 7-51 中国太阳能光伏发电趋势图

世界份额的 43.5%；西班牙和日本装机容量分别为 3892MW 和 3617.2MW，占世界份额的 9.8% 和 9.1%；意大利、美国分别居世界第四和第五位，占世界份额的 8.8% 和 6.3%。

不可否认，大量出口利用了海外市场的旺盛需求，促进了我国光伏产业的迅猛发展。但也引发了一些贸易争端，如美国和欧盟分别对我国光伏产品征收反倾消税等不公平措施。立足国内发展中国的太阳能发电，是值得引起高度关注的。

3. 大力开发国内太阳能发电事业

国内利用光伏发电起步较早的应属西部地区，青海省面积大，有 72 万多 km^2，一般海拔在 2500～4500m，日照时间长，属于全年日照时数为 2500～3300h 的优越地区。特别是柴达木地区，年平均日照时间为 3100～3600h，年总辐射量可达 7000～8000MJ/m^2，十几万平方千米的荒漠为光伏电站的建设提供了充足的土地。截至 2011 年年底全省建成 171 座离网光伏电站，向偏远农牧区发放 2.7 万套"户用光伏电源"，解决了离网地区 16 万人口的基本用电问题。推广太阳灶 21 万台、太阳能热水器 5 万台，建设采暖房 12 万户，采暖卫生所、校舍 90 座，日光温室 10 万栋。牲畜暖棚 6 万栋，显著改善了广大农牧民的生产、生活条件。

2011 年青海建成 100 万 kW 太阳能光伏电站并安全并网发电，创世界之最。占当年全国光伏电站安装总量的 40%，世界总量的 1/27。今后几年，青海计划将光伏发电装机容量扩大到 400 万 kW，太阳能利用占青海能源总量的 15% 左右。

除青海、宁夏之外，新疆、云南等地也相继发展太阳能发电，图 7-52 给出了一幅新疆哈密

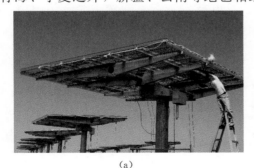

(a)　　　　　　　　　　　　　　(b)

图 7-52 新疆哈密地区光伏发电站（普拉提·尼亚政 摄）

图 7-53　云南石林地区大型光伏电站

地区建设的光伏发电站。该电站 2012 年 8 月已投入商业运营，总容量 5000kW。

图 7-53 所示为云南大型光伏电站全景。读者从中可以看出光伏电站的建设条件，除了日照条件之外，占地面积大是一大要求，同样也可发现至少支持光伏电池板的墩柱是土木工程的业务，更何况还有墩柱上面放置电池板的钢结构框架等众多的传统的土木工程作业。

西藏羊八井地区也于 2012 年 5 月正式投入运营了一个大型光伏电站，该电站容量 2 万 kW，它充分利用了羊八井清洁丰富的太阳能资源，每年可节约标准煤 1.2 万 t，减排二氧化碳 3.26 万 t。

西藏地处高原气压相对较低，日照强度高，是适于建设太阳能电站的地区，图 7-54 是西藏阿里光伏电站，容量 1 万 kW，是世界上海拔最高的光伏电站。

图 7-54　西藏阿里光伏电站（蒋先平　摄）

图 7-55　武汉市第二大太阳能光伏发电厂

其实不止西北地区，如图 7-55 所示即为武汉市第二大太阳能光伏发电场投入运营前的检查工作的场景，该电厂覆盖面积 3200m²，年发电 300kW·h，仅次于武汉火车站屋顶太阳能光伏发电场。

武汉在光伏应用系统方面的研发一直走在全国前列。汉口江滩、武汉植物园、武汉火车站及一些中小学和企业都建了形式多样的光伏示范工程。

与太阳能光伏发电并行发展的还有一种太阳能热发电技术，它是通过"光—热—功"的转化过程实现发电的一种技术形式，其在原理上和传统的化石燃料电站类似。二者最大的区别在于输入的能源不同，太阳能热发电采用的是太阳能：聚光器将低密度的太阳能转换成高密度的能量，经由传热介质将太阳能转化为热能，通过热力循环做功实现到电能的转换。

2015 年 1 月 15 日，全国首个"光伏发电村"——江苏连云港市东海县青湖镇青南村并网投运一周年。一年来，实现发电量 43.19 万 kW·h，累计上网电量 36.8 万 kW·h，上网电费收入 15.83 万元，同时享受国家光伏发电补贴 18.13 万元，图 7-56 为该村屋顶架设光伏发电的鸟瞰图。

和光伏发电不同，太阳能热发电主要利用法向直射太阳辐射。可再生能源发电技术面临的主要挑战之一就是如何把能量储存起来，从而实现电力的可调节性。太阳能热发电站可以带有蓄热系统，将白天多余的能量储存起来，当太阳辐照不好时，蓄存的热能可以被释放出来，使汽轮机持续运行，从而保证输出电力的稳定性，并增加全负荷运行时数。同时，太阳能热发电站也可以利用化石燃料进行补燃，可以在晚上或连续阴天的时候持续发电。除了电力输出相对平稳外，太

图 7-56　连云港市东海县青南村屋顶
光伏发电鸟瞰图（陈益宸　摄）

阳能热发电技术的主要受益点还在于其对环境的负面影响很小。一座太阳能热发电站，全生命周期的 CO_2 排放仅为 $13\sim19g/(kW \cdot h)$。

由于太阳能热发电的各种优势，目前太阳能热发电正在全球范围内迅速发展。目前全球于运行状态的太阳能热发电站（包括示范电站）共 45 座，装机容量总计约 1500MW。我国早在 2006 年就开始探索和研究，2012 年 8 月终于在北京西北 75km 的延庆县八达岭长城脚下建成了亚洲首座太阳能热电实验电站，并成功发电，电压 10.5kW，频率 50Hz。

宁夏是我国西部开发的重点省份，无论从日照条件和地域广阔又不适于大规模的农业种植的土地资源来看都为发展太阳能电站提供了最重要的物质基础。2011 年 10 月宁夏池县在毛乌素沙漠北侧启动了一项容量高达 92 万 kW 的"哈纳斯槽式太阳能—燃气联合循环（ISCC）发电站项目"，这种发电站其槽式镜场可以吸收并遮挡太阳光线从而降低电站地区的地表温度和蒸发量，利于植物的成活和生长，同时聚光镜的冲洗水漏入地面还可为植物成长提供水分，该项目至少有下述 7 个亮点：①能源利用效率更高。太阳能热发电系统是利用太阳集热器，通过聚集太阳能加热工质，通过工质产生水蒸气，推动汽轮机发电，与太阳能光伏发电相比，太阳能热发电光电转化效率更高，全厂总热效率可达 70%～80%。②机组配置方式更加灵活。槽式太阳能—燃气联合循环系统在太阳能资源充足时，燃气轮发电机与汽轮发电机按槽式太阳能—燃气联合循环（ISCC）方式运行；太阳能资源不足和夜间时，燃气轮发电机与汽轮发电机按常规燃气—蒸汽联合循环方式运行。③发电系统可靠性更强。从太阳能辐射的日分布时间上看，上午 9 时至下午 4 时太阳能辐射强度较强，项目通过增加热储能系统后，整个槽式太阳能—燃气联合循环系统运行可延长至晚上 9 时，系统出力变化与电网用电峰谷相吻合。④发电机组配置方式灵活。具有可快速启停、可在无外接电源的情况下启动等特点，更接近传统火电方式，克服了风力发电、光伏发电调度性差对电网冲击大的缺点，便于电网接入和管理，对电网起到了支持作用。⑤在公用电网故障时，可自动与公用电网断开，独立向用户供能，提高了用户自身的用能可靠性。⑥技术更先进。是中国首个太阳能—燃气联合循环电站的示范项目，采用先进技术，通过自主研发，优化完善 ISCC 系统，提高了太阳能的发电出力。⑦机组寿命更长。槽式太阳能—燃气联合循环系统每天在 30%～100% 负荷之

(a)

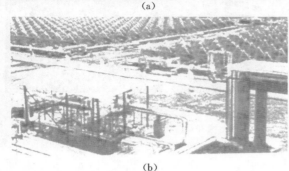
(b)

图 7-57 太阳能发电厂
(a) 宁夏 ISCC 发电站效果图（哈纳斯新能源
集团供图）；(b) 三亚 1000kW 太阳能热电厂
全貌（谢卫群 摄）

间运行，通过调整机组出力，减少了机组的频繁启停，使机组使用寿命更长。

项目于 2013 年 10 月建成投产。相当于每年节约标准煤 10.4 万 t。这对宁夏地区落实"十二五"节能减排任务将会产生积极的推动作用。图 7-57 (a) 为这个项目的效果图。

三亚不属于西北地区，但日照时间长，图 7-57 (b) 所示为在 2012 年初投入运营的 1000kW 太阳能光热发电厂。光热发电不同于光伏发电，它是先将太阳能转化为热能，然后用热能转换成蒸汽发电，实际是用太阳能取代了煤发电，从而杜绝了一切由煤发电引发的污染问题。请读者注意图的上方有一系列倾斜的聚光镜将太阳光集中到一个热能转换成蒸汽能的设备内，利用蒸汽输出发电。

2010 年上海世博会是第一个正式提出"低碳世博"理念的世博会，中国在筹办过程中也在全力实践这一理念。世博园区内太阳能发电装机容量达到 4.5MW，这是中国国内面积最大的太阳能光伏电池示范区；整个园区的灯光设备大量采用节能的 LED 光源；园区公共交通系统采用电动汽车、超级电容汽车等清洁能源车辆，使园区内公共交通实现"零排放"。图 7-58 给出了上海世博主题馆屋面正安装太阳光伏装置场景，该太阳能光伏工程面积达 3 万 m^2，年发电量 280 万 kW·h，是目前世界单体面积最大的太阳能屋面。

在大型公共建筑屋面覆设光伏发电装置已不是先例，2008 年扩建完成的北京南站的屋面就是我国起步较早的一个光伏发电屋面。有人估算，如果全国目前的建筑中利用 10% 的屋顶建设光伏发电，光电的装机总量将达 10 亿 kW，相当于目前全国发电容量的总和，到那时中国的能源和环境问题将得到彻底解决和改善。

图 7-58 上海世博主题馆太阳能屋面

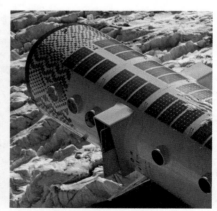

图 7-59 建在阿尔卑斯山上锯齿石壁上的悬空旅馆

太阳能利用最富有诗意的应属建在阿尔卑斯山上的悬空旅馆（见图7-59），它建在悬崖峭壁上，让那些登越阿尔卑斯山的游客可以获得休息和住宿。该旅馆是钢结构，吊装在阿尔卑斯山接近山顶的腰部，采用太阳能光伏发电。如果住宿可容纳12名旅客，临时休息可容纳更多的人。

4. 空间太阳能电站的设想

中国科学院有一份报告曾提出，在地球同步轨道上建设空间太阳能电站，甚至预言这种电站可能在2030年就能问世。地表的水能、风能、太阳能都不稳定，而核能又有安全隐患，地球同步轨道离地面有3.6万km，这个距离相当于在北京和上海之间来回20多趟。

在地面利用太阳能，每天每时都在波动，有云有雾就减弱，早午晚强度不一，到了晚上就完全没有了。在地球同步轨道上99%的时间都能稳定地接受阳光，而且"相同时间内，太空的日照强度是地表平均日照强度的5～12倍"。

世界主流航天国对空间太阳能发电站的话题已讨论了40多年，日本媒体更是宣称在2025年后实现空间发电的梦想。在国内，中科院在《空间太阳能电站技术发展预测和对策研究报告》中提出了"四步走"战略，认为2030—2050年我国也有可能研发出第一个商业化空间太阳能发电站系统，实现空间太阳能发电站商业运行。

空间太阳能发电站是目前能够设想的最大空间基础设施工程。这么大的工程，会引领很多技术的发展。太阳能电池或许会因此变得更耐用而且有效率。图7-60为这个设想的示意图。

图7-60　设想的空间太阳能发电站工作示意图

面积大、体积大、功率高，这三个空间太阳能发电站的特性让许多技术人员至少在目前只能望天兴叹。中国现在的飞船不过10t，就是苏美发射的联盟号也才60t，美俄共同开发的联盟号空间站总重400多t，是靠将近50次发射对接起来的，而一座空间发电站起码是万吨级别的，怎么把它送到天上去，并且一部分一部分地组装起来，这对现有的技术而言是个非常大的考验。

7.5.5 其他可再生能源

除了上述已经发展的风能、太阳能之外，还有一些可供开发的可再生能源，以下重点介绍两种。

1. 生物质能

生物质的资源量十分巨大，是排在化石能源煤、石油、气之外的第四位能源。而且，生物质是生物体经光合作用合成的有机物，是唯一可以直接生产气体、液体、固体等能源的可再生资源。人类数千年来依赖生物质能而生存发展，将来还会继续依赖其发展。尽管有人认为对生物质能前景估计过高了，但多数看法是未来生物质能可以满足25%～30%的能源需求这一上限还是现实的。因此，开发生物质能意义十分重大。欧盟首脑会议就明确提出，生物燃料是唯一可以大规模替代汽油和柴油的可再生能源，也是替代石油化工产品的唯一渠道；在美国、巴西、日本等同也高调倡导生物质能源。

我国有着丰富的生物质资源。目前，可利用的生物质资源主要为有机废弃物，包括作物秸秆、畜禽粪便、农产品加工废弃物、林产品加工废弃物、生活垃圾、有机污水等。据有关部门测算，我国每年可用作能源和生物基产品转化利用的秸秆约4.701亿t；畜禽粪便排放量大约为30亿t/a；每年有1.09亿t采伐抚育剩余物、0.418亿t木材加工剩余物、0.60亿t木材制品抛弃物以及1.81亿t生物质的灌木林尚未得到有效利用。加之，我国目前有约15亿亩不宜开垦为农田但可成为生长或种植某些强适应性植物的边缘性土地（据国家统计局资料），可用来种植能源作物，可以产生大量的生物质资源。如利用其20%，可年产生物质10亿t，相当于约5亿t标煤能量。除此之外，广大的湖泊和近海地区亦可建立生物质能源发展基地。

上海地区是生活垃圾最多的地区之一，2012年10月上海老港垃圾填埋气发电项目正式并网，该项目满负荷生产每年可向上海电网输送"绿色电力"约1.1亿kW·h解决10万户居民的日常用电，目前是亚洲最大的垃圾气发电厂图7-61给出的是上海老港集装箱码头车辆正在向垃圾气发电厂运送垃圾的情景。

图7-61 车辆正从上海老港集装箱码头向垃圾气发电厂运送垃圾（陈志强 摄）

尽管理论上生物质能是可行的替代能源，但实际应用还面临着以下困难：一是生物质能产业化发展受原料获得成本高的影响，如目前中试研究的每吨纤维素乙醇的原料消耗都在 6t 以上，成本估算都在 6500 元/t 以上。大部分生产企业经营困难，需要获得额外的补贴、税收优惠才能赢利或生存。二是生物质能利用方式众多，如秸秆汽化、燃烧发电等，而各种能源开发技术发展水平参差不齐，转化成本高、效率低，运行可靠的生物质能源开发装备、生物炼制关键技术又尚未到位。因此，中国生物质资源浪费严重，每年至少有 2 亿 t 生物质资源在田间焚烧或丢弃，按电厂目前每吨 300 元的收购价格，2 亿 t 就是 600 个亿！发电业不愿付出这部分投入。

要进一步完善生物质能利用产业链，必须加大科研投入，推动相关领域核心技术的消化、吸收、再创新，建立生物质能开发利用创新体系，降低成本，实现产业化发展，逐步地使生物质能产业成为经济社会发展的重要力量，实现我国经济的绿色增长。

2. 可燃冰

可燃冰，学名天然气水合物，是由天然气和水在低温高压下形成的似冰状的白色固体物质，广泛分布于海洋陆棚及斜坡的沉积物中和陆地永久性冻土带。因其天然气组分中甲烷占 80%～90%，故又称甲烷水合物。

天然气水合物在全球范围内广泛存在，全球约有 27% 的陆地是可形成天然气水合物的潜在地区。在全球边缘海、深海槽区及大洋盆地中，有利于形成水合物的海区面积约为 18.9 亿 km^2，占其总面积的 30%。据科学家初步预测，全球天然气水合物所含有机碳总量相当于全球已知石油、煤和天然气等化石燃料含碳总量的两倍。迄今为止，天然气水合物已经成为最有价值、最具潜力的海底矿产资源。若能实现可燃冰的商业开采，许多国家都可实现能源自给，现存的世界能源贸易将可能彻底改变。

天然气水合物的勘探开发活动日益增多，一些国家甚至将其提高到能源安全战略的高度给以重视。据统计，全球现已累计发现超过 230 个天然气水合物矿区。日本对可燃冰的研究始于 20 世纪 90 年代。2001 年，日本经济产业省还发表了《甲烷水合物开发计划》，正式启动了为时 18 年的甲烷水合物的开发性研究。美国、加拿大、俄罗斯、印度、韩国等国家政府也都分别制定了有关天然气水合物的长期研究计划，计划在 5～10 年内实现天然气水合物的商业开采。2009 年，中国国土资源部在青海省祁连山南缘永久冻土带成功钻获天然气水合物实物样品，成为世界上第一次在中低纬冻土区发现天然气水合物的国家。

天然气水合物的勘探开发是一个系统工程，涉及众多的学科，如海洋地质、地球物理、地球化学、流体动力学、热力学、钻探工程、海洋生物学等，需要各领域专家的共同合作。由于在开采过程中会发生温度、压力变化及相变，与传统的煤炭、石油和天然气等化石能源相比，天然气水合物的开采更为不易。对于其陆地开采，目前各国常见的开采技术包括：降压开采法、注热开采法、化学剂开采法、二氧化碳置换法以及多种开采模式组合法。相比而言，海洋可燃冰开采难度更大，虽然尚未形成成熟的开发技术方案，但人类还是迈出了前进的步伐。2007 年，中国海洋地质调查部门在南海北部神狐海域成功钻探取样，成为继美国、日本、印度之后第四个通过国家级研发计划采到天然气水合物实物样品的国家。

2010 年中国科考人员利用海洋六号探测船在我国南海北部神狐海域通过钻探圈定了 11 个可燃冰矿体，矿区总面积约 22km²，矿层平均有效厚度约 20m，预测储量约 194 亿 m³，见图 7 - 62 (a)。不仅在南海，近年来在西沙海槽科考人员圈定了可燃冰分布面积 5242km²，储量可达 4.1 亿 t 之巨。

(a)   (b)

图 7 - 62 可再生能源
(a) 可燃冰燃烧的场景；(b) 天然气水合物岩芯（冀业 摄）

早在 2007 年我国在青海祁连山永久冻土带就成功钻获了天然气水合物，新发现的天然气水合物井深 130～396m，呈薄层状、团块状，赋存于泥质粉砂岩、细砂岩、泥岩的裂隙面上，组分主要是甲烷气体，还有少量乙烷气体，是一种纯度高、类型新的水合物资源［见图 7 - 62 (b)］，这一重大突破，证明了我国冻土区存在丰富的天然气水合物资源，对认识天然气水合物成藏规律、建筑新能源具有重大意义。同时，也使我国成为继加拿大、美国之后，在陆域通过钻探获得天然气水合物样品的第三个国家。

7.6 电力输送工程

我国 76％的煤炭资源分布在北部和西北部；80％的水能资源分布在西南部；绝大部分陆地风能、资源分布在西北部。同时，70％以上的能源需求却集中在东中部。能源基地与负荷中心的距离在 1000～3000km。

这样一种布局提供了两种选择：要么在负荷中心区建设电站，要么在能源中心区建设电站后外送电力。

在负荷中心区大规模展开电源建设显然会受到种种制约。比如煤炭运输问题、环境容量问题等。而水电、风电由于不可能把水和风像煤那样运输，因此更是无法实现。一边是无法大规模建设电源点，一边又守着水能、风能等宝贵的清洁能源望洋兴叹，可见在负荷中心大规模开展电源建设的思路是不可行的。

于是，在能源资源丰富的西部、北部地区建设电源，然后把电力送到负荷中心就成为唯一选择。但目前通行的 50kV 超高压线路不仅输电量小、损耗大，更主要的是无法实现远距离输送，但特高压电网可以。特高压电网不仅具有长距离、大容量转移能源的能力，而且可以缓解运输压力，提高经济效益，促进清洁能源开发。

7.6.1 特高压输电势在必行

所谓特高压电网是指交流 1000kV、直流 ±800kV 及以上电压等级的输电网络。它的最大特点就是可以长距离、大容量、低损耗输送电力。据测算，1000kV 交流特高压输电线路的输电能力超过 500 万 kW，接近 500kV 超高压交流输电线路的 5 倍。±800kV 直流特高压的输电能力达到 700 万 kW，是 500kV 超高压直流线路输电能力的 2.4 倍。

高压输电也大大缓解了运输压力，以目前已经投运的 1000kV 特高压示范工程为例，目前每天可以送电 200 万 kW，改造后可以达到 500 万 kW，这相当于每天从山西往湖北输送原煤 2.5 万 ~6 万 t。有人比喻说，这相当于给湖北"送"来了一个葛洲坝电站。

2009 年全同煤炭产量的近六成通过铁路外运，运煤占用铁路运力资源的比重超过 50%。华东地区（上海、江苏、浙江、福建、安徽）按电煤输入口径计算的输煤输电比例为 48∶1。在用电高峰时，全国许多地区均不同程度出现电煤紧张情况。2010 年 1 月 11 日，全国存煤低于 3 天的电厂有 69 座，涉及发电容量 6715 万 kW；存煤低于 7 天的电厂有 205 座，涉及发电容量 18062 万 kW。这么多电厂存在"燃煤之急"，加上冬季又是水力发电的低谷，缺电就很容易成为这些地区的常态。据统计，2011 午 5 月 20 日，各地最大电力缺口中，江苏为 624 万 kW，浙江为 386 万 kW，安徽为 204 万 kW，江西为 124 万 kW，重庆为 91 万 kW。

再看经济效益，2011 年年底西北部地区电煤价格约为 200 元/t 标准煤。将煤炭从当地装车，经过公路、铁路运输到秦皇岛港，再通过海运、公路运输到华东地区，电煤价格则增至 1000 多元/t 标准煤。折算后每千瓦时电仅燃料成本就达到 0.3 元左右。而在煤炭产区建坑口电站，燃料成本仅 0.09 元/(kW·h)。坑口电站的电力通过特高压输送到中东部负荷中心，除去输电环节的费用后，到网电价仍低于当地煤电平均上网电价 0.06~0.13 元/(kW·h)。

特高压输电更是清洁能源大发展的必要支撑。只有特高压才能够解决清洁能源发电大范围消纳的问题。我国风电主要集中在"三北"地区，当地消纳空间非常有限。风电的进一步发展，客观上需要扩大风电消纳范围。大风电必须融入大电网，坚强的大电网能够显著提高风电消纳能力。特高压电网将构成我国大容量、远距离的能源输送通道。据测算，如果风电仅在省内消纳，2020 年全国可开发的风电规模约 5000 万 kW。而通过特高压跨区联网输送扩大清洁能耗的消纳能力，全国风电开发规模则达 1 亿 kW 以上。

当然，电网的电压等级越高，覆盖范围越大，安全隐患也就增大，长距离的电网很容易遭遇台风、暴雨、雷击等自然灾害。从我国已经运营的 1000kV 晋东南—南阳—荆门特高压交流试验示范工程和向家坝—上海 ±800kV 直流示范工程的顺利投产和平稳运行已证明了我们完全有能力实现特高压输电。

7.6.2 晋东南—南阳—荆门特高压输电

晋东南—南阳—荆门特高压交流试验示范工程是我国首个特高压工程，于2006年8月获得国家核准开工建设，由我国自主研发、设计、制造和建设，线路全长640km，最大输电能力280万kW。自2009年1月6日建成投运至今，一直保持安全稳定运行，发挥了良好的经济效益和环保效益。截至2011年11月，该示范工程已累计输电260亿kW·h；完成北电南送160多亿kW·h，相当于晋煤外运约800多万t，减轻大秦铁路400多列火车运力；华中电网向华北电网输送清洁水电90多亿kW·h，大大减少了丰水期弃水的问题，节约电煤430多万t，减少二氧化碳排放约1000多万t。

图7-63为特高压交流输电工程的一个局部画面。读者可以看出这是一个典型的特种钢结构，由于特高压输电网大都较普通电网高至少50m以上，许多工作是高空作业，工人大都具有精湛的技术和高空作业的能力。笔者还想提醒读者注意，这个圆钢构成的钢结构其节点的联结方式和支撑方式与土木工程常用的钢结构特别是大型体育馆的网架结构是何等的雷同。

图7-63 特高压输电工程

7.6.3 青藏直流联网和疆电外送工程

2011年12月投入运行的青藏交、直流联网工程是世界上海拔最高、高寒地区建设规模最大、施工难度最大的输变电工程，主体工程连接青海格尔木和西藏拉萨，全长1038km。除直流电线路，还配套建设了西宁—日月山—海西—格尔木750kV输变电工程、藏中220kV电网工程。

青藏联网工程建成和投运，结束了西藏电网长期孤网运行的历史，标志着我国内地电网全面互联，实现了国家电力调试中心对西藏电力的直接调度，为从根本上解决西藏城乡居民生活和工农业生产用电问题打下了基础。

这项工程仅用了一年多的时间就架起了一条雪域高原的电力天路，实现了我国大陆地区电网的全面互联，见图7-64。

图 7 - 64　青藏交、直流联网工程

7.6.4　特高压输电几成遍地开花之势

就在晋东南—南阳—荆门特高压输电投入运营不久，2010 年 6 月我国第一条 ±800kV 直流输电工程——云广直流工程正式投入运营，该工程是世界上第一个 ±800kV 直流输电工程，全长 1438km。一般来说直流输电难度大损耗小，且可大规模输送，过去按 ±500kV 输送已经不错了，再提升至 ±800kV，一直是世界各国的攻关项目。我国率先实现了这一突破，且各项设备及技术国产化率超过 60%。

除云广直流工程以外，我国多个省区都在从事特高压输电的筹建和建设工作，大有遍地开花之势。值得一提的是随着输电压力的提升，检修难度和技术要求也日益提高，但我国电力工作者也都一一将其克服。图 7 - 65 所示为工作人员身穿特高压屏蔽服带电作业。这条 ±660kW 的高压输电线路是国家西电东送的重要能源通道，满载负荷为 400 万 kW，相当于整个青岛市的用电负荷，这次带电作业比停电检修节省电量 1000 万 kW·h，创造经济效益 540 万元。

图 7 - 65　电力工人高空带电作业
（新华网）

图 7 - 66　广西柳州电力工人在清除电力线路上的覆冰（谭凯兴　摄　新华社发）

电力输送多为高空架设，冬季电网上常常出现覆冰从而影响正常输电，这个问题在纬度较高的国家尤其严重，我国的电网大都为西电东送，一到冬季，不仅西部地区覆冰问题严重，就是东南部，也不例外，几乎每年都有专职清除覆冰的队伍，沿线检查和清除，2013 年 1 月我国南方电网公司所辖的输电线路覆冰多达 199 条，分布在云南贵州，广西等 10 多个地区，出动千余名监测人员，分布在 647 个监测点巡查，仅广西电网就投入抗冰抢险人员 130 人次，车辆 22 车次，图 7-66 是广西柳州电力工人在清除线路覆冰，图 7-67 是广西桂林北部山区电力工人在清除覆冰。

无论是过去还是现在的特高压电网，电力输送都离不开输电塔架，相对于电视塔来说，输电塔出现得更早。我国常用的输电塔架形式很多，名称也各异。图 7-68 给出了 8 种类型的输电塔架，这些塔是典型的钢结构，采用圆钢管和型钢均可。现代特高压输电塔架比上述传统的输电塔架不仅高达 50m 以上，而且形体也更为粗壮，其建设安装与传统的输电塔架一样也多为电力企业下属的基建部门来完成，这些工作人员与一般土木工程工作者没有什么两样，只是他们对电力行业的需求更为清楚明白而已。

图 7-67　广西桂林北部山区电力工人在清除覆冰 （庞革平　陈钦荣　摄）

电力在陆上输送几乎全是靠电力输送塔高架输送，但往海岛上送电很难。在海面上架设输电塔，只能采取海底电缆的方式，图 7-69 是我国海南跨海联网工程首根海底电缆架设的情景，全长 32km、直径为 18cm 的超高压牛皮纸绝缘充油电缆将海南电网与南方电网主网连接，结束了海南电网孤网运行的历史，并大大提高了电网运行的安全性和经济性，这是我国首个 500kV 超高压，长距离，较大容量的跨海联网工程，也是世界上继加拿大之后第二个同类工程。

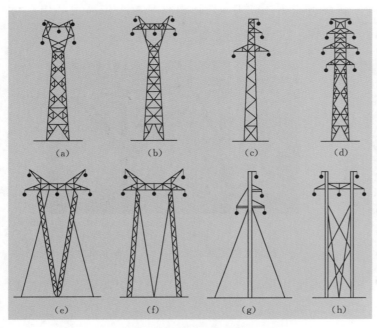

图 7-68　我国常用的输电塔类型

图 7-69　我国海南跨海联网工程首根海底电缆架设向岸边牵引的情景 （郭程　摄）

第 8 章 现代高科技工程

8.1 高科技工程离不开基础性建设

现代高科技公认的有航天、探月和地理信息卫星、气象卫星、南极考察、通信网络、云计算乃至欧洲在瑞士建立并刚投入运行的强子对撞机，无不是高度现代化科技项目，这些项目大都经历了相当长的建设过程。据悉，欧洲大型强子对撞机是世界上最大的粒子加速器，建于周长27km、地下 50～75m 的法国和瑞士边境的环形隧道内。20 世纪 90 年代初来自 80 多个国家和地区的 7000 名科研人员和工程师参与了大型强子对撞机的设计和建设。中国近 10 所科研院所和高等院校的科研人员和高校师生参加了对撞机上所有大型探测器的建造和数据分析。这个项目直到2010 年 3 月建成（见图 8-1），并开始运行实施了总能量达 70000 万亿 eV（eV 为电子伏，是功的计量单位）的质子束流对撞，是迄今最高参量的质子束流对撞试验。该试验用于模拟 137 亿年前宇宙大爆炸之后的最初状态。科学家表示，这种实验的难度"相当于向大西洋上空发射两颗大头针，并让它们在中途相撞"。

（a）
（b）

图 8-1 欧洲强子对撞机

（a）安装在地下 100 多 m 深处的强子对撞机；（b）正在进行安装巨型探测器

该实验室已获得 1MA 等离子体电流、100s1500 万度偏滤器长脉冲等离子体、大于 30 倍能量约束时间高约束模式等离子体、3MW 离子回旋加热等多项重要实验成果。

这个耗时近 20 年的科研工程中单单是那个地下 100 多 m 深、周长 27km 的环形隧道就一定是土木工程范畴的事，更何况其中的许多装备也是钢和钢筋混凝土结构，这些都不是物理学家的事，他们只提出工艺要求，而土木科技建设人员去实现就是了。

至于航天探月同样在建设过程中离不开土木工程技术人员的辛勤付出，这种付出是真诚而默默地奉献。

笔者曾有幸参观过我国西昌卫星发射中心，可能是专业癖好之故，笔者一眼就被那巨大而高耸的发射塔架吸引了。毫无疑问它是一种具有特殊功能的钢结构，塔架至少需要足以稳定地抱握一个即将升天的捆绑式火箭，又必须有一套自动张开和抱合的机构。在塔架环抱火箭的下方，还构筑了一条发射火箭升空尾火喷出时外泄火焰的高强耐火混凝土的长通道，这条通道一直延伸至基地外围一个无人区域。为了满足这些特殊用途，在材料、结构造型以及耐火材料性能分析等方面都需要土木工程师的研究和设计。这里选了两张图供大家参阅，图8-2（a）为2008年9月神舟七号飞船发射前，在夕阳辉映下发射塔架和安置完毕的船—箭—塔组合体。图8-2（b）为神舟七号飞船在发射舱进行组装的场面，只要与下面的工作人员对比，就足以使人惊叹两侧多层的钢结构发射塔架是何等宏伟了。

 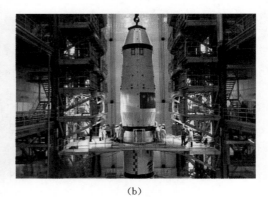

（a）　　　　　　　　　　　　　　　　　　　　（b）

图 8-2　神舟七号（新华网）

（a）神舟七号在发射塔架内安置完毕后船—箭—塔组合体；（b）神舟七号飞船正在组装

在下面几节中，读者还会进一步从航天发射塔架、飞船和太空船以及信息网络等领域中，体会到土木工程特别是钢结构工程的重大作用。

8.2　航天工程

8.2.1　航天起步阶段

全球航天史在21世纪以前可以浓缩为美苏和苏联解体后美俄两国的发展历程。

载人航天的发展历程与第二次世界大战以及战后美苏之间的冷战密不可分。第二次世界大战中，在德国失去空中优势后，以冯·布劳恩为首的日耳曼科学家团队开发了著名的V-2火箭，它携带1t炸药以超过音速5倍的速度攻击伦敦，给英国造成巨大的破坏。但正是V-2火箭奠定了现代液体燃料火箭技术的基本架构，为发展洲际弹道导弹和运载火箭创造了基本条件。

苏联从一开始就重点发展弹道导弹技术，并从仿制V-2火箭开始逐步研发多级火箭技术，成功研制了世界上第一颗洲际弹道导弹。并在此基础上，于1957年10月4日成功发射人类第一颗人造地球卫星——斯普特尼克一号。苏联在第一颗卫星发射之后一个月，就把小狗送上太空，验证生物进行太空旅行的可行性，并取得了成功。1961 年 4 月 21 日就成功实现了东方一号飞船把航天员加加林送入太空。之后，又利用同一系列运载火箭不断改进，先后研制了上升号飞船和联盟号飞船，取得了人类第一次太空行走、第一次三人飞行等骄人的成绩。

当美国看到苏联领先一步取得的辉煌成果时，自己的火箭技术已经落后苏联一大截。1958 年，美国发射的第一颗卫星探险家 1 号，质量只有 14kg。1961 年 5 月将艾伦·谢泼德送上太空，但无法绕地飞行，只能像弹道导弹一样上升之后马上落回来，返回时还要承受超过身体 10 倍重量的巨大加速度。直到 1962 年 2 月，通过改用推力更大的宇宙神火箭，美国才由航天员约翰·格伦乘坐水星 6 号飞船，实现了首次绕地飞行。

苏联发射第一颗卫星和第一艘飞船的荣誉，极大地激发了美国的民族自尊心，在肯尼迪总统做出载人登月的决策后，美国举倾国之力，制订了周密而大胆的发展计划，通过双子星飞船的飞行，掌握了登月所必需的舱外活动和交会对接技术。通过研制巨大的土星五号火箭，解决了登月的运载能力问题。并最终由阿姆斯特朗和奥尔德林乘坐"阿波罗"11 号飞船，在 1969 年 7 月 20 日登上月球，取得了登月竞赛的胜利。

8.2.2　空间站的建设

20 世纪 70 年代中期，随着美苏登月竞赛结束，两国的载人航天技术开始向不同方向发展。美国以可重复使用的航天飞机作为发展重点，而苏联利用登月竞赛中研发的联盟号飞船和交会对接技术，开始发展长期在轨飞行的载人空间站。

美国的航天飞机可以重复使用，但成本太高，也不安全。截至 2011 年 6 月美国先后生产的五架航天飞机有两架失事，牺牲了 14 名航天员，不得不于 2011 年 7 月底最后一次发射"阿特兰蒂斯"号之后（见图 8-3）黯然谢幕，但它运行过程中测到的数据和积累的经验，则为今后发展太空技术提供了宝贵的资料。

1977 年 9 月 29 日，苏联的礼炮六号空间站发射入轨，它与礼炮七号属于人类历史上的第二代空间站。它拥有两个对接口，可与载人飞船对接的同时，与进步号货运飞船对接。由于航天员每人每天都需要数千克的氧气、水、食物和其他消耗品，因此货运飞船的出现使得长期在轨飞行成为可能。

人类历史上的第三代空间站——和平号空间站，

图 8-3　美国肯尼迪发射中心最后一次发射"阿特兰蒂斯"号（陈一鸣　摄）

是苏联研发的，后归于俄罗斯，其核心舱于 1986 年 2 月 19 日发射入轨。它采用了模块化的设计思想，除核心舱外的 5 个科学试验舱从 1987 年到 1996 年陆续发射入轨，最终与核心舱组成了一个重达 100 多 t 的轨道复合体。和平号空间站被誉为"人造天宫"，不但创造了连续在轨 437 天的长期载人飞行纪录，而且完成了无数次的科学试验，成为人类空间活动历史中的一座丰碑。2011年 3 月 23 日，完成历史使命的和平号空间站坠落在南太平洋。

拥有丰富的长期载人航天经验和空间站建设和运营经验的俄罗斯，与科技实力强大的美国携起手来，推出了"和平号航天飞机"计划，由美国的航天飞机 11 次造访和平号，为后续合作奠定了坚实的基础。此后，两国又联合欧洲、日本、加拿大等诸多国家建设了人类历史上第四代空间站——国际空间站。成为人类历史上最大的科学技术国际合作项目。

图 8-4 "龙"飞船通过机械臂与
国际空间站连接的场景

国际空间站是人类历史上的第四代空间站，采用桁架挂舱结构，拥有几十个加压舱段和大型构件，其质量 400t，桁架宽度达 108.5m，建造过程中共进行了超过 50 次发射（平均每次发射质量8t）才组装完成。国际空间站具有很强的可扩展性，将来仍可根据需要发射试验舱段与之对接。它可以完成种类繁多、范围广泛的科学试验和工程技术试验，其中，中国做出重要贡献的"阿尔法磁谱仪"。是国际空间站内最大的科学仪器，有望在暗物质和反物质探测中获得重要的研究成果。

可以说，国际空间站无愧为人类科技探索的"巅峰之作"。图 8-4 为 2012 年 5 月"龙"飞船通过机械臂与空间站连接的场景，被认为是有史以来造访国际空间站的首艘商业飞船。

8.2.3　中国的航天事业

1. 中国载人航天工程简述

1992 年 9 月 21 日，中央正式批复载人航天工程可行性论证报告，中国载人航天工程正式立项，代号为"921 工程"。1995 年 10 月中国组成首批航天员队伍。1997 年底由首批航天员成为世界上第三支航天员大队。1999 年 11 月，"神舟一号"飞船发射成功，经过 21h 的飞行后顺利返回地面。2001 年 1 月，"神舟二号"飞船发射试验成功。2002 年 3 月，"神舟三号"飞船又发射试验成功，提高了载人航天的安全性和可靠性。2002 年 12 月至 2003 年 1 月，"神舟四号"发射成功并圆满完成试验，突破了中国低温发射的历史纪录。2003 年 10 月，中国第一艘载人飞船"神舟五号"成功发射，杨利伟成为中国首位航天员，中国成为继俄罗斯和美国之后世界上第三个能够独立开展载人航天活动的国家。2005 年 10 月，中国第二艘载人飞船"神舟六号"成功发射，航天员费俊龙、聂海胜被顺利送上太空，完成了中国真正意义上有人参与的空间科学实验。2008 年 9 月，中国第三艘载人飞船"神舟七号"成功发射，航天员有翟志刚、刘伯明、景海鹏。航天员出舱在太空行走，中国成为世界上第三个掌握空间出舱活动技术的国家。2011 年 11 月，"神舟八号"发射升空（图 8-8），与"天宫一号"完成空间交会对接。2012 年 6 月，"神舟九号"发射成功，航天员是刘旺、景海鹏、刘洋，完成中国首次载人交会对接任务。2013 年 6 月，"神舟十号"飞船载着航天员聂海胜、张晓光、王亚平顺利升空，并成功进行一系列试验，其中首次成功实施航天器绕飞交会试验。

图 8-5 矗立在发射塔架上准备发射"天宫一号"的长征二号 F 火箭（赵亚辉 摄）

在载人航天工程实施过程中，中国航天人铸就了"特别能吃苦、特别能战斗、特别能攻关、特别能奉献"的载人航天精神（图 8-6～图 8-8）。

图 8-6 "天宫一号"在酒泉发射中心成功升空（王建民 摄）

图 8-7 "神八"在酒泉卫星发射中心发射升空

图 8-8 "神九"在塔架上正在等待发射

2. 建立空间实验室

空间实验室是建立长久性空间站的重要一环，我国空间实验室发展构想具有以下主要特征：通过一次性携带的物资，可实现少批量、短时间航天员在轨驻留，一般不具备长期载人能力，没有在轨补给和补加功能；寿命较短，规模小，不具有可扩展性，能进行空间站关键技术验证试验，可开展一定规模的空间应用。

"天宫二号"空间实验室将主要开展地球观测和空间地球系统科学、空间应用新技术和航天医学等领域的应用和试验。"天宫三号"空间实验室将主要完成验证再生式生保关键技术试验、航天员中期在轨驻留、货运飞船在轨试验等，还将开展部分空间科学和航天医学试验。

我国还将以空间实验室为基础，研制比俄罗斯"进步"系列货运飞船更先进的货运飞船，最大直径 3.35m，发射质量 13t，一次运载能力达 6t。

图 8-9 给出了一幅比较形象的中国空间站发展趋向图图示。2020 年前后建成的我国第一个载人空间站，起点很高，是多舱式空间站，采用积木式构型，由一个核心舱和两个实验舱组成，同时对接载人飞船和货运飞船后，总质量 80t。它们在核心舱统一调度下协同工作，完成空间站承担的各项任务。

图 8-9　中国空间站的发展趋向示意图

我国载人空间站的核心舱含节点舱、生活控制舱和资源舱，全长约 18.1m，最大直径 4.2m，发射质量 20～22t。其主要任务包括为航天员提供居住环境，支持航天员的长期在轨驻留，支持飞船和扩展模块对接停靠并开展少量的空间应用实验，是空间站的管理和控制中心。

实验舱有两个，分别为实验舱 I 和 II，具备独立飞行功能，与核心舱对接后形成组合体，可开展长期在轨驻留的空间应用和新技术试验，并对核心舱平台功能予以备份和增强。其中实验舱 I 全长约 14.4m，最大直径 4.2m，发射质量 20～22t，兼有组合体控制与应用实验功能。实验舱 II 体积、尺寸、质量与实验舱 I 差不多，以应用实验任务为主。

虽然与 123t 的"和平号"、423t 的"国际空间站"相比，我国空间站规模相对较小，但从建造成本和应用效益的角度综合分析，这是一个符合中国国情和实际需要的理性选择。我国既不贪大求全，但又规模适度，因此有望取得较高的工程应用效益。

3. 中国航天正未有穷期

（1）新一代大推力火箭研制成功。航天一个关键环节是火箭的推力，我国一直使用的长征系列发动机单台推力是 70t 左右，火箭的运载能力在 9t 上下，制约了每次发射的质量，2012 年 7 月中国航天科技集团披露，我国新一代大推力 120t 液氧煤油火箭发动机在经历了长达 12 年的试验和研制已经获得成功，标志着我国成为继俄罗斯之后第二个完全掌握"液氧煤油高压补热循环液体发动机"核心技术的国家,这种新的 120t 级液氧煤油发动机其运载能力 3 倍于我国现有长征系列发动机亦即一次可运载 27t 左右。

与常规发动机相比,液氧煤油发动机还具备诸多的优点:一是推力大;二是没有污染,液氧和煤油都是环保燃料,而且易于存贮和运输;三是经济,比常规发动机推进剂便宜 60%;四是可靠性高;五是可重复使用。

装备液氧煤油发动机的火箭,将为我国下一步空间站建设以及深空探测提供坚实的动力支撑。届时,中国人的飞天之路将会变得更加顺畅,中国航天员将会越飞越高,在太空的工作和生活也会变得更加舒适和美好。

与此同时,新一代大推力火箭发动机的研制,直接带动了相关产业的发展。为了解决高低温、高压、强氧化、高转速、大功率等问题,研制开发了近 50 种新材料,包括高强度耐氧化的不锈钢、高温合金、纳米涂层、镀层、橡胶等。

在新工艺方面,通过技术攻关突破了 30 多项关键工艺,其中多项技术达到国内甚至国际领先水平,并拥有自主知识产权。同时,这些新技术在民用领域也会有很大的应用前景。

(2)"神十"升天是一个台阶。2013 年 6 月 21 日,神舟十号搭载聂海胜、张晓光、王亚平,在酒泉卫星发射中心升天并与天宫一号实现了对接,这是一次真正的应用性飞行,标志着我国已经拥有了一个可以实际应用的天地往返运输系统。这个系统可以为在轨的各类航天器输送人员和物资。在完成神舟十号任务以后,我国将展开空间站和空间实验的建设。

我国发射神舟九号的火箭为长征二号 F 遥九,简称"遥九",发射"神十"的"遥十火箭"其飞行可靠性达 0.9867,比"遥九"提高 0.2%,这意味着发射 100 次成功 98.67 次;而航天员的安全性达到 0.9997,比遥九提高 0.01%,意味着每发射 100 次航天员安全飞行 99.97 次。这是在科技发展中这是一个很高的成功率。我国航天事业虽然起步较晚,但严谨而可靠,我们很少听到有关发射失败的报道。

8.3 探月

8.3.1 人类探月大事记

1. 苏联

自 1957 年发射第一颗人造卫星并于 1961 年把宇航员加加林送上近地轨道之后,人类开始闯入太空并着手探测月球。

从 20 世纪 50 年代末到 70 年代初,苏联共向月球发射了 32 个探测器,这些探测器或逼近或登陆月球,取得了丰硕的成果。

2. 美国

1969 年 7 月,"阿波罗" 11 号飞船载着宇航员阿姆斯特朗实现了人类登月之梦,在月球探测中取得最辉煌的成果。他那句几乎无人不知的名句"这是个人的一小步，但却是人类的一大步"道出了这项成果的真谛。阿姆斯特朗为人谦逊而低调，探月后他公开声明谢绝媒体的采访，默默地在 NASA 做工程师。2012 年 8 月 25 日这位登月先驱辞世，享年 82 岁。

从 20 世纪 50 年代末到 70 年代初，美国共向月球发射了 21 个探测装置。

1986 年提出重返月球、建立月球基地的设想，并在 1994 年和 1998 年分别发射了两个探测器。1998 年 1 月发射的以绘制月球表面地形图、分析月球地质结构和寻找月球存在冰或水证据等为目的的"月球勘探者"号探测器，于 1999 年 7 月完成使命。

2006 年 4 月提出一项撞击月球南极的计划，希望能成功找到月球存在水的证据，以利于未来宇航员登陆月球并建立长期基地。对人类未来在月球上生存问题做了肯定的结论。

3. 欧洲及其他国家

对欧洲来说，继第一个月球探测器"智能 1 号"圆满完成使命后，欧洲还计划未来让宇航员登陆月球并分阶段建立月球基地。此外，印度和日本等都先后提出了自己的探月计划。

8.3.2 中国的探月历程

2007 年 10 月 21 日我国发射了第一颗探月飞船（定名为"嫦娥一号"），经过 4 次变轨进入月球工作轨道，在完成了预定的测试任务之后实施撞月并发回了清晰的撞击图片。

2010 年 10 月 1 日"嫦娥二号"发射升空，并成功地实现了环绕拉格朗日 L2 点飞行。所谓拉格朗日点是指卫星受太阳、地球两大天体引力作用能保持相对静止的点，共有 5 个，其中 L2 点位于日地连接线上地球外侧约 150 万 km 处。在 L2 点，卫星消耗很少的燃料即可长期驻留，是探测器、天体望远镜定位和观测太阳系的理想位置。图 8-10 提供了一幅"嫦娥二号"环绕拉格朗日 L2 点飞行的示意图，这使我国成为继美国、欧空局之后第三个在这一点上进行空间探测的国家。从工程技术方面来讲，这也标志着我们在轨道设计、飞行控制、测控、通信方面的技术有了突破。

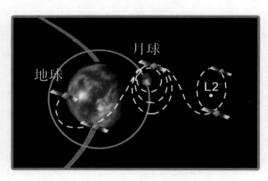

图 8-10 "嫦娥二号"环绕拉格朗日 L2 点飞行示意图

"嫦娥二号"较"嫦娥一号"有四大突破，分别是"快、近、精、多"。

（1）"快"是指到达时间缩短。相对"嫦娥一号"先发射到地球附近的过渡轨道，再经过自身多次调整进入奔月轨道，"嫦娥二号"是运载火箭直接送入近地点 200km 远地点约 38 万 km 的奔月轨道，这样效率更高。

"嫦娥一号"用了近 14 天时间进入工作轨道，"嫦娥二号"5 天内到达月球，7 天内进入工作轨道。由此，"嫦娥二号"任务对运载火箭推力要求更大，入轨精度和控制精度要求更高。

（2）"近"是卫星的环月轨道从原来的 200km 降低到 100km，最近点只有 15km，实现了更近距离观察月球。相比"嫦娥一号"在距月面 200km 的远处被月球捕获，"嫦娥二号"则在距月面

100km 处进行制动，飞行速度更快、轨道更低、制动量更大。

"嫦娥二号"实现了将飞行轨道由 100km 圆轨道调整为远月点 100km、近月点 15km 的椭圆轨道的能力。近了，自然测定更为准确。

（3）"精"是指测量精度提高，100km 轨道时相机分辨率是 10m，15km 轨道时达到 1.5m，分辨率大大提高。

"嫦娥二号"对"嫦娥三号"卫星预选着陆区进行高分辨率成像试验，此前"嫦娥一号"搭载的 CCD 相机分辨率为 120m。而"嫦娥二号"在 100km 圆轨道和 15km 近月轨道点分别对"嫦娥三号"的预选着陆区进行优于 10m 和 1.5m 分辨率的成像试验。

（4）"多"是指实验多，要进行深空探测、降落相机试验等项目。"嫦娥二号"首次验证了我国新建的 X 频段深空测控体制。相比"嫦娥一号"使用的 S 频段卫星测控网，其电传输信号频率更高，远距离测控通信效果更好，是深空探测的重要手段。此外，还试验全新的着陆相机，验证大幅提高的数据传输能力。

"嫦娥二号"增加配置了降落相机，将"嫦娥一号"卫星的 3Mbps（3 兆字节/每秒，下同）翻倍为 6Mbps，并进行 12Mbps 的传播速率试验。

2012 年 3 月 7 日我国发布了"嫦娥二号"获得的分辨率 7m 的全球影像图（"嫦娥一号"获得的影像图为 120m），被认为是当时世界上分辨率最高的全月图，见图 8-11。

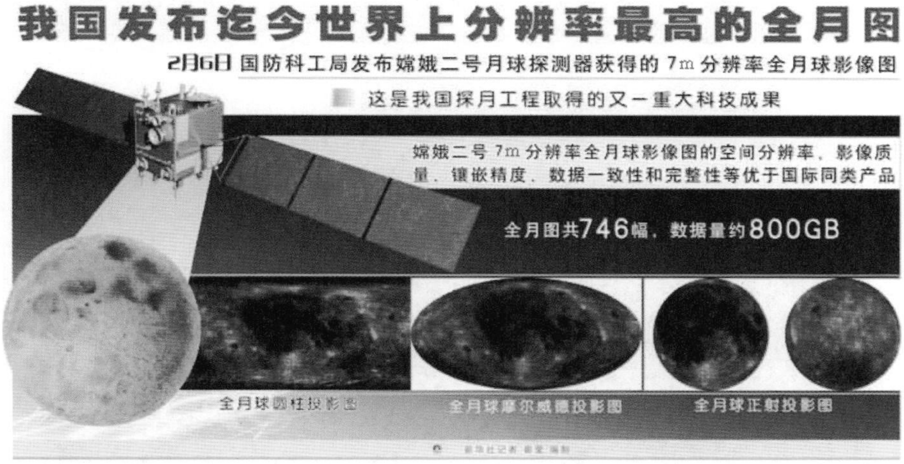

图 8-11 由"嫦娥二号"获得的 7m 分辨率的全月影像图

形象一点说，"嫦娥一号"只能识别大于 360m 的月坑、石头，而"嫦娥二号"可以识别 20m 大小的物体。打比方说，如果"嫦娥一号"只能发现机场、港口这样的大型基础设施的话，"嫦娥二号"就可以发现机场的飞机和港口里的轮船。

与"嫦娥一号"获得的全月球影像图一样，7m 分辨率全月球影像图数据也是对国际开放的，将让全球的科学家来使用和体验。

"嫦娥二号"在经历了距地 150 万 km 的拉格朗日 L2 点之后又飞向 700 万 km 外的小行星，见图 8-12。

　　该小行星是一颗近地小行星，1934 年被首次发现，以凯尔特神话中的战神图塔蒂斯命名。该小行星体积约 1.70km×2.03km×4.26km，其轨道远日点接近木星轨道，近日点处于地球轨道附近。由于轨道周期共振，基本每 4 年接近地球一次，上一次接近地球是在 2008 年 11 月 9 日，距离约 751 万 km。图塔蒂斯的形状及自转都极具特点，对其开展研究有助于了解小行星在早期太阳系的碰撞演化的重要科学信息，详见图 8-12。

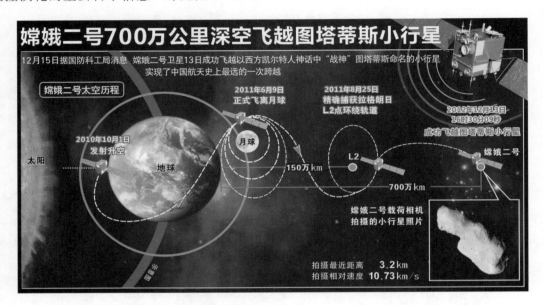

图 8-12　"嫦娥二号"与图塔蒂斯小行星交会示意图（卢哲　编制）

　　2013 年 12 月 2 日凌晨中国成功发射了"嫦娥三号"，见图 8-13。经过调正轨道之后，月球车于 12 月 15 日晚登上月球。图 8-14 和图 8-15 分别为登上月面之后的实拍图和着陆器及巡视器的模型图。

图 8-13　"嫦娥三号"成功发射瞬间

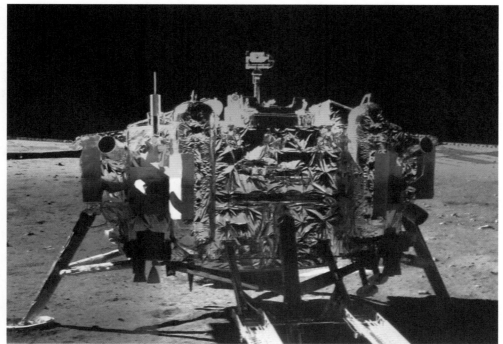

图 8 - 14　嫦娥三号着陆器（下）和"玉兔"号巡视器成功"互拍"

（"玉兔"号上的五星红旗清晰地出现在画面上）

图 8 – 15　着陆器模型

8.4　火星探测

8.4.1　人类火星探测大事记

从 20 世纪 60 年代，人类就已展开对火星的科学探索，50 多年来从未间断过：1960—1963 年苏联发射了"火星"系列探测器，但大部分失败了，1964 年美国发射了"水手 4 号"，是世界上第一枚成功飞临火星并发回数据的探测器，传回了世界上第一张地球外其他行星的近距离特写照片，1971 年美国发射了"水手 9 号"，是有史以来第一枚成功进入环绕火星轨道的探测器，首次拍摄到火星全貌。1971 年苏联发射了"火星 3 号"，它的着陆器成为首个在火星表面着陆的探测器，1875 年美国发射了"海盗 1 号"，翌年成功着陆，并向地球发回照片，其兄弟"海盗 2 号"发现火星土壤中存在化学活动。1997 年美国首次将火星车"索杰纳"号送上火星，2001 年美国发射了"奥德赛"号，发现火星上存在大量水冰，验证了科学家之前"火星上有水"的猜想。2003 年欧洲发射了其第一个火星探测器"火星快车"，成果颇丰。2003 年美国发射了"机遇"号，是目前在火星表面存活时间最长的探测器，再次证实火星上有水。2010 年中国志愿者王跃参加了由俄罗斯组织、多国参与的国际合作项目"火星-500"试验，在 520 天中积累了大量的研究数据，对于密闭环境下人的自身极限能力的认识有了新突破。2011 年美国发射了"好奇"号，不久前，它在火星表面发现了一块嵌在岩石里的神秘金属物体。

8.4.2　好奇号火星探测器

（1）美国宇航局的好奇（Curiosity）号火星探测器是一个汽车大小的火星遥控设备。它是美国第四个火星探测器，也是第一辆采用核动力驱动的火星车，其使命是探寻火星上的生命元素。2011 年 11 月 26 日 23 时 2 分，好奇号火星探测器发射成功，顺利进入飞往火星的轨道。2012 年 8 月 6 日成功降落在火星表面，展开为期两年的火星探测任务。图 8-16 为"好奇"号登陆工作构想图。

图 8-16　2012 年 8 月 6 日美国"好奇"号探测器在火星登陆工作构想图

（2）好奇号主要参数及着陆概况。

• 火星着陆：北京时间 2012 年 8 月 6 日 13：31（地球确认时间，这是因为确认信号传回地球需约 14min）；

• 着陆地点：火星赤道以南盖尔陨石坑内；

• 飞行距离：8 个月飞行 5.67 亿 km；

• 主任务期：1 个火星年（约 2 个地球年）；

• 项目耗资：25 亿美元；

• 火星车大小：大致相当一辆小汽车：长 3m；宽 2.8m；高 2.1m；机械臂长 2.1m；轮子直径 0.5m；

• 火星车重量：899kg；

• 火星车动力：核电池和锂离子电池；

• 科学设备：75kg，包括 10 件科学设备。

8.4.3　火星探测的意义

1. 中国人王跃的体验

2010 年"火星-500"是由俄罗斯组织、多国参与的国际大型试验项目，于 2010 年 6 月 3 日开始，2011 年 11 月 4 日结束。目的在于了解宇航员在前往火星过程中可能出现的心理和生理状态，为载人火星探测积累经验。参与此次试验的 6 名志愿者分别来自中国、法国、意大利和俄罗斯，他们一起经受了生理和心理的多重考验，成功完成了 100 多个试验项目。

来自中国的志愿者王跃是中国航天员科研训练中心的技术人员，他和其余来自法、意、俄的 6 名志愿者，在密闭的试验舱里隔离了 520 天，在他刚刚"回到"地球时。有些很奇怪的反应：会像老鼠一样害怕光，害怕声音，害怕人多；在睡觉的时候会不由自主地蜷缩身体，只占据床上很小的一个角落；看到猫狗的时候，眼神都充满了专注与好奇。在度过将近两个月的适应期后，又找回了作地球人的感觉。一年之后他进入大学攻读认知神经专业的博士学位，期望借此解决在舱内始终困惑的诸多问题，为人类在未来登陆火星做一点微薄的贡献。

2. 人类登陆火星并不遥远

科学家公认火星是人类可能涉足的最近一颗类似于地球的星球，寻找火星上生命的迹象是好奇号主要任务之一。

"好奇号"将降落在火星赤道附近，那里是火星上最可能存在生命的地方。火星的温度差异大，赤道在 27℃，两极则达零下 128℃。研究人员计划让"好奇号"攀登盖尔陨石坑内部的一座名为"夏普山"的山峰，科学家从轨道上进行的观测已经确认这里存在一些矿物露头，成分是黏土和硫酸盐，这些矿物都是在潮湿环境中形成的，这些都是火星地表曾有水流动的证据。科学家认为，夏普峰山脚下的黏土沉积层可能意味火星表面在 30 亿～40 亿年前曾有丰沛的水资源，早在 2003 年，欧洲发射的"火星快车"和同年美国发射的"机遇"号均证实了火星上水的存在，40 亿年前是火星上一个温暖又潮湿的时期。但目前仍无法推测此时期延续了多久。理清这个疑问将是解答火星上是否曾有生命体存在的关键。

美国宇航局科学家表示，人类距离登陆火星只有 10 年左右的时间。这应不是妄言。

8.5　北斗卫星和气象卫星

8.5.1　北斗卫星导航系统

谈到"GPS"几乎已经成为卫星导航的代名词，其实它只是美国的卫星导航系统。北斗卫星导航系统是中国自主发展的全球卫星导航系统，也是全球四大卫星导航系统之一。其他两个分别是欧洲的伽利略系统和俄罗斯的格洛纳斯系统。

人们工作、生活对定位的需求非常多，小到约会，大到交通、渔业、测绘等方面，都要把地点讲清楚。利用多颗卫星组网取得信号，经过数据处理以后，可以在地球上任何一个角落定时定位。

经过几十年发展，美国的 GPS 系统通过长时间和大量经费的投入，在卫星导航领域起到非常大的作用。而其他国家逐渐发现，单纯采用国际上已有的卫星导航系统，需要谨慎审视。主权国家需要自主发展国家层面的基础性系统。

我国发展自主卫星导航系统分三步走：第一步是在 2003 年建成北斗导航试验系统，目前已经实现；第二步就是 2012 年建成的由 6 颗卫星组成的北斗区域卫星导航系统，具备覆盖亚太地区的服务能力，第三步则是在 2020 年左右建成由 30 余颗卫星组成、覆盖全球的北斗全球卫星导航系统，系统性能达到同期国际先进水平，见图 8-17。

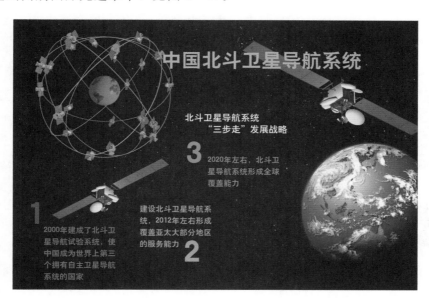

图 8-17 中国北斗卫星导航系统

2012 年 10 月 25 日 23 时 33 分，我国在西昌卫星发射中心用"长征三号丙"火箭，成功将第 16 颗北斗导航卫星送入预定轨道见图 8-18。这是我国二代北斗导航工程的最后一颗卫星，至此，我国北斗导航工程区域组网顺利完成。

按照北斗卫星导航系统"先区域"再"全球"的"三步走"发展战略，2012 年已形成覆盖亚太大部分地区的服务能力。第 16 颗北斗导航卫星的顺利入轨，标志着我国北斗卫星导航系统建设第二步战略目标全部实现，系统完全具备了稳定连续的覆盖亚太地区的服务能力。

据悉，北斗卫星导航系统从 2012 年 12 月 27 日开始试运行，服务范围覆盖我国及周边地区。今后我国还将陆续发射组网导航卫星，不断提升系统服务能力，扩大覆盖区域，如前所

图 8-18 在西昌卫星发射中心第 16 颗北斗卫星发射的场景新华社记者（刘溥 摄）

述到 2020 年，将建成由 30 余颗卫星组成的北斗全球卫星导航系统，提供覆盖全球的高精度、高可靠的定位、导航和授时服务，完成我国北斗卫星导航系统建设的第三步战略。

相关专家介绍，北斗系统总体性能与美国 GPS 性能相当，与 GPS 卫星导航系统不同，北斗

导航系统拥有"独门绝技"。图 8-19 给出了一幅我国北斗导航系统规划模型，世界上其他的全球卫星导航系统只能告诉用户什么时间、在什么地方。而北斗系统将导航与通信紧密结合起来，安装使用者不仅可以知道自己身在何方，而且还可以授权别人知道自己在什么地方。这可为道路运输安全监管、应急运输保障、优化运输组织和社会公共服务等提供支持。政府部门可以通过北斗卫星导航系统加强道路运输安全监管，运输企业也可以通过该系统加强运输管理，降低运输成本。

图 8-19　北斗全球卫星导航系统规划模型
（新华社记者　梁旭　摄）

以海洋渔业为例，"我在哪里"，能够使渔民通过船载设备实现自主定位；"你在哪里"，使岸上的人通过监控知道渔船在什么地方。

而在沙漠、山区、海洋等人烟稀少地区进行搜索时，北斗卫星导航系统除导航定位外，还能通过短报进行通信功能，利用卫星导航终端设备及时报告所处位置和灾情，有效缩短救援搜寻时间，提高抢险救灾时效。

北斗卫星导航系统的应用前景将十分广阔。例如，当你进入一个不熟悉的地方时，可以使用装有北斗卫星导航接收芯片的手机或车载卫星导航装置查询要走的路线。你还可以向当地服务提供商发送文字信息查询最近的停车位、餐厅、旅馆等，服务商会根据你所在的位置帮助找到需要的信息。

北斗卫星可以用于航天提供飞船轨道位置、民用航空管理、陆地交通状况的监测和疏导以及土地农田管理和实时了解农情，总之上至航天，下至工业、渔业、农业生产和日常生活，全球卫星导航定位技术无所不在。

卫星导航系统不只是一颗卫星，它需要一定数量的卫星来支撑。

它不仅要求天上的卫星网能很好工作，地面上还要有很好的管理系统，通过地面管理站把导航系统管理好，为用户提供良好服务。

对普通用户而言，卫星导航在生活中主要是汽车导航、手机导航以及专门的手持导航仪等导航终端所实现的服务，也就是利用卫星定位导航信号的二次开发产品。卫星导航的二次开发，技术含量很高，对经济发展起到非常大的作用。比如软件的开发使用、硬件的研制，需要尽量开发地面应用市场。

中国的北斗是世界的北斗，中国的北斗不光为中国人做出贡献，也为世界人民做出贡献。更多的卫星导航系统的存在，增加了精度，提高了稳定性，提高了可靠性。美国的 GPS、俄罗斯的格洛纳斯、欧洲的伽利略，以及中国的北斗四大系统在地球上空同台"表演"，可以大大提升人类的生存和生活质量。

8.5.2 气象卫星和环境卫星

我国的气象卫星定名为"风云",从 1988 年发射的"风云一号"A 星到"风云三号"B 星,截至 2011 年中期,我国已成功发射了 11 颗风云系列气象卫星,现在有 6 颗在轨工作,其中 4 颗处于业务运行状态。"风云三号"B 星"上岗"后,与 2008 年发射的"风云三号"A 星双星合璧,组网观测,使全球观测频次由 12h 一次提高到 6h 一次,监测时效提高 1 倍,亿万民众从中受益。

近年来,我国干旱发生频率高、持续时间长、影响范围广、造成损失严重。对于干旱监测,气象卫星具有显著优势。在 2011 年长江中下游地区干旱、2009 年西南 5 省严重干旱等旱情发生过程中,气象卫星对旱情变化连续监测,发挥了重要的作用。

以 2008 年 5 月发射的"风云三号"卫星为例,它实现了我国气象卫星从单一遥感成像到地球环境综合探测、从光学遥感到微波遥感、从公里级分辨力到百米级分辨力、从国内接收到极地接收等技术突破,实现了全球、全天候、三维、定量、多光谱遥感探测。一颗"风云三号"卫星每天会对全球扫描两次,每次扫描宽度为 2900km,境外观测资料可在 3h 内传回国内。

中国的气象卫星实现了业务化、系统化的发展目标,使中国成为世界上少数几个同时拥有极轨和静止轨道气象卫星的国家和地区之一。

什么是极轨和静止轨道气象卫星?

极轨气象卫星轨道高度在 800~1000km 之间,卫星绕地球南北两极运行,通过卫星沿轨道运动和地球自转运动,可以获取全球观测数据。极轨气象卫星可以为天气预报,特别是数值天气预报提供全球的温、湿、云、辐射等气象参数,监测大范围自然灾害、研究全球生态与环境变化,探索气候变化规律,并为气候诊断和预测提供所需的地球物理参数。静止轨道气象卫星在地球赤道上空距地面约 35800km,与地球自转同步运行,相对地球静止,它可以观测地球表面 1/3 的固定区域。静止气象卫星的主要优点是观测频次高,可以捕捉到变化比较快的天气现象,主要用于天气分析,特别是中尺度强对流天气的警报和预报。

风云气象卫星已经在天气预报、气候预测、自然灾害和环境监测、科学研究等多个领域,以及气象、海洋、农业、林业、水利、交通、航空和航天等多个行业得到了广泛应用,为防灾减灾、应对气候变化以及经济社会可持续发展做出了重要贡献。

由于气象卫星极端重要,我国对此有一个明确的发展历程和发展规划,见图 8-20。

环境卫星是 2003 年经国务院批准立项进行研制的卫星应用系统,由 2 颗光学小卫星(A、B星)和 1 颗合成孔径雷达小卫星(C 星)组成,拥有光学、红外、超光谱和微波多种探测手段,主要用于对生态环境和灾害进行大范围、全天候、全天时动态监测,及时反映生态环境和灾害发生、发展过程,对生态环境和灾害发展变化趋势进行预测,对灾情进行快速评估,为紧急救援、灾后救助和重建工作提供科学依据。

2012 年年底我国发射了"环境一号"C 卫星,它是一颗合成孔径雷达卫星,将与 2008 年 9 月成功发射的"环境一号"A、B 卫星组成环境与灾害监测预报小卫星星座,形成对我国大部分地区

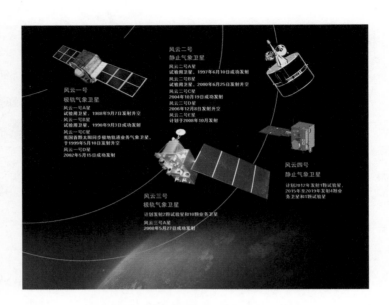

图 8 - 20　我国气象卫星发展历程和规划

灾害与环境进行监测与预报的卫星网。2012 年我国在太原卫星发射中心还成功发射了一颗"遥感卫星十五号",见图 8 - 21。

图 8 - 21　"遥感卫星十五号"发射升空

"遥感卫星十五号"主要用于科学试验、国土资源普查、农作物估产及防灾减灾等领域,它将对我国国民经济发展发挥积极作用。

8.6　航天产业

航天虽然始于军用目的,但在 21 世纪初期,美俄开始致力于产业化,因为只有航天工程产业化才可以使其发展成本更低、速度更快、产品质量和服务更好。鼓励民间企业开发航天新产品、大力推广太空旅游、积极发展卫星导航系统和抢占国际卫星发射市场等,都是航天领域产业化的具体体现。

8.6.1　航天科技呼唤太空经济

所谓"太空经济"，是指包括各种太空活动所创造的产品、服务和市场以及形成的相关产业。如无线电通信和卫星电视、远程医疗，点对点的全球导航、天气预报与气候监测、保障国家安全的太空资产等。太空经济也包括太空旅游以及发展中的太空后勤服务，后者可以使商业性的太空旅游成为一个可盈利的商业形态。太空经济规模在50多年时间里增长了上千倍，是迄今为止增长最快的经济形态之一。

研究表明，航天领域每投入1元，将会产生7～12元的回报。美国耗资240亿美元的"阿波罗"登月计划，带动了50多项高科技专利技术的发明，并衍生出3000多种技术成果，市场价值高达上千亿美元。

在2012财政年度中，美国航天局已加大了对商业载人飞行项目的资金支持力度。2012年4月，美国航天局与波音、内华达山脉、太空探索技术和蓝色起源等4家公司签订了总额超过2.69亿美元的合同。这4家公司获得了美国航天局的商业载人航天项目订单，正着手开发商业太空飞船实现"太空游"。

如前所述美国最初发展可实现重复使用的"阿特兰蒂斯号"航天飞机，不仅成本高且不安全，截止到2011年6月先后生产的五架航天飞机竟有两架失事，牺牲了14人，不得不停飞之后，美国航天局与俄罗斯航天署签署了一份金额高达7.53亿美元的合同。根据该合同，2014—2016年，"联盟"号飞船将运送12名来自美国、加拿大、日本和欧盟的宇航员往返国际空间站。合同还规定，俄方将提供宇航员的培训、飞行后康复以及医学检查等服务。

垄断往返国际空间站载人业务的俄罗斯，自然不会放过提高利润的良机。自美国前总统小布什于2004年宣布结束航天飞机计划以来，俄罗斯已将运送美国宇航员升空的费用加价8次。到2016年，每位美国宇航员搭乘"联盟"号飞船往返空间站的平均票价将高达6275万美元，比2005年的价格上涨了175％。

俄罗斯在航天产业化领域的另一亮点就是开发"太空游"。2001年，俄罗斯航天署与美国太空冒险公司合作开展"太空游客"业务，每位游客的花费为2000万～3500万美元。目前，已有6名游客搭乘"联盟"号飞船进入空间站。2010年9月，俄罗斯轨道技术公司表示将建造商业太空站，使之成为太空游客的太空旅馆。

作为农业大国和人口大国，我国高度重视太空育种。在这个领域已经走在了世界的前列。从1987年到现在，我国利用返回式卫星先后进行了13次70多种农作物的空间搭载试验，见图8-22。太空水稻、太空蔬菜、太空花卉、太空水果等已经进入寻常百姓家。

空间润滑材料是价值极高的一项航天技术。我国早在"神舟七号"上验证了润滑材料在空间暴露后润滑性能不会降低还会增加的特性，通过这项实验，有望开发新型高性能的空间润滑材料。

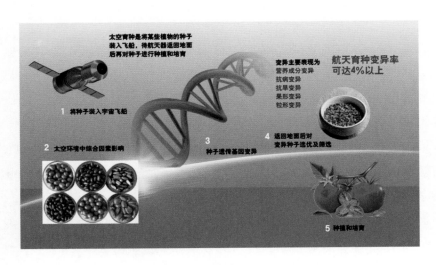

图 8 - 22　中国太空育种示意图

尽管我国航天经济取得了巨大进步，但同 20 世纪 80 年代即开始商业化的西方航天产业比起来，我们还有不小的差距。迄今为止，美国空间技术产业化已经创造了 20000 多亿美元的巨额利润，而中国航天技术产业 2010 年总收入刚刚步入 1000 亿元大关，在全球航天业收入总额中仅占 3％。

"十二五"期间，中国航天事业将迎来大发展，载人空间站工程、探月工程、第二代北斗卫星导航系统、新一代运载火箭等国家重大科技专项和重大航天工程都将继续拉动相关产业的快速发展。随着越来越多的航天技术应用于民用领域，必将对我国经济社会整体发展产生巨大的推动作用。

事实已经证明，谁抓住了"太空经济"的机遇，谁就会在未来的竞争中赢得主动。在为我国航天科技取得的成就欢欣鼓舞的同时，我们应未雨绸缪，及早谋划发展太空经济。

8.6.2　卫星是新兴的高科技产业

当今处于垄断地位的卫星导航系统是美国的 GPS 系统，但欧洲不甘示弱，制定了卫星导航系统的伽利略计划，预计这项项目在未来的 20 年内将会带来 600 亿～900 亿欧元的经济社会效益。日本也在开发自己的卫星定位系统，定名为"准天顶定位系统"。日本政府预测，准天顶系统投入使用后的 12 年间，将牢牢控制日本国内市场，并将产生 60000 亿日元以上的经济效益，从而带动一大批高技术产业，形成新的经济增长点。专家分析，从长远看，随着系统卫星数量和密度不断增加，从技术上完全有可能将其升级为独立的卫星导航系统，而这个时间可能在 2020 年到 2025 年之间，实际上，除了经济动因外，定位导航系统还可以为战机、舰船、战车等作战平台以及武器系统和指挥员提供准确的方位、速度和时间信息，还可用于对敌目标的侦察定位和导弹制导等。

我国自己的卫星导航系统——北斗卫星，在 8.5 节中已做介绍。

2011 年英国路透社报道："对中国而言，发展北斗卫星导航系统的主要目的，是向军方提供独立的卫星导航系统，以便用于调动兵力并为导弹等武器提供导航。迄今为止，中国军方迫于无奈只能依赖 GPS，但中国政府担心，在关系紧张或危急时刻，该服务将很容易被切断或受到干扰。"笔者毫不否认这段报道的真实性和它的"一针见血"。但同样路透社紧接着又说："若北斗系统也可带来商业利益，将有助于抵消数百亿美元对该工程的投资。有人认为，中国面临的挑战并非来自技术方面，而是商业化，全球卫星导航服务的真正竞争，在于接收器技术的研发和制造，而中国在这些方面相对落伍，但却颇有实力。"

中国航天科技相关专家认为，随着航天技术的飞速发展和广泛应用，太空经济时代已经悄然来临。卫星应用产业作为太空经济的重要组成部分，近年来增长迅速，已成为许多从事航天活动的国家追逐的新的经济增长点。2009 年卫星应用产业包括卫星运营和地面设备制造总收入高达1429 亿美元。中国卫星导航发展迅速，2009 年卫星导航产业产值约 550 亿元，占全球的近 10%；国内已经形成了覆盖芯片与终端制造、导航电子地图、系统集成应用、综合信息运营服务等业务较完整的产业链。在卫星遥感领域，中国已形成气象、陆地、海洋、环境系列应用卫星。卫星遥感也在台风、森林大火、汶川地震、太湖蓝藻等灾害监测中大显身手。

2012 年 10 月我国第 16 颗北斗卫星发射成功之后已开始在亚太地区服务中国 9 省区已率先使用并正在扩大，亚太地区的泰国、老挝、文莱、巴基斯坦 4 国也已成为北斗卫星的用户，预计北斗卫星到 2015 年将会创造 2250 亿元人民币的产值。

这是中国的情况，至于美国的 GPS，由于它起步早，商业运营意识又强，其经济效益几乎是无法估算的。

8.7 其他高科技工程

8.7.1 南极考察站

南极考察站是人类社会和科技的进步对土木工程提出的必须与之适应的新要求，也是土木工程作为一个学科和产业与时俱进的表现。这种建筑结构由于它的工作性能、工作环境的特殊要求，完全不同于普通土木工程，因此也把它们归为其他高科技工程。

自 1985 年 2 月中国在南极建立长城空间站始，历经近 30 年。截止到 2014 年 2 月，中国在南极建立泰山站心后，目前中国在南极共有 4 个观察站，见图 8-23。

1. 长城站

长城站是中国第一个南极考察站，建成于 1985 年 2月 20 日。长城站位于西南极洲南设得兰群岛的乔治王岛南端，其地理坐标为南纬 62°12′59″，西经 58°57′52″，距离北京 17501.949km。站区南北长 2km，东西宽

图 8-23 中国南极科考站分布图

1.26km，占地面积2.52km²，平均海拔高度10m。每年接待越冬考察人员40名，度夏考察人员80名。

2．中山站

中国第二个南极考察站建成于1989年2月26日，以中国民主革命的伟大先驱者孙中山先生的名字命名——南极中山站。中山站位于东南极大陆伊丽莎白公主地拉斯曼丘陵的维斯托登半岛上，海拔高度11m 其地理坐标为南纬69°22′24″，东经76°22′40″，距离北京12553.160km。中山站建站以来经过多次扩建，现有各种建筑15座，建筑面积2700m²。每年接待越冬考察人员25名，度夏考察人员60名。

图8-24　昆仑站主体钢结构全貌

上述南极两站都位于南极大陆边缘，而从严格意义上讲只有中山站是在地理意义的南极圈以内（图8-24），但也不是典型的南极环境。

3．昆仑站

经过多年的发展，我国已具备了向南极内陆纵深进军的能力。为了在科考上有所突破，我国在2009年建成了昆仑站，位于南极大陆冰穹A地区。海拔高度4087m，建筑面积236m²，计划扩建为558m²，可供15～20人夏季考察。

冰穹A地区是南极内陆冰盖最高点，但不是一个顶峰的概念，而是一片相对平坦的区域。冰穹A地区冰盖很厚，最高点的冰盖厚度约有3000m，获取的冰芯能反映100万～150万年的环境气候变化信息。冰芯钻取十分困难，因此需要科学考察站来支持、支撑。对天文观测而言，冰穹A地区也是地球表面上的绝佳位置，视觉度非常好、低温、海拔高，几乎可媲美太空天文观测站。

昆仑站的建成，实现了我国南极考察从南极大陆边缘地区向南极大陆腹地的历史性跨越。

我国南极昆仑站采用特种钢压制而成的型钢，不仅强度高，而且耐低温。在低温状态下长期工作，钢材不会发生脆断和开裂，在结构上可保证绝对安全。同时，在南极建站，墙体等维护结构必须有极好的热工性能即要求这种材料导热系数极低，室内采暖不至过多过快地耗散，这无疑对土木建筑材料提出了很高的要求。由于南极地区很冷，施工条件差，因此施工速度非常重要，1月19日安装全部维护板，2月2日整个昆仑站建成并交付使用，见图8-24。

4．泰山站

泰山站是2014年2月新建的我国第4个南极科考站，介于中山站和昆仑站之间，建筑面积2621m²，海拔高度2621m，是沟通中山站与昆仑站的过渡站（图8-24），年平均温度为－36.6℃，可满足20人度夏。

世界上共有28个国家在南极建立了53个科学考察站，绝大多数考察站都建在南极边缘地区，只有美国、俄罗斯、日本、法国、意大利和德国6个国家在南极内陆地区建立了5个内陆科考站。

巍然矗立在海拔 4093m 南极"冰盖之巅"的中国昆仑站，是目前南极所有科学考察站中海拔最高的一个，这标志着我国已成功跻身国际极地考察的"第一方阵"。

(a)

(b)

(c)

图 8-25 我国南极科考站全貌
（a）长城站；（b）中山站；（c）泰山站

有了自己的理想的考察站，我国的南极科学考察就有了立足点和基础设施。自 1984 年第一次南极考察之后，至今已有 30 次。2014 年 10 月 30 日由 281 名队员组成的科考队自上海浦东出发，开始了第 31 次南极科考，计划 2015 年 4 月 10 日左右返回，将会获得丰硕成果。

考察站的建设无疑是土木工程领域最重要的现代特种结构之一（图 8-25）。

8.7.2　极地考察方兴未艾

继南极之后，近年来北极科学考察日益兴盛，经申报联合国批准我国在北极地区有一块自己的科学研究领地，我国在北极还设有一个考察站叫黄河站，先后进行了 4 次北冰洋科学考察并取得了众多高水平考察成果，为人类认识北极探索奥秘做出了主要贡献。

规模比较庞大的一次北极科考应属 2012 年 7 月从青岛起航 9 月返回上海港的第 5 次北极考察之行。

考察队从青岛出发后，途经白令海、楚科奇海、北方海航道抵达冰岛，在冰岛开展为期 5 天的访问和调查活动，再经挪威和丹麦的公海海域从北冰洋高纬地区返回楚科奇海，经白令海返回，总航程为 1.7 万多海里。

考察队由科研人员、组织协调与管理人员、后勤保障人员、媒体记者和"雪龙"号船员组成，同时邀请了来自法国、丹麦、冰岛的 4 名科学家以及 1 名台湾科学家参加，共计 120 人。

此次科考重点对北冰洋地区传统考察区域和新增考察区域进行多学科综合环境考察，系统考察北极海洋水文与气象、海洋地质、地球物理（含地形地貌）、海洋生物与生态、海洋化学等环境要素的分布特征和变化规律，对北极科学研究热点和国际合作领域有了较大突破。

与极地考察密不可分的是破冰船，自 1984 年开始我国组织的 28 次南极考察和 5 次北冰洋考察其运载船舶均为"雪龙"号破冰船。

2011 年国务院批准新建极地科学考察破冰船。据介绍，新建的极地科考破冰船设计载员 90 人，轻载排水量 12000t，船长约 122m，最大船宽 22.3m，吃水 8.5m，最大航速 15 节，续航力 2000 海里，自持力为 60 天，是满足无限航区和南北极海域航行和科学调查作业要求的极地科学考察破冰船，破冰性能出色。

同时，新建破冰船具备在全球各大洋区进行大范围水深内的海洋、大气和海底等综合要素的观测与探测，样品采样、处理、分析和保藏能力，具备数据系统集成和信息传输能力，满足环境、海洋地球物理、海洋生态综合调查的需求；具有装备缆控深潜器、无人遥控深潜器和水下探测系统的支撑平台。在第 4 章 4.6 节中我们已经阐述了船舶这个水上运载工具，从学科上看两者本质上是土木工程的范畴，和海上采油平台一样是大型水上钢结构。

8.7.3　信息网络、云计算

现代高科技领域信息网络被认为是发展最快、普及率最高的信息技术，从政府殿堂直到民间江湖几乎无处不在。截至 2014 年 1 月底，中国移动互联网用户总和已达 8.38 亿户，手机网民规模超过 5 亿，占网民数的 80%，手机保持第一大上网终端地位，远超台式电脑，见图 8-26～图 8-28。

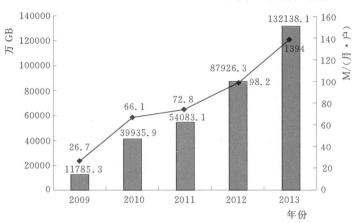

图 8-26　移动互联网流量发展情况

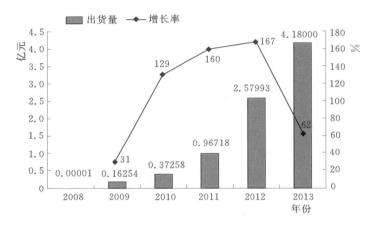

图 8-27　我国智能手机出货量增长情况

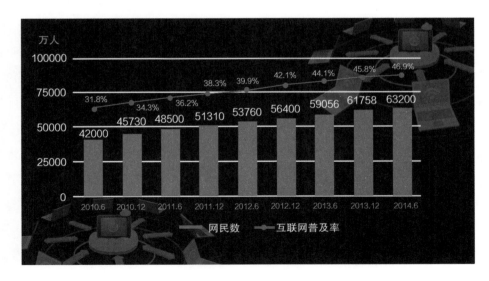

图 8-28　中国网民大规模和互联网普及率

有 3 点尤其明显：其一是网民增长空间向中老年人群转移；其二是手机网大幅增加占网民总数 80%，使用手机看视频的用户超过 1 亿人；其三是移动支付发展迅速，网上银行和网上支付 2013 年年底已达 1600 多亿元。

据国外统计机构 Backgroundcheck. org 统计，2012 年全球网民总数为 23 亿，较 2011 年增长 8%，其中中国网民数量居世界第一，其次为美国、印度、俄罗斯、印度尼西亚。

2015 年 2 月 3 日中国互联网信息中心（CNNIC）发布的 2014 年中国互联网发展报告显示：2014 年我国新增网民 3117 万人，总数已达 6.49 亿，互联网普及率为 47.9%；我国网民的人均周上网时长达 26.1h，平均每天上网时间约 3.7h；即时通信在网民中的使用率继续上升达到 90.6%，手机即时通信使用率为 91.2%。

和各种高科技工程一样，网络化也离不开基础设施。包括用于网络接收发射信息的发射塔架，光缆敷设以及计算机设备等。网络是当今高技术的一个重要领域而且日益深入到各个部门乃至家家户户。"今天的社会运行离不开网络"，这句话大概不会过分。截至 2009 年年底我国用于互联网基础设施建设的投资 43000 亿元，敷设光缆线路总长 826.7 万 km，网站数量 323 万个。光缆敷设和以发射塔架为主体的网站建设基本上是土木工程的贡献。其实读者稍微注意一下，几乎在任何一个城市，抬眼望去，你都会不经意中发现数不清的像电线杆的桅杆或塔架，但远比电线杆要高出许多，上面设有一圈至数圈的类似避雷针一样的"凸出"，这就是供手机用户接收和发射用的塔架。这又一次体现了土木工程这个学科的基础性和各行各业对它的依赖性。

近年来通讯信息产业兴起了 3G 热乃至 4G 热，所谓 3G 是指第三代移动通信技术。相对第一代模拟制式手机（1G）和第二代 GSM 等数字手机（2G），第三代手机一般地讲是指将无线通信与国际互联网等多媒体通信结合的新一代移动通信系统。它能处理图像、音乐、视频流等多种媒体形式，提供包括网页浏览、电话会议、电子商务等多种服务。为提供这种服务，无线网络必须能够支持不同的数据传输速度，也就是说在室内、室外和行车的环境中能够分别支持至少 2Mbps（兆字节/秒）、384kbps（千字节/秒）以及 144kbps 的传输速度。

4G 是第四代移动通信技术的简称。4G 最大优势是速度快，其网络速度可达 3G 网络速度的十几倍到几十倍。以下载电影为例，一部 700M 的高清电影，用 4G 网络下载，最快 1 分多钟就可以完成。我国采用的 4G 技术是 TD－LTE，TD－LTE 是我国主导的新一代无线宽带国际通信标准。

图 8-29 形象地给出了一幅使用 3G 手机"天地对接"的示意图，这至少反映了上文提到的北斗卫星的功能的一个方面。请读者注意右侧的那一堆计算机使我们不得不介绍一下"云计算"。

"云计算"是近年来很时髦的名词，其实就是网络化或 IT 业的扩大和升级。早期的英文文献中将互联网称为 Cloud，直译应为"云"，根据具体的含义，当时中国 IT 专业人士将"云"翻译成中文"网络"，意指信息传送和所需的计算机集群。因此，"云计算（cloud computing）"也被意译为"网络计算"。如今，云计算这个词被重新启用，其热度以及被赋予的新的含义已远非网络计算所能涵盖。

云计算有很多种表述。它主要倡导的模式是：聚合包括 CPU、存储、网络在内的所有的硬

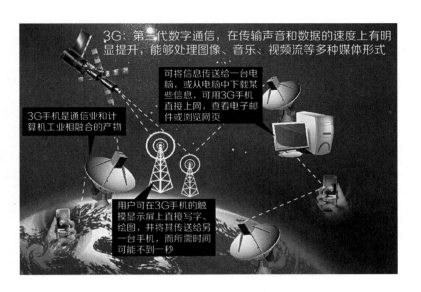

图 8-29　使用 3G 手机"天地对接"示意图

件、软件，以及数据与服务。需要建设规模庞大的数据与应用中心，让个人和企业用户可通过互联网随时访问、分享、管理和使用相关资源。"云"可以是公有云，也可以是私有云。公有云是对外开放的系统，私有云是企业内部的 IT 系统。

有人将提供云计算服务的公司比喻成自来水公司、电力公司或者银行，未来的计算资源像水和电那样可随时获取，而自己的数据信息可以像在银行储蓄一样存在云计算的服务器里。这个比喻虽然还不能完全准确地说明云计算，但是已经是比较生动的了。

可以说，云计算是 IT 产业发展的趋势，IT 产业的计算是越来越大，数据越来越多，越来越动态，越来越实时，越来越需要结构化。仅有服务器和电脑已经不够了，所以一定要走向云计算，有搜索，有电子商务，有数据管理、服务等各种信息的云，云计算是产业催生出来的。

云计算概念自 2006 年被提出以来，全世界都卷入了风起"云"涌的新一轮 IT 革命浪潮之中。它的应用已给谷歌公司和亚马逊公司等先行者带来了明显的好处。比如，谷歌宣称，由于使用了云计算技术，其计算成本仅为竞争对手的 1/100，存储成本仅为竞争对手的 1/30。亚马逊服务器的资源利用率可以达到 40％以上，而中国是 5％～10％。从电力资源角度看，应用了云计算技术的先进数据中心的平均能耗效率在 1.1～1.2 之间，而我国则在 2.2～3 之间。中国的"华为"是云计算的排头兵，2014 年在上海世博会中心召开了多达 80 多个国家的会议来推广它的技术和产品。

同时，云计算的发展还面临诸多挑战。首先是信息安全和隐私保护问题。它涉及三个层面：云计算服务用户数据和应用的安全、云计算服务平台自身安全和云计算平台提供服务的滥用。其次是标准问题。云计算需要借助标准化才能规模化和集约化。全世界已有 50 多个组织宣布加入云计算标准的制定行列，但各个组织对云计算的标准化方向各异，相互牵制，还未取得实质性进展。第三，法律法规问题。各国对数据保护和信息跨界流动的法律法规不尽一致，会直接导致云计算的应用效果大打折扣。

如上所述，云计算离不开计算机，如果采用大型计算机则效果更好，2010年11月4日世界权威的国际TOP500组织在其网站上公布了全球超级计算机500强最新排行榜，中国自主研制的"天河一号"二期系统（TH-1A）跃居榜首，成为世界运算速度最快的超级计算机，见表8-1。值得欣喜的是2014年年底国际上再次排名，中国仍高居第一。

表8-1　2010年11月全球超级计算机前10位（运算速度为持续速度）

序号	国家和计算机名称	运算速度/(10^4亿次/s)
1	中国天河一号（TH-1A）	2566
2	美国 Cray Jaguar	1759
3	中国曙光星云	1271
4	日本 NEC/HP TSUBAME	1192
5	美国 Cray Hopper	1054
6	法国 BULL Tera-100	1050
7	美国 IBM Roadrunner	1042
8	美国 Cray KrakenXT5	831.7
9	美国 IBM JUGENE	825.5
10	美国 Cray CieloXE6	816.6

"天河一号"是在国家"863"计划重大项目"千万亿次高效能计算机系统"和天津市滨海新区的支持下，由国防科学技术大学研制。研制工作从2005年起步，按两期工程实施。一期系统于2009年9月研制成功，峰值速度为每秒1.206×10^7亿次双精度浮点运算（TFlops），持续速度为563.1TFlops（LINPACK实例值），是我国首台千万亿次超级计算机系统，参加2009年11月世界超级计算机TOP500排名，位列亚洲第一、世界第五。二期系统于2010年8月在国家超级计算天津中心升级完成，实现了从亚洲第一向世界第一的重大跨越，取得了我国自主研制超级计算机综合技术水平进入世界领先行列的历史性突破。

超级计算机是指"当前时代运算速度最快的大容量大型计算机"。超级计算机的界定具有显著的时代特征，与当时的计算机技术和应用的发展水平紧密相关。以峰值速度指标为例，2000年前后，每秒万亿、十万亿次双精度浮点运算是超级计算级的标志，而在2009年前后，百万亿次以上已成为超级计算机的新标志。当前，千万亿次已成为超级计算机的新高峰。

与超级计算机相应的还有"超级计算中心"，目前世界上具有千万亿次计算能力的超级计算中心和国家级实验室共有6家，其中美国3家（橡树岭国家实验室、美国能源研究科学计算中心、洛斯阿拉莫斯国家实验室）、中国1家（国家超级计算天津中心）、日本1家（东京技术研究所）、法国1家（法国原子能委员会）、德国1家（欧盟尤利西研究中心）。请读者注意，这些计算机中心和高级实验室是需要特殊的工作活动空间的，这个空间也是一种类型的特种结构，是由土木工程人员去实现和完成的。

现代高科技工程远不止本讲所提到的南极考察站、信息网络、云计算等，但无论科技工程怎么高级，它一定要有基础性设备及操作运行平台传递方式和线路等，这些内容其中相当一部分是土木工作者去完成的。正如本节谈到的，几乎每人都使用的手机，其功能很广，接听、通话乃至收发短信、看新闻等，每天只要手持一个轻便的手机，便可以"打遍天下"，却很少有人关心，这一切要靠土木工作者矗立的那些城市附近数以万计用于发射接收的塔桅结构。不信你到深山密林深处试试看，你的手机信号消失了，处于瘫痪状态，原因是没有一个企业肯于在人迹罕至的山区建立这种塔桅结构。不仅中国，外国也如此，所以经常会有深山遇难连"110"也打不通的新闻报道。

9.1 历史和发展

9.1.1 概述

土木工程是一个古老的学科，同时，它在时代的发展和演变中也不断注入了新的内涵。材料的变革和力学理论的发展起着最重要的推动作用。土木工程所用的材料最初基本是天然材料，如土、木、石等，以后则有烧制的砖瓦，炼制的生铁和熟铁。19世纪发明了现代炼钢法和水泥混凝土，20世纪又出现了预应力技术的各种构件，以及高强钢材、高性能混凝土和工程塑料等。土木工程的科学理论核心——力学，也经历了不同阶段的发展。特别是随着计算工具的进步，实验方法、解析方法所遇到的困难逐渐被数值方法所克服，以现代计算机为依托的力学迅猛发展，使土木工程这一古老学科不断更新内涵，充满着时代气息。所以说，土木工程随着人类的出现而诞生，又随着人类社会的进步而发展，至今已演变成为一门大型综合性学科。

土木工程的发展可划分为三个阶段：第一阶段为古代土木工程阶段，自公元前5000年新石器时代出现原始的土木工程活动开始，至16世纪末意大利文艺复兴导致土木工程走上迅速发展道路为止；第二阶段为近代土木工程阶段，从17世纪中叶开始至20世纪40年代爆发第二次世界大战为止，土木工程进入了定量分析阶段；20世纪中叶以后则为第三阶段，虽然只有半个多世纪，但土木工程却进入了现代化发展阶段。

土木工程与人类生活和生产息息相关，与各行各业有着密不可分的联系，换言之，它们对土木工程都有这样那样的不可或缺的依赖性。只要有人类存在，有人类生活和生产活动的存在，就有土木工程的进步和发展。我们可以肯定地说，土木工程既有着悠久的历史，又有着辉煌的未来。

9.1.2 古代土木工程

1. 从实践中兴起

早在远古时代，由于居住与交往的需要，人类开始了掘土为穴、架木为桥的原始土木工程活动。大约在新石器时代，原始人使用简单的木、石、骨制工具，伐木采石，模仿天然掩蔽物建造居住场所。在我国黄河流域的仰韶文化遗址（约公元前5000—前3000年）和西安的半坡村遗址（约公元前4800—前3600年），均发现有供居住用的浅穴和直径为5~6m的圆形房屋。这两处遗址证明，原始的基础工程和屋面工程已在那时萌芽，如洞内填有碎石片和鹅卵石，洞顶修饰得比较平整。在尼罗河流域的埃及住宅遗址，发现有用密排原木或芦苇束做的屋顶，在低洼的江河湖海附近甚至发现了栽桩架屋的干栏式建筑。我国浙江吴兴钱山漾遗址（约公元前 3000 年），是在密桩上架木梁，上铺悬空的地板。在浙江余姚河姆渡新石器时代遗址（约公元前 5000—前 3300 年），竟发现榫卯结合的木结构结点，这在当时没有金属工具的条件下实在是一大奇迹。

随着生产力的发展，农业、手工业开始分工，约公元前 3000—前 2000 年，人们掌握了原始的冶炼技术，开始使用青铜、铁制工具，进而出现了简陋的施工机械，而烧制技术的进步则导致了砖瓦的出现。这些都为土木工程摆脱原始萌芽时期创造了客观条件。

公元前 5—前 4 世纪，在我国今河北省的临漳境内，西门豹主持修筑了引漳灌邺工程。至公元前 3 世纪中叶，在今四川省灌县，李冰父子主持修建了都江堰，首创了集围堰、防洪、灌溉和交通为一体的综合性工程。形式多样的桥梁也应运而生。公元前 12 世纪初，我国已在渭河上架设浮桥。为了满足跨越大河与行船的需要，都江堰工程首次采用了索桥。与此同时，我国的夯土技术和夯土工程得到了较大发展。在郑州发现的商朝中期板筑城墙遗址和安阳殷墟（约公元前 1100 年）的夯土台基，都说明当时的夯土技术已相当成熟。春秋时期，由于战争的需要，广泛采用了夯土筑城。我国著名的万里长城，就是秦代在魏、燕、赵三国夯土筑城的基础上进一步修筑和贯通后，又经历代多次修筑加固留存至今的举世杰作。

埃及在公元前 27—前 26 世纪，建造了世界最大的帝王陵墓建筑群——吉萨金字塔群，在公元前 16—前 4 世纪，在底比斯等地兴建了凯尔奈克神庙建筑群。希腊则在公元前 5 世纪建成了雅典卫城。这些建筑大都结构精美、构造准确、施工精细、规模宏大，显示了很高的艺术技术水平。

值得一提的是，在同一时期人们已经开始注意总结经验，运用简单的科学技术知识。早在公元前 5 世纪，我国就已出现了以记述木工、金工等工艺为主且兼论城市、宫殿、房屋建筑规范的土木工程专著——《考工记》（春秋末齐国记录手工业规范的官书）。公元前 3 世纪，埃及人在兴修水利等工程中已运用并积累了一些几何学和测量学方面的知识。这说明土木工程已开始由感性阶段上升到理性阶段，从实践中总结出了理论。

2. 辉煌的成就

伴随着铁制工具的普遍采用，由于工效提高，人们从形式到内容、从数量到质量都对土木工程提出了更高的要求。大规模营建宫殿寺庙、兴修道路桥梁，促使专业分工更为细致、技术日益精湛，从此古代土木工程进入了它的发达兴旺时期。

（1）房屋建筑。在房屋建筑工程方面，我国和欧洲沿着两种不同的结构体系发展，各自取得了辉煌的业绩。

中国的古代房屋建筑主要采用木结构体系，并逐渐形成与此相适应的建筑风格。早在汉代，在结构方式上就派生出抬梁、穿斗、井干 3 种，而以抬梁最为普遍。平面布局多呈柱网，柱网之间视需要砌墙和安设门窗。墙是填充墙，不传递屋面荷载。对宫殿庙宇等高等级建筑，在柱上和檐枋间安装有逐次悬挑的斗拱，层次分明。公元 8 世纪在山西省五台山兴建的南禅寺正殿和公元 9

图 9-1 应县木塔剖面图

世纪兴建的佛光寺大殿，均属历史悠久且又较完整的遗存的中国木构架建筑的典范。公元 15 世纪在北京修建的故宫，历经明、清两代，是世界上现存最大、最完整的古代木结构宫殿建筑群，占地 72 万 m²，有房屋 8700 余间，总建筑面积达 15 万 m²。整个建筑按南北中轴线对称布局，层次分明，主次有序，做工精美，宏伟壮观，严谨华丽，体现了中国古代建筑的优秀传统和独特风格，堪称世界一绝。

高层木结构的发展与佛塔的建造有着密切的关系。公元 2 世纪末，徐州的浮屠寺塔就已体现了楼阁式的特点，而到公元 11 世纪建成的山西省应县佛宫寺释迦塔（应县木塔），见图 9-1，已经是一个典型的蔚为壮观的木结构高层建筑了。该塔高 67.3m，呈八角形，底层直径 30.27m，每层用梁柱斗拱组合为自成体系的完整而稳定的构架，是世界上现存最高的木结构之一。

中国还有一种极具特色的建筑——土楼。早在公元 8 世纪（唐朝）以前，福建永定境内就建有客家人的土楼，至元代已相当普遍，以后明清各代也不断兴建，据查在永定境内现存 23000 多座。这种土楼采用砌石基础，上部则与夯土与木结构结合，砌石基础很好地解决了南方多雨对地基的浸泡，夯土与木结构结合不仅就地取土方便，而且木结构又对夯土起了重要支撑作用，可使土楼做得十分高大，而表层土又保护了木结构不直接受风吹日晒等自然侵蚀。2008 年 7 月已在第 32 届世界遗产大会上被正式列入《世界遗产名录》。图 9-2 给出了一幅土楼的照片，看上去十分壮观而有特色。

图 9-2 福建土楼的标志——田螺坑土楼群

与此同时，欧洲以石拱结构为主的古代房屋建筑也达到了很高的水平，取得了辉煌成就。

公元前 2 世纪，罗马人已懂得采用石灰和火山灰的混合物作胶凝材料，制成天然混凝土，广泛用于各种建筑和构筑物，并有力地推动了古罗马拱券结构的发展，由早期的一般拱券发展为穹顶，其跨越的尺度和覆盖的空间比梁柱体系要大得多。公元 120—124 年修建的罗马万神庙，其圆形正殿屋顶的直径达 43.43m，是古代最大的圆顶庙。这一时期，古罗马兴建了大量以石拱结构为主的公共建筑，其类型之多，结构设计之合理，施工技术之精美，样式手法之丰富，在全世界是少有的。更令人们称颂的是，该时期已初步建立了土木建筑方面的科学理论，古罗马建筑师维特鲁维（Marous Vitruvius Pollio，公元前 1 世纪）所著的《建筑十书》（*De Archileotura Libri Decem*）（公元前 1 世纪）就是一个典型代表，它建立了欧洲土木建筑的科学体系。

进入中世纪以后，拜占庭继承了古希腊、古罗马的土木建筑技术，在方形平面柱网上使用穹顶取得了开敞的内部空间。建于公元 532—537 年的圣索菲亚教堂以及 8 世纪兴建的一些阿拉伯建筑，均属这一风格的代表作。此后，西欧各国继承并发展了古罗马的建筑技术和建筑风格，如意大利的比萨大教堂建筑群（11—13 世纪）、法国的巴黎圣母院（1163—1271 年）均为这一时期的著名建筑，构成并完善了哥特式教堂建筑的结构体系。

15—16 世纪进入了意大利文艺复兴时期，著名的佛罗伦萨（Firenze）教堂（1420—1470 年）的穹顶堪称世界之最，罗马的圣彼得大教堂（1506—1626 年）更集中反映了意大利在这一时期建筑结构和施工的最高成就。

（2）其他土木工程。在房屋建筑大量兴建的同时，其他方面的土木工程也取得了重大成就。秦朝统一中国后修建的以咸阳为中心通向全国的驰道，主要线路宽 50 步，形成了全国规模的交通网。而在欧洲，罗马比我国秦朝早些也修建了以罗马城为中心，包括有 29 条辐射主干道和 322 条联络干道、总长达 78000km 的罗马大道网。

随着道路的发展，桥梁建筑也取得了很大成就。据史籍记载，秦始皇为了沟通渭河两岸的宫室，兴建了一座 68 跨咸阳渭河桥，是世界上最早和跨度最大的木结构桥梁。此外，隋代还修建了世界著名的空腹式单孔圆弧石拱桥——赵州桥，净跨达 37.02m。

这一时期的水利工程也取得很大成就。公元前 3 世纪，我国秦代在今广西兴安开凿了灵渠，总长 34km，落差 32m。公元前 256 年，时任秦国蜀群太守李冰与其子主持修建的四川都江堰水利工程历时 8 年，将岷江分为外江和内江，外江排涝，内江灌溉，分水岭的头部形似"鱼嘴"，与"宝瓶口"、"飞沙堰"并称为都江堰的三大水利工程，见图 9 - 3。

都江堰造福万代，泽惠千秋，发挥了巨大的社会经济效益，灌区现已达到 6 个地区，36 个县（市）实灌 1000 多万亩，成为 2000 多万人民生产生活须臾不可离开的"母亲河"。

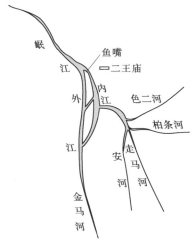

图 9 - 3　都江堰鱼嘴分流简图

最值得称道的是 2014 年被联合国批准列入世界文化遗产名录的"中国大运河遗产"，它涉及 8 个省（直辖市）、132 个遗产点和 43 段河道，主要包括京杭运河、隋唐运河和浙东运河三部分，地跨北京、天津、河北、山东、江苏、浙江、河南和安徽 8 个省（直辖市）。大运河遗产的建设年代包括春秋、战国、汉、隋、唐、宋、元、明、清、近代，展现了大运河自春秋时期（公元前 3 世纪）创建、隋唐至明清持续扩建，前后历经 2000 余年，时间空间跨度之大世所罕见。中国大运河在第 4 章水利工程中已有较详尽的记述，见图 9-4。

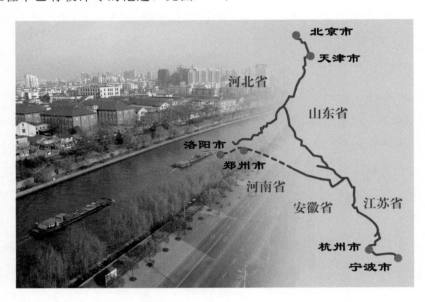

图 9-4　中国大运河遗产

　　在土木工程工艺技术方面，这一时期的分工日益细致。工种已分化出木作、瓦作、泥作、土作、雕作、旋作、彩画作和窑作（烧砖瓦）等。在公元 15 世纪，意大利已出现了早期的建筑师和工程师。这一时期出现了最早的仪器和度量设备，如抄平水准设备，度量外圆、内圆及方角的"规"和"矩"，已能绘制平面、立面、剖面和细部大样图。许多优秀的土木工程著作，如我国北宋时期李诫（约 1110 年）编纂的《营造法式》、意大利文艺复兴时期阿尔贝蒂（Leon Battista Alberti，1404—1472 年）撰著的《论建筑》等，均为这一时期的代表作。

　　表 9-1 给出了一个简明的古代土木工程发展的典型范例，从中可以较为系统地了解这一时期土木工程的发展概况。

表 9-1　　　　　　　　　　古代土木工程发展的典型范例

时　间	典　型　范　例
公元前 50—前 26 世纪	浙江余姚河姆渡新石器时代遗址（公元前 50—前 33 世纪）； 黄河流域的仰韶文化遗址（公元前 50—前 30 世纪）； 西安半坡村遗址（公元前 48—前 36 世纪）； 埃及吉萨金字塔（公元前 27—前 26 世纪）

时　间	典　型　范　例
公元前 5—前 1 世纪	希腊雅典卫城（公元前 5 世纪）； 春秋齐国土木工程专著《考工记》问世（公元前 5 世纪）； 万里长城（公元前 5—前 3 世纪）； 河北西门豹引漳灌邺工程（公元前 5—前 4 世纪）； 李冰父子主持修建的都江堰工程（公元前 3 世纪）； 中国大运河（公元前 3 世纪）； 罗马用火山灰作胶凝材料（公元前 2 世纪）； 罗马建筑师维特鲁维《建筑十书》问世（公元前 1 世纪）
1—7 世纪	罗马万神庙（120—124 年）； 徐州浮屠寺塔（2 世纪）； 圣索菲亚教堂（532—537 年）
8—16 世纪	中国福建土楼（8 世纪）； 五台山南禅寺、佛光寺正殿（8—9 世纪）； 宋朝李诫《营造法式》问世（11 世纪）； 山西应县木塔（11 世纪）； 比萨大教堂，巴黎圣母院（11—13 世纪）； 北京故宫（15 世纪）； 罗马圣彼得教堂（1506—1626 年）

9.1.3　从"世界遗产名录"看中国古代土木工程的辉煌

　　截至 2014 年 6 月 26 日中国被批准列入《世界遗产名录》的世界遗产已达 46 项，在数量上位居全球第二位。

　　中国被列入世界遗产名录的 46 处中又分世界文化遗产 28 处，世界自然遗产 10 处，世界文化与自然遗产 4 处，世界文化景观遗产 4 处，详见表 9-2。请读者注意 28 处世界文化遗产无一不是土木工程的杰作。

9.1.4　近代土木工程

　　古代土木工程尽管取得了极其辉煌的成就，但大都局限于为王室、宗教所利用，表现为一些单个的具体作品，土木工程远未构成一门独立的学科。然而，从 17 世纪中叶开始，土木工程发生了质的飞跃。1638 年意大利学者伽利略（Galileo）发表了《关于两门新科学的对话》，首次用公式表述了梁的设计理论。1687 年，牛顿总结出力学三大定律，为土木工程奠定了力学分析的基础。1744 年瑞士数学家欧拉（L. Euler）发表了"曲线的变分法"，建立了柱的压屈公式。1773 年法国工程师库仑（Coulomb）发表了著名论文《建筑静力学各种问题极大极小法则的应用》，阐述了材料强度的概念以及挡土墙的土压力理论。

世界文化遗产（28 处）	• 周口店北京人遗址 • 甘肃敦煌莫高窟 • 长城 • 西安秦始皇陵及兵马俑坑 • 明清故宫 • 湖北武当山古建筑群 • 山东曲阜孔庙、孔林、孙府 • 河北承德避暑山庄及周围寺庙 • 西藏布达拉宫（大昭寺、罗布林卡） • 苏州古典园林 • 山西平遥古城 • 云南丽江古城 • 北京天坛 • 北京颐和园 • 重庆大足石刻 • 皖南古村落（西递、宏村） • 明清皇家陵寝 • 河南洛阳龙门石窟 • 四川青城山和都江堰 • 山西大同云冈石窟 • 高句丽王城、王陵及贵族墓葬 • 澳门历史城区 • 河南安阳殷墟 • 广东开平碉楼与村落 • 福建土楼 • 河南登封"天地之中"古建筑群 • 元上都遗址 • 中国大运河
世界自然遗产（10 处）	• 四川九寨沟 • 四川黄龙 • 湖南武陵源 • 云南三江并流 • 四川大熊猫栖息地 • 中国南方喀斯特 • 江西三清山 • 中国丹霞 • 云南澄江化石地 • 新疆天山
世界文化与自然遗产（4 处）	• 山东泰山 • 安徽黄山 • 四川峨眉山—乐山大佛 • 福建武夷山
世界文化景观遗产（4 处）	• 江西庐山 • 山西五台山 • 杭州西湖 • 云南红河哈尼梯田

18 世纪下半叶，以瓦特发明蒸汽机为标志的产业革命带动了近代土木工程的发展。1824 年英国人阿斯普汀（J. Asptin）发明了波特兰水泥；1856 年转炉炼钢成功，为土木工程提供了充分而坚实的物质基础。蒸汽机和电动机在抽水、打桩、挖土、轧石、压路和起重等作业方面的应用，开创了土木工程施工机械化和电气化的进程。

自此以后，一系列带有典型性的土木工程大量兴建。

1825 年，英国采用盾构技术开凿泰晤士河底隧道；同年，英国的斯蒂芬森（Stephenson）建成第一条长达 21km 的铁路；也是在同一年，英国特尔福德（T. Telford）用锻铁建成了跨度 177m 的威尔士梅奈悬索桥。1863 年，英国伦敦建成世界第一条长 7.6km 的地下铁道。1869 年美国建成横贯北美大陆的铁路；同年，苏伊士运河开通。1875 年法国工程师莫尼埃（J. Monier）主持建造了第一座长 16m 的钢筋混凝土桥。1886 年美国芝加哥建成第一座高达 9 层的保险公司大厦，被誉为近代高层建筑的开端。1889 年法国建成高达 300m 的埃菲尔（Eiffer）铁塔，使用熟铁近 8000t 之多。1914 年巴拿马运河开通。1885 年德国奔驰汽车问世以后掀起了兴建高速公路的热潮，仅德国 1931—1942 年间就修建了长达 3860km 的高速公路网。1937 年美国在旧金山修建跨度 1280m、全长 2825m 的金门悬索桥，成为桥梁的代表性工程。

1928 年，法国工程师弗雷西内（Freyssinet）研制成功预应力混凝土，为钢筋混凝土结构向大跨高层发展提供了保障；1933 年，法国、苏联和美国分别建成跨度达 60m 的圆壳、扁壳和圆形悬索屋盖；1931 年，在美国纽约建成了保持世界纪录达 40 年之久的帝国大厦，共 102 层，高 378m，结构用钢超过 5 万 t，内装电梯 67 部，以及各种复杂的管网系统。

这一时期，中国的土木工程也有了一定的发展：1909 年，詹天佑主持兴建了难度很大的京张铁路，全长 200km，沿程 4 条隧道，最长的八达岭隧道 1091m；1929 年建成中山陵；1934 年在上海建成 24 层的钢结构国际饭店；1937 年建成全长 1453m 的钢结构钱塘江大桥。在材料方面，1889 年在唐山建成了中国第一个水泥厂；1910 年开始生产机砖。这些工程建设在中国近代土木工程史上都具有一定的代表性。表 9-3 给出了一些近代土木工程发展的典型范例。

近代土木工程的实践，必然促进理论水平的提高。以土木工程作为一个学科的教育事业也得到了很大发展。在这一时期，力学、静力学和结构动力学逐步形成，各种静定和超静定桁架内力分析方法和图解法得到了很快发展。1825 年纳维建立了结构设计的容许应力分析法；19 世纪末特尔等人提出了钢筋混凝土理论，应用了极限平衡的概念；1900 年前后，钢筋混凝土弹性方法被普遍采用。与此同时，各国还制定了各种类型的设计规范。1906 年美国旧金山大地震和 1923 年日本关东大地震，推动了结构动力学和工程抗震技术的发展。在弹性理论成熟的同时，塑性理论、极限平衡理论也得到发展和应用。理论上的突破又极大地促进了工程实践的发展，促使土木工程学科日臻完善和成熟。

中国土木工程教育事业和学术团体也在这一时期初步形成。1895 年创办了天津北洋西学学堂；1896 年在唐山创办了北洋铁路官学堂；1912 年成立了中华工程师会，詹天佑任首届会长，并在 1936 年起分设了中国土木工程师学会。到第二次世界大战结束时，中国土木工程已初步形成了高等教育体系和学术团体，并拥有一支较其他自然科学强一些的技术力量。

表 9 - 3　　　　　　　　　近代土木工程发展的典型范例

世纪	年份	典　型　范　例
17	1638	意大利伽利略首次用公式表达了梁的设计理论
	1687	牛顿三大定律问世，奠定了土木工程力学分析的基础
18	1744	欧拉建立了柱的压屈公式
	1773	库仑（法）发表建筑静力学问题及土压力理论
	1750 以后	瓦特发明蒸汽机，引发了英国著名的工业革命
19	1824	阿斯普汀（英）发明波特兰水泥
	1825	英国土木工程辉煌的一年 （1）用盾构技术开凿泰晤士河底隧道 （2）斯蒂芬森建成第一条长 21km 的铁路 （3）特尔福德用锻铁建成跨度 177m 威尔士梅奈悬索桥
	1863	英国伦敦建成第一条长 7.6km 地下铁道
	1869	美国建成横贯北美大陆的铁路；苏伊士运河开通
	1875	莫尼埃（法）建造了第一座长 16m 的钢筋混凝土桥
	1885	德国奔驰汽车问世，带动了高速公路的发展，此后兴起了世界范围的兴建高速公路的热潮
	1886	芝加哥建成第一座高达 9 层的保险公司大厦，开创了建造高层建筑的时代
	1889	法国在巴黎建成高达 300m 的埃菲尔铁塔；中国在唐山建成第一个水泥厂
20 世纪前半叶	1909	中国詹天佑主持兴建京张铁路，全长 200km，沿程 4 条隧道，最长的八达岭隧道 1091m
	1914	巴拿马运河开通
	1928	工程师弗雷西内（法）研制成了预应力混凝土
	1929	中国建成中山陵
	1931	纽约建成高 378m、102 层的帝国大厦，保持世界纪录达 40 年之久
	1934	上海建成 24 层钢结构国际饭店
	1937	中国建成全长 1453m 钢结构钱塘江大桥

随着生活水平的提高，人类对文化、艺术、美学等方面的需求也日益增长，从而促使土木和建筑在 19 世纪中叶逐渐开始分为各有侧重的两个学科分支。

9.1.5　现代土木工程

第二次世界大战以后（1945 年），许多国家经济起飞，现代科学日益进步，从而为土木工程的进一步发展提供了强大的动力和雄厚的物质基础。一个以现代科学技术为强大后盾的现代土木工程时代开始了。

1. 与现代科技紧密联系

现代土木工程的特征之一，是工程设施与它的使用功能或生产工艺紧密地结合在一起。为了满足人们生产和生活所需的各种特殊功能要求，现代土木工程早已超出了传统意义上的挖土盖房、铺路架桥的范围，它与各行各业紧密相连、相互渗透、相互支持、相互促进，构成一幅人类在高科技水平上共同迈进的宏伟景象。

以和人们生活最相关的公共建筑和住宅建筑为例，它们已不再仅仅是徒具四壁的房屋了，而是要求与采暖、通风、给水、排水、供电、供热、供气、收视、通信和计算机网络、智能技术等现代高科技密切联系在一起。

随着世界经济的复苏，各国都大量投资于各种基础设施。欧洲以及美国和日本的高速公路，德国莱茵河和法国塞纳河上的许多斜拉桥，欧洲以及美国和日本等的许多大城市的高层建筑和地铁的发展，大跨飞机库、体育馆、航空港站、核电站，以及由日本和丹麦两个岛国从 20 世纪 60 年代起率先启动的跨海工程，如海底隧道和跨海大桥纷纷兴建。

随着经济的发展和人口的增长，城市用地更加紧张，交通更加拥挤。这就迫使房屋建筑和道路交通向高空和地下发展，高层建筑几乎成为现代化城市的象征。1973 年，美国芝加哥建成高达 443m 的西尔斯（Sears）大厦，其高度比 1931 年建造的纽约帝国大厦高出 65m 左右。1996 年马来西亚建成高 450m 的吉隆坡双塔楼。1997 年我国上海金茂大厦采用钢筋混凝土和钢结构混合结构，高 421m，不久"上海中心"大厦建成，高 632m，位居中国第一，世界第二。2010 年建成的 828m 的迪拜塔应属世界之最了。

1976 年建成的多伦多电视塔为三肢抱中心圆构成的 Y 形截面预应力混凝土电视塔，高 549m，位居当年世界之冠；位居第二的则属 1967 年建成的高 537m 的莫斯科电视塔；我国 1995 年建成的上海电视塔"东方明珠"，高 468m，位居第三；其他依次为 421m 的吉隆坡电视塔以及我国的天津电视塔（406m）和北京电视塔（380m）。作者发稿前 2010 年广州为了迎接亚运会建了一座高达 600m 的"小蛮腰"电视塔，见第 2 章特种结构，该塔现居世界第一。

具有特殊功能要求的各类特种工程结构，更与现代科学技术紧密联系、相互依存。如核电站，在 20 世纪 80 年代初，全世界已有 23 个国家拥有 277 座，在建的还有 613 座；21 世纪初叶，据不完全统计，全世界核电机组 400 多座。我国也建有核电站，核电机组 22 台，装机总容量达 2010 万 kW 以上，正在筹建的则更多，预计 2020 年我国核电电力总装机容量可达 5800 万 kW。与核电站建设密切相关的安全壳就是一个防护功能要求很高的特种土木工程结构。再如海上采油，目前世界上仅为采油需要的海上平台已超过8000座，中国也建有百座以上。这种平台所处的环境险恶、荷载复杂、施工困难，而功能要求很高，这使得土木工程必须用现代科学技术进行武装，而反过来，土木工程的进步又促进了现代科学技术的发展。

高速公路兴建的热潮在世界范围展开。1984年，美国已建成高速公路81105km，德国12000km，加拿大6268km，英国2793km，法国1985年统计已建成5886km。我国起步较晚，但到1997年高速公路通车里程已达4735km，2008年年初达到5.36万km，2011年高速公路的总里程竟高达8.5万km，居世界第二位。我国铁路也取得了很大的发展，总运营里程10万多km，其中高铁1.6万多km，居世界第一。我国还是世界上唯一采用客货混线，速度、密度、重载并举的铁路运输模式的国家。我国以占有世界铁路6%的运营里程完成了世界铁路25%的周转量，运输密度与效率高居世界第一。

交通高速化又直接促进了桥梁、隧道技术的发展，不仅穿山越江的隧道日益增多，而且出现了长距离的海底隧道，如穿越日本津轻海峡的青函海底隧道长达53.85km（1985年）；贯通英吉利海峡的英法海底隧道长达50.5km，于1993年通车，人们用35min即可从欧洲大陆通过英吉利海峡到达英国本土。关于桥梁建设，仅以长江大桥为例，新中国成立初期在苏联援助下只建了一座武汉长江大桥，此后完全由我国自行设计的南京长江大桥也通车了。改革开放后，由于社会经济发展的需要，建桥热在全国兴起，现在从长江上游到下游已建有100余座桥梁，桥型也不断翻新，美不胜收。

现代航空事业得到了飞速发展，航空港遍布世界各地，容量越来越大，功能越来越全。1974年投入使用的巴黎戴高乐航空港，拥有4条跑道，混凝土跑道厚达40cm，占地面积2995万m^2，按旅客量5000万人次/a、高峰小时起降150架次设计。可以与该航空港相提并论的还有美国的芝加哥国际航空港，港内设施齐全，布局严谨，年吞吐量为4000万人次，高峰小时起降可达200架次。我国扩建的首都机场T3航站楼，年吞吐量可达6000万人次，比上述两个大型机场还多1000多万人次。这样庞大的交通中心，仅停车车位就多达3400多个，对道路、房屋和导航设施等的要求都很高，完成这样的建设项目，没有现代土木工程技术与之配合是完全不可能的。2014年12月末又传来喜讯，北京新机场将在北京大兴县与廊坊之间开建。该机场分两期建设，第一期按年吞吐量7200万人次货邮吞吐量200万t、4条跑道及70万m^2的航站楼建设，各项指标均超过已建成的首都机场T3航站楼，总投资800亿元之巨。表9-4给出几个现代土木工程的典型范例。

请读者注意表9-4中21世纪现代土木工程的典型范例，几乎全是中国的。一个重要的原因是世界新兴经济体中中国是发展最快的，其一是历史上欠债太多，其二是改革开放政策的激励，后者可能更为重要。从世界范围来看，固然也不乏惊人之举如迪拜塔的建成，但总体上发达国家大都完成了工业化，战后大规模的恢复建设也告尾声。可以毫不夸张地说一句中国的基本建设称得上是无与伦比的。

表 9 - 4　　　　　　　　　　　现代土木工程的典型范例

世纪	年份	典 型 范 例
20	1973	芝加哥建成西尔斯（Sears）大厦，高 443m，首次突破了 1931 年纽约帝国大厦的高度
	1974	戴高乐机场建成 4 条跑道，年吞吐量 5000 万人次
	1976	多伦多电视塔建成，高 549m
	1985	日本青函海底隧道建成通车
	1993	英吉利海峡海底隧道通车，全长 50.5km，处于海平面下 100m 深度
	1996	马来西亚吉隆坡双塔楼建成，高 450m
21	1994—1997	中国京九铁路建成通车，全长 2000km
	1993—2009	中国三峡工程
	2002—2005	中国西气东输工程开始通气，全长 4167km
	2001—2006	中国青藏铁路修建，全长 1100km
	2006—2008	中国首都机场扩建 T3 航站楼，年吞吐量为 6000 万人次
	2003—2008	中国国家大剧院
	2004—2008	中国北京奥运场馆，如鸟巢、水立方等
	2006—2050	中国南水北调工程，2014 年年底东、中两线已建成通水
	2000—2013	中国建成横跨长江的上百座大桥，包括苏通大桥、杭州湾大桥
	2006—2013	中国相继建成 15 个核电站
	2008—2013	中国高铁快速建设已超 1 万 km，居世界第一
	2008—2013	中国西气东输二线、三线建成、正建设四线
	1980—2013	中国先后建成西昌、酒泉、太原等多个卫星发射中心
	...	......

2. 材料和理论的进步

现代土木工程材料进一步轻质化和高强化，涌现了许多现代新型建筑材料，如高性能混凝土、铝合金、玻璃幕墙、石膏板、建筑塑料和玻璃钢等一系列新的工程材料，并为土木工程所广泛采用。以玻璃幕墙为例，第二次世界大战后一大批玻璃幕墙的杰作问世。著名的有芝加哥西尔斯大厦和汉考克大厦，慕尼黑玻璃宫，汉堡尤利尼华大厦，温哥华西海岸通信大楼，以及东京赤坂王子饭店等。20 世纪末，我国开始大面积使用玻璃幕墙。C50～C60 级混凝土已在工程中普遍应用，通过采取掺硅粉、粉煤灰等各种措施配制高性能混凝土和超高强混凝土已取得了成功并得到应用，从世界范围来看，采用 C50～C80 的混凝土已相当普遍。

20 世纪 80 年代起，随着材料技术和大规模集成电路技术的进步，美国军方率先提出并开始了智能材料的应用。在土木工程领域有两个方面已经起步并逐步推广：一方面是具有自诊断和自适应功能的"机敏混凝土"系列；另一方面是具有感觉和自我调节功能的"智能减震"系统。在智能建筑方面，我国也呈现出了良好的发展势头。有文献指出，中国目前智能建筑的投资占建筑总投资的 $5\%\sim8\%$，有的可达 10%。

第二次世界大战后，大规模现代化建设促进了建筑标准化和施工过程的工业化。人们力求推行工业化的生产方式，在工厂中成批地生产房屋、桥梁的各种构配件、组合体等，然后运到现场装配。在 20 世纪 50 年代后期，这种预制装配化的潮流几乎席卷了以建筑工程为代表的许多土木工程领域。自 70 年代以来，国外已开始采用大吨位高塔吊；近 10 年来则采用 K－25000 塔吊，高140m，起吊能力达 25000t。集中拌和的商品混凝土和混凝土运输车已相当普遍，我国大中城市的商品混凝土普及率已达 90%，泵送高度达到 382.5m（金茂大厦），国外已达 432m。许多先进的施工方法如滑模、爬模也得到了普遍的应用。

理论上的成熟和进步，是现代土木工程的一大特征。一些新的理论与分析方法，如计算力学、结构动力学、动态规划、随机过程和波动理论等已深入到土木工程的各个领域。特别是随着计算机的问世和普及，测试手段、分析方法、数据处理和动态管理等展现出了一幅全新的图景。许多复杂的工程过去无法进行分析，也难以模拟，现在由于新技术和计算机科学技术的应用，以往存在的问题已逐步得到解决。1981 年，英国建成单跨达 1410m 的亨伯（Humber）悬索桥；1983年，西班牙建成单跨达 440m 的卢塞纳（Lucena）预应力混凝土斜拉桥；我国建成的杭州湾大桥、苏通大桥以及胶州湾大桥，这些桥在设计过程中均进行了计算机分析。

从 20 世纪 50 年代开始，美国等有关国家将可靠性理论引入土木工程领域。我国近年来陆续颁布的工程结构设计标准，都已将基于概率分析的可靠性理论应用于工程实际。计算机技术也远不只是用于结构的力学分析，而是渗透到土木工程的各个领域，如计算机辅助设计、辅助制图、四维现场管理、网络分析、结构优化乃至人工智能，将土木工程专家个体的知识和经验加以集中和系统化，从而构成了专家系统等。凡此种种，充分说明了现代土木工程在理论上已经达到相当高的水平，与其他现代科学相比毫不逊色。

以工程决策、多目标全局和全寿命优化、不确定信息的科学处理、智能专家系统、反馈理论等为内涵的软科学的引入，将会给土木工程这个古老的学科带来新的更为蓬勃发展的生机。

现代各国几乎都有关于土木工程学科的学术组织，我国也不例外。中国土木工程学会就是在中国科协领导下的一级学会，是我国土木工程学科最高的群众性学术团体。

按照国务院学位委员会颁布的学科分类，土木工程作为一级学科包括以下几个二级学科：结构工程，桥梁与隧道工程，岩土工程，防灾减灾工程及防护工程，市政工程（主要是给水排水和城市防洪工程），供热、供燃气、通风与空气调节工程等。高等学校大部分按二级学科设置专业。

与土木工程有关的主要国际学术组织有国际桥梁与结构工程协会（IABSE）、国际隧道工程协会（ITA）、国际土力学与岩土工程协会（ISSMGE）、国际结构混凝土工程协会（FIB）、国际空间结构协会（IASS）、国际地震工程协会（IAEE）、国际风工程协会（IAWE）等。

9.2　辉煌的未来

9.2.1　面临的挑战和机遇

土木工程已经取得了巨大的成就，要知道未来的土木工程发展的前景怎样，首先要弄清目前人类社会所面临的挑战和发展机遇。土木工程目前面临的形势是：

（1）世界正经历工业革命以来的又一次重大变革，这便是信息（包括计算机、通信、网络等，详见第8章）工业的迅猛发展，可以预计人类的生产生活方式将会发生重大变化。

（2）航空、航天事业等高科技事业的发展。月球上已经留下了人类的足迹，对火星及太阳系内外星空的探索已取得了巨大进步。

（3）地球上居住人口激增。目前世界人口已达70亿，预计到21世纪末，人口要接近百亿，而地球上的土地资源是有限的，并且会因过度消耗而日益枯竭。

（4）生态环境受到严重破坏，如森林植被被破坏，土地荒漠化，河流海洋水体污染，城市垃圾成山，空气混浊，大气臭氧层破坏等，人类生存环境日益恶化。

人类为了继续生存，为了争取舒适的生存环境，土木工程必将有重大的发展。

9.2.2　继续发展传统的土建项目

为了解决城市土地供求矛盾，城市建设将向高、深方向发展。例如高层建筑，我国已建成的"上海中心"高632m，美国拟在芝加哥建Mglin-Beitler大厦，地上141层，高610m。日本竹中工务店技术研究所提出了一个摩天城市（sky city）的方案，底座为400m×400m，地下深60m，地上高1000m，总建筑面积800万m²，可居住3万～4万人。2010年阿联酋建成了世界最高的迪拜哈法利塔，高达828m。在我国除了修建标志性大厦以外，随着城镇化的进展还要开发房地产业，中国对住宅的需求量是很大的，这也为今天的学生——明天的工程师们提供了广泛的就业机会和施展才能的舞台。

交通土建工程在21世纪将有巨大的进步。已经设想的环球铁道和环球高速公路已有多种方案。这一工程实现以后，人们可以从南美洲阿根廷的火地岛合恩角北上经南美洲、北美洲，从阿拉斯加穿越白令海峡到俄罗斯，经中、蒙、俄到东欧、西欧，再从西班牙穿直布罗陀海峡到摩洛哥，经北非，穿撒哈拉大沙漠到南非，直达好望角。其中跨白令海峡和直布罗陀海峡的大桥已有设计方案，并在土木工程有关杂志上发表。我国倡导的一带一路（即丝绸之路经济带和海上丝绸之路），其中一带就是一个以铁路运输为主的新的丝绸之路的方案，该方案东起泉州，西至黑海或伊朗的德黑兰，最后抵达德国的杜伊斯堡。令人庆幸的是，这条横跨亚欧的铁路大动脉截止到2014年年底，已有200多列火车往返穿越。此外，从昆明经缅甸、孟加拉国到印度的铁路，从昆明经仰光到曼谷，或从仰光经马来西亚到新加坡的国际铁道也已经过一些国际会议研究，在技术上已无重大障碍，只要投资及利益分配得到落实，21世纪前半叶建成通车是有希望的。至于海上丝绸之路，北起我国丹东，向南之后向西可达非洲各国，向东则可达阿根廷-巴西乃至拉丁美州各国。

中国国内铁路建设方面，京沪高铁、沪杭高铁、青藏铁路等均已建成通车。截止到 2014 年高铁运行总里程超过 1.6 万 km，居全球第 1。

在公路建设方面，我国已完成了"7918"及五纵七横公路规划。这些干线贯通了首都、直辖市和各省、自治区的省会或首府，连接了人口 100 万以上的大城市和 50 万人口以上的中等城市，为各城市间提供了快速、直达、舒适的运输环境。截止到 2014 年年底中国高速公路总里程接近 9 万 km，仅次于美国，位居第 2。

在航空港及海港和内河航运码头的建设方面也会有巨大的进步和发展。

9.2.3 材料的进步和更新

材料的发展被公认为是土木工程发展最重要的标杆之一，几乎没有人否认近代和现代土木工程的巨大发展与水泥和钢材的发明有着紧密的不可分割的联系，甚至可以说水泥和钢材的发明引发了土木工程的革命。

1. 发展并改善传统材料的性能

混凝土材料应用很广，且耐久性好，但其强度（比钢材）低，韧性差，建造工程笨重且易开裂。目前混凝土强度常用的可达 C50～C60（强度为 $50～60N/mm^2$），特殊工程可达 C80～C100，今后将会有强度高达 C400 的混凝土出现，而常用的混凝土可达 C100 左右。为了改善韧性，加入微型纤维的混凝土、塑料混合混凝土正在开发应用之中。钢材的主要问题是易锈蚀、不耐火，必须研制生产耐锈蚀（甚至不锈）的钢材，生产高效防火涂料用于钢材及木材。

2. 化工复合材料

化工制品具有耐高温、保温隔声、耐磨耐压等优良性能，用于制造隔板等非承重功能构件很理想。复合材料是由增强材料和基体构成，根据复合材料中增强材料的形状，可以分为颗粒复合材料、层合复合材料和纤维增强复合材料。纤维增强复合材料（Fiber Reinforced Polymer，FRP）是由高性能纤维与基体按一定比例并经过一定工艺复合形成的一种高性能新型材料。目前常见的纤维种类有玻璃纤维、硼纤维、碳纤维、芳纶纤维、陶瓷纤维（包括碳化硅纤维和氧化铝纤维）、聚烯烃纤维、PBO（一种高分子有机材料）纤维以及金属纤维等；常见的基体有树脂、金属、陶瓷和碳素。目前土木工程结构中常用的 FRP 材料主要是树脂基体的碳纤维（Carbon Fiber）、玻璃纤维（Glass Fiber）和芳纶纤维（Aramid Fiber），分别简称为 CFRP、GFRP 和 AFRP，GFRP 即通常所说的玻璃钢。

近年来，FRP 材料（主要是片材）加固补强混凝土结构的技术在工程中得到了很好的应用。随着这项技术在世界各地的推广和发展，FRP 材料的轻质高强、耐腐蚀、施工性能好等优越性能逐渐被工程界认可，开始以各种形式应用于土木与建筑结构工程中。目前，FRP 材料的应用和研究十分活跃，并已逐渐形成了一个新的学科增长点。

为了让读者有一个更直观的认识，这里给出了一个土木工程结构中常用纤维的主要力学性能与钢材的对比表，见表 9-5。

表 9-5　　　　　　　　土木工程结构中常用纤维的主要力学性能与钢材对比

纤维种类		比重	拉伸强度/GPa	弹性模量/GPa	热胀系数/$10^{-6}℃^{-1}$	延伸率/%	比强度/GPa	比模量/GPa
玻璃纤维	S（高强）	2.49	4.6	84	2.9	5.7	1.97	34
	E（低导）	2.55	3.5	74	5	4.8	1.37	29
	M（高模）	2.89	3.5	110	5.7	3.2	1.21	38
	AR（抗碱）	2.68	3.2	75	7.5	4.8	1.31	28
碳纤维	普通	1.75	3.5	235	-0.41	1.3	2.00	131
	高强	1.81	5.6	300	-0.56	1.7	3.09	166
	高模	1.88	4.0	485	-0.6	0.8	2.13	213
	极高模	2.15	2.2	830	-1.4	0.3	1.02	381
芳纶纤维	Kelvar 49	1.45	3.6	125	-2.5	2.8	2.48	86
	Kelvar 29	1.44	2.9	69	-3.6	4.4	2.01	48
	HM-50	1.39	3.1	77	-1.0	4.2	2.23	55
钢材	HRB400	7.8	0.42	200	12	18	0.05	26
	高强钢绞线	7.8	1.86	200	12	3.5	0.24	26

可以看到，纤维材料的比强度（强度/比重）为钢材的 20～50 倍，高强轻质性能十分突出。碳纤维的比模量（弹性模量/比重）为钢材的 5～10 倍，芳纶纤维的比模量为钢材的 2～3 倍，玻璃纤维的比模量与钢材相当。这是一些有相当发展前景的材料。

3. 绿色建材

关于绿色建材的定义，有人归纳为：在当前的经济技术条件下，材料的开采、生产加工、使用及最终拆除 4 个环节中，复合评价指标不影响可持续发展的建筑材料。

对于绿色建材的评选，国内外存在一定的差异。例如木材，在欧洲木材是首选的可再生的建筑材料，在中国则情况不是这样。由于我国森林资源的匮乏，使用木材作为建筑材料往往会被认为是破坏生态环境。实际上，木材是可以再生的，关键在于森林的管理得当。木材是一种很好的低耗能建筑材料，其获取耗能最少，对环境负荷最小，而且还可以循环利用，它有着其他材料无可比拟的优势。因此，绿色建材的发展过程中观念的更新是十分重要的，否则可能会失去一次很好的发展机会。

不论对于绿色建材怎样定义，一般都公认其有以下基本特征：

（1）生产所用原料尽可能少用天然资源，大量使用废渣、垃圾等废弃物。大掺量粉煤灰混凝土可以说是这个方面的一个例子。

（2）采用低能耗的制造工艺和不污染环境的生产技术。如环保型高性能贝利特水泥（C_2S 为熟料的主要矿物，含量大于 60%），其烧成温度为 1200～1250℃，节能 25%，CO_2 排放量减少 25% 以上。

（3）在产品配制和生产过程中，不得使用甲醇、卤化物溶剂或芳香族碳氢化合物，产品中不得含有汞及其化合物，不得用铅、镉、铬及其化合物的颜料和添加剂。

（4）产品不仅不能损害人体健康，还应有益于身体健康，实现多功能化，如抗菌、除臭、隔热、防火、防射线、抗静电等。如在建筑卫生陶瓷的釉料或涂料中加入少量 TiO_2 光催化剂、银铜离子型抗菌剂、稀土激活抗菌剂等，可以制成具有抗菌、防霉功能的建筑卫生陶瓷或涂料。

（5）产品可循环或回收利用，不产生二次污染物。例如木结构建筑，低污染、可循环、环境友善。

当然，绿色建材可能还有其他方面的要求，如避免使用含有破坏大气臭氧层物质的材料，体现本土观念，减少包装等，以实现可持续发展。

发展绿色建筑材料有着多方面的意义。从生态发展来说，它减轻了环境的压力，协调了人类和环境的关系；从人类自身来说，它又有益于人类的健康，为人类提供了更舒适的生活空间；从社会发展来说，发展绿色建筑材料不仅有人文方面的意义，而且可以转变经济增长方式，提高竞争力，促进社会经济的可持续发展，正是从这个意义上说，绿色建材与可持续发展是密不可分的。

9.2.4　面向荒漠、海洋和太空

1. 向沙（荒）漠要土地

全球仅有 29% 的面积是陆地，而陆地中又有近 1/3 的面积是不宜于人类生存的沙漠。有统计资料表明，每年约有 600 万 hm^2（6 万 km^2）的耕地继续被沙漠化。非洲和西亚地区是地球上沙漠面积最大的地区，其中非洲撒哈拉沙漠是世界最大的沙漠，面积为 800 万 km^2；其次是西亚沙特阿拉伯的沙漠，面积约为 240 万 km^2。我国的甘肃、新疆、内蒙古等九省（自治区）共有沙漠 130.8 万 km^2，最大的塔克拉玛干沙漠面积为 33.76 万 km^2。

荒漠地区，千里荒沙、渺无人烟，目前还很少开发。沙漠难于利用主要是因为缺水、生态环境恶劣、昼夜温差大、空气干燥、太阳辐射强，不适于人类生存。

改造沙漠首先需要有水，我国甘肃民勤县调水工程，自景泰县景电工程末端开始，到民勤县红崖山水库为止，全长 260km，年调水 6100 万 m^3，这一工程使民勤县新增灌溉面积 13.2 万亩，大大缓解了民勤县绿洲生态环境的恶化。以色列有 2/3 的国土是沙漠，一年有 7 个多月无雨，人均水资源仅为 270m^3，为世界人均水资源的 3%，远低于中国的人均值。1952 年，政府投资 1.5 亿美元，历时 11 年建成 145km 长的"北水南调"工程；20 世纪 60 年代，又推广了滴灌的科学用水方法，农业经济突飞猛进，农业人口由最初的 60% 降为 3%，国内生产总值人均 1.8 万美元，居世界第 12 位。

土木水利工程是改造沙漠的最重要的手段。

目前设想有以下几种可能：①在沙漠地下找水，如利比亚已发现撒哈拉大沙漠有丰富的地下水，现已部分开始利用；②从南极将巨大的冰山拖入沙漠地区，如沙特阿拉伯曾进行过可行性研究，运输不成问题，但如何利用冰山才符合成本要求仍有待解决；③海水淡化，海水淡化方法有多种，成本在我国青岛、天津地区已降至 7 元/m³ 以下，如果随着技术进步，成本进一步降低，这是最有希望成为近海地区水源的。以色列采用的最主要的方法之一就是海水淡化，我国除青岛外用得最成功的是唐山发电厂，该电厂的用水主要是就地取海水淡化。沙漠的改造利用不仅增加了有效土地利用面积，同时还改善了全球生态环境。

2. 向海洋要生存空间

地球上的海洋面积占整个地球表面积的 70% 左右，陆地面积太少，首先想到可向海洋发展。近代已经开始向海洋开拓，为了防止噪声对居民的影响，也为了节约用地，许多机场已开始填海造地。如中国的澳门机场，日本关西国际机场均修筑了海上的人工岛，在岛上建跑道和候机楼。中国香港大屿山国际机场劈山填海，荷兰 Dell 围海造城，都是利用海面造福人类的宏大工程。现代海上采油平台体积巨大，在平台上建有生活区，工人在平台上工作常常多达几个月，如果将平台扩大，建成海上城市是完全可能的。另外，从航空母舰和大型运输船的建造得到启发，人们已设想建造海上浮动城市。海洋土木工程的兴建，不仅可解决陆地上地少的矛盾，同时也将为海底油气资源及矿物的开发提供基地。

我国上海市人口平均密度高达 2034 人/km²，是全国人口平均密度的 20 倍，上海市区更高达 10300 人/km²。如此高的密度，其出路之一就是向海洋发展，上海市已进行过"上海海上人工岛的可行性研究"。

3. 向太空进军

美国国家航空和航天局认为建立月球基地非常必要，让人类在月球长期居住。如果我们能在月球上做到，最终就可以知道人类能不能在火星居住。

根据美国现在的计划，最有可能成为基地建立地点的是月球南极。这里虽然地势陡峭，但持续几天的太阳照射可以为月球基地提供所需电力。月球南极还发现了冰，虽然目前还不知道具体数量，但是，水无疑是建立月球基地的必需品。

美籍华裔科学家林柱铜博士利用从月球带回来的岩石烧制成了水泥。可以设想，只要带上氢、氧到月球能化合成水，或者利用月球上的冰则可在月球上就地制造混凝土。林博士预计在月球上建造一个圆形基地，需水泥 100t、水 300t 和钢筋 360t。而除水以外，其他材料均可在月球上就地制造。因为月球上有丰富的矿藏，美国已经计划在月球上建造一个基地。日本人设想在月球上建立六角形的蜂房式基地，用钢铁制成，可以拼接扩大，内部造成人工气候，使之适合人类居住。随着太空站和月球基地的建立，人类就可向火星进发了，人们的生活空间将大大扩展。

人类对火星的探测始于 20 世纪 60 年代初，直到 1921 年苏联发射的"火星三号"首次在火星上着陆。1975 年美国发射了"海盗 1 号"和"海盗 2 号"继而在 1987 年和 2001 年美国发射"奥法赛号"首次发现火星上存有大量水冰。2011 年美国发射"好奇号",耗时 8 个月,航行 5.67 亿km,证明火星上有丰富的水资源。2014 年美国专门从事国际空间站系统管理工作的航天专家陈西书透露,由于人类前往月球仅需 3~4 天,月球曾一度被认为是人类"地外之家"的首选,但其自然条件并不适合人类生存,成为美国航天局放弃继续登月的重要原因之一。

与月球相比,火星地下有水,而且容易提取,火星大气经过处理后,还可以制造出氧气,火星还存在季节变化,这些因素让美国航天局在 1969 年首次登月后,便开始准备登陆火星,建造国际空间站其实也是广义火星登陆计划的一部分。宇航员单程前往火星需要 6~8 个月,来回大概需要两年左右,国际空间站的一个功能就是让宇航员适应在太空中长期飞行和留守。从 20 世纪 70 年代开始,美国便考虑发展国际空间站,让宇航员在太空长期居住,为登陆火星铺路。

"好奇"号火星探测器登陆火星后,一举一动都引起了人们的广泛兴趣。中国探月工程领导小组高级顾问、中国科学院院士欧阳自远曾表示,"'好奇'号的主要工作应当是找水,火星上哪里最容易提取出水,哪里就可能成为今后人类的登陆点和聚居点。"

根据美国航天局设想,人类移民登陆火星后,开始阶段将建造类似地球公寓的生活舱,此后再逐步建造出巨大的玻璃温室,里面种植粮食、蔬菜。

9.2.5 自动化、智能化、信息化

这个标题有两个含义,其一是土木工程为上述各有关产业做好服务工作,如超洁净生产车间、重要的信息发射塔、自动化厂房的建设等;其二是土木工程自身要用自动化、智能化及信息化来武装壮大自己,这两者是相辅相成的。

在设计上,类似海上采油平台、核电站、摩天大楼、海底隧道等巨型工程,有了现代快速计算机的帮助,便可合理地进行数值分析和安全评估。此外,计算机的进步,使设计由手工走向自动化,设计部门早已采用计算机绘图,这应看成土木工程设计上的一场革命。

数值计算的进步使过去不能计算或带有盲目性的估计变为较精确的分析。例如:土木工程中的由各个杆件分析到整体分析;工程结构的定性分析到按施工阶段的全过程仿真分析;工程结构中在灾害载荷作用下的全过程非线性分析;与时间有关的长时间徐变分析和瞬间的冲击分析等。

信息、计算机、智能化技术在工业、农业、运输业和军事工业等各行各业中得到了愈来愈广泛的应用,土木工程也不例外,将这些高新技术用于土木工程将是今后相当长时间内的重要发展方向。当前在施工中,信息化技术已逐渐被广泛采用。

所谓信息化施工是在施工过程中所涉及的各部分、各阶段广泛应用计算机信息技术,对工期、人力、材料、机械、资金、进度等信息进行收集、存储、处理和交流,并科学地加以综合利用,为施工管理及时、准确地提供决策依据。例如,在隧道及地下工程中将岩土样品性质的信息、掘进面的位移信息收集集中,快速处理,及时调整并指挥下一步掘进及支护,可以大大提高工作效率并可避免不安全事故。信息化施工还可通过网络与其他国家和地区的工程数据库联系,在遇到新的疑难问题时可及时查询解决。信息化施工可大幅度提高施工效率和保证工程质量,减少工程

事故，有效控制成本，实现施工管理现代化等。

至于智能化，机械上有智能化的记忆金属材料，土木工程方面也有智能混凝土、智能监测、智能防护等。

9.3 科教兴国与人才战略

要谈"未来"总离不开科技教育和人才。土木工程作为一个庞大的学科和行业，它的未来和其他学科和行业一样最具基础性和保障性的也仍然是科技教育和人才。为此针对这个问题，根据中国的实践展开来讨论。

无论是近代全球的发展还是具有 5000 年历史的中国，还从来没有像现代中国改革开放以后对科技和人才从战略的高度如此重视。在战术上和具体实践上又如此缜密和周到的布局和安排。

9.3.1 "863"与"973"计划

改革开放以来，我国把科教兴国和可持续发展确立为经济社会发展的国家战略，把加快推进科技进步放在经济社会发展的关键地位。先后组织实施科技攻关计划、"863"计划、"973"计划和国家中长期科技发展规划纲要确定的重大专项，取得了一大批在国际上产生广泛影响、对经济社会发展有重大意义的成果。

所谓"863"计划是 1986 年由王大珩、王淦昌、陈芳允、杨嘉墀四位老科学家倡议的。他们分析了当时世界科技发展趋势，根据我国经济社会发展的实际和需求，向中央提出了要发展信息、计算机、能源、材料等科学的十分重要的建议。邓小平同志高瞻远瞩，立即组织实施。1997 年，我国又采纳科学家们的意见，决定制定实施国家重点基础研究发展规划，这就是人们熟悉的"973"计划。当时主要是围绕农业、能源、信息、资源与环境、人口与健康、材料、综合交叉等领域，面向国家重大需求，开展重点基础研究和前沿研究，周光召院士任顾问组长。

谈到科学技术，人们近乎习惯性地首先想到是信息、航天、登月、核利用是现代兴起的产业。且不说这些产业的任何一项都离不开土木工程（详见第 8 章），单就"973"计划中提到的农业环境、资源等领域而言就绝对离不开"土"和"水"。

我国人多地少、人多水少，人均耕地只相当于世界平均水平的 1/3，水资源只有 1/4，而且有限的资源还在减少。我国水资源分布极不均衡，长江以南地区水资源约占全国的 70%，耕地面积仅占全国的 31%，而长江以北地区水资源仅占 30%，耕地却占 69%。目前能调出粮食的省区主要在北方，北粮南运，为此我国付出了很大代价。现在我国面临两难境地，一方面，要保十几亿人口的饭碗，保证粮食和其他农产品不出问题。随着人们生活水平不断提高，要进一步增加农业产出。另一方面，工业化、城镇化还要占用耕地，非农业用水也越来越多。在这样一个资源条件下，要养活十几亿人口，农业的发展必须依靠科技，主要是提高单产来解决总量问题。

还有一个问题，是我国的农业生产成本高、浪费严重、效益低。我国一方面严重缺水，一方面很多地方还是大水漫灌，农业灌溉用水有效利用率还不到 40%，发达国家已达到 70%～80%。我国农产品加工转化增值率低，初级农产品加工率仅在 20% 左右，发达国家已达到 80%～90%。我国农产品加工业产值与农业产值比率仅为 0.3：1，发达国家能达到 4：1。实施科学灌溉，降低生产成本，实现转化增值，关键要有科技支撑。

2006 年我国开始实施《国家中长期科学和技术发展规划纲要》。在重大研究战略项目中就有一个"中国可持续发展水资源战略研究"，其研究成果概括起来就是：要突出提高水资源的利用效率，建立节水型工业、节水型农业和节水型社会。与此同时还有一个项目就是"西北地区水资源配置、生态环境建设和可持续发展战略研究"。项目提出：西北地区经济社会可持续发展的重要前提是水资源的合理利用，包括生态环境建设、水资源合理配置和高效利用等主要对策和措施，这又是一项土木工程范畴的重大科技。

9.3.2　教育的大发展和终身教育

1949 年新中国成立时全国人口 5.5 亿，有 80% 是文盲和半文盲，大专以上人数仅有 18.5 万人；1978 年增长至 400 万人；到 2000 年达到了 4571 万人，接近于韩国总人口（为 4684 万人）；到 2005 年达到 6764 万人，超过法国总人口（为 6291 万人）；2010 年达到 1.2 亿人，高于世界第十一大人口国墨西哥总人口（为 11372 万人），与世界第十大人口国日本总人口（为 12648 万人）接近，相当于美国劳动力资源（1.45 亿人）的 80% 以上。从事研究与试验发展科学家和工程师折合全时人员来看，1949 年中国只有不足 500 人·a；1978 年增长至 20 万人·a；2009 年达到 182.3 万人·a，已经超过了美国（141.3 万人·a）、欧盟 27 国（159.2 万人·a）和日本（65.7 万人·a）三个世界主要创新体，成为世界上从事 R&D（研究和发展）活动的科学家和工程师规模最大的国家，这为中国成为世界创新国家提供了宏大的科技人才队伍。

谈到教育，近年来，发达国家逐渐完成了后工业化发展阶段，人类生产方式、生活方式的革命性变化在教育理念、教育手段、教育支付方式、教育发展模式等方面带来显著变革。这不仅决定了当代世界教育格局，而且深刻影响着各国教育政策。

工业化阶段的学校长期按年级、班级、年龄安排教育进度，成批量培养熟练劳动力或某类专门人才，而在后工业化时代正规与非正规就业交织的环境中，人们谋生所需的知识技能，并非一次性学校教育就能完成，知识经济时代的终身学习便成为必然选择。近年来经合组织和欧盟都在关注成员国公民终身学习参与率，一些国家还构建了各种学习成果互认制度。

信息技术的兴起，对教育方式和手段造成全方位的深远影响。教育产业的全球化发展，为教育运行开辟了新途径。国际教育服务贸易逐渐成为一大潮流，每年全球流动学生 300 多万人，流动教师几十万人，跨境远程教育和合作办学方兴未艾。

21 世纪以来兴起的"可持续发展"议题，推动了教育发展模式的转变。可持续发展不仅限于资源、环境、生态问题，而是关系人类的整体生存发展方式。可持续发展必然引发教育的可持续发展，这就是终身教育的大背景。我国执行的工程师、医师等定期的年度培训就是一种制度性的终身教育的落实。

9.3.3 人才战略

1. 国家人才发展规划

表 9-6 给出了国家人才发展主要指标。

表 9-6 国家人才发展主要指标

指　　标	2008 年	2015 年	2020 年
人才资源总量/万人	11385	15625	18025
每万劳动力中研发人员/年/万人	24.8	33	43
高技能人才占技能劳动者比例/%	24.4	27	28
主要劳动年龄人口受过高等教育的比例/%	9.2	15	20
人力资本投资占国内生产总值比例/%	10.75	13	15
人才贡献率/%	18.9	32	35

注　人才贡献率数据为区间年均值，其中 2008 年数据为 1978—2008 年的平均值，2015 年数据为 2008—2015 年的平均值，2020 年数据为 2008—2020 年的平均值。

表中显示全国人才总量由 2008 年的 1.14 亿人增加到 2020 年的 1.8 亿人；全国主要劳动人口受过高等教育比例翻一番，由 9.2% 提高到 20% 以上。

人才的贡献率由 2008 年的 18.9% 上升至 2020 年的 35%，差不多翻了一番。2012 年 6 月人力资源和社会保障部发布了我国人才资源统计的结果。截至 2010 年年底，人才资源总量稳步增长。全国人才资源总量达到 1.2 亿人，比 2008 年增加 780 万人。人才资源总量占人力资源总量的比重达到 11.1%。其中，企业经营管理人才资源 2979.8 万人，专业技术人才资源 5550.4 万人（具有专业技术职称的企业经营管理人才资源交叉统计在其中），高技能人才资源 2863.3 万人，农村实用人才资源 1048.6 万人。

人才素质明显提升。每万劳动力中研发人员达到 33.6 人/a，比 2008 年增长 8.8 人/a；高技能人才占技能劳动者比例为 25.6%，比 2008 年增长 1.2 个百分点；主要劳动年龄人口受过高等教育的比例为 12.5%，比 2008 年增长 3.3 个百分点。

人才效能进一步提高。人力资本投资占国内生产总值比例达到 12.0%，比 2008 年增长 1.3 个百分点；人才对经济增长的贡献率达到 26.6%（据 2008 年不完全统计，1978—2008 年的平均值为 18.9%），人才对我国经济增长的促进作用进一步提升。

2. 人才"国家支持计划"及"千人计划"

2012 年 9 月中组部、人社部、教育部、科技部、财政部等 11 个部门联合出台"国家支持计划"，全面推进国家高层次创新创业人才队伍建设。计划用 10 年时间，面向国内遴选 1 万名左右高端人才，包括自然科学、工程技术和哲学社会科学领域，分为杰出人才、领军人才、青年拔尖人才三个层次。

第一个层次是"杰出人才"，计划支持 100 名处于世界科技前沿领域、科学研究有重大发现、具有成长为世界级科学家潜力的人才。第二个层次是"领军人才"，计划支持 8000 名国家科技发展和产业发展急需紧缺的创新创业人才，包括科技创新领军人才、科技创业领军人才、哲学社会科学领军人才、教学名师和百千万工程领军人才等类别。第三个层次是"青年拔尖人才"，计划支持 2000 名 35 周岁以下、具有特别优秀的科学研究和技术创新潜能、科研工作有重要创新前景的青年人才。

在国家重大人才工程中，还有一个"千人计划"又称海外高层次人才引进计划。为了吸引以我留学人员为主的海外高层次人才回国，2008 年年底中央批准实施"千人计划"，重点是围绕国家发展战略目标，在中央、部门、地方分层次、有计划引进一批能够突破关键技术、发展高新技术产业、带动新兴学科的战略科学家和创新创业领军人才。其中中央层面计划用 5～10 年时间，引进 2000 名左右海外高层次人才回国（来华）创新创业。各地各部门以及高校、企业、科研机构等，也要结合实际制定实施海外高层次人才引进计划，力争全国引进千万名高层次人才。除所在单位支付高于普通人才的工资外，中央财政为引进的人才提供每人 50 万～100 万元的一次性生活补助。

截至 2014 年 6 月，"千人计划"实施 5 年已分 10 批共引进 4180 多人，他们在科研、教育、产业创新等各个领域发挥了积极作用和引领作用，仅国内高校和科研机构引进的人才中，有诺贝尔奖获得者 3 名、发达国家科学院或工程院院士 46 名、正教授 1430 余名，引进的正教授远远超过 1978—2008 年 30 年间引进数量总和。他们积极承担国家和地方的重大科技项目，带领团队进行技术攻关，部分已担任国家（重点）实验室、高校院系或企业研究部门负责人，在突破关键技术、发展高新产业、带动新兴学科、推进教育科技人才机制创新等方面发挥了重要作用。

千人计划带动了新中国成立以来最大规模的海外人才回国潮。2008 年至今，留学回国人数76.32 万，年均增长 30% 以上。世界知识产权组织 2013 年《全球创新指数报告》指出，"庞大的海外留学生群体已经成为中国创新的主力军。"

"千人计划"专家长期工作在国际科研前沿，回国后加快了我国与世界一流科研水平的对接。据不完全统计，"千人计划"专家回国（来华）后发表重要文章和专著 4416 篇（部），其中国际顶级期刊《自然》（Nature）、《科学》（Science）论文 50 余篇；承担国家和地方重大科研项目 2886项，经费总额 152.9 亿元。

"千人计划"高度重视人才队伍梯次引进和建设，在大力引进知名教授、专家的同时，2010年又启动实施"青年千人计划"项目，旨在从世界著名高校和科研机构引进在自然科学或工程技术领域取得博士学位、40 岁以下、发展潜力大的青年人才。3 年来，"青年千人计划"已全职引进1116 名 35 岁左右的优秀青年人才，这批人选回国不久即展现良好学术潜力，被学界誉为"中国未来的院士群体"。"青年千人计划"的实施，储备了一批富有潜力的青年人才。

需要说明的是"千人计划"引进的人才中除信息、航天等高科技人才外，也不乏高铁、桥梁、高层建筑等属于土木工程范畴的专家和学者，在港珠澳大桥的建设工地上经常能见到他们身影。

参　考　文　献 [*]

［1］　崔京浩．新编土木工程概论［M］．北京：清华大学出版社，2013.

［2］　崔京浩．土木工程导论［M］．北京：清华大学出版社，2011.

［3］　崔京浩．土木工程概论［M］．北京：清华大学出版社，2012.

［4］　崔京浩．地下工程与城市防灾［M］．北京：中国水利水电出版社，知识产权出版社，2007.

［5］　崔京浩．伟大的土木工程［M］．北京：中国水利水电出版社，知识产权出版社，2006.

［6］　崔京浩．力学的力量和使命［M］．北京：中国建筑工业出版社，2011.

［7］　崔京浩．伟大的土木工程——内涵与特点，地位和作用，关注的热点［C］//第 14 届全国结构工程学术会议（烟台大学）特邀报告，第 14 届全国结构工程学术会议论文集（第 I 卷）．北京：《工程力学》杂志社，2005：1 - 30.

［8］　崔京浩．地下工程·燃气爆炸·生物力学［C］//第 13 届全国结构工程学术会议论文集（第四卷）．北京：《工程力学》杂志社，2004：328 - 583.

［9］　崔京浩．土木工程在国民经济中的地位和作用［M］//叶列平．土木工程科学前沿．北京：清华大学出版社，2006：60 - 78.

［10］　崔京浩．开发地下空间的重要性和迫切性［M］//叶列平．土木工程科学前沿．北京：清华大学出版社，2006：253 - 274.

［11］　崔京浩．灾害的严重性及土木工程在防灾减灾中的重要性［J］．工程力学，2006（增刊 II）：49 - 77.

［12］　中国土木工程学会．中国土木工程指南［M］．北京：科学出版社，1 版，1993，2 版，2000.

---

* 部分资料引自近年的《人民日报》，多在引用处做了说明。